Imre Lakatos

**Mathematik,
empirische Wissenschaft
und
Erkenntnistheorie**

Imre Lakatos

Mathematik, empirische Wissenschaft und Erkenntnistheorie

Philosophische Schriften
Band 2

Herausgegeben von
John Worrall und Gregory Currie

Friedr. Vieweg & Sohn　　Braunschweig/Wiesbaden

CIP-Kurztitelaufnahme der Deutschen Bibliothek

Lakatos, Imre:
Philosophische Schriften / Imre Lakatos. Hrsg. von
John Worrall u. Gregory Currie. – Braunschweig;
Wiesbaden: Vieweg

NE: Lakatos, Imre: [Sammlung ⟨dt.⟩]; Worrall, John
[Hrsg.]

Bd. 2. → Lakatos, Imre: Mathematik, empirische
Wissenschaft und Erkenntnistheorie

Lakatos, Imre:
Mathematik, empirische Wissenschaft und
Erkenntnistheorie / Imre Lakatos. [Die Übers. aus
d. Engl. besorgte Helmut Vetter]. – Braunschweig;
Wiesbaden: Vieweg, 1982.
  (Philosophische Schriften / Imre Lakatos; Bd. 2)
  Einheitssacht.: Mathematics, science, and
  epistemology ⟨dt.⟩
  ISBN 978-3-528-08430-1   ISBN 978-3-322-91088-2 (eBook)
  DOI 10.1007/978-3-322-91088-2

Titel der englischen Originalausgabe Imre Lakatos, The methodology of scientific research programmes
erschienen bei Cambridge University Press
© der englischen Ausgabe Imre Lakatos Memorial Appeal Fund and the Estate of Imre Lakatos,
1978

Die Übersetzung aus dem Englischen besorgte Helmut Vetter

Alle Rechte an der deutschen Ausgabe vorbehalten
© der deutschen Ausgabe Friedr. Vieweg & Sohn Verlagsgesellschaft mbH,
  Braunschweig/Wiesbaden 1982
  Softcover reprint of the hardcover 1st edition 1982

Die Vervielfältigung und Übertragung einzelner Textabschnitte, Zeichnungen oder Bilder, auch für die
Zwecke der Unterrichtsgestaltung, gestattet das Urheberrecht nur, wenn sie mit dem Verlag vorher
vereinbart wurden. Im Einzelfall muß über die Zahlung einer Gebühr für die Nutzung fremden geistigen
Eigentums entschieden werden. Das gilt für die Vervielfältigung durch alle Verfahren einschließlich
Speicherung und jede Übertragung auf Papier, Transparente, Filme, Bänder, Platten und andere
Medien.

ISBN 978-3-528-08430-1

Inhalt

Einführung der Herausgeber	IX
Teil 1: Philosophie der Mathematik	1

1 Unendlicher Regreß und Grundlagen der Mathematik ... 3

Einleitung	3
1 Die Vermeidung des unendlichen Regresses in der empirischen Wissenschaft	4
2 Die Vermeidung des unendlichen Regresses durch logisierende Trivialisierung der Mathematik	10
3 Die Vermeidung des unendlichen Regresses durch eine triviale Metatheorie	19

2 Renaissance des Empirismus in der neueren Philosophie der Mathematik? ... 23

Einleitung	23
1 Empirismus und Induktion: Die neue Welle in der mathematischen Philosophie?	23
2 Quasi-empirische und Euklidische Theorien	27
3 Die Mathematik ist quasi-empirisch	29
4 ‚Mögliche Falsifikatoren' in der Mathematik	34
5 Abschnitte des Stillstandes in der Entwicklung quasi-empirischer Theorien	40

3 Cauchy und das Kontinuum: Die Bedeutung der heterodoxen Analysis für die Geschichte und die Philosophie der Mathematik (herausgegeben von J. P. Cleave) ... 42

1 Die heterodoxe Analysis gibt Anlaß zu einer völlig neuen Sicht der Geschichte der Infinitesimalrechnung	42
2 Cauchy und das Problem der gleichmäßigen Konvergenz	44
3 Eine neue Lösung	46
4 Was führte zum Niedergang der Leibnizschen Theorie?	52
5 War Cauchy ein ‚Vorläufer' Robinsons?	53
6 Metaphysisches und Technisches	56
7 Die Beurteilung mathematischer Theorien	57

4 Was beweist ein mathematischer Beweis? 60

5 Die Methode der Analyse und Synthese 68
  1 Analyse und Synthese: Eine Form der Euklidischen Heuristik und ihre Kritik 68
    a) Prolog über Analyse und Synthese 68
    b) Analyse-Synthese und Heuristik 70
    c) Der Kartesische Kreislauf und sein Versagen 73
      c1) Der Kreislauf ist weder empiristisch noch rationalistisch. Die Quelle der Erkenntnis ist der Kreislauf als Ganzes 75
      c2) Induktion und Deduktion in dem Kreislauf 77
      c3) Die Kontinuität zwischen Pappus und Descartes 80
      c4) Der Kartesische Kreislauf in der Mathematik 85
      c5) Der Zusammenbruch des Kartesischen Kreislaufs 86
  2 Analyse und Synthese: Wie fehlgeschlagene Widerlegungsversuche zu heuristischen Ausgangspunkten von Forschungsprogrammen werden können ... 91
    a) Eine Analyse und Synthese in der Topologie, die nicht beweist, was sie beweisen wollte 91
    b) Eine Analyse und Synthese in der Physik, die nicht erklärt, was sie erklären wollte 95
    c) Pappussche Analysen und Synthesen in der griechischen Geometrie 97
    d) [Falsches Bewußtsein bezüglich Analyse und Synthese] 98

Teil 2: Kritische Arbeiten 101

6 Das Problem der Beurteilung wissenschaftlicher Theorien: drei Ansätze 103
  1 Drei wichtige Schulen im Hinblick auf das normative Problem der Beurteilung wissenschaftlicher Theorien 103
    a) Die Skepsis 103
    b) Die Abgrenzungstheorie 104
    c) Die Elitetheorie 107
  2 Die Elitetheorie und verwandte philosophische Standpunkte 108
    a) Die psychologistische und/oder soziologistische Tendenz der Elitetheorie . 108
    b) Die autoritäre und historizistische Tendenz der Elitetheorie 112
    c) Die pragmatische Tendenz der Elitetheorie 113

7 Kneale, Popper und die Notwendigkeit 117
  1 Die ontologische Ebene 117
  2 Die erkenntnistheoretisch-methodologische Ebene 120
  3 Der Zusammenhang zwischen logischer und Naturnotwendigkeit 122

8 Wandlungen des Problems der induktiven Logik ... 124

Einleitung ... 124

1 Die zwei Hauptprobleme des klassischen Empirismus: induktive Begründung und induktive Methode ... 125
2 Das Hauptproblem des neoklassischen Empirismus: schwache induktive Begründung (Bestätigungsgrad) ... 127
3 Die schwache und die starke atheoretische These ... 134
   a) Carnap gibt das Jeffreys-Keynessche Postulat auf. Einzelfallbestätigung und Bestätigung ... 134
   b) Die schwache atheoretische These: Bestätigungstheorie ohne Theorien ... 138
   c) Die Vermengung der schwachen und der starken atheoretischen These ... 140
   d) Der Zusammenhang zwischen der schwachen und der starken atheoretischen These ... 142
   e) Eine Carnapsche Logik der Entdeckung ... 145
4 Wahrscheinlichkeit, empirische Stützung, vernünftiger Glaube und Wettquotient ... 147
   a) Sind Grade der empirischen Stützung Wahrscheinlichkeiten? ... 148
   b) Sind „Grade des vernünftigen Glaubens" Grade der empirischen Stützung, oder sind es vernünftige Wettquotienten? ... 153
   c) Sind vernünftige Wettquotienten Wahrscheinlichkeiten? ... 154
5 Der Zusammenbruch der schwachen atheoretischen These ... 156
   a) ‚Adäquatheit der Sprache' und Bestätigungstheorie ... 156
   b) Die Abdankung des induktiven Gutachters ... 160
6 Das Hauptproblem des kritischen Empirismus: die Methode ... 165
   a) ‚Annehmbarkeit$_1$' ... 165
   b) ‚Annehmbarkeit$_2$' ... 168
   c) ‚Annehmbarkeit$_3$' ... 176
7 Theoretische Stützung für Voraussagen oder empirische Stützung (durch Prüfungen) für Theorien ... 187
Anhang: Zu Poppers drei ‚Mitteilungen' zum Bewährungsgrad ... 189

9 Zur Popperianischen Geschichtsschreibung ... 196

Anhang: Über den ‚Ultra-Falsifikationismus' ... 203

10 Anomalien oder ‚entscheidende Experimente' (eine Erwiderung an Adolf Grünbaum) ... 206

Einleitung ... 206

1 Es hat in der Wissenschaft keine entscheidenden Experimente gegeben ... 206
2 Die Unmöglichkeit von Grünbaumschen entscheidenden Experimenten und die Möglichkeit, den Fortschritt der Wissenschaft ohne sie zu beurteilen ... 211
3 Über praktische Empfehlungen ... 213
4 Das Kennzeichen der Wissenschaft ist nicht vernünftiges Für-richtig-Halten, sondern vernünftige Ersetzung von Aussagen ... 215

11 Toulmin erkennen 219
Einleitung 219
1 Drei Schulen im Hinblick auf das normative Problem der Beurteilung wissenschaftlicher Theorien 220
2 Toulmin und die Wittgensteinsche ‚Gedankenpolizei' 223
3 Toulmins darwinistische Synthese von Hegel und Wittgenstein 230
4 Schluß 236

Teil 3: Wissenschaft und Bildungswesen 239

12 Ein Brief an den Direktor der London School of Economics 241

13 Wissenschaftsgeschichte als Lehrgebiet 248

14 Die gesellschaftliche Verantwortung der Wissenschaft 250

Schriftenverzeichnis 253

Verzeichnis der Schriften von Lakatos 266

Namensverzeichnis 268

Sachverzeichnis 273

Einführung der Herausgeber

Als Imre Lakatos 1974 starb, äußerten viele Freunde und Kollegen die Hoffnung, daß seine unveröffentlichten Arbeiten zugänglich gemacht würden. Manche waren auch daran interessiert, daß seine Zeitschriftenaufsätze und Kongreßbeiträge in einem Buch gesammelt werden sollten. Im Auftrage des geschäftsführenden Ausschusses des Imre Lakatos Appeal Fund haben wir zwei Bände ausgewählter Arbeiten zusammengestellt, die, wie wir hoffen, diesen Wünschen entgegenkommen.

Keine der hier zum erstenmal veröffentlichten Arbeiten wurde von Lakatos als völlig befriedigend angesehen. Einige sind frühe Entwürfe, andere scheinen gar nicht für eine Veröffentlichung gedacht gewesen zu sein. Wir sind ziemlich großzügig vorgegangen und haben auch Arbeiten aufgenommen, die Lakatos jedenfalls in ihrer jetzigen Form nicht hätte in Druck gehen lassen. Die bereits veröffentlichten Arbeiten haben wir sämtlich aufgenommen, außer 'The Role of Crucial Experiments in Science' und 'Criticism and the Methodology of Scientific Research Programmes', die zu unangebrachten Wiederholungen geführt hätten, und außer 'Beweise und Widerlegungen', das kürzlich in Buchform erschienen ist.

Band 1 ist eine Sammlung der bekanntesten Aufsätze von Lakatos, die die Methodologie der wissenschaftlichen Forschungsprogramme entwickeln; hinzu kommt ein bisher unveröffentlichter Aufsatz über die Wirkung von Newtons wissenschaftlichen Leistungen und eine neue 'Nachschrift' zu dem bereits veröffentlichten Aufsatz über die Kopernikanische Revolution.

Obwohl Lakatos vielleicht durch seine Arbeit in der Philosophie der Naturwissenschaften bekannter geworden ist, betrachtete er sich in erster Linie als Philosophen der Mathematik. Band 2 enthält Arbeiten zur Philosophie der Mathematik, ferner einige kritische Essays über zeitgenössische Philosophen und ein paar kurze polemische Äußerungen, die sein Interesse an Fragen der Politik und des Bildungswesens widerspiegeln und unter anderem auch einen Eindruck von seiner starken Persönlichkeit vermitteln.

Mitteilungen über die Vorgeschichte des hier veröffentlichten Materials sind den einzelnen Arbeiten als einleitende Fußnoten beigegeben. Diese und andere Anmerkungen der Herausgeber sind durch einen Stern gekennzeichnet. (Wir haben vor allem bei den unveröffentlichten Arbeiten versucht, diese Herausgeberanmerkungen möglichst zu beschränken.)

Sonderdrucke einiger der veröffentlichten Arbeiten, die sich in Lakatos' Bibliothek fanden, enthielten handschriftliche Verbesserungen, die wir überall berücksichtigt haben, wo es möglich war. Bei der Aufbereitung der noch unveröffentlichten Arbeiten zum Druck haben wir uns die Freiheit genommen, einige Änderungen der Darstellung vorzunehmen, wo der Originaltext unvollständig war oder Mißverständnisse befürchten ließ, oder wo durch geringfügige Änderungen die Lesbarkeit wesentlich zu gewinnen schien. Dazu fühlten wir uns berechtigt, weil Lakatos jeder zur Veröffentlichung bestimmten Darstellung stets große Sorgfalt widmete und sie stets vorher vielen Kollegen und Freunden mit der Bitte um Kritik und Verbesserungsvorschläge vorlegte. Die jetzt zum erstenmal veröffentlichten Arbeiten wären ohne Zweifel diesen Weg gegangen und hätten sehr viel weiter reichende Änderungen erfahren, als wir vorzunehmen gewagt haben. Wir haben unsere Änderungen überall da in eckige Klammern gesetzt, wo dies zwanglos seinen Zweck erfüllte. (Doch in Zitaten bezeichnen die eckigen Klammern Einfügungen von Lakatos.)

Wo Lakatos eine in den beiden vorliegenden Bänden wiedergegebene Arbeit anzieht, haben wir z. B. statt 'Lakatos [1970a]' geschrieben: 'Bd. 1, Kap. 1', oder statt 'Lakatos [1968b]': 'Kap. 8 des vorliegenden Bandes.'

Kap. 1 ist aus *Aristotelian Society Supplementary Volume* 36 [1962] mit freundlicher Genehmigung des Herausgebers entnommen, Kap. 8 wird mit Genehmigung der North Holland Publishing Company wiedergegeben. 'Cauchy und das Kontinuum' (Kap. 3) wurde von J. P. Cleave von der University of Bristol freundlicherweise redigiert; die editorischen Anmerkungen zu diesem Kapitel (mit 'J.P.C.' gezeichnet) stammen von ihm. (Es gibt auch von ihm selbst eine interessante Arbeit über das von Lakatos in diesem Kapitel behandelte Problem: Cleave [1971].)

Eine großzügige Unterstützung durch die Fritz-Thyssen-Stiftung ermöglichte die Schaffung eines Archivs der Papiere Lakatos' – eine wesentliche Vorbedingung für die Herausgabe der vorliegenden Bände. Wir danken Nicholas Krasso, W. C. Kneale, L. Pearce Williams und A. Szabo für ihre Hilfe bei der Ermittlung einiger fehlender Literaturverweise und J. P. Cleave für seine Arbeit an Kap. 3. Allison Quick danken wir für die Herstellung des Personen- und Sachverzeichnisses für den vorliegenden Band. Wieder haben wir Sandra Mitchell für ihre Hilfe bei der Herstellung der beiden Bände, John Watkins für nützliche Ratschläge und Gillian Page für ihre großzügige Mitwirkung bei der Beschaffung der Lakatosschen Papiere zu danken.

J. W.
G. C.

Vorbemerkung des Übersetzers
Zusätze des Übersetzers erscheinen in doppelten eckigen Klammern.

**Teil 1
Philosophie der Mathematik**

1 Unendlicher Regreß und Grundlagen der Mathematik*¹)

Einleitung

[Die skeptische Philosophie lehrt seit mehr als zweitausend Jahren, es sei unmöglich, die Bedeutung oder die Wahrheit schlüssig zu ermitteln. Doch die Ermittlung von Bedeutung und Wahrheit in der Mathematik ist gerade das Ziel der 'Grundlagenforschung'.]

Das klassische skeptische Argument stützt sich auf den unendlichen Regreß. Man kann die Bedeutung eines Ausdrucks entweder durch Definition mittels anderer Ausdrücke festzulegen versuchen – das führt zum unendlichen Regreß – oder durch Definition mittels 'völlig bekannter Ausdrücke'. Doch sind die Bestandteile des Ausdrucks 'völlig bekannter Ausdruck' eigentlich völlig bekannte Ausdrücke? Man erkennt, daß sich der Abgrund des unendlichen Regresses doch wieder auftut. Wie konnte dann die mathematische Philosophie trotzdem behaupten, in der Mathematik habe man präzise Begriffe oder sollte sie haben? Wie kann sie hoffen, der Kritik der Skeptiker zu entgehen? Wie kann sie behaupten, Grundlagen für die Mathematik geliefert zu haben – seien es logizistische, metamathematische oder intuitionistische? Doch selbst wenn man ihr die 'präzisen' Begriffe zugesteht, wie kann man beweisen, daß eine Aussage wahr ist? Wie kann man den unendlichen Regreß bei den Beweisen vermeiden, wenn man ihn vielleicht bei den Definitionen vermeiden kann? Bedeutung und Wahrheit können nur übertragen, aber nicht geschaffen werden. Wie kann es dann aber *Erkenntnis* geben?

Der Streit zwischen den *Dogmatikern* – die Erkenntnis für sich beanspruchen – und den *Skeptikern* – die bestreiten, daß Erkenntnis möglich sei – ist die Grundfrage der Erkenntnistheorie. Bei der Diskussion moderner Versuche, Grundlagen für die mathematische Erkenntnis zu gewinnen, wird leicht vergessen, daß das nur ein Kapitel in dem großangelegten

---

*¹) Diese Arbeit wurde zuerst in Aristotelian Society Supplementary Volume 36 [1962] veröffentlicht. Ein Sonderdruck dieser Arbeit in Lakatos' Bibliothek enthielt einige handschriftliche Verbesserungen, von denen wir einige übernommen haben. Ursprünglich handelte es sich um den zweiten Vortrag auf einem Symposium über die Grundlagen der Mathematik auf der gemeinsamen Sitzung der Aristotelian Society und der Mind Association an der University of Leicester im Juli 1962. Der Vortrag begann mit einer kurzen Diskussion des ersten Symposion-Beitrages (R. L. Goodstein [1962]). Sie ist ohne diesen Zusammenhang schwer verständlich, daher haben wir sie weggelassen. Die wesentlichen Gedanken der Arbeit werden dadurch in keiner Weise berührt. Die einführende Anmerkung des Verfassers lautete: 'Der Kenner wird den Einfluß der Philosophie Karl Poppers in der gesamten Arbeit bemerken. Es war mir technisch unmöglich, jeweils auf ihn zu verweisen – ich muß ausgehen, daß der Leser im folgenden viele der Gedanken von 'Logik der Forschung' und 'Conjectures and Refutations' wiederfindet. Ferner bin ich A. Musgrave und T. J. Smiley, die die erste Fassung lasen, für viele wertvolle Anregungen und Kritiken dankbar. W. W. Bartley machte mich auf die zentrale Rolle des Streites zwischen Skepsis und Dogmatismus in der Geschichte der Erkenntnistheorie aufmerksam. Großen Gewinn brachte mir auch die Diskussion der beiden ersten Abschnitte mit S. Körner und J. C. Shepherdson.' (D. Hrsgg.)

Bemühen ist, die Skepsis durch eine Grundlegung der Erkenntnis im allgemeinen zu überwinden. *Meine Untersuchung hat das Ziel, die moderne mathematische Philosophie als tief verwurzelt in der allgemeinen Erkenntnistheorie und nur aus diesem Zusammenhang heraus verständlich darzustellen.* Daher enthält der erste Abschnitt notwendigerweise ein Konzentrat der Geschichte der Erkenntnistheorie. Ernstzunehmende Historiker sagen manchmal, eine 'rationale Rekonstruktion' wie die hier versuchte sei ein Zerrbild der wirklichen Geschichte – des wirklichen Ablaufs der Dinge –; doch man könnte mit gleichem Recht sagen, sowohl die geschriebene Geschichte als auch der tatsächliche Verlauf der Dinge seien nichts anderes als Zerrbilder der rationalen Rekonstruktion.

1 Die Vermeidung des unendlichen Regresses in der empirischen Wissenschaft

Die Skeptiker berufen sich auf den unendlichen Regreß, um zu zeigen, daß es aussichtslos sei, Grundlagen für die Erkenntnis finden zu wollen. Sie waren – genau wie ihre dogmatischen Gegner – erkenntnistheoretische Justifikationisten, d.h., ihr Hauptproblem lautete: '*Woher weißt du?*', und sie glaubten, sich auf ein defaitistisches '*Ich weiß nicht*' zurückziehen zu müssen, weil es keine festen Grundlagen für Bedeutung und Wahrheit geben könne. Sie kamen zu dem Ergebnis, das vernünftige Erkenntnisstreben sei ohnmächtig; empirische Wissenschaft und Mathematik seien Sophisterei und Blendwerk. So wurde es ein entscheidendes Problem für den Rationalismus, diesem entnervenden doppelten unendlichen Regreß Einhalt zu gebieten und der Erkenntnis ein festes Fundament zu verschaffen. Das versuchten drei gewaltige rationalistische Unternehmen: (1) das *Euklidische Programm*, (2) das *empiristische Programm* und (3) das *induktivistische Programm*.

Alle drei versuchen, die Erkenntnis in *deduktive Systeme* zu fassen. Die definierende Grundeigenschaft eines (nicht notwendig formalen) deduktiven Systems ist das *Prinzip der Rückübertragung der Falschheit* von 'unten' nach 'oben', von den Folgerungen auf die Voraussetzungen: Ein Gegenbeispiel gegen eine Folgerung ist ein Gegenbeispiel gegen mindestens eine der Voraussetzungen. Gilt dieses Prinzip, so auch das der *Übertragung der Wahrheit* von den Voraussetzungen auf die Folgerungen. Es wird aber von einem deduktiven System nicht gefordert, daß es die Falschheit überträgt oder die Wahrheit rücküberträgt.

(1) Ich nenne ein deduktives System eine '*Euklidische Theorie*', wenn die Aussagen an der Spitze (die *Axiome*) aus völlig bekannten Ausdrücken *(Grundausdrücken)* bestehen, und wenn es hier *unfehlbare Wahrheitswertsetzungen* des Wahrheitswerts '*wahr*' gibt, der durch die deduktiven Kanäle der Wahrheitsübertragung *(Beweise)* hinabfließt und das ganze System durchdringt. (Lautete der Wahrheitswert an der Spitze '*falsch*', so gäbe es offenbar keinen Wahrheitswertfluß in dem System.) Nach dem Euklidischen Programm läßt sich alle Erkenntnis aus einer endlichen Menge trivialerweise wahrer Aussagen ableiten, die nur aus Ausdrücken mit einer trivialen Bedeutungsfracht bestehen; daher nenne ich es auch das *Programm der Trivialisierung der Erkenntnis*.[1]) Da eine Euklidische Theorie nur unbezweifelbar wahre Aussagen enthält, arbeitet sie weder mit Vermutungen noch mit Widerlegungen. In einer vollentwickelten Euklidischen Theorie wird die Bedeutung, ebenso wie die

---

[1]) Die klassische Beschreibung dieses Programms findet sich bei Pascal [1659].

1 Unendlicher Regreß und Grundlagen der Mathematik

Wahrheit, an der Spitze eingebracht und fließt unbeeinträchtigt durch die bedeutungserhaltenden Kanäle der Nominaldefinitionen von den Grundausdrücken zu den (als Abkürzungen fungierenden und daher theoretisch entbehrlichen) definierten Ausdrücken. Eine Euklidische Theorie ist notwendig widerspruchsfrei, denn alle in ihr vorkommenden Aussagen sind wahr, und eine Menge wahrer Aussagen ist jedenfalls widerspruchsfrei.

(2) Ich nenne ein deduktives System eine *'empiristische Theorie'*, wenn die unten stehenden Aussagen *(Basisaussagen)* aus völlig bekannten Ausdrücken *(empirischen Ausdrücken)* bestehen und die Möglichkeit einer *unfehlbaren Wahrheitswertsetzung* auf dieser unteren Ebene gegeben ist, derart, daß der etwaige Wahrheitswert *'falsch'* durch die deduktiven Kanäle *(Erklärungen)* nach oben fließt und das ganze System durchdringt. (Lautet der Wahrheitswert *'wahr'*, so gibt es offenbar keinen Wahrheitswertfluß in dem System). Eine empiristische Theorie ist also entweder vermutungshaft (außer vielleicht, was die wahren Aussagen ganz unten betrifft), oder sie besteht aus schlüssig falschen Aussagen.[2]) In einer empiristischen Theorie gibt es *theoretische* oder *'verborgene' Ausdrücke*, die – ähnlich wie die mittleren [[den beiden Voraussetzungen gemeinsamen, in der Folgerung aber nicht enthaltenen]] Ausdrücke bei den Aristotelischen Syllogismen – in keiner Basisaussage vorkommen, und zu denen keine bedeutungserhaltenden Kanäle hinaufführen.

Läßt man aus rationalistischem Eifer gegen jede 'Metaphysik' Bedeutungssetzungen – abgesehen von logischen – nur auf der untersten Ebene zu, so liegt eine *'streng empiristische Theorie'* vor. Diese Forderung – die Wissenschaft von sinnlosem Gerede unterscheiden soll – wirkt sich aber tödlich aus, denn eine streng empiristische Theorie mit theoretischen Ausdrücken ist, abgesehen von ihrer untersten Ebene, sinnlos.[3]) Eine empiristische Theorie kann widerspruchsfrei oder widerspruchsvoll sein. Daher bedarf eine empiristische Theorie eines Widerspruchsfreiheitsbeweises.[4])

Das Euklidische Programm empfiehlt den Aufbau Euklidischer Theorien, die bezüglich Bedeutung und Wahrheitswert an der Spitze fundiert sind aufgrund des *natürlichen Lichts der Vernunft*, speziell aufgrund arithmetischer, geometrischer, metaphysischer, moralischer usw. Intuition. Das empiristische Programm empfiehlt den Aufbau empiristischer Theorien, die bezüglich Bedeutung und Wahrheit auf der unteren Ebene fundiert sind aufgrund des *natürlichen Lichts der Erfahrung*. Beide Programme vertrauen der Vernunft (insbesondere der logischen Intuition) die ungestörte Übertragung von Bedeutung und Wahrheitswert an.

Ich möchte auf den Unterschied zwischen dem gewöhnlichen Begriff der *empirischen* Theorie und dem allgemeineren Begriff der *'empiristischen'* Theorie hinweisen. Meine einzige Bedingung für letztere ist, daß der Wahrheitswert auf der untersten Ebene hereinkommt, wie diese auch beschaffen sein mag – als 'Tatsachenebene', Ebene der 'singulären

---

[2]) Eine höchst lyrische Beschreibung einiger Seiten einer empiristischen Theorie findet sich bei Schlick [1934]. Eine sehr durchsichtige und anschauliche Behandlung findet sich bei Braithwaite [1953], passim, insbes. S. 350–354.

[3]) R. B. Braithwaite zeigte, daß eine streng empiristische Theorie ohne theoretische Begriffe sinnvoll sein kann, aber sich nicht weiterentwickeln kann ([1953], S. 76). Strenge Empiristen – wie Schlick und Ramsey – versuchen der unerträglichen Sinnlosigkeit von Hypothesen höherer Ebene dadurch zu entgehen, daß sie sie 'Regeln' nennen.

[4]) Vgl. Popper [1959], § 24. Ich weiß nicht, wer zuerst vorgeschlagen hat, ernstzunehmende wissenschaftliche Theorien auf Widerspruchsfreiheit zu prüfen.

raumzeitlichen' Aussagen, 'arithmetische' Ebene oder sonstwie. Diese Ausdehnung des Begriffs der Basisaussage soll den Begriff des empiristischen und des induktivistischen Programms auf die Mathematik anwendbar machen – oder auf Metaphysik, Ethik u. a.

In der herkömmlichen Erkenntnistheorie sind die beiden entscheidenden Begriffe nicht *'Euklidisch'* und *'empiristisch'*, sondern einmal *'apriori'* und *'aposteriori'* und zum anderen *'analytisch'* und *'synthetisch'*. Diese Begriffe beziehen sich auf Aussagen und nicht auf Theorien; die Erkenntnistheoretiker erkannten nur langsam das Auftreten hochorganisierter Erkenntnis und die entscheidende Rolle von deren jeweiliger Organisationsform. Es macht erkenntnistheoretisch einen ungeheuren Unterschied, auf welcher Ebene der Theorie der Wahrheitswert hereinkommt, denn davon hängt die Form des Flusses von Wahrheit und Falschheit in dem System ab. Was dagegen der Ursprung der Wahrheitswertsetzung ist – Erfahrung, Evidenz oder sonst etwas –, das ist für die Lösung vieler Probleme von zweitrangiger Bedeutung. Man kommt schon sehr weit, indem man nur fragt, *wie* irgend etwas in einem deduktiven System fließt, nicht aber, *was da eigentlich fließt*, unfehlbare Wahrheit oder bloß z. B. Russellsche 'psychologisch unkorrigierbare' Wahrheit, Braithwaitesche 'logisch unkorrigierbare' Wahrheit, Wittgensteinsche 'sprachlich unkorrigierbare' Wahrheit[5]) oder aber z. B. Poppersche korrigierbare Falschheit und 'Wahrheitsnähe' oder Carnapsche Wahrscheinlichkeit.

Die fesselnde Geschichte des Euklidischen Programms und seines Zusammenbruchs ist noch nicht geschrieben, doch es ist allgemein bekannt, wie die moderne Wissenschaft auf den höheren Ebenen deduktiver Strukturen zu immer theoretischeren Begriffen und immer unwahrscheinlicheren Aussagen geführt hat und nicht zu immer trivialeren Begriffen und Aussagen. Der Übergang zu dem empiristischen Programm, das die Grundlagen auf der untersten Ebene legt, war sehr schwierig; ja, er war eine der schwersten Erschütterungen in der Geschichte des menschlichen Denkens, denn er war mit grundlegenden Wandlungen der ursprünglich Euklidischen rationalen Sichtweise verbunden. Wenn man den Wahrheitswert nur auf der untersten Ebene hereinbringen kann, dann ist eine Theorie entweder vermutungshaft oder falsch. Während also eine Euklidische Theorie *verifiziert* ist, ist eine empiristische Theorie *falsifizierbar*, aber nicht verifizierbar. Beide Programme bieten wahre Aussagen, die, für sich genommen, trivial und uninteressant sind, doch *aufgrund ihres Ortes* durchdringt die triviale Wahrheit die gesamte Euklidische Theorie, nicht aber die empiristische.

Ein Euklidiker ist nie *gezwungen*, eine Niederlage zuzugeben: sein Programm ist unwiderlegbar. Man kann niemals die reine Existenzbehauptung widerlegen, es gebe eine Menge trivialer erster Grundsätze, aus der alles Wahre folge. So wird vielleicht die Wissenschaft bis in alle Ewigkeit vom Euklidischen Programm als einem regulativen Prinzip, einer 'einflußreichen Metaphysik'[6]) heimgesucht. Ein Euklidiker kann immer bestreiten, daß das Euklidische Programm als ganzes zusammengebrochen sei, wenn ein bestimmter Anwärter auf den Status der Euklidischen Theorie ins Wanken gerät. Ja, die strengen Euklidiker lassen selbst ständig wissen, die 'Euklidischen' Theorien ihrer Vorgänger seien nicht *wirklich* Euklidisch gewesen, die Intuition, die die Wahrheit der Axiome bezeugte, sei unzulässig gewesen, irreführend, ein Irrlicht, nicht das wahrhaft echte, wegweisende Licht der Vernunft. Entweder fangen sie dann völlig von vorne an, oder sie behaupten, im Euklidischen Märchenland müsse

---

[5]) Vgl. Braithwaite u. a. [1938].
[6]) Watkins [1958].

der windungsreiche Pfad zu den sonnigen Höhen der Trivialität notwendig durch finstere Schluchten führen. Man muß nur hoffen und weiterklettern.

Kurzsichtige oder erschöpfte Euklidiker lassen sich vielleicht dazu verleiten, eine finstere Schlucht mit einem lichten Gipfel zu verwechseln. Einerseits kann zwar Kritik und jedenfalls Widerlegung ein noch so trivial aussehendes Hintergrundwissen enttrivialisieren – ein schönes Beispiel ist die Einsteinsche Kritik der Gleichzeitigkeit –, doch andererseits kann autoritäre Handhabung sowie Bewährung eine noch so differenziert aussehende Spekulation trivialisieren (ins nicht in Frage gestellte Hintergrundwissen abschieben), wofür die Kantische Haltung zur Newtonschen Mechanik ein amüsantes Beispiel ist. Widerlegung veranlaßt zum Lernen, Bewährung zum Vergessen. So kann ein dünkelhafter Rationalismus – in Form einer Art 'Gummi-Euklidianismus' – die Grenzen des Evidenten ausdehnen, und zwar nicht nur in Erfolgsphasen, sondern auch in verzweifelten Rückzugsphasen.[7])

(3) Manche Dogmatisten versuchten, die Erkenntnis durch eine nicht-Euklidische Methode vor den Skeptikern zu retten. Als die Vernunft an der Spitze geschlagen war, suchte sie Zuflucht und Ankergrund auf der unteren Ebene. Doch hier besitzt die Wahrheit nicht dieselbe Kraft wie an der Spitze. Durch die Induktion wollte man die Symmetrie wiederherstellen. Das induktivistische Programm war ein verzweifelter Versuch, einen Kanal zu bauen, durch den die Wahrheit von den Grundaussagen *aufwärts* floß, nach dem neuen logischen *Prinzip der Rückübertragung der Wahrheit*. Ein solches Prinzip würde den Induktivisten instandsetzen, das ganze System von unten her mit Wahrheit zu erfüllen. Eine solche *'induktivistische Theorie'* ist, genau wie eine Euklidische, notwendigerweise widerspruchsfrei, denn alle in ihr vorkommenden Aussagen sind wahr.

Ein induktiver Kanal sah im 17. Jahrhundert nicht von vornherein so unmöglich aus wie heute, sofern man die Deduktion auf die Kartesische Intuition gründete und die Aristotelische formale Logik herabsetzte. Wenn es eine deduktive Intuition gab, warum sollte es dann nicht auch eine gleichberechtigte induktive Intuition geben? Doch die Geschichte der Logik (d. h. der Theorie der Wahrheitswert-Übertragungskanäle) von Descartes bis heute ist im wesentlichen *die Geschichte der Kritik und Verbesserung der deduktiven und der Zerstörung der induktiven Kanäle* durch 'Formalisierung' der Logik.

Wenn der Induktivismus zweifelhafte, verborgene, theoretische Aussagen von der – gewöhnlich empirischen – unteren Ebene her *beweisen* will, dann muß er auch die Bedeutung der theoretischen Ausdrücke völlig klären – ohne endgültige Begriffe keine endgültige Wahrheit. Der Induktivist muß also theoretische Ausdrücke mit Hilfe von 'Beobachtungsausdrücken' definieren. Mit expliziten Definitionen ist das nicht möglich, daher versucht es der Induktivist mit Kontextdefinitionen, mit impliziten Definitionen, mit 'logischen Konstrukten'. Wenn man in der Mathematik alles von oben her beweisen wollte, mußte man alles mittels der völlig bekannten Spitzen-Ausdrücke neu definieren, rekonstruieren. Wenn man in

---

[7]) Der Gummi-Euklidianismus liefert manchmal *Beweise* mit einer erheiternden Schein-Strenge. Mach nennt den Euklidianismus in der Wissenschaft 'Sucht zu beweisen' (Mach [1883], Kap. 1, § 5, Ziff. 5). Er gibt eine eindrucksvolle Aufzählung: 'Archimedes *beweist* in der angedeuteten Art sein Hebelgesetz, Stevin sein Gesetz des schiefen Druckes, Daniel Bernoulli das Kräfteparallelogramm, Lagrange das Prinzip der virtuellen Verschiebungen' (1.5.3). Er hätte natürlich viele weitere Namen nennen können, wie Mauptertuis und Euler, dessen Euklidische Neigungen er in anderem Zusammenhang bespricht (Kap. 4, § 2). (Doch er übergeht Eulers Beweise der Newtonschen Axiome.)

der empirischen Wissenschaft alles von unten her beweisen will, dann muß man erst einmal alles mittels der völlig bekannten Ausdrücke der untersten Ebene neu definieren, rekonstruieren. (Vor allem, wenn man ein 'strenger Induktivist' ist, denn dann muß nicht nur die Wahrheit aufwärts fließen, sondern auch die Bedeutung, weil ja keine Wahrheit in sinnlose Sätze hineinfließen kann.) *Das Problem des induktiven Beweises* und das der Definition theoretischer Ausdrücke mit Hilfe von Beobachtungsausdrücken – man könnte es *das Problem der induktiven Definition* nennen – sind also Zwillingsprobleme, und ihre Lösbarkeit ist eine Zwillingsillusion.[8])

Die ursprüngliche Form des induktivistischen Programms wurde durch die skeptische Kritik zerstört. Doch die meisten können sich immer noch nicht mit der empiristischen Revolution abfinden, sie halten sie immer noch für eine Majestätsbeleidigung für die Vernunft. Einige moderne Ideologen des Induktivismus – ich spreche jetzt von einer ganz bestimmten Richtung des logischen Positivismus – füllten Bibliotheken zur Verteidigung einer neuen, schwachen Form des alten Programms: des *probabilistischen Induktivismus*. Vor allem können sie sich – mit Recht – nicht dazu verstehen, daß ein realwissenschaftliches deduktives System, abgesehen von seiner untersten Ebene, sinnlos sei. Sie behaupten, eine Theorie sei mit Bedeutung versehen, wenn sie bis auf die Ebene der Beobachtungsaussagen hinabreicht. So können nach ihren 'Verifikationsgrundsätzen' theoretische Aussagen eine Bedeutung haben, doch worin diese konkret besteht, darüber erfährt man nichts. Strenge Empiristen können sich – zu Unrecht – zu keinen anderen Bedeutungssetzungen als auf der untersten Ebene der Theorie verstehen. Sind dann theoretische Aussagen sinnvoll, ohne einen bestimmten Sinn zu haben? Aus diesem Dilemma winden sie sich heraus, indem sie den Begriff der Definition – der Bedeutungsübertragung – radikal erweitern, derart, daß er die 'Reduktion' einschließt – ein logischer Taschenspielertrick, der von den Beobachtungs- auf die theoretischen Ausdrücke wenn nicht eine vollständige, so wenigstens eine Ersatz-Bedeutung nach oben rückübertragen soll.[9])

Da sie die formale Logik kennen und anerkennen, müssen sie die Induktion als ungültig betrachten. Doch jetzt, nach der Erweiterung des Begriffs der Bedeutungsübertragung, erweitern sie den Begriff der Wahrheitsübertragung so, daß von den Beobachtungs- auf die theoretischen Aussagen wenn nicht Wahrheit, so wenigstens partielle, wahrscheinliche Wahrheit, irgendein 'Bestätigungsgrad' nach oben rückübertragen wird.[10])

Eine Theorie mit probabilistischer Induktion ist wahrscheinlich widerspruchsfrei. Eine probabilistische Theorie der wahrscheinlichen Widerspruchsfreiheit könnte jederzeit entstehen.

---

[8]) Russells 'konstruktivistische' Methode war ein Versuch, das Problem der induktiven Definition zu lösen und so eine feste theoretische Grundlage für seinen Induktivismus zu gewinnen. Eine ausgezeichnete Behandlung findet sich bei Weitz [1944].
[9]) Vgl. Carnap [1936] und wegen der neueren Literatur einige Artikel und Literaturangaben bei Feigl u. a. [1958].
[10]) Der Gedanke läßt sich zurückverfolgen auf Leibniz [1678] und Huygens [1690], Vorwort. Die induktive Logik wurde von Keynes, Reichenbach und Carnap durch die neue, schwächere Wahrscheinlichkeitslogik ersetzt. Literaturhinweise und Kritik bei Popper [1959], Kap. 10.

1 Unendlicher Regreß und Grundlagen der Mathematik

Bei der Kritik des überholten, dummen und eingebildeten modernen Induktivismus sollte man nicht dessen gute Herkunft vergessen. Das induktivistische Glaubensbekenntnis des 17. und 18. Jahrhunderts spielte eine sehr wichtige und fortschrittliche Rolle. Es war die große Lebenslüge der jungen spekulativen Wissenschaft in dem finsteren vor-Popperschen Zeitalter der Aufklärung, als man bloße Vermutungen verachtete, eine Widerlegung ein Makel und die Gewinnung einer autoritativen Quelle der Wahrheit eine lebenswichtige Frage war. Die Verlagerung der Autorität von der Offenbarung auf die Tatsachen stieß natürlich auf den Widerstand der Kirche. Scholastische Logiker und 'Humanisten' predigten ständig das böse Ende des induktivistischen Abenteuers und zeigten – anhand der Aristotelischen formalen Syllogistik –, daß es keinen gültigen Schluß von Wirkungen auf Ursachen geben könne, daß somit empirisch-wissenschaftliche Theorien nicht wahr sein könnten, sondern bloß Werkzeuge für fehlbare Voraussagen: 'mathematische Hypothesen'. Sie wandten sich gegen jene Ideologen der modernen Wissenschaft, die die Aristotelische Logik ablehnten und eine informale, intuitive Logik und die Induktion predigten. Während sie die Wahrheit der Offenbarung verteidigten, unterwarfen sie die Wahrheit der Vernunft und der Erfahrung einer verheerenden Kritik. Das Bündnis zwischen Euklidianismus und Induktivismus im 17. Jahrhundert verteidigte die Wissenschaft gegen ihre Erniedrigung und kämpfte für ihr Ansehen.

Die Empiristen taten sich bei der Kritik des Euklidianismus hervor. Sie kritisierten die Garantie für die intuitive Euklidische Wahrheitssetzung: die Evidenz. Doch die schlüssige empiristische Vernichtung des Induktivismus erfolgte paradoxerweise durch einen Philosophen, der die erkenntnistheoretische Revolution über den Empirismus hinausführte: Popper. Popper zeigte in seiner Kritik der probabilistischen Form der Theorie des induktiven Schließens, daß es auch keine partielle Übertragung von Bedeutung und Wahrheit nach oben geben kann. Doch dann zeigte er, daß Bedeutungs- und Wahrheitswert-Setzungen auf der untersten Ebene keineswegs trivial sind, daß es keine 'empirischen' Begriffe gibt, sondern *nur* 'theoretische', und daß die Wahrheitswerte von Basisaussagen nichts Endgültiges an sich haben, womit er die alte griechische Kritik der Sinneserfahrung wieder aufnahm.

(4) Der Poppersche *kritische Fallibilismus* nimmt den unendlichen Regreß bei Beweisen und Definitionen ernst, er macht sich keine Illusionen darüber, ihn 'aufhalten' zu können, er erkennt die skeptische Kritik jeder unfehlbaren Wahrheitssetzung an. Für ihn gibt es keine Grundlagen der Erkenntnis, weder an der Spitze noch auf der untersten Ebene der Theorien, doch an jedem Punkt kann es vorläufige Wahrheits- und Bedeutungs-Setzungen geben. Eine 'empiristische Theorie' ist entweder falsch oder vermutungshaft. Eine 'Poppersche Theorie' kann nur vermutungshaft sein. Man *weiß* nie, man vermutet nur. Doch man kann seine Vermutungen kritisierbar machen, kritisieren und verbessern. In diesem kritischen Programm werden viele alte Probleme – so das der probabilistischen Induktion, der Reduktion, der Begründung des synthetischen Apriori, der Begründung der Sinneserfahrung u.a. – zu Scheinproblemen, weil sie alle die falsche dogmatische Frage beantworten: *Woher weißt du?* Doch anstelle dieser alten Probleme entstehen viele neue. Die neue Hauptfrage: *wie verbessert man seine Vermutungen?* gibt den Philosophen auf Jahrhunderte genug Arbeit; und wie man leben, handeln, kämpfen, sterben soll, wenn man nur Vermutungen hat, das gibt den künftigen politischen Philosophen und Pädagogen mehr als genug zu tun.

Der unermüdliche Skeptiker freilich wird wiederum fragen: 'Woher *weißt* du, daß du deine Vermutungen auch wirklich verbesserst?' Doch jetzt ist die Antwort nicht schwer: 'Ich vermute es.' Gegen einen unendlichen Regreß von Vermutungen ist nichts einzuwenden.

2 Die Vermeidung des unendlichen Regresses durch logisierende Trivialisierung der Mathematik

Vom 17. bis zum 20. Jahrhundert befand sich der Euklidianismus auf einem säkularen Rückzug. Die gelegentlichen Nachhutgefechte, die den Durchbruch durch die Hypothesen zu den Gipfeln der *ersten Grundsätze* bringen sollten, hatten alle keinen Erfolg. Die fehlbare Differenziertheit des empiristischen Programms gewann, die unfehlbare Trivialität der Euklidiker verlor. Die Euklidiker konnten sich nur in jenen unterentwickelten Gebieten halten, auf denen die Erkenntnis immer noch trivial ist, wie in der Ethik, der Wirtschaftswissenschaft u. a.[11])

Dieser vierhundertjährige Rückzug scheint an der Mathematik spurlos vorübergegangen zu sein. Hier hielten die Euklidiker ihre ursprüngliche Stellung. Das Durcheinander der Analysis im 18. Jahrhundert war natürlich ein Rückschlag. Doch seit der Cauchyschen Revolution der Strenge kamen sie den Gipfeln langsam, aber sicher immer näher. Mit einer – sehr zurückhaltenden – Euklidisierung gelang Cauchy und seinen Nachfolgern das Wunder: Sie machten aus dem 'grenzenlosen Dunkel der Analysis'[12]) eine kristallklare Euklidische Theorie. 'Diese große Mathematikerschule hat mit überraschenden Definitionen die Mathematik vor den Skeptikern gerettet und ihre Sätze streng bewiesen.'[13]) Die Mathematik wurde trivialisiert, aus unbezweifelbaren, trivialen Axiomen abgeleitet, in denen nur völlig klare, triviale Begriffe vorkommen und von denen die Wahrheit in deutlichen Kanälen herabströmt. Begriffe wie 'Stetigkeit', 'Grenzwert' usw. wurden definiert anhand von Begriffen wie 'natürliche Zahl', 'Klasse', 'und', 'oder' usw. Die 'Arithmetisierung der Mathematik' war eine ganz wunderbare Euklidische Leistung. Selbst Empiristen mußten zugeben, daß Euklid, der 'böse Geist' der empirischen Wissenschaft, als der 'gute Geist' der Mathematik anzuerkennen sei.[14]) In der Tat sind die modernen logischen Empiristen zwar in der empirischen Wissenschaft alles andere als radikale 'Empiristen' (die meisten sind Induktivisten), aber in der Mathematik radikale Euklidiker. Waschechte Euklidiker aber – wie der junge Russell – beschränkten sich nie auf dieses enge Gebiet; sie strengten sich sehr an, ihr Programm in der Mathematik durchzuziehen, und hofften dann, das verlorene Gebiet zurückgewinnen zu können: das gesamte Reich der Erkenntnis euklidisieren und trivialisieren zu können.

Doch keine Euklidische Theorie kann jemals der skeptischen Kritik standhalten. Und die einschneidendsten skeptischen Argumente gegen den mathematischen Dogmatismus stammten aus den selbstquälerischen Zweifeln der Dogmatisten selbst: Sind wir wirklich bis zu den Grundbegriffen vorgedrungen? Haben wir wirklich die Axiome erreicht? Sind unsere Wahrheitskanäle wirklich sicher? Diese Fragen spielten eine entscheidende Rolle bei Freges und Russells großangelegtem Versuch, auf noch grundlegendere erste Grundsätze, bis hinter die Peanoschen Axiome der Arithmetik zurückzugehen. Ich möchte mich besonders mit dem Russellschen Ansatz beschäftigen und zeigen, wie er sein ursprüngliches Euklidisches Pro-

---

[11]) Zur Ethik s. Sidgwick [1874], Buch 3 (Intuitionismus); neuere Literatur bei Warnock [1960]. Zur Wirtschaftswissenschaft s. z. B. Robbins [1932], S. 78 f., und v. Mises [1960], S. 12 f., dt. S. 12 f.
[12]) Abel [1826b], S. 263.
[13]) Ramsey [1931], S. 56, und im Anschluß daran Russell [1959], S. 125, kennzeichnen so ihre eigene Zielsetzung und Methode.
[14]) Braithwaite [1953], S. 353.

gramm nicht durchhalten konnte, wie er sich schließlich auf den Induktivismus zurückzog, wie er lieber Unklarheit in Kauf nahm, als sich der Tatsache zu stellen, daß das Interessante in der Mathematik Vermutungscharakter hat.

Hauptproblem der Russellschen Philosophie war stets die Rettung der Erkenntnis vor den Skeptikern. 'Die Skepsis ist zwar logisch unangreifbar, aber psychologisch unmöglich, und jede Philosophie, die sich angeblich zu ihr bekennt, hat etwas Leichtfertiges und Unaufrichtiges an sich' (Russell [1948], S. 9). In seiner Jugend hoffte Russell, der Skepsis mit Hilfe eines großangelegten Euklidischen Programms entgehen zu können. Seine 'philosophische Entwicklung' ist faktisch die schrittweise Aufgabe des Euklidianismus, die jeden Zentimeter Bodens tapfer verteidigte und soviel Gewißheit wie nur möglich rettete.

Es ist eindrucksvoll, sich den Optimismus seiner frühen Pläne vor Augen zu führen. Russell meinte, ehe man 'das Gebiet der Gewißheit auf andere Wissenschaften ausdehnen' könne, müsse man erst einmal 'eine vollkommene Mathematik' schaffen, 'die keinen Raum für Zweifel lassen sollte' (Russel [1959], S. 36). Dazu mußte er 'die mathematische Skepsis widerlegen' (ebenda, S. 209) und so einen festen Euklidischen Brückenkopf für den späteren Großangriff schaffen. Der Ausgangspunkt von Russells philosophischem Lebensweg war also der Ausbau der Mathematik zu einem Euklidischen Brückenkopf.

Er fand die mathematischen Beweise erschreckend unzuverlässig. 'Ein großer Teil der Argumente, die ich anerkennen sollte, war offensichtlich nicht schlüssig' (ebenda, S. 209). Auch der Gewißheit der Axiome – seien es geometrische oder arithmetische – traute er nicht recht. Er war sich der skeptischen Kritik der Intuition bewußt: Das Leitmotiv seiner allerersten Veröffentlichung war der Kampf gegen 'die Verwechslung des psychologisch Subjektiven und des logisch Apriorischen' (Russell [1895], S. 245). Woher kann man wissen, daß die Wahrheitssetzungen an der Spitze über jeden Zweifel erhaben sind? In diesem Zusammenhang analysierte er die Axiome der Geometrie und der Arithmetik eins nach dem anderen und fand, daß sie sich auf ganz verschiedenartige Intuitionen stützten. In seiner ersten veröffentlichten Arbeit (1896) analysiert Russell die Axiome der Euklidischen Geometrie von seinem Standpunkt aus und kommt zu dem Ergebnis, einige seien sicher wahr, und zwar a priori wahr, denn 'ihre Leugnung würde zu logischen und philosophischen Absurditäten führen' (S. 3). So war für ihn die Homogenität des Raumes a priori wahr, denn 'das Fehlen von Homogenität und Passivität wäre ... absurd; kein Philosoph hat, soweit mir bekannt ist, je diese beiden Eigenschaften des leeren Raumes in Zweifel gezogen; sie scheinen ja aus dem Grundsatz zu fließen, daß das Nichts nicht auf etwas wirken kann ... Man muß also aus rein philosophischen Gründen ... z.B. das Kongruenzaxiom anerkennen' (S. 4). Dagegen war für ihn das Axiom der Dreidimensionalität des Raumes empirisch, doch hielt er seine Gewißheit für 'fast ebenso groß', als gälte es a priori (S. 14); freilich ist es nicht '*logisch* unausweichlich' (Hervorhebung von mir), sondern man kann nur 'annehmen, daß sein evidenter Charakter aus der Anschauung herrührt' (S. 23).

Russell versuchte also, eine Hierarchie apriorischer Wahrheiten aufzustellen, von für richtig gehaltenen 'mathematischen Sachverhalten' in Geometrie und Arithmetik. Er las 'alle erreichbaren Bücher, die ihnen eine festere Grundlage zu verschaffen schienen' (Russell [1959], S. 209). So stieß er auf Frege. Sofort stellte er sich auf den Boden von Freges Ansatz: die gesamte Mathematik aus trivialen *logischen* Grundsätzen abzuleiten. Die arithmetische Intuition gehörte genau so in den Papierkorb für enttrivialisierte ehemalige Trivialitäten wie die mechanische und die geometrische – die logische Intuition dagegen mußte inthronisiert werden, nicht einfach als eine 'Intuition', sondern als unfehlbare Erkenntnis, als super-triviale Super-Intuition. Die arithmetisierende Trivialisierung der Mathematik mußte entthront und durch die logisierende Trivialisierung ersetzt werden.

Zum rechten Verständnis dieses Schrittes muß man den besonderen Platz der logischen Intuition erkennen. Die Euklidiker können eines besonders gut: die intuitiven Quellen der Wahrheitssetzungen an der Spitze entthronen, die ihre Vorgänger inthronisiert haben. Die Geschichte des Euklidianismus ist voll von solchen Entthronungen. Ein Beispiel ist der mathematische Euklidianismus. Die Entdeckung der Irrationalzahlen führte die Griechen zur Aufgabe der Pythagoräischen arithmetischen und zur Annahme der Euklidischen geometrischen Intuition: Die Arithmetik mußte in kristallklare Geometrie übersetzt werden. Dazu entwickelten sie ihre komplizierte 'Theorie der Proportionen'. Das 19. Jahrhundert ging bei der 'Klärung' des Begriffs der Irrationalzahl wieder auf die arithmetische als die *maßgebliche Intuition* zurück. Später konkurrierten um diese Stellung die Cantorsche mengentheoretische, die Russellsche logische, die Hilbertsche 'globale' und die Brouwersche 'konstruktivistische' Intuition. Bei diesem Kampf um das Exklusivrecht, Wahrheitswerte an der Spitze einzuführen, spielt die logische Intuition eine ganz besondere Rolle: Wer auch immer den Kampf um die Axiome gewinnt, man muß sich der logischen Intuition bedienen, um die Wahrheit von der Spitze bis in die entferntesten Teile des Systems hineinzutragen. Auch die Empiristen, die in der empirischen Wissenschaft alle Intuitionen auf höchster Ebene verbannten (aber die Tatsachenintuition auf der untersten Ebene inthronisierten), müssen sich einer trivial-unproblematischen Logik bedienen, um ihre Widerlegungen nach oben weiterzugeben. Soll Kritik schlüssig sein, so muß sie tödlich zuschlagen, und zwar mittels einer unerbittlichen Logik. Die Sonderstellung der logischen Intuition erklärt, warum in ihr auch Erzfeinde der Intuition gar keine 'Intuition' sehen – sie brauchen sie, um die anderen Intuitionen zu kritisieren.[15] Doch wenn *jedes* dogmatische Programm – sei es ein Euklidisches dieser oder jener Art, ein induktivistisches oder empiristisches – eine triviale, wirklich unfehlbare logische Intuition braucht, dann wäre es gewiß ein ungeheurer Gewinn, wenn man zeigen könnte, daß die gesamte Mathematik überhaupt *nur* die logische Intuition braucht: Es gäbe dann nur noch eine einzige Quelle der Gewißheit für die Axiome wie auch für die Wahrheitsübertragung.

Doch zuerst mußte die logische Intuition auf eigene Füße gestellt, von fremden Intuitionen gereinigt werden. In den klassischen Euklidischen Theorien mußte jeder wichtige logische Schritt durch ein besonderes Axiom gerechtfertigt werden. Jede Aussage von der Form 'Aus A folgt B' oder besser 'Aus A folgt offensichtlich B' mußte unabhängig als richtig erkannt werden. Die Kartesische Logik enthält eine unbestimmte unendliche Menge gegenstandsbezogener Axiome. Russell stellte sich eine leistungsfähige Logik aus wenigen ausformulierten trivialen, 'gegenstandsneutralen'[16] Axiomen vor. Er hatte zunächst nicht erkannt, daß die Logik, wenn sie ein super-triviales Euklidisches deduktives System werden soll, einerseits super-triviale *Axiome* enthalten muß und andererseits eine super-super-triviale Logik dieser Logik mit besonderen *Regeln* zur Wahrheitsübertragung in ihr: 'Die gesamte reine Mathematik – Arithmetik, Analysis und Geometrie – wird aufgebaut durch Kombinationen der

---

[15] So gilt z. B. nach Couturat ([1905], Kap. 1, dt. S. 7f.): 'Die Evidenz [ist] nicht nur keine Bedingung, sondern eher ein Hindernis logischer Strenge. ... Evidenz [ist] ... ganz subjektiv, ... also der Logik fremd.'
[16] Der Ausdruck stammt von Ryle [1953].

1 Unendlicher Regreß und Grundlagen der Mathematik

Grundgedanken der Logik, und ihre Aussagen werden aus den allgemeinen Axiomen der Logik wie dem Syllogismus und den anderen Schlußregeln abgeleitet' (Russell [1901b], S. 76). Diese 'Axiome' sind *jetzt wirklich* trivialerweise wahr, sie leuchten jenseits allen Zweifels im natürlichen Licht der *rein logischen* Vernunft, 'Grenzsteine, in einem ewigen Grund befestigt, von unserem Deuten überflutbar zwar, doch nicht verrückbar' (Frege [1893], S. XVI). Die in ihnen vorkommenden *Ausdrücke* sind *wirklich* völlig klare logische Ausdrücke. Das Lexikon besteht im wesentlichen nur aus zwei trivialen Ausdrücken: *'Relation'* und *'Klasse'*. 'Wer Arithmetiker werden will, muß wissen, was diese Ideen bedeuten.' Doch nichts ist leichter als dies. 'Man muß zugeben: Was ein Mathematiker am Anfang wissen muß, ist nicht viel' (Russell [1901b], S. 78f.). In dieser Periode – ein oder zwei Monate vor der Entdeckung seiner Antinomie – hielt er die *endgültige* Euklidisierung der Mathematik für geleistet und die Skepsis auf immer für besiegt: 'In der gesamten Philosophie der Mathematik, die bisher mindestens so voll von Zweifeln war wie irgendein anderer Zweig der Philosophie, sind Ordnung und Gewißheit an die Stelle von Verwirrung und Zweifel getreten, wie sie früher das Bild beherrschten' (ebenda, S. 79f.). Und somit galt:

'Auf jene Art der Skepsis, die die Ideale aufgibt, weil der Weg steinig und das Ziel nicht mit Sicherheit erreichbar ist, bildet die Mathematik auf ihrem Gebiet eine vollständige Antwort. Allzuoft heißt es, es gebe keine absolute Wahrheit, sondern nur Meinungen und persönliche Urteile; jeder Mensch sei in seiner Weltsicht durch seine persönlichen Eigenheiten, seinen Geschmack und seine Vorurteile bestimmt; es gebe kein ewiges Reich der Wahrheit, in das man mit Geduld und Disziplin schließlich Einlaß erlangen kann, sondern nur Wahrheit für mich, für dich, für jeden einzelnen. Diese Geisteshaltung leugnet eines der wichtigsten Ziele des Menschen, und die erhabene Tugend der Objektivität, der furchtlosen Anerkennung dessen, was ist, verschwindet aus unserem moralischen Gesichtskreis. Diese Skepsis wird durch die Mathematik auf immer widerlegt; denn ihr Gebäude von Wahrheiten steht unerschütterlich da und ist unüberwindbar für alle Waffen des zynischen Zweifels' (ebenda, S. 71).

Wir wissen alle, wie die kurzen Euklidischen 'Flitterwochen' der 'geistigen Trübsal' (Russell [1959], S. 73) Platz machten, wie die angestrebte logisierende Trivialisierung der Mathematik zu einem raffinierten System degenerierte mit 'Axiomen' wie dem Reduzibilitäts-, dem Unendlichkeits-, dem Auswahlaxiom und mit der verzweigten Typentheorie – einem der kompliziertesten theoretischen Labyrinthe, das ein menschliches Gehirn je erdacht hat. *'Klasse'* und *'Klasse-Element-Beziehung'* entpuppten sich als dunkel, mehrdeutig, alles andere als 'völlig bekannt'. Es trat sogar das völlig un-Euklidische Bedürfnis nach einem Beweis der Widerspruchsfreiheit auf, der gewährleisten sollte, daß die 'trivialerweise wahren Axiome' einander nicht widersprächen. All dies und das Nachfolgende muß jedem Kenner des 17. Jahrhunderts als déjà vu vorkommen: Der Beweis mußte der Erklärung weichen, die völlig bekannten den theoretischen Begriffen, die Trivialität der Kompliziertheit, die Unfehlbarkeit der Fehlbarkeit, die Euklidische der empiristischen Theorie. Man begegnet auch der gleichen Sperre gegen die Anerkennung des dramatischen Wandels: die gleichen Nachhutgefechte, Hoffnungen und Ersatzlösungen.

Russells erste Reaktionen auf seine nicht so gedachten, unerwünschten und alles andere als trivialen 'Principia' folgen demselben Muster wie die klassischen Versuche im 17. Jahrhundert, den Dogmatismus zu retten. Ich erwähnte ihrer zwei: (1) Man hält an dem ursprünglichen Euklidischen Programm fest und versucht, entweder durch die Hypothesen hindurch zu ersten Grundsätzen vorzustoßen, oder man dehnt die Intuition und verwandelt die paradoxe Spekulation von gestern in die offensichtliche von heute; oder, wenn das nichts hilft, versucht man, (2) durch eine Rechtfertigung der Induktion die auf der untersten Ebene hereinkommende Wahrheit nach oben durch das ganze System hindurchzuschicken.

(1) So, wie Newton das Gravitationsgesetz mit Hilfe von Grundsätzen der Kartesischen Stoßmechanik zu erklären hoffte, so erhoffte Russell die Trivialisierung des Reduzibilitätsaxioms (Russell [1925], S. 59 f.): 'Es dürfte wohl sehr unwahrscheinlich sein, daß sich das Axiom als falsch herausstellt, doch es ist keineswegs unwahrscheinlich, daß sich seine Ableitbarkeit aus einem anderen, grundlegenderen und evidenteren Axiom herausstellt.' Später gab er diese Hoffnung auf: 'Von diesem streng logischen Standpunkt aus sehe ich keinerlei Grund, das Reduzibilitätsaxiom als logisch notwendig anzusehen ... Die Einbeziehung dieses Axioms in ein System der Logik ist daher ein Gebrechen, auch wenn das Axiom empirisch wahr ist' (Russell [1919], S. 193).

Russell beschrieb dieses Ablaufschema im Hinblick auf das Parallelenaxiom:
'Nach Kantianischer Auffassung mußte man sich auf den Standpunkt stellen, alle Axiome seien evident – doch beim Parallelenaxiom fiel das ehrlichen Leuten schwer. Daher begann man nach einleuchtenderen Axiomen zu suchen, die man zu apriorischen Wahrheiten erklären könnte. Es wurden viele solche Axiome vorgeschlagen, doch alle konnte man vernünftigerweise bezweifeln, und die Suche führte bloß zur Skepsis' (Russell [1903], § 353).
Hätte er zugegeben, daß *seine* Suche nach 'einleuchtenden' logischen Axiomen, 'die man zu apriorischen Wahrheiten erklären könnte', nur zur Skepsis führte?

Im Falle der Typentheorie zog sich Russell auf den 'Gummi-Euklidianismus' zurück. Er war überzeugt, daß es eine triviale Lösung der Russelschen Antinomie gebe. Das konnte freilich nur eine sehr schwache Hoffnung sein, denn anders als bei der komplizierten Burali-Fortischen Antinomie erwiesen sich hier die trivialsten Alltagsaussagen als widerspruchsvoll, so daß man zur Abhilfe hätte annehmen müssen, daß die Negation eines Axioms des gemeinen Verstandes wahr sei. Die Zermelosche Lösung – die bewußte Anerkennung der Negation des als trivialerweise wahr erscheinenden Abstraktionsprinzips – lag auf dieser Linie. Doch der Euklidisch gesinnte Russell scheute sich vor einer solche Lösung. Er befreundete sich nie mit der axiomatischen Mengenlehre. Er meinte, man müsse nur den gemeinen Verstand mit aller Anstrengung von irrigen Vorstellungen reinigen – wieder eine Denkfigur des 17. Jahrhunderts –, und dann würde man mit Hilfe des neugewonnenen natürlichen Lichts *deutlich sehen,* daß *natürlich* schon immer mit dem Argument ganz offenbar etwas nicht in Ordnung war. Da es dem Euklidischen Hochmut vielleicht zu schwer angekommen wäre, einen *Hilfssatz* in einer Argumentation aufzuspüren und für trivialerweise falsch statt trivialerweise wahr zu erklären, fand Russell heraus, daß man anstelle dieser de facto enttrivialisierenden Methode eine andere verwenden könne: Der schädliche *Hilfssatz* ist *nicht trivialerweise falsch, sondern trivialerweise sinnlos* – nur ist man erst jetzt darauf gekommen, ihn so zu sehen. Man muß jetzt erst einmal prüfen, ob eine Aussage sinnvoll oder ein sinnloses Monstrum ist. Ist sie sinnlos, so kann sie nicht wahr oder falsch sein; wird sie aber nicht auf (offenbare) Sinnlosigkeit geprüft, sondern gleich auf ihre Wahrheit, so könnte man dem Irrtum unterliegen, sie für trivialerweise wahr zu halten.

Diese 'Methode der Monstersperre' ist ein üblicher, gewöhnlich allerdings unfruchtbarer Euklidischer Abwehrmechanismus.[17]) Trotzdem wurde sie zu einem wichtigen

---

[17]) Vgl. Lakatos [1961], Kap. 1 (* wesentlich verändert als Lakatos [1976c], Kap. 1 (d. Hrsgg.)). [[Vgl. insbes. Abschn. 4.2.]]

1 Unendlicher Regreß und Grundlagen der Mathematik

Grundsatz des logischen Positivismus, als eine monströse Verallgemeinerung der Russellschen Typentheorie. Ihre Hauptgefahr besteht darin, daß sie entscheidende nichttriviale Annahmen in den Definitionen und damit hinter den Kulissen des theoretischen Apparats verbirgt. In metamathematischer Redeweise gehört die Typentheorie zu den Bildungsregeln (für die Bildung zulässiger Formeln) und nicht zu den Axiomen. Die Bedeutung dieses Schrittes zeigt sich in Kemenys Plädoyer für den Logizismus. In seiner halbpopulären Schrift [1959], S. 21, heißt es:

'Von der Mathematik wird gezeigt, daß sie nicht mehr als hochentwickelte Logik ist. Dabei kommen zwei neue logische Grundsätze ins Spiel, das Unendlichkeits- und das Auswahlaxiom; sie sind etwas umstritten, doch das braucht uns hier nicht zu kümmern. Es genüge die Feststellung: erkennt man sie – wie die meisten Logiker – als logische Grundsätze an, dann folgt die gesamte Mathematik und wird einfach zu fortgeschrittener Logik.'

Kemeny erwähnt nicht die Typentheorie – die natürlich dieses Bild von der unfehlbaren Trivialität der Logik, das er für seine Leser entwirft, stören würde –, und dabei kann er sich darauf berufen, daß die Typentheorie zu den Bildungsregeln und nicht zu den Axiomen gehört.

Russell wußte natürlich, daß für sein ursprüngliches Euklidisches Programm die Trivialität der Typentheorie ganz lebenswichtig war. Daher bestand er auf dem 'Prinzip vom circulus vitiosus', auf der Sinnlosigkeit von Aussagen, die sich auf sich selbst beziehen, als dem Grundgedanken der Typentheorie. Er meinte, dieses Prinzip würde als offenkundig anerkannt werden, so daß seine Beseitigung der Widersprüchlichkeit der naiven Logik mit dem euklidianistischen Leitsatz übereinstimme, 'daß die Lösung *bei näherer Überlegung* dem sogenannten 'logischen gemeinen Verstand' einleuchten sollte – daß sie also am Ende genau als das erscheinen sollte, was man schon immer hätte erwarten sollen' (Russell [1959], S. 79f.). Die – inzwischen aussichtslos gewordene – Suche nach einer *trivialen* Lösung zwang ihn also zu dem methodologisch armseligen Aussperren der Monstren, zu dem ganz bösen Fehler des Kreuzzugs gegen die Selbstbezüglichkeit und zu der 'ziemlich schlampigen' (Ramsey [1931], S. 24) Ableitung der Typentheorie aus diesem Grundsatz.[18] Die Typentheorie, wenn als evident, als 'an sich einleuchtend' (Russell [1925], S. 37) hingestellt, ist ein schönes Beispiel für Gummi-Euklidianismus. Russells Streben nach Euklidischer Trivialität erklärt auch sein Entsetzen über Quines spekulative 'logische Virtuosität' (Russell [1959], S. 80). Ein Gummi-Euklidiker neigt dazu, die Trivialitäten anderer als Spekulationen abzutun, seine eigenen Spekulationen aber als Trivialitäten auszugeben.

(2) Russell verzweifelt gelegentlich an der Euklidischen Offensichtlichkeit und spricht sich für eine Art Induktivismus aus:

'Daß das Reduzibilitätsaxiom evident sei, läßt sich kaum vertreten. Doch Evidenz ist auch nie mehr als ein Teilgrund für ein Axiom, und sie ist niemals unentbehrlich. Die Begründung für ein Axiom, wie für jede andere Aussage, ist stets weitgehend eine induktive, nämlich daß viele fast unbezweifelbare Aussagen daraus ableitbar sind, daß keine gleich einleuchtende Möglichkeit bekannt ist, wie diese Aussagen wahr sein könnten, wenn das Axiom falsch wäre, und daß nichts vermutlich Falsches daraus ableitbar ist. Erscheint ein Axiom als evident, so bedeutet das praktisch nur, daß es fast unbezweifelbar ist; denn für evident Gehaltenes hat sich auch schon als falsch erwiesen. Ist nun das Axiom selbst fast unbe-

---

[18]) Vgl. auch Wang [1959].

zweifelbar, so trägt das lediglich zu dem induktiven Beweismaterial bei, das sich daraus ergibt, daß seine Konsequenzen fast unbezweifelbar sind; es ist aber selbst kein völlig neuartiges Beweismaterial. Unfehlbarkeit läßt sich nie erreichen, und daher sollte man immer gewisse Zweifel jedem Axiom und allen seinen Konsequenzen entgegenbringen. In der formalen Logik nehmen die Zweifel weniger Raum ein als in den meisten empirischen Wissenschaften, doch sie fehlen nicht völlig, wie sich daran zeigt, daß die Paradoxien aus Voraussetzungen folgten, die nach vorheriger Erkenntnis keiner Einschränkung bedurften. Was das Reduzibilitätsaxiom betrifft, so spricht sehr starkes induktives Beweismaterial dafür, denn die Überlegungen, die es ermöglicht, und die Ergebnisse, zu denen es führt, scheinen alle richtig' (Russell und Whitehead [1925], S. 59).

Oder:

'Wird die reine Mathematik als deduktives System aufgebaut – d. h. als Menge aller Aussagen, die sich aus einer angegebenen Menge von Voraussetzungen ableiten lassen –, so wird ganz deutlich, daß ein Glaube an die Wahrheit der reinen Mathematik nicht ausschließlich auf dem Glauben an die Wahrheit der Voraussetzungen beruhen kann. Manche Voraussetzungen sind wesentlich weniger einleuchtend als einige ihrer Konsequenzen und werden hauptsächlich wegen dieser für richtig gehalten. Das ist stets der Fall, wenn eine Wissenschaft als deduktives System aufgebaut wird. Nicht die logisch einfachsten Aussagen des Systems sind die einleuchtendsten oder liefern den Hauptteil der Gründe dafür, daß wir das System für richtig halten. Bei den empirischen Wissenschaften liegt das auf der Hand. So läßt sich etwa die Elektrodynamik in die Maxwellschen Gleichungen verdichten, doch diese hält man für richtig wegen der beobachteten Wahrheit gewisser ihrer logischen Folgen. Genau so verhält es sich auch in den reinen Gefilden der Logik; die logisch ersten Grundsätze der Logik – jedenfalls einige davon – sind nicht an sich selbst glaubwürdig, sondern wegen ihrer Konsequenzen. Die erkenntnistheoretische Frage: 'Warum sollte ich diese Aussagen für richtig halten?' ist etwas ganz anderes als die logische Frage: 'Was ist die kleinste und logisch einfachste Menge von Aussagen, aus denen diese Aussagenmenge ableitbar ist?' Unsere Gründe für die Logik und die reine Mathematik sind teilweise nur induktiv und wahrscheinlich, obwohl in ihrer *logischen* Ordnung die Aussagen der Logik und reinen Mathematik aus den logischen Axiomen rein deduktiv folgen. Diesen Punkt halte ich für wichtig, denn es kommt leicht zu Irrtümern, wenn die logische mit der erkenntnistheoretischen Ordnung gleichgesetzt wird, oder auch umgekehrt. Die einzige Art, wie die Arbeit an der mathematischen Logik Licht auf die Wahrheit oder Falschheit der Mathematik wirft, ist die Beseitigung der ihr noch anhaftenden Antinomien. Das zeigt, daß die Mathematik wahr sein *kann*. Doch der Nachweis, daß sie wahr *ist*, würde andere Methoden und Überlegungen erfordern' (Russell [1924], S. 325 f.).

Man staunt, wie mathematische Logiker, die es mit der Strenge so genau nehmen und die absolute Gewißheit erreichen wollen, in den Sumpf des Induktivismus abgleiten können. So scheut etwa der hervorragende Logiker A. Fraenkel nicht die Feststellung, es 'bekommen manche Axiome [der Logik] erst durch die Evidenz der ... Folgerungen so recht ihr volles Gewicht' (Fraenkel [1927], S. 71).

Wie Newton in der Himmelsmechanik, mußte Russell in der Mathematik das Scheitern des Euklidischen Unternehmens erkennen. Doch einige seiner Nachfolger machten daraus eine Tugend, ohne sich seinen wichtigen Konsequenzen zu stellen. So etwa Rosser:

'Wir möchten eines im Zusammenhang mit unserer Verwendung des Wortes 'Axiom' klarstellen. Ursprünglich bedeutete das Wort bei Euklid 'evidente Wahrheit'. Dieser Gebrauch des Wortes 'Axiom' ist in Mathematikerkreisen schon völlig veraltet. Für uns sind die Axiome willkürlich gewählte Aussagen, die in Verbindung mit dem modus ponens zur Ableitung aller gewünschten Aussagen genügen' (Rosser [1953], S. 55).

Rosser meint offenbar 'alle und nur diese' – offenbar tritt er ja nicht für widerspruchsvolle Axiomensysteme ein. Doch welche Aussagen möchte man eigentlich ableiten? Die evidentermaßen wahren? In diesem Fall verschiebt Rossers Aussage lediglich das Problem der Evidenz von den Axiomen auf die 'gewünschten Aussagen'.[19]) Russell selbst hat – wie auch Newton – aus seiner Niederlage nie eine Tugend gemacht. Er verachtete diese Art des 'Postulierens': 'Die Methode des 'Postulierens' des Gewünschten hat viele Vorteile, und zwar dieselben wie der Diebstahl gegenüber der ehrlichen Arbeit' (Russell [1919], S. 71). Postulierer sind nicht notwendig autoritär – sie können 'liberal' sein und sich an der 'Axiomatisierung' jeder beliebigen widerspruchsfreien Aussagenmenge interessiert zeigen. Dieses Spiel hat dann natürlich nichts mit Wahrheit und Wahrheitsübertragung zu tun. Russell hat diese Möglichkeit nie auch nur in Betracht gezogen. Das Postulieren lehnte er ab, in seinen Euklidischen Hoffnungen war er enttäuscht, und so klammerte er sich verzweifelt an die Induktion, von der er hoffte, daß sie das Gespenst der Fehlbarkeit bannen würde, zunächst in der Mathematik und dann auch in der empirischen Wissenschaft: 'Ich sehe keine andere Möglichkeit als die dogmatische Behauptung, daß das Induktionsprinzip oder etwas Entsprechendes eine *Erkenntnis* sei; sonst bleibt nichts anderes übrig, als so gut wie alles über Bord zu werfen, was in der Wissenschaft und im täglichen Leben als Erkenntnis gilt' (Russell [1944], S. 683).[20]) Er hat nie die Möglichkeit in Betracht gezogen, daß die Mathematik Vermutungscharakter haben könnte, und daß das nicht unbedingt heißen muß, die Vernunft völlig über Bord zu werfen.

Es wäre von nur historischem Interesse, alle Einzelheiten von Russells 'Absage an Pythagoras' (Russell [1959], Kap. 17) zu verfolgen: 'Die herrliche Gewißheit, die ich stets in der Mathematik zu finden gehofft hatte, verlor sich in einem verwirrenden Labyrinth' (ebenda, S. 212). Er sah sich gezwungen, den Euklidianismus aufzugeben, der beruht hätte auf einem 'von den Sinnen emanzipierten Denken ... Die Hoffnung auf Vollkommenheit und Endgültigkeit und Gewißheit ist dahin' (ebenda). Nie hat er sich wirklich von der Verwirrung erholt, in die ihn die widerspenstige Mathematik gestürzt hatte. In seiner Arbeit [1912] zögerte er, seine Auffassungen zur Mathematik darzulegen. Statt dessen stimmte er mit einer überraschenden, aber verständlichen Kehrtwendung Kant zu, der ja schließlich sein Verbündeter bei der schweren Aufgabe war, die Wissenschaft zu begründen und die Skepsis zu überwinden (vgl. S. 82–84, 87, 109). Er schrieb ein vorsichtiges Vorwort zu seinem Buch [1919] und verwies darauf, das Buch handle nicht von der eigentlichen mathematischen Philosophie, in der 'auch nur relative Gewißheit noch nicht erreicht ist'; es sei nur eine *Einführung*. 'Ich habe mich aufs äußerste bemüht, in Fragen, in denen es noch ernsthafte Zweifel gibt, nicht dogmatisch zu sein.' In seinem Werk [1948] wird die mathematische Erkenntnis – die er früher für das Musterbeispiel menschlicher Erkenntnis gehalten hatte – überhaupt nicht behandelt. Die Russellsche Antinomie veranlaßte Frege, die mathematische Philosophie auf der Stelle aufzugeben.*[2]) Russell machte noch eine Weile weiter, doch dann folgte er Frege nach.

Ziehen wir nun einige der Folgerungen, zu denen sich Russell nicht verstehen mochte. Der unendliche Regreß bei Beweisen und Definitionen kann nicht durch eine Euklidische Logik vermieden werden. Die Logik kann vielleicht die Mathematik *erklären,* aber sie

---

[19]) Oder: 'Die Anerkennung logischer Grundsätze als kanonisch braucht weder auf willkürlichen Gründen noch auf ihrer angeblich für sich selbst sprechenden Maßgeblichkeit zu beruhen, sondern darauf, daß sie *bestimmte postulierte Ziele* erreichen.' (Nagel [1944], S. 82; Hervorhebung von mir.)
[20]) Vgl. das Friessche Trilemma (Fries [1831]). Vgl. Popper [1959], § 25.
*[2]) Das stimmt nicht – wie Lakatos später erkannte (s. z. B. Bd. 1, Kap. 2, Abschn. 2(a), Anm. zum 9. Abs.). (D. Hrsgg.)

kann sie nicht *beweisen*. Sie führt zu hochdifferenzierter Spekulation, die alles andere als trivialerweise wahr ist. Das triviale Gebiet beschränkt sich auf den uninteressanten entscheidbaren Kern der Arithmetik und der Logik – doch selbst dieser könnte eines Tages durch eine enttrivialisierende skeptische Kritik aus den Angeln gehoben werden.

Die logische Theorie der Mathematik ist eine aufregende, hochdifferenzierte Spekulation wie jede wissenschaftliche Theorie. Sie ist eine empiristische Theorie und bleibt somit, falls sie nicht widerlegt wird, auf immer nur vermutungshaft. Die Dogmatiker, die bloße Vermutungen verachten, können wählen zwischen der Hoffnung auf eine doch noch mögliche Trivialisierung und der auf eine Begründung der Induktion.[21] Die Skeptiker werden geltend machen, der nachgewiesene empiristische Charakter der Russellschen Theorie zeige nur, daß die Mathematik keine Erkenntnis zu bieten habe, sondern nur Sophisterei und Blendwerk. Skeptiker reinen Wassers sind selten; doch es zeigt sich, daß die pessimistischen Dogmatisten faktisch Skeptiker sind. Sie fordern die Aufgabe der Spekulation und die Beschränkung auf ein eingegrenztes Gebiet, das sie gnädig – aber ohne jede wirkliche Begründung – als sicher anerkennen. In der modernen mathematischen Philosophie ist der Intuitionismus Repräsant dieses destruktiven, skeptischen Dogmatismus, 'ein Verrat an unserer Wissenschaft', wie Hilbert [1926] formuliert. Weyl kennzeichnet Russells Werk ganz ähnlich wie Kardinal Bellarmin die Theorien Galileis, die bloße 'mathematische Hypothesen' seien. Nach Weyl wird nach den 'Principia' die Mathematik 'nicht allein auf die Logik aufgebaut..., vielmehr auf eine Art Logikerparadies, nämlich auf ein Universum, das mit 'endgültigem Mobiliar' von ziemlich komplexer Struktur ausgestattet... ist. ... Würde ein realistisch gesinnter Mensch wagen, zu sagen, er glaube an diese transzendente Welt?' (Weyl [1949], S. 298f.). Die Intuitionisten haben sicher damit recht, daß die Russellsche Logik intuitionswidrig und fehlbar sei. Doch dabei könnte sie immer noch wahr sein.

Eine empiristische Theorie aber sollte streng geprüft werden. Wie könnte man nun die Russellsche Logik prüfen? Alle wahren Basissätze – der entscheidbare Kern der Arithmetik und der Logik – sind in ihr ableitbar, sie scheint also keinerlei mögliche Falsifikatoren zu haben. So bleibt als einzige Möglichkeit der Kritik dieser merkwürdigen empiristischen Theorie auf den ersten Blick die Prüfung auf Widerspruchsfreiheit.[22] Damit kommen wir zum Hilbertschen Gedankenkreis.

---

[21] Ein anderer dogmatischer Ausweg ist die Vogel-Strauß-Politik: so tun, als sähe man nichts. Darin zeichneten sich die logischen Positivisten besonders aus. Sie hatten ein spezifisches Interesse daran, das Scheitern des Russelschen Versuches der Begründung der mathematischen Gewißheit zu verschleiern, weil sie behaupteten, die größte Revolution in der Geschichte der Philosophie durchzuführen, und zwar mittels des 'unerbittlichen Urteil[s] der neuen Logik' (Carnap [1930/31], S. 13). 'In dieser neuen Logik liegt... der Punkt, von dem aus die alte Philosophie aus den Angeln zu heben ist' (ebenda). Kein Wunder, daß in dieser Arbeit schon jeder Hinweis auf die Tatsache sorgfältig vermieden wird, daß die 'neue Logik', dieses mächtige Bollwerk des logischen Positivismus, falsch sein könnte. Nach Hempel hat der Logizismus gezeigt, daß 'die Aussagen der Mathematik dieselbe unbezweifelbare Gewißheit haben, wie sie kennzeichnend ist für Aussagen wie 'Alle Junggesellen sind unverheiratet''' (Hempel [1945a], S. 159).

[22] Es gibt aber andere Methoden. So zeigten etwa Rosser und Wang [1950], daß das Quinesche System, falls widerspruchsfrei, falsch ist.

3 Die Vermeidung des unendlichen Regresses durch eine triviale Metatheorie

Die Hilbertsche Metamathematik 'sollte der Skepsis in der Mathematik ein für allemal ein Ende machen'.[23]) Ihr Ziel war also dasselbe wie das der Logizisten.

'Es soll zugegeben werden, daß der Zustand, in dem wir uns gegenwärtig angesichts der Paradoxien befinden, für die Dauer unerträglich ist. Man denke: in der Mathematik, diesem Muster von Sicherheit und Wahrheit, führen die Begriffsbildungen und Schlüsse, wie sie jedermann lernt, lehrt und anwendet, zu Ungereimtheiten. Und wo soll sonst Sicherheit und Wahrheit zu finden sein, wenn sogar das mathematische Denken versagt? Aber es gibt einen völlig befriedigenden Weg, den Paradoxien zu entgehen...'(Hilbert [1926], S.170.)

Hilberts Theorie fußte auf dem Gedanken der formalen Axiomatik. Er behauptete folgendes: (a) Alle arithmetischen Aussagen, die formal bewiesen sind — die arithmetischen Theoreme —, sind sicher wahr, wenn das formale System widerspruchsfrei ist in dem Sinne, daß nicht A und $\bar{A}$ beides Theoreme sind; (b) alle arithmetischen Wahrheiten sind formal beweisbar; und (c) die Metamathematik, dieser neue Zweig der Mathematik, der die Widerspruchsfreiheit und Vollständigkeit formaler Systeme beweisen soll, ist eine besondere Art Euklidischer Theorie: eine 'finitäre' Theorie mit trivialerweise wahren Axiomen, die nur völlig bekannte Ausdrücke enthalten, und mit trivial unproblematischen Schlüssen. 'Es wird behauptet, daß die in dem metamathematischen Beweis, daß die Axiome der Mathematik nicht zu Widersprüchen führen, verwendeten Grundsätze so offensichtlich wahr sind, daß nicht einmal die Skeptiker an ihnen zweifeln können.'[24]) Ein metamathematisches Argument 'ist eine Verkettung unmittelbar evidenter inhaltlicher Einsichten' (v. Neumann [1927], S.2). Die arithmetische Wahrheit — und, wegen der schon gelungenen Arithmetisierung der Mathematik, jede Art mathematischer Wahrheit — ruht auf einer unerschütterlichen, trivialen, 'globalen' Intuition und damit auf der 'absoluten Wahrheit'.[25])

Gödels *zweiter Satz* war ein entscheidender Schlag für diese Hoffnung auf eine Euklidische Metamathematik. Der unendliche Regreß bei den Beweisen kann sich nicht an einer 'finitär' trivialen Metatheorie festlaufen: Widerspruchsfreiheitsbeweise müssen so differenziert sein, daß die Theorie der Widerspruchsfreiheit, in der sie durchgeführt werden, in Zweifel gerät, und daher können sie nicht unfehlbar sein. So könnte z. B. die Goldbachsche Vermutung — daß jede gerade Zahl Summe zweier Primzahlen ist — morgen formal bewiesen werden, doch man wird nie *wissen,* daß sie wahr ist; denn wahr wäre sie nur, wenn die Metathematik, die Meta-Metamathematik usw. ad infinitum widerspruchsfrei ist. Und das wird man niemals *wissen.* Die Formalisierung könnte durchaus danebengegangen sein, und das axiomatische System könnte überhaupt *kein Modell* haben.

Gödels *erster Satz* zeigte eine zweite Art, wie eine formale Theorie schief liegen kann: hat sie überhaupt ein Modell, so hat sie mehr Modelle als beabsichtigt. In einer widerspruchsfreien Theorie kann man genau die Aussagen beweisen, die in allen Modellen wahr sind;[26]) man kann also Aussagen, die zwar in dem beabsichtigten Modell wahr, aber in einem

---

[23]) Vgl. Ramsey [1926*b*], S.68.
[24]) Ebenda, S.69.
[25]) Hilbert.*) Eine genaue Behandlung der Hilbertschen Theorie findet sich in Kap.2 des vorliegenden Bandes, 3 (b). (D. Hrsgg.)
[26]) Henkin [1947].

nicht beabsichtigten falsch sind, nicht formal beweisen. Der erste Gödelsche Satz zeigte, daß die Selektivität der formalen Systeme, die die Arithmetik enthalten, mangelhaft ist und nicht verbessert werden kann, denn in keiner widerspruchsfreien Formalisierung der Arithmetik kann man unbeabsichtigte Modelle, die sich von dem beabsichtigten wesentlich unterscheiden, 'ausblenden'.[27] Demnach gibt es in jeder widerspruchsfreien Formalisierung formal unbeweisbare arithmetische Wahrheiten. Ist die Goldbachsche Vermutung in ihrer beabsichtigten Deutung wahr, aber in einer unbeabsichtigten falsch, so gibt es für sie in keiner Formalisierung einen formalen Beweis.

Noch schlimmer war Gödels Entdeckung *ω-widerspruchsvoller Systeme*. Es zeigte sich, daß 'die Widerspruchsfreiheit des Systems der Möglichkeit der 'strukturellen Falschheit' nicht vorbeug[t]' (Tarski [1956], S. 295, dt. S. 111). Eine formalisierte Arithmetik könnte widerspruchsfrei sein, d. h. Modelle haben, von denen aber keines das beabsichtigte sein könnte; jedes Modell, das alle Zahlen enthält, könnte bestimmte andere, 'klassenfremde' Elemente enthalten, die Gegenbeispiele zu Aussagen liefern könnten, die in dem engeren Bereich der beabsichtigten Deutung wahr sind. In einem widerspruchsfreien, aber ω-widerspruchsvollen System könnte die Negation der Goldbachschen Vermutung bewiesen werden, auch wenn die Goldbachsche Vermutung wahr ist. In einer Formalisierung, die auf diese – oder eine ähnliche – hinterhältige Art mißraten ist, fallen 'Beweisbarkeit' und Wahrheit auseinander. Ein widerspruchsvolles System der Arithmetik oder der Logik hat kein Modell, d. h., es bezieht sich auf nichts, und ein ω-widerspruchsvolles System der Arithmetik oder der Logik besitzt nicht das beabsichtigte Modell, d. h., es bezieht sich nicht auf die Arithmetik oder die Logik.

Die Entdeckung der ω-Widersprüchlichkeit und ähnlicher Erscheinungen hat dem Hilbertschen 'Formalismus' den Garaus gemacht, dessen Hauptgedanke der war: nach der 'Formalisierung' 'gibt es keine Unsicherheiten mehr darüber, was in der Theorie ein Beweis ist ... Die Formalisierung einer Theorie hat den Zweck, eine explizite Definition dafür zu gewinnen, was in der Theorie ein Beweis ist. Wenn das geleistet ist, braucht man nicht immer unmittelbar auf die Intuition zurückzugehen.' (Kleene [1952], S. 63, 86.) Daß diese Vermutung widerlegt worden ist, drückt man gewöhnlich in dem Euphemismus aus, daß 'der syntaktische Beweisbegriff dem semantischen Platz gemacht hat', womit die Niederlage eines wesentlichen dogmatistischen Unternehmens verdeckt wird, das die Mathematik vor den Skeptikern retten sollte.

Das Hilbertsche Programm der Trivialisierung auf der Metaebene ist also zusammengebrochen. Doch bald blies man zu einem mächtigen Feldzug, der die Frontlücken schließen sollte. Gentzen steuerte dazu seinen raffinierten *Widerspruchsfreiheits*beweis bei, der nach Behauptung der Hilbertianer die Mindestforderungen Gödelscher Differenziertheit erfüllt und doch nicht die Grenzen der Trivialität überschreitet. Einige der Ergebnisse Tarskis zeigten eine Möglichkeit zur Schließung der Frontlücken auf dem Gebiet der *Vollständigkeit:*

'Die Definition der Wahrheit und, allgemeiner, die Grundlegung der Semantik gestattet es, manchen wichtigen negativen Ergebnissen, die im Gebiet der Methodologie der deduktiven Wissenschaften gewonnen wurden, die parallelen positiven Ergebnisse gegenüberzustellen und dadurch die in der de-

---

[27] Wir benutzen hier die Ausdrucksweise Kemenys: 'Zwei Modelle sind *wesentlich* verschieden, wenn es Sätze gibt, die in einem wahr und im anderen falsch sind. (Das ist eine stärkere Eigenschaft als die Nicht-Isomorphie.)' (Kemeny [1958], S. 164)

duktiven Methode und im Gebäude des deduktiven Wissens selbst aufgedeckten Lücken bis zu einem gewissen Grade auszufüllen.' (Tarski [1956], S. 276f., dt. S. 403.)

Leider neigen manche Logiker zur Vernachlässigung von Tarskis vorsichtiger Einschränkung. In einem neueren Lehrbuch kann man lesen: 'Diesem 'negativen' [sic] Resultat Gödels hat Tarski das entsprechende positive Ergebnis zur Seite gestellt.' (Stegmüller [1957], S. 253.) Es ist ganz richtig, 'positiv' nicht in Anführungszeichen zu setzen, wie es die Skeptiker täten – aber warum wird 'negativ' in bagatellisierende Anführungszeichen gesetzt?

Der Gummi-Euklidianismus taucht also wieder auf, diesmal als die neue Parteilinie der Nach-Hilbertianer. Man kann nur noch staunen, wie hochdifferenziert die Trivialität sein kann. Die Evidenz – wenn man sich einmal auf sie einläßt – kann man natürlich dehnen, und die Prüfung einer Aussage auf evidente Wahrheit ist dasselbe wie ihre Prüfung auf Wahrheit: man [[versucht]] zu zeigen, daß sie widerspruchsvoll oder falsch ist. Mag man die Intuition nicht unbegrenzt dehnen, so muß man zugeben, daß *die Metamathematik den unendlichen Regreß bei den Beweisen nicht abstellt: er tritt jetzt wieder auf in der unendlichen Hierarchie immer reichhaltigerer Metatheorien.* (Der erste Gödelsche Satz ist faktisch ein Erhaltungssatz für die Nichttrivialität oder für die Fehlbarkeit.) Doch deshalb braucht man nicht vor der mathematischen Skepsis zu kapitulieren: man muß nur die Fehlbarkeit der kühnen Spekulation zugeben. Gentzens Widerspruchsfreiheitsbeweis – und Tarskis semantische Ergebnisse – sind echte und keine 'Pyrrhus'-Siege, wie Weyl sie nennt,[28] auch wenn man nicht nur den 'wesentlich abgeschwächten Grad von Evidenz'[29] zugibt, sondern auch den eindeutigen Vermutungscharakter der neuen Methoden. Mit der Entwicklung der Metamathematik wurde ihre differenzierte Trivialität immer differenzierter und immer weniger trivial. Trivialität und Gewißheit sind Kinderkrankheiten der Erkenntnis.

Denken wir noch einmal daran, daß der Euklidiker nach jeder Niederlage noch seine Fahne hochhalten kann: entweder in Form der Hoffnung, weiter oben *wirkliche* erste Grundsätze zu finden, oder indem er sich mit irgendeinem logischen oder erkenntnistheoretischen salto mortale einredet, das, was in Wirklichkeit fehlbare Spekulation ist, sei offenkundige Wahrheit. Für das logizistische Programm war der bevorzugte salto mortale die Induktion. Der Hilbertsche salto mortale ist ein sonderbares Plädoyer für den Glauben an die neue Offenbarung und eine plötzliche und höchst überraschende Inthronisierung der metamathematischen Gummi-Intuition, die zuerst einfach finitär-Brouwersch war, dann transfinit-Gentzensch und endlich gar semantisch-Tarskisch.[30] In einem der maßgeblichen Bücher über den Gegenstand lesen wir: 'Das endgültige [sic[Kriterium dafür, ob eine Methode in der Metamathematik zulässig ist, muß natürlich [sic] darin bestehen, ob sie intuitiv einleuchtet' (Kleene

---

[28] Weyl [1949], S. 281.
[29] Ebenda.
[30] Natürlich kann man jedes Problem durch 'Postulieren' zum Verschwinden bringen. Wenn man die Intuition aufgibt, an der Gewißheit verzweifelt *und* Erkenntnisstatus und Gewißheit gleichsetzt, dann wendet man sich wohl von der Wahrheit ab und spielt mit formalen Systemen herum, nicht 'gehemmt durch das Streben nach 'Richtigkeit'' und durch veraltete Russell-Hilbertsche Ideen wie die, man müsse 'nachweisen, daß die neue Sprachform 'richtig' sei, die 'wahre Logik' widergebe' (Carnap [1937], S. VI, V). Traurig, wie viele 'Logiker' diesem Rat folgten und rasch vergaßen, daß die Logik mit der Wahrheitsübertragung zu tun hat und nicht mit Symbolfolgen – und das auch noch, nachdem Carnap seinen Fehler zu erkennen begann. In ihren Arbeiten überwucherte die logische *Technik* den Gegenstand und entwickelte ein pervertiertes Eigenleben.

[1952], S. 63). Aber warum macht man dann nicht einen Schritt vorher halt und sagt: 'Das endgültige Kriterium dafür, ob eine Methode in der *Arithmetik* zulässig ist, muß natürlich darin bestehen, ob sie intuitiv einleuchtet', und gibt die Metamathematik überhaupt auf, wie es in der Tat bei Bourbaki geschieht?[31]) Die Metamathematik – wie die Russelsche Logik – entspringt aus der *Kritik* an der Intuition; und jetzt wollen die Metamathematiker – wie vorher die Logizisten –, daß wir *ihre* Intuitionen als 'endgültiges' Kriterium anerkennen; damit fallen beide auf eben den subjektivistischen Psychologismus zurück, gegen den sie einmal ausgezogen waren. Aber warum in aller Welt braucht man *'endgültige'* Kriterien oder 'höchste' Autoritäten?[32]) Wozu Grundlagen, wenn sie zugegebenermaßen subjektiv sind? Warum gibt man nicht ehrlich die Fehlbarkeit der Mathematik zu und versucht die Würde *fehlbarer* Erkenntnis gegen die zynische Skepsis zu verteidigen, statt sich vorzumachen, wir könnten auch die neuesten Risse im Gebäude unserer 'endgültigen' Intuitionen noch so flicken, daß man es nicht sieht?

---

[31]) Bourbaki [1949*a*], S. 8.
[32]) Der Mathematiker 'sollte nicht vergessen, daß seine Intuition die höchste Autorität ist' (Rosser [1953], S. 11).

2 Renaissance des Empirismus in der neueren Philosophie der Mathematik?*¹)

Einleitung

[Nach der logisch-empiristischen Orthodoxie ist die empirische Wissenschaft a posteriori, gehaltvoll und (wenigstens grundsätzlich) fehlbar, die Mathematik dagegen a priori, tautologisch und unfehlbar.¹)] Daher dürfte es den Geistesgeschichtler überraschen, bei einigen der besten heutigen Grundlagenforscher Aussagen zu finden, die eine Renaissance der Millschen radikalen Gleichsetzung der Mathematik mit der empirischen Wissenschaft anzukündigen scheinen. Im nächsten Abschnitt führe ich zahlreiche solcher Äußerungen an. Dann (in Abschn. 2) versuche ich, ihre Veranlassung und Begründung darzulegen. In Abschn. 3 versuche ich die von mir so genannte 'quasi-empirische' Beschaffenheit der Mathematik als ganzer zu zeigen. Das führt zu einem Problem – nämlich was für Aussagen in der Mathematik die Rolle der möglichen Falsifikatoren spielen können; es wird in Abschn. 4 untersucht. Schließlich, in Abschn. 5, beschäftige ich mich kurz mit Stillstandsperioden in der Entwicklung 'quasiempirischer' Theorien.

1 Empirismus und Induktion: Die neue Welle in der mathematischen Philosophie?

Russell hat wohl als erster moderner Logiker behauptet, das Beweismaterial für die Mathematik und die Logik könne 'induktiv' sein. 1901 hatte er noch behauptet: 'Das Ge-

---

*¹) Diese Arbeit entwickelte sich aus einigen Bemerkungen von Lakatos auf einem wissenschaftstheoretischen Kolloquium in London im Jahre 1965. Diese Bemerkungen hatten die Form einer Antwort auf den Beitrag von Kalmár [1967] und erschienen in Lakatos [1967a] unter dem gleichen Titel wie die vorliegende Arbeit.
Lakatos erweiterte die Bemerkungen zu einer längeren Arbeit, die er 1967 abschloß. Er veröffentlichte sie aber nicht, sondern wollte sie weiter verbessern. Andere Interessen hinderten ihn daran, und so erscheint die Arbeit hier im wesentlichen so, wie er sie 1967 hinterlassen hat. Wir haben die Darstellung ein paarmal geringfügig verändert und einige einleitende Sätze weggelassen, die sich ausschließlich auf die Diskussion des Beitrages von Kalmár beziehen. (D. Hrsgg.)
¹) Diese empiristische Auffassung (und eine ihrer Hauptschwierigkeiten) wird sehr klar bei Ayer [1936], S. 72 f., beschrieben:
'Während eine realwissenschaftliche Verallgemeinerung ohne weiteres als fehlbar zugestanden wird, erscheinen die Wahrheiten der Mathematik und Logik jedermann als notwendig und gewiß. Doch wenn der Empirismus richtig ist, dann kann keine Aussage mit Tatsachengehalt notwendig und gewiß sein. Somit muß der Empirist die Wahrheiten der Logik und Mathematik auf eine der beiden folgenden Arten behandeln: Entweder muß er sagen, es seien keine notwendigen Wahrheiten, und dann muß er erklären, warum sie allgemein als solche gelten; oder er muß ihnen den Tatsachengehalt absprechen, und dann muß er erklären, wie eine Aussage ohne jeden Tatsachengehalt wahr und nützlich und überraschend sein kann.'

bäude der mathematischen Wahrheiten steht unerschütterlich da und ist unüberwindbar für alle Waffen des zynischen Zweifels';[2]) 1924 meinte er, Logik (und Mathematik) glichen genau den Maxwellschen Gleichungen der Elektrodynamik: beide 'hält man für richtig wegen der beobachteten Wahrheit gewisser ihrer logischen Folgen'.[3])

Fraenkel meinte 1927: 'Die anschauliche oder logische Evidenz der als Axiome auszuzeichnenden Prinzipien [der Mengenlehre] spielt naturgemäß eine Rolle, sie ist aber nicht entscheidend; vielmehr bekommen manche Axiome erst durch die Evidenz der ... ohne sie nicht zu gewinnenden Folgerungen so recht ihr volles Gewicht.'[4]) Und er verglich die Lage der Mengenlehre um 1927 mit der der Infinitesimalrechnung im 18. Jahrhundert und erinnert an den Ausspruch d'Alemberts: «Allez en avant, et la foi vous viendra.»[5])

Carnap meinte auf der Königsberger Konferenz von 1930 noch: 'Eine Unsicherheit in den Fundamenten dieser 'sichersten aller Wissenschaften' ist ja in höchstem Grade beunruhigend.'[6]) 1958 [meinte er], es gebe eine – wenn auch nur entfernte – Analogie zwischen Physik und Mathematik: 'die Unmöglichkeit von absoluter Gewißheit'.[7])

Curry kommt 1963 zu ähnlichen Ergebnissen:

'Das Streben nach absoluter Gewißheit war offensichtlich für Brouwer wie für Hilbert ein Hauptbeweggrund. Doch bedarf die Mathematik einer absolut sicheren Begründung? Insbesondere: warum muß man sicher sein, daß eine Theorie widerspruchsfrei oder aufgrund einer absolut gewissen Anschauung der reinen Zeit ableitbar ist, ehe man sie verwendet? In keiner anderen Wissenschaft verlangt man etwas Derartiges. In der Physik sind alle Sätze hypothetisch; man arbeitet mit einer Theorie, solange sie nützliche Voraussagen liefert, und man ändert sie ab oder läßt sie fallen, sobald sie das nicht tut. Dasselbe ist bisher mit den mathematischen Theorien geschehen: die Entdeckung von Widersprüchen hat zu Veränderungen in den bis dahin anerkannten mathematischen Auffassungen geführt. Warum sollte man in der Zukunft nicht ebenso verfahren? Aufgrund formalistischer Vorstellungen von den Theorien erkennt man eine Theorie so lange an, wie sie nützlich ist, die zur jeweiligen Zeit vernünftigen Bedingungen der Natürlichkeit und Einfachheit erfüllt und nicht bekanntermaßen Irrtümer erzeugt. Man muß seine Theorien darauf überwachen, daß diese Bedingungen erfüllt sind, und daß alles erreichbare und vermutungshafte Beweismaterial für ihre Richtigkeit beigebracht wird. Der Gödelsche Satz deutet darauf hin, daß man darüber hinaus nichts tun kann; und eine empiristische Wissenschaftstheorie tendiert dazu, daß man darüber hinaus nichts tun sollte.'[8])

---

[2]) Russell [1901a], S. 57.
[3]) Russell [1924], S. 325 f. Er schwankte offenbar zwischen der Auffassung, man könne sich mit diesem Zustand abfinden (und eine Art induktiver Logik für die 'Principia' aufstellen), [und der Auffassung,] man müsse die Suche nach evidenten Axiomen fortsetzen. In der Einleitung zur zweiten Auflage der 'Principia' sagt er, man könne sich *nicht* mit einem Axiom zufriedengeben, für das nur induktives Beweismaterial spreche (S. XIV), während er S. 59 ein kleines Kapitel über die (induktiven) 'Gründe für das Reduzibilitätsaxiom' bringt (ohne freilich die Hoffnung aufzugeben, es aus einer evidenten Wahrheit abzuleiten).
[4]) Fraenkel [1927], S. 61.
[5]) Ebenda. [['Nur vorwärts, der Glaube wird sich schon einstellen.']]
[6]) Carnap [1931], S. 91. Engl. in Benacerraf und Putnam [1964].
[7]) Carnap [1958], S. 240.
[8]) Curry [1963], S. 16. S. auch Curry [1951], S. 61.

2 Renaissance des Empirismus in der neueren Philosophie

Oder lassen wir Quine sprechen:
'Es ist vernünftiger, die Mengenlehre und die Mathematik überhaupt ganz ähnlich zu sehen wie die theoretischen Teile der Naturwissenschaft selbst, nämlich als Wahrheiten oder Hypothesen, die weniger durch das reine Licht der Vernunft zu begründen sind als durch ihren mittelbaren systematischen Beitrag zur Ordnung der empirischen Daten in den Naturwissenschaften.'[9])

Und später sagte er:
'Wenn man sagt, die Mathematik im allgemeinen sei auf die Logik zurückgeführt worden, so scheint das auf eine neue Festigung der Grundlagen der Mathematik hinzuweisen. Das wäre irreführend. Die Mengenlehre ist weniger gefestigt und stärker vermutungshaft als der klassische mathematische Überbau, den man auf ihr errichten kann.'[10])

Auch Rosser gehört dem neuen fallibilistischen Lager an:
'Nach einem Satz von Gödel ... gilt: ist ein logisches System auch nur für eine halbwegs getreue Darstellung der heutigen Mathematik brauchbar, dann kann es keine ausreichende Gewähr geben, daß es widerspruchsfrei ist. Gelingt die Ableitung der genannten Antinomien nicht, so ist das bestenfalls eine höchst negative Gewähr und könnte auf bloßer menschlicher Unfähigkeit beruhen.'[11])

Church meinte 1939: 'Es gibt keine überzeugende Grundlage für die Annahme, die Widerspruchsfreiheit des Russellschen oder des Zermeloschen Systems sei auch nur wahrscheinlich.'[12])

Gödel betonte 1944, unter dem Einfluß der modernen Grundlagenkritik habe die Mathematik bereits viel von ihrer 'absoluten Gewißheit' eingebüßt, und in der Zukunft werde sie durch das Auftauchen weiterer Axiome der Mengenlehre noch fehlbarer werden.[13]) 1947 sagte er in Fortführung dieses Gedankens, bezüglich eines derartigen Axioms sei
'selbst dann, wenn es an sich selbst überhaupt keine Notwendigkeit bei sich führte, eine (wahrscheinliche) Entscheidung über seine Wahrheit auch auf andere Weise möglich, nämlich induktiv, durch Betrachtung seines 'Erfolges', d. h. seiner Fruchtbarkeit in Form von Konsequenzen, die auch ohne das neue Axiom beweisbar sind, deren Beweise mit Hilfe des neuen Axioms aber wesentlich einfacher und leichter auffindbar sind und die Zusammenfassung vieler Beweise in einem einzigen ermöglichen. Die Axiome für das System der reellen Zahlen, die die Intuitionisten ablehnen, sind in diesem Sinne in gewissem Umfang verifiziert worden, und zwar durch die Tatsache, daß die analytische Zahlentheorie oft den Beweis zahlentheoretischer Sätze erlaubt, die anschließend mit elementaren Methoden verifiziert werden können. Doch man kann sich einen wesentlich höheren Grad der Verifikation vorstellen. Es könnte Axiome mit einer solchen Vielzahl verifizierbarer Konsequenzen geben, Axiome, die so viel Licht auf eine ganze Disziplin werfen und so leistungsfähige Methoden zur Lösung gegebener Probleme liefern (womöglich sogar, soweit das überhaupt erreichbar ist, auf konstruktivistische Art), daß sie ganz unabhängig von ihrer eigenen Stringenz zumindest im gleichen Sinne zugrunde gelegt werden müßten wie eine wohlfundierte physikalische Theorie.'[14])

Auch soll Gödel ein paar Jahre später folgendes gesagt haben:
'Die Rolle der sogenannten 'Grundlagen' ist eher mit der Funktion vergleichbar, die in der physikalischen Theorie erklärende Hypothesen erfüllen ... Die sogenannte logische oder mengentheoretische 'Fundierung' der Zahlentheorie oder irgendeiner anderen fest im Sattel sitzenden mathematischen

---

[9]) Quine [1958], S. 4.
[10]) Quine [1965], S. 125.
[11]) Rosser [1953], S. 207.
[12]) Church [1939].
[13]) Gödel [1944], S. 213.
[14]) Gödel [1947], S. 521. Das Wort 'wahrscheinlich' im ersten Satz wurde im Wiederabdruck (Gödel [1964], S. 265) hinzugefügt.

Theorie ist mehr erklärender als begründender Art, genau wie in der Physik, wo die tatsächliche Funktion der Axiome die *Erklärung* der Erscheinungen ist, die von den Theoremen dieses Systems beschrieben werden, und nicht die, eine wirkliche 'Fundierung' dieser Theoreme zu liefern.'[15])

Weyl erklärt, die nichtintuitionistische Mathematik könne geprüft, aber nicht bewiesen werden:

'Kein Hilbert kann uns jemals von der Widerspruchsfreiheit überzeugen; wir müssen zufrieden sein, wenn ein einfaches Axiomensystem der Mathematik die harte Schale unserer komplizierten mathematischen Erfahrungen so weit erreicht hat ... Eine wahrhaft realistische Mathematik sollte parallel zur Physik als ein Zweig der theoretischen Konstruktion der einen realen Welt aufgefaßt werden, sie sollte dieselbe nüchterne und behutsame Haltung gegenüber hypothetischen Erweiterung ihrer Grundlagen einnehmen, wie sie von der Physik geübt wird.'[16])

Von Neumann kam 1947 zu folgendem Schluß:

'Schließlich hat die klassische Mathematik, wenn man ihrer Verläßlichkeit auch nie wieder absolut sicher sein konnte ..., auf einer mindestens so festen Grundlage gestanden wie etwa die Existenz der Elektronen. War man also zur Anerkennung der empirischen Wissenschaften bereit, so konnte man ebensogut das klassische System der Mathematik anerkennen.'[17])

Bernays argumentiert ganz ähnlich: Es sei natürlich überraschend und verwirrend, daß mit steigendem Gehalt und steigender Leistungsfähigkeit der mathematischen Methoden ihre Evidenz abnimmt. Aber das überrasche nicht mehr so sehr, wenn man bedenke, daß die Verhältnisse in der theoretischen Physik ähnlich sind.[18])

Nach Mostowski ist die Mathematik einfach eine der Naturwissenschaften:

'Die negativen Ergebnisse [Gödels] und anderer bestätigen die Behauptung der materialistischen Philosophie, daß die Mathematik letzten Endes eine Naturwissenschaft ist, daß ihre Begriffe und Methoden in der Erfahrung wurzeln, und daß Versuche, die Grundlagen der Mathematik ohne Berücksichtigung ihres Ursprungs in den Naturwissenschaften zu legen, zum Scheitern verurteilt sind.'[19])

[Und Kalmár stimmt dem zu:] 'Die Widerspruchsfreiheit der meisten unserer formalen Systeme ist eine empirische Tatsache ... Warum geben wir nicht zu, daß die Mathematik wie jede andere Wissenschaft letzten Endes auf der Praxis beruht und in ihr geprüft werden muß?'[20])

Diese Aussagen beschreiben eine echte revolutionäre Wendung in der Philosophie der Mathematik. Einige Autoren beschreiben ihre persönliche Kehrtwendung in dramatischer Form. Russell sagt in seiner philosophischen Autobiographie: 'Die herrliche Gewißheit, die ich stets in der Mathematik zu finden gehofft hatte, verlor sich in einem verwirrenden Labyrinth'.[21]) Von Neumann schreibt: 'Ich weiß selbst, wie beschämend leicht sich meine eigenen Auffassungen von der absoluten mathematischen Wahrheit veränderten ... und wie sie sich dreimal hintereinander änderten!'[22]) Weyl, der noch vor Gödel erkannte, daß die klassische Mathematik *unheilbar* fehlbar war, nennt [das] eine 'bittere, aber unumgängliche Tatsache'.[23])

---

[15]) Mehlberg [1962], S. 86.
[16]) Weyl [1949], S. 301.
[17]) Neumann [1947], S. 189 f.
[18]) Bernays [1939], S. 83.
[19]) Mostowski [1955], S. 42.
[20]) Kalmár [1967], S. 192 f.
[21]) Russell [1959], S. 212. Näheres zu Russells Wendung bei Lakatos [1962].
[22]) Neumann [1947], S. 190.
[23]) Weyl [1928], S. 87.

Man könnte noch weiter zitieren; doch das Bisherige genügt sicherlich, um zu zeigen, daß der mathematische Empirismus und Induktivismus (nicht nur bezüglich des *Ursprungs* oder der *Methode,* sondern auch der *Begründung* der Mathematik) lebendiger und verbreiteter ist, als viele zu glauben scheinen. Doch was ist der Hintergrund und was ist die *Begründung* dieser neuen empiristisch-induktivistischen Haltung? Kann man ihr eine scharfe, *kritisierbare* Formulierung geben?

2   Quasi-empirische und Euklidische Theorien

Die klassische Erkenntnistheorie hat zweitausend Jahre lang ihr Theorieideal, sei es nun für empirisch-wissenschaftliche oder mathematische Theorien, von ihrer Vorstellung von der Euklidischen Geometrie hergeleitet. Die ideale Theorie ist ein deduktives System mit einer unbezweifelbaren Wahrheitssetzung an der Spitze (einer endlichen Konjunktion von Axiomen) – so daß die Wahrheit von dort auf den sicheren wahrheitserhaltenden Kanälen der gültigen Schlüsse das ganze System durchdringt.

Es war ein schwerer Schlag für den überoptimistischen Rationalismus, daß sich die empirische Wissenschaft – trotz ungeheurer Anstrengungen – nicht auf diese Euklidische Theorieform bringen ließ; vielmehr stellte sich heraus, daß die *entscheidende* Wahrheitswertsetzung *auf der untersten Ebene* stattfindet – auf der Ebene einer speziellen Menge von Theoremen. Doch die *Wahrheit* fließt nicht nach oben. Der maßgebende logische Fluß in solchen *quasi-empirischen Theorien* ist nicht die Übertragung der Wahrheit, sondern die Rückübertragung der *Falschheit* – von speziellen Theoremen auf der untersten Ebene ('Basisaussagen') nach oben in Richtung auf die Axiome zu.[24])

Das ist vielleicht die beste Kennzeichnung der quasi-empirischen gegenüber den Euklidischen Theorien. Wir nennen jene Sätze eines deduktiven Systems, in die anfänglich Wahrheitswerte eingeführt werden, 'Basisaussagen' und diejenigen von ihnen, die den speziellen Wahrheitswert 'wahr' erhalten, 'wahre Basisaussagen'. Ein System ist Euklidisch, wenn es der [*deduktive*] *Abschluß* seiner wahren Basisaussagen ist. Anderenfalls ist es quasi-empirisch.

Eine wichtige Eigenschaft Euklidischer wie auch quasi-empirischer Systeme sind die (gewöhnlich ungeschriebenen) Festsetzungen für die Wahrheitswertsetzungen bei den Basisaussagen.

Von einer Euklidischen Theorie kann behauptet werden, sie sei wahr; von einer quasi-empirischen – bestenfalls –, sie sei gut bewährt, aber sie hat stets nur Vermutungscharakter. Und in einer Euklidischen Theorie ist es so, daß die wahren Basisaussagen an der 'Spitze' des deduktiven Systems (man nennt sie gewöhnlich 'Axiome') das übrige System gewissermaßen *beweisen;* bei einer quasi-empirischen Theorie werden die (wahren) Basisaussagen durch das übrige System *erklärt.*

Ob ein deduktives System Euklidisch oder quasi-empirisch ist, entscheidet die Art des Wahrheitswertflusses in dem System. Das System ist Euklidisch, wenn der kennzeichnende Fluß die Übertragung der Wahrheit von den Axiomen 'nach unten' auf das übrige Sy-

---

[24]) Genaueres in Kap. 1 des vorliegenden Bandes. Der Begriff und der Ausdruck 'Basissatz' stammt von Karl Popper; siehe Popper [1959], Kap. 5, entspr. [1934], Teil 2, Kap. 3.

stem ist – die Logik ist hier ein *Beweisinstrument;* das System ist quasi-empirisch, wenn der kennzeichnende Fluß die Rückübertragung der Falschheit von falschen Basisaussagen 'nach oben' auf die 'Hypothese' zu ist – die Logik ist hier ein *Kritikinstrument.*[25]) Doch diese Abgrenzung zwischen den Arten des Wahrheitswertflusses ist unabhängig von den besonderen Festsetzungen für die ursprüngliche Vergabe der Wahrheitswerte der Basisaussagen. So kann *eine Theorie, die in meinem Sinne quasi-empirisch ist, im gewöhnlichen Sinne empirisch oder nichtempirisch sein:* sie ist nur dann empirisch, wenn ihre Basistheoreme raumzeitlich singuläre Basisaussagen sind, über deren Wahrheitswerte anhand der altehrwürdigen, aber ungeschriebenen Regeln der empirischen Wissenschaft entschieden wird.[26]) (Man kann auch, noch allgemeiner, von Euklidischen und quasi-empirischen Theorien unabhängig davon sprechen, *was* in den logischen Kanälen fließt: sichere oder fehlbare Wahrheit oder Falschheit, Wahrscheinlichkeit oder Unwahrscheinlichkeit, moralische Wünschbarkeit oder Verwerflichkeit, usw.; entscheidend ist das *Wie* des Flusses.)

Die Methodologie einer Wissenschaft hängt sehr stark davon ab, ob sie einem Euklidischen oder quasi-empirischen Ideal nachstrebt. Im ersten Fall ist die Grundregel die Suche nach evidenten Axiomen – die Euklidische Methodologie ist puritanisch, antispekulativ. Im zweiten Fall ist die Grundregel die Suche nach kühnen, phantasievollen Hypothesen mit hohem Erklärungs- und 'heuristischem' Wert,[27]) ja, es soll viele Alternativhypothesen geben, die durch strenge Kritik dezimiert werden sollen – die quasi-empirische Methodologie ist ungehemmt spekulativ.[28])

Eine Euklidische Theorie entwickelt sich in drei Stadien: das erste ist das naive wissenschaftliche Stadium von Versuch und Irrtum, das die Vorgeschichte der Sache bildet; dann die Gründerzeit, die die Disziplin reorganisiert, die undeutlichen Grenzen klärt, die deduktive Struktur des sicheren Kerns herausarbeitet; dann bleibt nur noch die Lösung von Problemen innerhalb des Systems übrig, im wesentlichen die Aufstellung von Beweisen oder Widerlegungen für interessante Vermutungen. ([Die Entdeckung eines] Entscheidungsverfahrens dafür, ob etwas Theorem ist, kann dieses Stadium und die Entwicklung überhaupt völlig beenden.)

Eine quasi-empirische Theorie entwickelt sich ganz anders. Es beginnt mit Problemen, für die kühne Lösungen vorgeschlagen werden, dann kommen strenge Prüfungen, Widerlegungen. Vehikel des Fortschritts sind kühne Spekulationen, Kritik, Streit zwischen konkurrierenden Theorien, Problemverschiebungen. Das Augenmerk richtet sich stets auf die undeutlichen Grenzen. Fortschritt und permanente Revolution heißt die Losung, nicht Grundlagenforschung und Ansammlung ewiger Wahrheiten.

Die Hauptform der Euklidischen Kritik ist das Mißtrauen: Sind die Beweise wirklich beweiskräftig? Sind die verwendeten Methoden etwa zu stark und deshalb fehlbar? Die Hauptform der quasi-empirischen Kritik dagegen ist die Vermehrung der Theorien und die Widerlegung.

---

[25]) Vgl. Popper [1963a], S. 64.
[26]) Eine Diskussion findet sich in Bd. 1, Kap. 3.
[27]) Zum letzteren Begriff vgl. Bd. 1, Kap. 1.
[28]) Die empirische Methodologie – die natürlich das Paradigma der quasi-empirischen Methodologie ist – wurde von Karl Popper entwickelt.

3 Die Mathematik ist quasi-empirisch

Um die Jahrhundertwende schien die Mathematik, 'das Musterbeispiel der Gewißheit und Wahrheit', die letzte wirkliche Bastion der orthodoxen Euklidiker zu sein. Doch es gab zweifellos einige Mängel in der Euklidischen Organisation selbst der Mathematik, und sie sorgten für erhebliche Unruhe. Somit war es das Hauptproblem aller Schulen der Grundlagenforschung, 'die definitive Sicherheit der mathematischen Methode herzustellen'.[29]) Doch die Grundlagenuntersuchungen führten zu dem unerwarteten Ergebnis, daß eine Euklidische Reorganisation der Mathematik als ganzer vielleicht gar nicht möglich ist, daß mindestens die reichhaltigsten mathematischen Theorien quasi-empirisch sind wie realwissenschaftliche Theorien. Der Euklidianismus erlitt auf seinem ureigensten Gebiet eine Niederlage.

Die beiden Hauptversuche einer vollkommenen Euklidischen Reorganisation der klassischen Mathematik – der Logizismus und der Formalismus[30]) – sind bekannt, doch eine kurze Darstellung von unserem Standpunkt aus dürfte nützlich sein.

a) Der *Frege-Russellsche Ansatz* wollte alle mathematischen Wahrheiten – mit Hilfe ausgeklügelter Definitionen – aus unzweifelhaft wahren logischen Axiomen ableiten. Doch es stellte sich heraus, daß einige der logischen (oder besser mengentheoretischen) Axiome nicht nur nicht unzweifelhaft wahr, sondern nicht einmal widerspruchsfrei waren. Es zeigte sich, daß die hochentwickelte zweite Generation (und die weiteren) der logischen (oder mengentheoretischen) Axiome – die die bekannten Antinomien vermeiden sollten – jedenfalls nicht *unbezweifelbar* wahr waren (ja nicht einmal unzweifelhaft widerspruchsfrei), und daß die entscheidenden Gründe für sie darin bestanden, daß sie die klassische Mathematik vielleicht *erklären* konnten – aber nicht *beweisen*.

Die meisten Mathematiker, die an umfassenden 'großen Logiken' arbeiteten, waren sich darüber durchaus im klaren. Wir zitierten schon Russell, Fraenkel, Quine und Rosser. Ihre 'empiristische' Wendung ist eine quasi-empirische: Sie erkannten (sogar unabhängig von den Gödelschen Ergebnissen), daß die 'Principia mathematica' und die starken Mengentheorien wie Quines 'New Foundations' und 'Mathematical Logic' alle quasi-empirisch waren.

Wer auf diesem Gebiet arbeitet, ist sich der angewandten Methode bewußt: kühne Vermutungen, Vermehrung der Hypothesen, strenge Prüfungen, Widerlegungen. Churchs Darstellung einer interessanten Theorie, die auf einer eingeschränkten Form des Satzes vom ausgeschlossenen Dritten beruht (und später von Kleene und Rosser als widerspruchsvoll erwiesen wurde[31])), ist eine Skizze der quasi-empirischen Methode:

---

[29]) Hilbert [1926], S. 162.
[30]) Der Intuitionismus gehört nicht hierher: Er wollte nie die klassische Mathematik reorganisieren, sondern beschneiden. *) Nicht alle Sätze der intuitionistischen Mathematik sind auch Sätze der klassischen Mathematik. In diesem Sinne hat Lakatos nicht recht, wenn er den Intuitionismus einfach eine 'Beschneidung' der klassischen Mathematik nennt. Trotzdem bleibt ein wichtiger Gesichtspunkt bestehen: Während der Russellsche Logizismus und der Hilbertsche Formalismus beide ihre Aufgabe in der Begründung der gesamten klassischen Mathematik sahen, war der Brouwersche Intuitionismus bereit, große Teile der klassischen Mathematik über Bord zu werfen, die sich nach seinen Maßstäben nicht begründen lassen. (D. Hrsgg.)
[31]) Kleene und Rosser [1935].

'Ob das System der Logik, das sich aus unseren Postulaten ergibt, für die Entwicklung der Mathematik brauchbar ist, und ob es völlig widerspruchsfrei ist, das sind Fragen, die wir nur mit Vermutungen beantworten können. Wir schlagen vor, wenigstens eine empirische Antwort auf diese Fragen zu suchen, indem man die Folgerungen aus unseren Postulaten einigermaßen ausführlich entwickelt, und wir hoffen, daß sich dabei zeigen wird, daß das System die Adäquatheitsbedingungen erfüllt und widerspruchsfrei ist, oder daß sich das durch Abänderungen oder Ergänzungen erreichen läßt.'[32])

Quine kennzeichnete den entscheidenden Teil seiner 'Mathematical Logic' als 'gewagtes Gebäude ..., das der Erbauer auf eigene Gefahr aufgeführt hat'.[33]) Bald wies Rosser seine Widersprüchlichkeit nach, und Quine selbst meinte dann, er habe bei seiner vorherigen Kennzeichnung 'eine prophetische Ahnung' gehabt.[34])

Man kann den Euklidianismus nie widerlegen: auch wenn man gezwungen ist, hochdifferenzierte Axiome einzuführen, kann man immer an der Hoffnung festhalten, sie aus einer tieferen Schicht evidenter Grundlagen ableiten zu können.[35]) Es hat bedeutende und zum Teil erfolgreiche Bemühungen gegeben, Russels 'Principia' und ähnliche logizistische Systeme zu vereinfachen. Die Ergebnisse waren zwar mathematisch interessant und wichtig, doch die verlorene philosophische Position konnten sie nicht zurückgewinnen. Die großen Logiken können nicht als wahr – oder auch nur widerspruchsfrei – nachgewiesen werden, sondern nur als falsch – oder gar widerspruchsvoll.

b) Während der Frege-Russellsche Ansatz versuchte, die Mathematik zu einer einheitlichen klassischen Euklidischen Theorie zu machen, schuf der *Hilbertsche Ansatz* eine grundlegend neue Form des Euklidischen Programms, die mathematisch und philosophisch höchst bedeutsam war.

Die Hilbertianer behaupteten, die klassische Analysis enthalte einen absolut wahren Euklidischen Kern. [Doch daneben gebe es 'ideale Elemente' und 'ideale Aussagen', die zwar für den deduktiv-heuristischen Apparat unentbehrlich, aber nicht absolut wahr seien (sie sind vielmehr weder wahr noch falsch).] Ließe sich nun die gesamte Theorie mit ihren konkret-inhaltlichen wie auch ihren idealen Aussagen im Rahmen einer Euklidischen Metamathematik als widerspruchsfrei erweisen,[36]) dann wäre die gesamte klassische Analysis gerettet. Das heißt also, die Analysis *ist* eine quasi-empirische Theorie,[37]) doch der Euklidische

---

[32]) Church [1932], S. 348.
[33]) Quine [1941a], S. 122. Einige Kritiker Quines würden vielleicht sagen, es sei nur er, der ein 'gewagtes' Gebäude aus der natürlichen Einfachheit der Mathematik gemacht habe. Doch gewiß ist das Cantorsche Paradies eine 'kühne theoretische Konstruktion, also das äußerste Gegenteil von analytischer Selbstverständlichkeit' (Weyl [1949], S. 87). Vgl. auch das oben zu Anm. 23 gehörende Weyl-Zitat.
[34]) Quine [1941b], S. 163. Das Interessanteste an der Arbeit von Rosser ist übrigens die Suche nach Möglichkeiten, die Widerspruchsfreiheit des Systems von 'Mathematical Logic' zu prüfen. Rosser zeigt: 'Läßt sich *201 aus den übrigen Axiomen beweisen, dann sind diese widerspruchsfrei' (Rosser [1941], S. 97).
[35]) Oder man kann den Weg gehen, eine quasi-empirische Theorie auf ihren Euklidischen Kern zurückzuschneiden (das ist das Wesentliche am intuitionistischen Programm).
[36]) Ursprünglich sollte die Metatheorie nicht axiomatisiert werden, sondern aus einfachen, proto-finitären Gedankenexperimenten bestehen. In Bologna kritisierte sogar 1928 von Neumann, daß Tarski sie axiomatisierte. (Die Verallgemeinerung des Begriffs der 'Euklidischen Theorie' auf informale, nicht axiomatisierte Theorien bereitet keine Schwierigkeiten.)
[37]) Nochmals Weyl zum Wert des Hilbertschen Programms: 'Erst die Durchführung des W[[iderspruchsfreiheits-]]B[[eweises]] oder die Bemühungen darum decken uns die höchst verzwickte logische Struktur der Mathematik auf, ein Gewirr von zirkelhaften Rückverknüpfungen, von denen sich zunächst gar nicht übersehen läßt, ob sie nicht zu eklatanten Widersprüchen führen.' (Weyl [1949], S. 83.)

Widerspruchsfreiheitsbeweis sorgt dafür, daß sie keine Falsifikatoren hat. Die Höhen der Cantorschen Spekulation sind abzusichern nicht durch tieferliegende Euklidische Axiome *in der Theorie selbst* – dabei war schon Russell gescheitert –, sondern durch eine streng begrenzte Euklidische *Metatheorie.**²*)

Am Ende definierten die Hilbertianer die Menge der Aussagen, deren Wahrheit man als unmittelbar gegeben betrachten könne (die Menge der finitistisch wahren Aussagen), so klar, daß ihr Programm widerlegt werden konnte.³⁸) Das geschah durch den Satz von Gödel, aus dem die Unmöglichkeit eines finitären Widerspruchsfreiheitsbeweises für die formalisierte Arithmetik folgt. [Die Reaktion der Formalisten wird von Curry sehr gut zusammengefaßt:]

'Dieser Umstand hat zu einer Meinungsverschiedenheit unter den modernen Formalisten geführt, oder vielmehr eine schon bestehende verstärkt. Manche meinen, die Widerspruchsfreiheit der Mathematik könne nicht rein a priori nachgewiesen werden, sondern die Mathematik müsse anders abgesichert werden. Andere meinen, es gebe Denkformen, die in einem weiteren Sinne a priori und konstruktivistisch zulässig seien, und mit deren Hilfe sei das Hilbertsche Programm durchzuführen.'³⁹)

Das heißt, entweder mußte man die Metamathematik als eine quasi-empirische Theorie anerkennen, oder der Begriff des Finitären oder Apriorischen mußte erweitert werden. Hilbert entschloß sich für das zweite. Nach ihm sollte zu den apriorischen Methoden jetzt z. B. auch die transfinite Induktion bis ε_0 gehören, die in dem Gentzenschen Widerspruchsfreiheitsbeweis für die Arithmetik verwendet wird.

Doch über diese Erweiterung war nicht jeder glücklich. Kalmár, der den Gentzenschen Beweis auf das Hilbert-Bernayssche System anwandte, hielt seinen Beweis nie für Euklidisch. Nach Kleene gilt: 'In welchem Maße man anerkennen kann, daß der Gentzensche Beweis die klassische Zahlentheorie absichere, ... ist ... eine Sache des individuellen Urteils und hängt davon ab, wie weit man bereit ist, die Induktion bis ε_0 als finitäre Methode anzuerkennen.'⁴⁰)

Oder lassen wir Tarski sprechen:

'Es scheint bei den mathematischen Logikern eine Neigung zu bestehen, die Bedeutung von Widerspruchsfreiheitsproblemen zu übertreiben, und der philosophische Wert der bisher in dieser Richtung erzielten Ergebnisse erscheint als etwas zweifelhaft. Der Gentzensche Beweis der Widerspruchsfreiheit der Arithmetik ist zweifellos ein sehr interessantes metamathematisches Ergebnis, das sich als sehr anregend und fruchtbar erweisen könnte. Ich kann aber nicht behaupten, daß mir jetzt die Widerspruchsfreiheit der Arithmetik wesentlich evidenter geworden wäre (um mehr als epsilon, um vielleicht die Sprache der Differentialrechnung zu verwenden). Ich möchte meine Reaktion ein wenig verdeutlichen: Sei G ein Formalismus, der gerade ausreicht, um den Gentzenschen Beweis zu formalisieren, und sei A der

---

*²) Die Hilbertsche Philosophie, jedenfalls wie sie hier dargestellt ist, kann nicht so leicht unter den Euklidianismus einbegriffen werden. Die Mathematik ist eine informale, nicht axiomatisierte Theorie, hat also nicht die deduktive Struktur, die für die Euklidizität notwendig ist. Informale Theorien können natürlich axiomatisiert werden, doch eine der Hauptpositionen Hilberts war, daß das im Falle der Metamathematik nicht nötig sei (vgl. oben, Anm. 36). Jeder in einem metamathematischen Beweis verwendete Grundsatz sollte so offensichtlich wahr sein, daß er keiner Begründung bedurfte (oder vielmehr durch die sogenannte 'globale Intuition' unmittelbar begründet war). (D. Hrsgg.)

³⁸) Herbrand [1930], S. 248. Es dauerte drei Jahrzehnte, bis diese Definition geleistet war.
³⁹) Curry [1963], S. 11.
⁴⁰) Kleene [1952], S. 479.

Formalismus der Arithmetik. Es ist interessant, daß sich die Widerspruchsfreiheit von A in G beweisen läßt; doch es wäre vielleicht ebenso interessant, wenn sich herausstellen sollte, daß sich die Widerspruchsfreiheit von G in A beweisen läßt.'[41])

Doch auch wer die transfinite Induktion bis ε_0 für unfehlbar hält, wäre nicht damit glücklich, den Begriff der Unfehlbarkeit noch weiter ausgedehnt zu sehen, so daß auch Widerspruchsfreiheitsbeweise für stärkere Theorien darunter fielen. In diesem Sinne gilt: 'Die ausschlaggebende Entscheidung über das Schicksal der Beweistheorie wird erst an Hand der Aufgabe des Nachweises der Widerspruchsfreiheit für die Analysis erfolgen',[42]) und der steht noch aus.

Doch die Gödelschen und Tarskischen Unvollständigkeitssätze verringern die Aussichten für den endgültigen Erfolg des Hilbertschen Programms noch weiter. Denn wenn sich die *bestehende* Arithmetik nach den ursprünglichen Hilbertschen Maßstäben nicht beweisen läßt, dann kann man der allmählichen widerspruchsfreien (sogar ω-widerspruchsfreien) [Erweiterung] von Theorien, die die Arithmetik enthalten, durch weitere Axiome nur mit noch problematischeren Methoden beikommen. Das heißt, mit ihrer weiteren Entwicklung wird die Arithmetik noch wackliger werden. Gödel selbst hat darauf in seiner Arbeit über die Russellsche mathematische Logik hingewiesen:

'[Russell] vergleicht die Axiome der Logik und Mathematik mit den Naturgesetzen und die logische Evidenz mit der Sinneswahrnehmung, so daß die Axiome nicht unbedingt an sich selbst evident sein müssen; vielmehr liegt ihre Begründung (genau wie in der Physik) darin, daß sie die Ableitung dieser 'Sinneswahrnehmungen' ermöglichen, was natürlich nicht ausschließt, daß sie auch eine Art eigener Überzeugungskraft ähnlich wie in der Physik besitzen. Mir scheint, diese Auffassung ist durch die anschließenden Entwicklungen im wesentlichen bestätigt worden (sofern man 'Evidenz' in einem hinreichend strengen Sinn versteht); und in der Zukunft dürfte das noch mehr der Fall sein. Es hat sich gezeigt, daß (falls die moderne Mathematik widerspruchsfrei ist) die Lösung gewisser arithmetischer Probleme Annahmen erfordert, die wesentlich über die Arithmetik hinausgehen, d. h. über das Gebiet jener elementaren unstreitigen Evidenz, die man sehr treffend mit der Sinneswahrnehmung vergleichen kann. Außerdem dürfte es wahrscheinlich sein, daß zur Entscheidung bestimmter Fragen der abstrakten Mengenlehre und sogar bestimmter damit zusammenhängender Fragen der Theorie der reellen Zahlen Axiome nötig sind, die auf einem noch unbekannten Gedanken beruhen. Vielleicht rühren auch die scheinbar unüberwindlichen Schwierigkeiten, die einige andere mathematische Probleme seit vielen Jahren bereiten, daher, daß man die nötigen Axiome noch nicht gefunden hat. Unter diesen Umständen könnte die Mathematik durchaus einen guten Teil ihrer 'absoluten Gewißheit' einbüßen; doch unter dem Einfluß der modernen Grundlagenkritik ist das ohnehin schon in großem Umfang geschehen. Es gibt eine gewisse Ähnlichkeit zwischen dieser Auffassung Russells und Hilberts 'Ergänzung der Gegebenheiten der mathematischen Intuition' durch Axiome wie den Satz vom ausgeschlossenen Dritten, die nach Hilberts Meinung nicht intuitiv gegeben sind; doch die Grenze zwischen Gegebenem und Annahmen müßte dann wohl verschieden liegen, je nachdem, ob man sich Hilbert oder Russell anschließt.'[43])

Quine meint, spätestens auf dem Gebiet der Konstruktion großer Logiken habe 'der Gedanke der evidenten Wahrheit durch den Gödelschen Unvollständigkeitssatz den Todesstoß erhalten. Aus diesem kann man herleiten, daß man nie zur *Vollständigkeit* der Axiome über die Mengenelementeigenschaft gelangen kann, ohne in Widersprüche zu geraten'.[44])

---

[41]) Tarski [1954], S. 19.
[42]) Hilbert und Bernays [1939], S. VII f.
[43]) Gödel [1944], S. 213.
[44]) Quine [1941a], S. 127.

Es gibt viele verschiedene Möglichkeiten, [Systeme, die die] Arithmetik [enthalten, zu ergänzen]. Eine besteht in der Hinzufügung starker, arithmetisch prüfbarer Unendlichkeitsaxiome zu einer großen Logik.⁴⁵) Eine andere besteht im Aufbau von starken Ordnungslogiken.⁴⁶) Eine dritte besteht in der Zulassung nichtkonstruktiver Schlußregeln.⁴⁷) Eine vierte ist der modelltheoretische Ansatz.⁴⁸) Doch alle sind sie fehlbar, und zwar nicht weniger fehlbar – und nicht weniger quasi-empirisch – als die gewöhnliche klassische Mathematik, die so sehr nach Grundlagen verlangte. Diese Erkenntnis – daß nicht nur die großen Logiken, sondern auch die Mathematik quasi-empirisch ist – schlägt sich in den 'empiristischen' Äußerungen von Gödel, von Neumann, Kalmár, Weyl und anderen nieder.

Man sollte aber nicht unerwähnt lassen, daß einige dieser Leute der Auffassung sind, einige der Grundsätze, die von diesen verschiedenen Methoden benutzt werden, seien apriorisch und durch 'Nachdenken' gewonnen worden. So schränkt z. B. Gödel seinen Empirismus durch die Hoffnung ein, es könnten a priori wahre mengentheoretische Grundsätze gefunden werden. Er meint, die Mahloschen 'Axiome zeigen ganz klar nicht nur, daß das heute gebräuchliche axiomatische System der Mengenlehre unvollständig ist, sondern auch, daß es sich ohne Willkür durch neue Axiome ergänzen läßt, die den Inhalt des oben erklärten Mengenbegriffs entfalten'.⁴⁹) (Gödel scheint aber nicht besonders sicher zu sein, daß der Mengenbegriff a priori charakterisierbar sei; das geht aus seinen bereits zitierten quasi-empiristischen Bemerkungen wie auch aus seinem Schwanken in seiner Arbeit [1938] hervor, wo er sagt, das Konstruierbarkeitsaxiom 'scheint insofern eine natürliche Vervollständigung der Axiome der Mengenlehre zu liefern, als es den unscharfen Begriff einer beliebigen unendlichen Menge genau bestimmt'.⁵⁰)) Weyl machte sich übrigens über Gödels übertrieben optimistische Sicht der Möglichkeiten apriorischer Erkenntnis lustig:

'Gödel mit seinem grundsätzlichen Vertrauen in die transzendentale Logik glaubt eben, daß wir nach einigen geringfügigen Korrekturen *scharf* sehen werden, und daß dann jedermann einsehen wird, daß wir *richtig* sehen. Doch wer dieses Vertrauen nicht teilt, wird beunruhigt sein durch den hohen Grad von Willkürlichkeit, der in einem System wie Z oder sogar in Hilberts System steckt. Wieviel überzeugender und mit den Tatsachen übereinstimmender sind die heuristischen Argumente und die daraus folgenden systematischen Konstruktionen in Einsteins allgemeiner Relativitätstheorie oder in der Heisenberg-Schrödingerschen Quantenmechanik. Eine wahrhaft realistische Mathematik sollte parallel zur Physik als ein Zweig der theoretischen Konstruktion der einen realen Welt aufgefaßt werden, sie sollte dieselbe nüchterne und behutsame Haltung gegenüber hypothetischen Erweiterungen ihrer Grundlagen einnehmen, wie sie von der Physik geübt wird.'⁵¹)

---

⁴⁵) Solche starken Axiome wurden von Mahlo, Tarski und Levy formuliert. Über ihre arithmetische Prüfbarkeit sagt Gödel [1947], S. 520: 'Man kann beweisen, daß diese Axiome auch Konsequenzen weit außerhalb des Gebietes der sehr großen transfiniten Zahlen haben, auf die sie sich zunächst einmal beziehen: Von jedem von ihnen läßt sich zeigen, daß es die Zahl der entscheidbaren Aussagen selbst auf dem Gebiet der Diophantischen Gleichungen erhöht.'
⁴⁶) Dieser Forschungsansatz stammt von Turing [1939] und wurde von Feferman [1968] ausgebaut.
⁴⁷) Vgl. z. B. Rosser [1937], Tarski [1939], Kleene [1943].
⁴⁸) Vgl. Kemeny [1958], S. 164.
⁴⁹) Gödel [1964], S. 264; vgl. Gödel [1947], S. 520.
⁵⁰) Gödel [1938], S. 557.
⁵¹) Weyl [1949], S. 301.

Kreisel hingegen hebt diese Art aprioristischen Denkens in den Himmel; sie liefere mengentheoretische Axiome und 'richtige' Definitionen. Den Anti-Apriorismus nennt er eine 'antiphilosophische Haltung' und den Gedanken des Fortschritts durch Versuch und Irrtum empirisch falsch.[52] Damit nicht genug, möchte er in seiner Antwort an Bar-Hillel diese Methode auch in der empirischen Wissenschaft anwenden, womit er den Aristotelischen Essentialismus wiederentdeckt hat. Er fügt hinzu: 'Wäre ich wirklich davon überzeugt, daß das reine Denken etwas Extravagantes oder Fiktives sei, dann wäre ich gewiß nicht Philosoph geworden; oder ich hätte jedenfalls dieses Handwerk sehr schnell wieder aufgegeben.'[53] In seinen Bemerkungen zu Mostowski versucht er, Gödels Schwanken als überholt hinzustellen.[54] Doch genau, wie sich Gödel unmittelbar auf induktives Beweismaterial bezieht, so spricht Kreisel (in seiner Erwiderung) von den 'Grenzen' der Heuristik des reinen Denkens. ('Reines Denken', 'Explikation' sind also *doch* fehlbar.)

4 'Mögliche Falsifikatoren' in der Mathematik

Wenn Mathematik und Realwissenschaft beide quasi-empirisch sind, so muß der entscheidende Unterschied zwischen ihnen – falls es überhaupt einen gibt – in der Beschaffenheit der 'Basisaussagen' oder 'möglichen Falsifikatoren' liegen. Die Beschaffenheit einer quasi-empirischen Theorie bestimmt sich nach der Beschaffenheit der Wahrheitswertbestimmung ihrer möglichen Falsifikatoren.[55] Nun wird niemand behaupten wollen, die Mathematik sei empirisch in dem Sinne, daß ihre möglichen Falsifikatoren singuläre Raum-Zeit-Aussagen wären. Doch was ist die Mathematik dann? Oder: Wie sind die möglichen Falsifikatoren mathematischer Theorien beschaffen?[56] Schon diese Frage wäre in den Jahren der geistigen Flitterwochen Russells und Hilberts ein Affront gewesen. Schließlich sollten ja die 'Principia' oder die 'Grundlagen der Mathematik' mit Gegenbeispielen und Widerlegungen in der Mathematik aufräumen, und zwar ein für allemal. Und auch heute noch ruft die Frage manches Stirnrunzeln hervor.

[Doch umfassende axiomatische Mengenlehren und metamathematische Systeme sind widerlegbar und sind auch tatsächlich widerlegt worden.] Betrachten wir zunächst die umfassenden axiomatischen Mengenlehren. Natürlich haben sie *logische mögliche Falsifikatoren*: Aussagen von der Form p & ¬p. Gibt es aber auch andere Falsifikatoren? Die möglichen Falsifikatoren der empirischen Wissenschaft drücken, grob gesprochen, die 'harten Tatsachen' aus. Doch gibt es in der Mathematik irgend etwas Derartiges? Geht man von der Auffassung aus, daß eine formale axiomatische Theorie ihren Gegenstand implizit definiert, dann gibt es keine mathematischen Falsifikatoren außer den erwähnten logischen. Geht man aber davon aus, daß eine formale Theorie die Formalisierung einer informalen Theorie sein soll, dann kann man die formale Theorie 'widerlegt' nennen, wenn einer ihrer Sätze von dem ent-

---

[52] Kreisel [1967*a*], S. 140.
[53] Kreisel [1967*b*], S. 178.
[54] Kreisel [1967*c*], S. 97f.
[55] S. oben, Abschn. 2, Abs. 2 u. 6.
[56] Ich hoffe, daß diese Poppersche Formulierung der uralten Frage neues Licht auf einige Fragen der Philosophie der Mathematik werfen wird.

sprechenden Satz der informalen Theorie negiert wird. Letzteren könnte man einen *heuristischen Falsifikator* der formalen Theorie nennen.⁵⁷)

Nicht alle formalen mathematischen Theorien sind zu einer bestimmten Zeit gleich stark in Gefahr, heuristisch widerlegt zu werden. Z. B. ist die *elementare Gruppentheorie* kaum irgendwie gefährdet: hier werden die ursprünglichen informalen Theorien so gründlich durch die axiomatische Theorie ersetzt, daß man sich eine heuristische Widerlegung kaum vorstellen kann.

Bei der Mengenlehre liegen die Verhältnisse komplizierter. Manche meinen, nach dem vollständigen Zusammenbruch der naiven Mengenlehre aufgrund *logischer* Falsifikatoren könne man gar nicht mehr von mengentheoretischen Tatsachen, von einer *beabsichtigten* Deutung der Mengenlehre sprechen. Doch auch von denen, die von einer mengentheoretischen Intuition nichts wissen wollen, sind einige vielleicht immer noch damit einverstanden, daß die axiomatischen Mengenlehren die Funktion einer prominenten, vereinheitlichenden Theorie in der Mathematik erfüllen, in deren Rahmen alle bekannten mathematischen Tatsachen (d. h. eine bestimmte Teilmenge informaler Sätze) erklärt werden müssen. Doch dann kann man eine Mengenlehre auf zweierlei Art kritisieren: Man kann ihre Axiome auf Widerspruchsfreiheit prüfen *und* ihre Definitionen auf die 'Richtigkeit' der von ihnen gelieferten Übersetzung von Zweigen der Mathematik wie der Arithmetik. So könnte es eines Tages dahin kommen, daß eine Maschine einen formalen Beweis in einer formalen Mengenlehre für eine Formel ausspuckt, deren Deutung besagt, daß es eine nicht-Goldbachsche gerade Zahl gibt, und gleichzeitig habe ein Zahlentheoretiker informal bewiesen, daß alle geraden Zahlen Goldbachsch sind. Läßt sich dieser Beweis in dem betreffenden System der Mengenlehre formalisieren, so ist diese Theorie widerspruchsvoll; im anderen Fall ist diese formale Mengenlehre zwar nicht als widerspruchsvoll [erwiesen], aber als eine *falsche* Theorie der Arithmetik (doch sie kann immer noch eine wahre Theorie einer mathematischen Struktur sein, die nicht mit der Arithmetik isomorph ist). Wir können dann den informal bewiesenen Goldbachschen Satz einen *heuristischen,* genauer einen *arithmetischen Falsifikator* unserer formalen Mengenlehre nennen.⁵⁸) Die formale Theorie ist falsch im Hinblick auf das informale explanandum, das sie erklären wollte; sie muß durch eine bessere ersetzt werden. Zunächst kann man es mit punktuellen Verbesserungen versuchen. Vielleicht war nur die Definition von 'natürliche Zahl' nicht in Ordnung; dann könnte man sie an jeden heuristischen Falsi-

---

⁵⁷) Interessant wäre eine Untersuchung der Frage, wieweit die Abgrenzung zwischen logischen und heuristischen Falsifikatoren der Unterscheidung Currys zwischen mathematischer Wahrheit und 'Quasi-Wahrheit' (oder 'Annehmbarkeit') entspricht. Vgl. Curry [1951], insbes. Kap. 11. Curry nennt seine Philosophie 'formalistisch' im Unterschied zu 'inhaltlichen' Philosophien wie dem Platonismus oder dem Intuitionismus (Curry [1965], S. 80). Doch neben seiner Philosophie der formalen Struktur hat er eine Philosophie der Annehmbarkeit – und da man die Entwicklung der formalen Mathematik gewiß nicht ohne Annehmbarkeitsüberlegungen erklären kann, so ist die Philosophie Currys letzten Endes doch 'inhaltlich'.
⁵⁸) Der Ausdruck 'ω-Widerspruchsfreiheit' ist irreführend, worauf Quine [1953a], S. 117, hinweist. Ein Nachweis der 'ω-Widersprüchlichkeit' eines Systems der Arithmetik wäre nichts anderes als eine *heuristische* Falsifikation des Systems. Ironischerweise entstand die unglückliche Bezeichnung daraus, daß die betreffende Erscheinung von Gödel und Tarski gerade dazu herangezogen wurde, Wahrheit ('ω-Widerspruchsfreiheit') und Widerspruchsfreiheit voneinander zu unterscheiden.

fikator 'anpassen'. Das axiomatische System selbst (mit seinen Bildungs- und Umformungsregeln) würde nur dann als Erklärung der Arithmetik unbrauchbar, wenn es auf der ganzen Linie 'numerisch insegregativ'[59]) wäre, d. h., wenn es sich zeigen würde, daß keine endliche Anzahl von Anpassungen der Definition *alle* heuristischen Falsifikatoren aus der Welt schafft.

Nun ergibt sich das Problem: *Welche informalen Sätze sollten als die arithmetischen Falsifikatoren einer formalen Theorie genommen werden, die die Arithmetik enthält?*

Hilbert hätte nur endliche Zahlengleichungen (ohne die logischen Quantoren [['alle' und 'mindestens ein']]) als Falsifikatoren der formalen Arithmetik anerkannt. Doch er hätte leicht zeigen können, daß *alle* wahren endlichen Zahlengleichungen in seinem System beweisbar sind. Daraus folgte, daß sein System bezüglich der wahren Basisaussagen vollständig war, und wenn somit einer seiner Sätze durch einen arithmetischen Falsifikator als falsch erwiesen werden konnte, dann war das System widerspruchsvoll, denn die formale Fassung des Falsifikators war ja schon ein Satz des Systems. Hilberts Reduktion der Falsifikatoren auf logische (und damit der Wahrheit auf Widerspruchsfreiheit) kam durch eine sehr enge ('finitäre') Definition der arithmetischen Basisaussagen zustande.

Gödels informaler Beweis für die Wahrheit der Gödelschen unentscheidbaren Aussage warf folgendes Problem auf: Sind die 'Principia' oder die Hilbertsche formalisierte Arithmetik – sofern widerspruchsfrei – wahr oder falsch, wenn man ihre die Negation der Gödelschen Aussage hinzufügt? Für Hilbert wäre die Frage sinnlos gewesen, denn er war Instrumentalist bezüglich der Arithmetik außerhalb des finitären Kerns und hätte keinen Unterschied zwischen arithmetischen Systemen mit der Gödelaussage und mit ihrer Negation erblickt, solange aus beiden die wahren Basisaussagen folgten (auf die übrigens seine implizite Definition von Bedeutung und Wahrheit beschränkt war). Gödel schlug vor,[60]) den Bereich der (sinnvollen und wahren) Basisaussagen von den finitären Zahlengleichungen auf Aussagen mit Quantoren zu erweitern und als Beweise für die Wahrheit von Basisaussagen nicht nur 'finitäre', sondern eine umfangreichere Klasse intuitionistischer Methoden zu verwenden. Dieser methodologische Vorschlag nun machte die Wahrheit zu etwas anderem als Widerspruchsfreiheit und führte ein neues Schema der Vermutungen und Widerlegungen ein, das auf der arithmetischen Falsifizierbarkeit beruhte: es ließ kühne spekulative Theorien mit sehr starken, reichhaltigen Axiomen zu und kritisierte sie von außen an Hand informaler Theorien mit schwachen, sparsamen Axiomen. *Hier wird der Intuitionismus nicht herangezogen, um Grundlagen, sondern um Falsifikatoren zu liefern, nicht um die Spekulation einzudämmen, sondern um sie zu fördern und zu kritisieren!*

Es ist erstaunlich, in welchem Maße konstruktive und sogar finite Falsifikatoren zur Prüfung umfassender Mengenlehren dienen können. So sind etwa starke Unendlichkeitsaxiome auf dem Gebiet der diophantischen Gleichungen prüfbar.*[3])

Doch umfassende axiomatische Mengenlehren haben nicht nur arithmetische Falsifikatoren. Sie können durch Sätze – oder Axiome – der naiven Mengenlehre widerlegt werden. Z.B. widerlegte Specker Quines 'New Foundations' durch den Nachweis, daß die Ordinalzahlen bezüglich '≦' nicht wohlgeordnet sind, und daß das Auswahlaxiom aufgegeben

---

[59]) Siehe Quine [1953a], S. 118.
[60]) Siehe sein Eingreifen 1930 in Königsberg, wiedergegeben in Gödel [1931].
*[3]) S. oben, Anm. 45. (D. Hrsgg.)

werden muß.⁶¹) Ist das nun wirklich auch nur eine heuristische Widerlegung? Soll der Wohlordnungssatz der in Trümmern liegenden naiven Mengenlehre mehr gelten als Quines System? Auch wenn man mit Gödel und Kreisel die naive Mengenlehre aufgrund der Zermeloschen Korrektur als wiederhergestellt betrachtet,⁶²) so könnte man doch den Wohlordnungssatz und das Auswahlaxiom nur dann als heuristische Falsifikatoren anerkennen, wenn man die Klasse der (intuitionistischen) heuristischen Falsifikatoren nochmals erweitert, und zwar auf (beinahe?) *jeden* Satz der berichtigten naiven Mengenlehre. (Man könnte die erste Klasse die der *starken* und die zweite die der *schwachen heuristischen Falsifikatoren* nennen.) Doch das wäre ganz bestimmt unvernünftig; bestenfalls kann man sie als zwei konkurrierende Theorien betrachten *(streng genommen, kann überhaupt kein heuristischer Falsifikator mehr sein als eine konkurrierende Hypothese).* Schließlich hindert uns nichts daran, die naiven Mengen zu vergessen und uns auf das neue, unbeabsichtigte Modell der 'New Foundations' zu konzentrieren!⁶³)

Ja, man kann noch weiter gehen. Würde es sich z. B. herausstellen, daß alle starken mengentheoretischen Systeme arithmetisch falsch sind, so könnte man die Arithmetik abändern – die neue, abweichende Arithmetik könnte vielleicht für die empirischen Wissenschaften ebenso brauchbar sein. Rosser und Wang, die – drei Jahre vor Speckers Ergebnis – zeigten, daß '≦' in keinem Modell der 'New Foundations' sowohl endliche Kardinal- als auch unendliche Ordinalzahlen wohlordnet, solange man sich an die beabsichtigte Deutung von '≦' hält, erwägen diese Möglichkeit:

'Man könnte sich durchaus fragen, ob eine formale Logik, von der man weiß, daß sie kein Standardmodell hat, überhaupt ein brauchbarer Rahmen für das mathematische Denken sein könne. Nun, wenn man wissen will, wie der Pudding ist, muß man ihn essen. Für Fragen aus dem üblichen Bereich der klassischen Analysis kommen die Denkmethoden von Quines 'New Foundations' den anerkannten klassischen Denkmethoden ebenso nahe wie die jedes anderen uns bekannten Systems. Doch auf gewissen Gebieten, vor allem im Zusammenhang mit besonders großen Ordinalzahlen, drückt sich in den Denkmethoden von Quines 'New Foundations' das Fehlen eines Standardmodells aus, und sie kommen dem klassisch orientierten Mathematiker seltsam vor. Da aber die Theorie der Ordinalzahlen bei Anwendung auf sehr große Ordinalzahlen fragwürdig ist, so dürfte es wohl kaum ein ernster Mangel einer Logik sein, wenn sie diese Tatsache deutlich werden läßt. – Der Gedanke, eine Logik müsse ein Standardmodell haben, wenn sie als Rahmen für das mathematische Denken brauchbar sein soll, scheint uns lediglich ein Überbleibsel des alten Gedankens zu sein, es gebe so etwas wie absolute mathematische Wahrheit. Von einem Standardmodell fordert man doch, daß es bestimmte klassische Vorstellungen von der Struktur der Gleichheit, der ganzen Zahlen, der Ordinalzahlen, der Mengen usw. wiedergibt. Vielleicht sind diese klassischen Vorstellungen unvereinbar mit dem Verfahren eines starken mathematischen Systems, und dann kann eine formale Logik für dieses System kein Standardmodell haben.'⁶⁴)

Das natürlich [läuft auf die Behauptung hinaus], die einzigen wirklichen Falsifikatoren seien die logischen. [Doch andere Mathematiker] wie z. B. Gödel würden die 'New

---

⁶¹) Specker [1953]; vgl. auch Quine [1963], S. 294 ff.
⁶²) Vgl. Gödel [1947], S. 518, und Kreisel [1967].
⁶³) Für Wissenschaftstheoretiker nach Popper sollte es ohnehin selbstverständlich sein, daß explanans und explanandum konkurrierende Hypothesen sein können.
⁶⁴) Rosser und Wang [1950], S. 115.

Foundations' aufgrund des Speckerschen Nachweises bestimmt ablehnen: Für ihn sind das Auswahlaxiom und die Wohlordnung der Ordinalzahlen evidente Wahrheiten.[65]

Zweifellos wird das Problem der Basisaussagen in der Mathematik mit der weiteren Entwicklung umfassender Mengenlehren zunehmendes Interesse gewinnen. Neuere Arbeiten weisen darauf hin, daß sich einige sehr abstrakte Axiome recht bald auf ganz unerwarteten Gebieten der klassischen Mathematik als prüfbar erweisen werden, so das Tarskische Axiom von den unerreichbaren Ordinalzahlen in der algebraischen Topologie.[66] Auch die Kontinuumshypothese wird ein Prüffeld abgeben: Die Ansammlung weiteren intuitiven Beweismaterials gegen die Kontinuumshypothese könnte zur Ablehnung starker Mengenlehren führen, aus denen sie folgt. Gödel [1964] zählt eine ganze Reihe nicht einleuchtender Konsequenzen der Kontinuumshypothese auf; ein ganz wichtiges Ziel seines neuen Euklidischen Programms ist eine evidente Mengenlehre, aus der ihre Negation ableitbar ist.[67]

Betrachtet man umfassende Mengenlehren – und mathematische Theorien überhaupt – als quasi-empirische Theorien, so ergibt sich eine Unmenge neuer und interessanter Probleme. Bisher war der Hauptunterschied der zwischen dem Bewiesenen und dem Unbewiesenen (und dem Beweisbaren und dem Unbeweisbaren); die radikalen Justifikationisten ('Positivisten') setzten diese Abgrenzung mit der zwischen dem Sinnvollen und dem Sinnlosen gleich. [Doch jetzt gibt es ein neues Abgrenzungsproblem:] *zwischen prüfbaren und unprüfbaren (metaphysischen) mathematischen Theorien im Hinblick auf eine bestimmte Menge von Basisaussagen.* Eine der Überraschungen der Mengenlehre war gewiß die Tatsache, daß Theorien über Mengen von sehr hoher Kardinalität bezüglich eines verhältnismäßig bescheidenen Kerns von Basisaussagen prüfbar sind (also arithmetischen Gehalt besitzen[68]). Ein solches Kriterium dürfte interessant und informativ sein – doch es wäre bedauerlich, wenn manche Leute es wieder als Sinnkriterium verwenden wollten, wie es in der Wissenschaftstheorie der empirischen Wissenschaften der Fall war.

[Ein weiteres Problem besteht darin, daß] die Prüfbarkeit in der Mathematik auf dem schlüpfrigen Begriff des heuristischen Falsifikators ruht. Dabei handelt es sich schließlich

---

[65] In seiner ursprünglichen Arbeit [1947] sagt Gödel, das Auswahlaxiom sei genau so evident wie die anderen Axiome 'bei unserem gegenwärtigen Erkenntnisstand' (S. 516). In dem Wiederabdruck [1964] heißt es statt dessen: 'von so gut wie jedem möglichen Standpunkt aus' (S. 259, Anm. 2). Nach einigem Schwanken schlug er eine weitere Ausdehnung des Bereichs der mengentheoretischen Basisaussagen vor, die faktisch auf ein neues Euklidisches Programm hinauslief – doch für den Fall des Scheiterns schlug er auch gleich eine quasi-empirische Alternative vor. (S. insbes. 'Supplement' zu Gödel [1964].)

[66] Vgl. Myhill [1960], S. 464.

[67] Kreisel [1967a] kritisiert Gödel, weil er nicht darauf eingegangen sei, daß er 1938 das Konstruierbarkeitsaxiom als eine Vervollständigung der Mengenlehre vorgeschlagen und es 1947 stillschweigend zurückgezogen habe. Der Grund für diese Wendung dürfte aber doch auf der Hand liegen: In der Zwischenzeit muß Gödel wohl die Arbeiten (hauptsächlich von Lusin und Sierpinski) über die Konsequenzen der Kontinuumshypothese gelesen haben und zu dem Ergebnis gekommen sein, daß eine Mengenlehre (wie die seinige von 1938), in der die Hypothese ableitbar ist, falsch sei. Vielleicht ist die Feststellung interessant, daß nach Lusin eine einfache Aussage in der Theorie der analytischen Mengen, deren Unverträglichkeit mit der Kontinuumshypothese Sierpinski nachgewiesen hatte, 'unzweifelhaft wahr' ist – und das begründet er eindrucksvoll (Lusin [1935] und Sierpinski [1935]).

[68] Der Ausdruck 'Gehalt' wird hier in einem Popperschen Sinn gebraucht: Der 'arithmetische Gehalt' ist die Menge der arithmetischen möglichen Falsifikatoren.

2 Renaissance des Empirismus in der neueren Philosophie

nur in einem uneigentlichen Sinne um einen Falsifikator: Er falsifiziert die Hypothese nicht, sondern legt nur eine Falsifikation nahe – und Anregungen kann man auch unbeachtet lassen. Er ist nur eine konkurrierende Hypothese. Doch das unterscheidet die Mathematik nicht so scharf von der Physik, wie man vielleicht denken möchte. Poppersche Basissätze sind schließlich auch nur Hypothesen. *Die entscheidende Rolle heuristischer Widerlegungen besteht darin, Probleme auf wichtigere hin zu verschieben,* die Entwicklung gehaltreicherer theoretischer Systeme anzuregen. Von den meisten klassischen Widerlegungen in der Geschichte der empirischen Wissenschaft und der Mathematik kann man zeigen, daß es heuristische Falsifikationen sind. Der Kampf zwischen rivalisierenden mathematischen Theorien wird meistens ebenfalls durch ihre unterschiedliche Erklärungskraft entschieden.[69])

Wenden wir uns schließlich der Frage zu: *Was ist das 'Wesen' der Mathematik,* das heißt, worauf beruhen die Wahrheitswerte, die in ihre möglichen Falsifikatoren eingeführt werden? Diese Frage läßt sich zum Teil auf die Frage zurückführen: Was ist das Wesen der *informalen* Theorien, das heißt, was ist das Wesen der möglichen Falsifikatoren *informaler* Theorien? Kommt man schließlich, wenn man die Problemverschiebungen zurückverfolgt, über informale mathematische Theorien zu empirischen Theorien, so daß sich die Mathematik am Ende als *mittelbar empirisch* erweisen würde, womit sich die Auffassung Weyls, von Neumanns und – in gewissem Sinne – Mostowskis und Kalmárs bestätigen würde? Oder ist die *Konstruktion* die einzige Quelle der Wahrheit, die in eine mathematische Basisaussage eingeführt werden kann? Oder ist es die *Platonische Anschauung?* Oder eine *Festsetzung?* Die Antwort dürfte kaum eine einheitliche sein. Sorgfältige historisch-kritische Untersuchungen werden wahrscheinlich zu einer differenzierten und zusammengesetzten Lösung führen. Doch wie diese auch aussehen mag, die naiven Schulbegriffe der statischen Vernunft wie *apriori – aposteriori, analytisch – synthetisch* können sie nur behindern. Diese Begriffe hat die klassische Erkenntnistheorie geschaffen, um Euklidische sichere Erkenntnis zu klassifizieren – für die Problemverschiebungen bei der Entwicklung der quasi-empirischen Erkenntnis leisten sie nichts.[*4])

---

[69]) Vgl. Kap. 3 des vorliegenden Bandes.
[*4]) Seit der Abfassung dieser Arbeit sind eine ganze Anzahl weiterer Untersuchungen über die Möglichkeiten der Prüfung vorgeschlagener mengentheoretischer Axiome wie der Kontinuumshypothese oder starker Unendlichkeitsaxiome angestellt worden. (Eine gute Übersicht findet sich bei Fraenkel u. a. [1973]. S. auch Shoenfield [1971] über das Axiom von den meßbaren Kardinalzahlen.) Nach Levy und Solovay [1967] scheinen Axiome über große Kardinalzahlen das Kontinuumsproblem nicht entscheiden zu können. Im Rahmen eines anderen Ansatzes hat man Alternativen zur Kontinuumshypothese formuliert und geprüft. Ein Beispiel ist das 'Martinsche Axiom', das aus der Kontinuumshypothese folgt, aber mit ihrer Negation verträglich ist; siehe Martin und Solovay [1970] sowie Solovay und Tennenbaum [1971]. Von den sechs Konsequenzen der Kontinuumshypothese, die Gödel als äußerst uneinleuchtend ansah, folgen drei aus dem Martinschen Axiom. Doch Martin und Solovay nehmen einen anderen Standpunkt ein als Gödel; sie sagen von sich, sie hätten 'so gut wie keine Intuitionen' über die Wahrheit oder Falschheit dieser drei Konsequenzen. (D. Hrsgg.)

5 Abschnitte des Stillstands in der Entwicklung quasi-empirischer Theorien

Die Geschichte quasi-empirischer Theorien ist eine Geschichte kühner Spekulationen und dramatischer Widerlegungen. Aber neue Theorien und spektakuläre Widerlegungen (seien es logische oder heuristische) gibt es nicht täglich im Leben quasi-empirischer Theorien, seien es realwissenschaftliche oder mathematische. Gelegentlich gibt es lange *Abschnitte des Stillstands,* in denen eine einzige Theorie die Szene beherrscht, ohne daß Konkurrenten oder anerkannte Widerlegungen vorhanden sind. In solchen Perioden vergessen viele die Kritisierbarkeit der Grundannahmen. Theorien, die einmal intuitionswidrig oder gar abwegig wirkten, als sie zum erstenmal vorgeschlagen wurden, gewinnen nun Autorität. Seltsame methodologische Täuschungen greifen um sich: Einige Leute bilden sich ein, die Axiome selbst begännen im Lichte Euklidischer Gewißheit zu glänzen; andere bilden sich ein, die Deduktionskanäle der elementaren Logik könnten Wahrheit (oder Wahrscheinlichkeit) 'induktiv' von den Basisaussagen auf die jeweiligen Axiome zurückübertragen.

Das klassische Beispiel eines anomalen Abschnitts im Leben einer quasi-empirischen Theorie ist die lange Vorherrschaft der Newtonschen Mechanik und Gravitationstheorie. Die Theorie war so paradox und so wenig einleuchtend, daß Newton selbst darüber ganz verzweifelt war; doch nach einem Jahrhundert der Bewährung hielt sie Kant für evident. Whewell behauptete, was der Sache etwas näher kommt, sie habe sich durch 'fortschreitende Anschauung'[70]) gefestigt, während Mill sie für induktiv bewiesen hielt.

Wir wollen also von der 'Kant-Whewellschen Täuschung' und der 'induktivistischen Täuschung' sprechen. Die erste kehrt zu einer Form des Euklidianismus zurück; die zweite schafft ein neues – induktivistisches – Ideal der deduktiven Theorie, bei dem die Deduktionskanäle auch Wahrheit (oder eine Quasi-Wahrheit wie die Wahrscheinlichkeit) von den Basisaussagen nach oben auf die Axiome übertragen können.

Die Hauptgefahr beider Täuschungen liegt in ihrer methodologischen Wirkung: Beide tauschen die Herausforderung und das Abenteuer einer Arbeit in der Atmosphäre ständiger Kritik an quasi-empirischen Theorien gegen die Starre und Trägheit einer Euklidischen oder induktivistischen Theorie ein, bei der die Axiome mehr oder weniger feststehen und der Kritik und Theorienkonkurrenz entgegengewirkt wird.[71])

Die ernsteste Gefahr in der modernen Philosophie der Mathematik ist also die, daß sich, wer die Fehlbarkeit der Mathematik und damit ihre Ähnlichkeit mit der empirischen Wissenschaft erkannt hat, Analogien bei einem falschen Bild von der empirischen Wissen-

---

[70]) Z.B. Whewell [1860], insbes. Kap. 29.
[71]) Vgl. Kuhn, insbes. [1963].
[72]) Die Hauptverfechter der Whewellschen fortschreitenden Anschauung in der Mathematik sind Bernays, Gödel und Kreisel (s.o., Ende von Abschn. 3). Gödel gibt auch ein induktivistisches Wahrheitskriterium für den Fall an, daß die fortschreitende (oder, wie Carnap sagen würde, 'geleitete') Intuition versagen sollte: Eine axiomatische Mengenlehre ist wahr, wenn sie in der informalen Mathematik oder der Physik in reichem Maße verifiziert ist. 'Der einfachste Fall einer Anwendung des zur Diskussion stehenden Kriteriums ergibt sich, wenn ein mengentheoretisches Axiom zahlentheoretische Konsequenzen hat, die durch Berechnung bis hinauf zu jeder vorgegebenen ganzen Zahl verifizierbar sind.' ('Supplement' zu Gödel [1964], S. 272.)

schaft sucht. Die Zwillingstäuschungen der 'fortschreitenden Anschauung' und der Induktion lassen sich in den Werken heutiger Philosophen der Mathematik wiederfinden.[72] Diese Philosophen achten sehr auf die Grade der Fehlbarkeit, auf Methoden, die in gewissem Grade apriorisch sind, ja sogar auf Grade des vernünftigen Glaubens. Doch kaum jemand hat die Möglichkeiten der Widerlegung [in der Mathematik] untersucht.[73] Insbesondere hat niemand das Problem untersucht, wieviel von dem theoretischen Gerüst der Popperschen Logik der Forschung in den empirischen Wissenschaften auf die Logik der Forschung in den quasi-empirischen Wissenschaften im allgemeinen und in der Mathematik im besonderen anwendbar ist. *Wie kann man den Fallibilismus ernst nehmen, ohne die Möglichkeit von Widerlegungen ernst zu nehmen?* Man sollte nicht Lippenbekenntnisse zum Fallibilismus ablegen: 'Für einen Philosophen kann es nichts absolut Evidentes geben', und dann feststellen: 'Doch in der Praxis gibt es natürlich vieles, was man evident nennen kann ... Jede Forschungsmethode setzt bestimmte Ergebnisse als evident voraus.'[74] Ein solcher *weicher Fallibilismus* trennt den Fallibilismus von der Kritik und zeigt, wie tief die Euklidische Theorie in der mathematischen Philosophie eingewurzelt ist. Es braucht mehr als die Antinomien und die Gödelschen Ergebnisse, um die Philosphen dazu zu bringen, die empirischen Seiten der Mathematik ernst zu nehmen und eine Philosophie des kritischen Fallibilismus zu entwickeln, die sich nicht von den sogenannten Grundlagen inspirieren läßt, sondern von der *Entwicklung* der mathematischen Erkenntnis.

---

[73] Kalmár [1959] – mit der Kritik an der Churchschen These – ist eine bemerkenswerte Ausnahme.
[74] Bernays [1965], S. 127.

3 Cauchy und das Kontinuum: Die Bedeutung der heterodoxen Analysis für die Geschichte und die Philosophie der Mathematik[1])

Die heterodoxe Analysis ist ein fesselnder Gegenstand für den Historiker und den Philosophen der Mathematik. Einmal revolutioniert sie das Bild des Historikers von der Geschichte der Infinitesimalrechnung. Und sie ist auch eines der interessantesten Anzeichen dafür, daß sich die Metamathematik von ihren ursprünglichen philosophischen Anfängen abwendet und selbst zu einem wichtigen Zweig der Mathematik wird.

1 Die heterodoxe Analysis gibt Anlaß zu einer völlig neuen Sicht der Geschichte der Infinitesimalrechnung

Die Geschichte der Mathematik ist durch falsche Philosophien noch stärker entstellt worden als die Geschichte der empirischen Wissenschaft.[2]) Sie wird von vielen immer noch als eine Ansammlung ewiger Wahrheiten gesehen;[3]) falsche Theorien oder Sätze werden in die finstere Rumpelkammer der Vorgeschichte verbannt oder als bedauerliche Versager registriert, die nur für den Raritätensammler von Interesse sind. Nach einigen Mathematikhistorikern beginnt die 'eigentliche' Geschichte der Mathematik bei den Arbeiten, die den von

---

[1]) Der Verfasser dankt Abraham Robinson für instruktive Diskussionen. *) Diese Arbeit wurde auf dem Internationalen Logik-Kolloquium in Hannover 1966 (europäisches Treffen der Association for Symbolic Logic) vorgetragen. Sie wurde 1966 vom British Journal for the Philosophy of Science zur Veröffentlichung angenommen, aber von Lakatos zurückgehalten. Eine Anzahl Randbemerkungen auf dem ursprünglichen Schreibmaschinenmanuskript zeigen, daß er mit einigen Aussagen nicht zufrieden war. Es gibt aber keine Anhaltspunkte dafür, daß Lakatos an eine Veränderung der Hauptpunkte seiner Argumentation dachte. (J.P.C.)

[2]) Die verderbliche Wirkung falscher Philosophien auf die historische Darstellung der Mathematik wird bei Lakatos [1963/64] behandelt, vor allem in der 'Einleitung des Verfassers' und sodann passim. (Zur Wirkung falscher Wissenschaftstheorien auf die historische Darstellung der empirischen Wissenschaft siehe Agassi [1963] sowie insbesondere Band 1, Kap. 2.)

[3]) Eine Bemerkung von Duhem, dem wichtigsten und einflußreichsten Wissenschaftshistoriker zu Beginn unseres Jahrhunderts, ist höchst kennzeichnend. In seinem Werk [1906], Abschn. 11.6, dt. S. 366, spricht er über 'ein weiteres Kennzeichen des großen Unterschieds zwischen Physik und Geometrie': 'In der Mathematik, in der die Klarheit der deduktiven Methode sich direkt mit den Selbstverständlichkeiten des gewöhnlichen Lebens verbindet, kann der Unterricht in rein logischer Weise gegeben werden; es genügt, daß ein Postulat ausgesprochen werde, damit der Studierende sogleich das durch das gewöhnliche Wissen Gegebene, das in einem derartigen Urteil zusammengefaßt ist, erfasse; er braucht den Weg, auf dem dieses Postulat in die Wissenschaft gelangt ist, nicht zu kennen. Die Geschichte der Mathematik verdient sicherlich mit Recht großes Interesse, aber sie ist nicht wesentlich für das Verständnis der Mathematik. – Dem ist nicht so in der Physik.'

2 Cauchy und das Kontinuum

ihnen als endgültig angesehenen Maßstäben entsprechen. Andere steigen in die Vorgeschichte nur hinab, um glänzende Beispiele ewiger Wahrheit aus dem Abfall herauszufinden. Beide Tendenzen verfehlen einige der interessantesten Formen der Vermutung und Widerlegung in der Geschichte des mathematischen Denkens. Noch schlimmer: Interessante widerspruchsvolle Theorien werden in 'richtige', aber uninteressante Vorläufer moderner Theorien umgefälscht. Die Bemühungen, die Autorität der Geistesheroen der Vergangenheit zu retten, indem man sie modern aufpolierte, sind weiter gegangen, als man denken möchte.

Das alles gilt in besonderem Maße für die Geschichte der Infinitesimalrechnung. Einige der interessantesten Züge der vor-Weierstraßschen Ära sind aufgrund von 'rationalen Rekonstruktionen' unbemerkt und unverstanden geblieben (wenn nicht mißverstanden worden). Die Arbeiten Robinsons revolutionieren unser Bild von dieser hochinteressanten und wichtigen Periode. Sie liefern eine rationale Rekonstruktion der in Mißkredit geratenen Theorie der unendlich kleinen Größen, die modernen Strengemaßstäben genügt und nicht schwächer als die Weierstraßsche Theorie ist. Diese Rekonstruktion macht die Theorie der unendlich kleinen Größen zu einem fast respektablen Vorfahren einer vollentwickelten, leistungsfähigen modernen Theorie, befreit sie vom Odium des vorwissenschaftlichen Geschwätzes und erneuert das Interesse an ihrer teils vergessenen, teils verfälschten Geschichte.

Im letzten Kapitel ('Zur Geschichte der Infinitesimalrechnung') von Robinson [1966] werden von ihm selbst einige der wichtigsten Veränderungen skizziert, die die heterodoxe Analysis für die Geschichte der Infinitesimalrechnung nahelegt. Ich möchte nur ein einziges Beispiel eingehend behandeln: Cauchy und das Problem der gleichmäßigen Konvergenz. Zunächst werde ich zeigen, daß einige sehr interessante historische Probleme im Zusammenhang mit der Einführung der gleichmäßigen Konvergenz nie befriedigend gelöst worden sind (Abschn. 2: 'Cauchy und das Problem der gleichmäßigen Konvergenz'). Darauf folgt ein Abschnitt, der skizzieren soll, wie diese Probleme durch eine rationale Rekonstruktion im Sinne Robinsons erhellt werden können (Abschn. 3: 'Eine neue Lösung'). Dann erörterte ich die Vorzüge und die Beschränkungen rationaler Rekonstruktionen im Hinblick auf das Verständnis der wirklichen Geschichte (Abschn. 4: 'Rationale Rekonstruktion und Geschichte'). [[Diesen Abschnitt gibt es im folgenden nicht; der hier als fünfter genannte Abschnitt ist der vierte, es folgt aber ein Abschn. 5: 'War Cauchy ein Vorläufer Robinsons?'; in der Überschrift zu Abschn. 7 fehlt dann das unten genannte Wort 'informal'.]] Anschließend komme ich auf weitere damit zusammenhängende Probleme zu sprechen (Abschn. 5: 'Was führte zum Niedergang der Leibnizschen Theorie?'). Schließlich folgen zwei Abschnitte über einige Probleme der Philosophie der Mathematikgeschichte (Abschn. 6: 'Metaphysisches und Technisches'; Abschn. 7: 'Die Beurteilung informaler mathematischer Theorien').[4]) Ich werde die These vertreten, daß die Robinsonsche Betrachtung der Geschichte der Infinitesimalrechnung im Rahmen der formalistischen Philosophie der Mathematik nicht richtig zum

---

[4]) Vielleicht sollte ich hier erwähnen, daß ich mich mit diesen Problemen zuerst 1957/58 beschäftigte und sie einigermaßen ausführlich in meiner Doktorarbeit 'Essay in the Logic of Mathematical Discovery' von 1961 behandelt habe. Ich veröffentlichte aber meine Ergebnisse nicht, weil ich das Gefühl hatte, daß an der Behandlung irgendetwas nicht in Ordnung sei. Nach der Lektüre von Robinson erkannte ich meinen Fehler: Ich hatte Cauchy als einen unmittelbaren Vorläufer von Weierstraß mißverstanden. *) Dieses Material ist jetzt als Anhang 1 zu Lakatos [1976c] veröffentlicht. (D. Hrsgg.)

Zuge kommen kann, die heute das Haupthindernis für die Untersuchung und das Verständnis der Geschichte der Mathematik ist.[5])

2 Cauchy und das Problem der gleichmäßigen Konvergenz

Cauchy gilt bei den Mathematikhistorikern allgemein als derjenige, der der Infinitesimalrechnung ihre 'exakte Begründung'[6]) gegeben und sie 'auf festen Boden'[7]) gestellt hat. Das Loblied eines Historikers verdient ungekürzt wiedergegeben zu werden:

'Die moderne Mathematik verdankt Cauchy zwei ihrer Hauptinteressen, die beide in scharfem Unterschied zur Mathematik des 18. Jahrhunderts stehen. Das erste ist die Einführung der Strenge in die Analysis. Für die Größe dieses Fortschritts läßt sich nur schwer ein passendes Gleichnis finden; vielleicht ist das folgende nicht unangemessen. Man stelle sich vor, ein ganzes Volk habe jahrhundertelang falsche Götter verehrt, und plötzlich werde ihm das offenbar. Vor der Einführung der Strenge war die Analysis ein ganzes Pantheon falscher Götter.'[8])

Die schlimmsten 'falschen Götter' waren zweifellos die unendlich kleinen Größen. Doch Cauchy gebraucht den Ausdruck ständig. Die Historiker deuteten diese ständige Blasphemie als eine bloße Redeweise: er habe mit einer 'unendlich kleinen Größe nichts anderes gemeint als eine gegen Null strebende Variable'.[9]) Der Fortschritt von Cauchy zu Weierstraß war kumulativ: Weierstraß habe die Arithmetisierung der Analysis, d.h. die Theorie der reellen Zahlen, der Theorie Cauchys *hinzugefügt*, ohne irgendetwas von ihr zu widerlegen.[10])

Doch wie steht es mit Cauchys bekannten 'Fehlern'? Wie konnte er in seinem berühmten 'Cours d'analyse' [1821] – 14 Jahre nach der Entdeckung der Fourier-Reihen – beweisen, daß jede konvergente Folge stetiger Funktionen eine stetige Grenzfunktion hat?*[1]) Wie konnte er die Existenz des Cauchy-Integrals für jede stetige Funktion beweisen?[11]) War das alles einfach Nachlässigkeit, Versehen, eine Reihe 'unglücklicher' technischer Irrtümer?[12]) Doch warum wäre dann der eine erst 1847 (von Seidel) und der andere gar erst 1870 (von Heine) berichtigt worden?

[5]) Mit 'Formalismus' ist hier nicht die Hilbertsche metamathematische Schule gemeint, sondern jene Philosophie der Mathematik, die die Mathematik mit ihrer formalisierten metamathematischen Abstraktion gleichsetzt (und die Philosophie der Mathematik mit der Metamathematik). Siehe Kreisel und Krivine [1967], Anhang 2.
[6]) Klein [1908], 3.1.2, S. 342.
[7]) Bourbaki [1960], S. 218.
[8]) Bell [1937], S. 271.
[9]) Boyer [1949], S. 273. Aus dem Zusammenhang geht hervor, daß Boyer hier eine Weierstraßsche reelle Variable meint.
[10]) Cajori [1924], S. 369, geht noch weiter: 'Mit Cauchy beginnt die 'Arithmetisierung'.'
*[1]) Cauchy [1821], S. 131: 'Lorsque les différents termes de la série $u_0, u_1, u_2 \ldots, u_n, u_{n+1}, \ldots$ sont des fonctions d'une même variable x, continues par rapport à cette variable, dans le voisinage d'une valeur particulière pour laquelle la série est convergente, la somme de la série est aussi, dans le voisinage de cette valeur particulière, fonction continue de x.' (J.P.C.)
[11]) Cauchy [1823], S. 81–84.
[12]) Nach Bourbaki [1960], S. 219, gilt: 'Leider behauptete Cauchy, mehr bewiesen zu haben [als er wirklich bewiesen hatte].' Doch wenn man von Cauchys 'bedauerlichem Irrtum' spricht, so erklärt das nichts, wenn es auch besser ist als das Verdecken der 'Irrtümer' des großen Mathematikers, wie es einige Historiker üben – und er hatte sich ja auch noch (in der Einleitung zu Cauchy [1821]) gerühmt, er würde 'alle Ungewißheit beseitigen'.

2 Cauchy und das Kontinuum

Und da gibt es noch mehr merkwürdige Tatsachen. So waren etwa Fouriers Gegenbeispiele*²) bekannt, als Cauchy sein Buch schrieb; es sieht so aus, als hätte Cauchy einen Satz bewiesen, von dem viele, er selbst nicht ausgenommen, wußten, daß er falsch oder mindestens problematisch war. Abels Fußnote, daß der Cauchysche Satz 'Ausnahmen leidet',[13]) hat lediglich ein Stück der 'Alltagserfahrung' der Fachleute zu Papier gebracht; er selbst sagt, nachdem er ein Beispiel aus einer Veröffentlichung Fouriers angeführt hat: '*Bekanntlich* gibt es eine Menge von Reihen mit ähnlichen Eigenschaften.'[14])

Wenn nun ein Gegenbeispiel allgemein bekannt war, warum wurde dann nicht der Beweis sofort überprüft, der stillschweigend benützte Hilfssatz aufgespürt und formuliert, der Beweis wieder schlüssig gemacht und durch Einbeziehung des Hilfssatzes in den ursprünglichen Satz ein richtigerer Satz formuliert? Warum hat insbesondere Abel nicht zu klären versucht, was an dem Beweis nicht in Ordnung war? Warum war er es zufrieden, den ursprünglichen Beweis Cauchys unverändert wiederzugeben, aber beschränkt auf den unproblematischen Bereich der Potenzreihen? Abel, ein typischer Rigorist, war eher bereit, schwieriges Gelände aufzugeben, als seine Strengemaßstäbe in Gefahr zu bringen; er schlug ungeniert vor, den Geltungsbereich aller Sätze der Analysis auf Potenzreihen zu beschränken. Damit schloß er die Fourier-Reihen als ein undurchsichtiges Dickicht von Ausnahmen aus dem Bereich der wissenschaftlichen Untersuchung aus.[15])

Doch nicht nur Abel legte eine so merkwürdig verworrene Haltung an den Tag, wenn es um die Diskrepanz zwischen dem Cauchyschen Satz und den Fourierschen Gegenbeispielen ging. Dirichlet muß zweifellos das Problem gesehen haben; doch er entschied sich eindeutig dafür, es in seiner berühmten Arbeit über die Konvergenz von Fourier-Reihen nicht zu erwähnen, in der er einige Feinheiten der Konvergenz von Folgen stetiger Funktionen gegen *unstetige* Funktionen aufzeigte – welche dem Cauchyschen Satz widerspricht. Seidel, der das Problem schließlich 26 Jahre nach Cauchys Beweis mit der Entdeckung der gleichmäßigen Konvergenz löste,[16]) war Schüler Dirichlets und übernahm wahrscheinlich das Problem von ihm.

Warum diese Verzögerung von 26 Jahren? Würde man heute den falschen Beweis Cauchys einem guten Studenten in den unteren Semestern vorlegen, so hätte er ihn ziemlich schnell richtiggestellt; und Seidel selbst fand das Problem gar nicht schwierig![17]) Was hin-

---

*²) D. h. die trigonometrischen Reihen, s. u., Anm. 21.
[13]) Abel [1826*a*], S. 316.
[14]) Ebenda. Hervorhebung von mir.
[15]) Eine eingehende Beschreibung dieser merkwürdigen methodologischen Einstellung der 'Ausnahmesperre' – die so häufig an die Stelle der Suche nach versteckten Hilfssätzen tritt – findet sich bei Lakatos [1963/64], S. 124 und 234 f. [[Letztere Stelle entspricht in [1976*c*] Abschn. 7.5 von Kap. 1]] *) S. jetzt Lakatos [1976*c*], Kap. 1, Abschn. 4.3, und Anhang 1, Abschn. 3. (D. Hrsgg.)
[16]) Man weiß heute aufgrund der Manuskripte von Weierstraß, daß er die gleichmäßige Konvergenz seit 1841 kannte und über sie mit lehrbuchmäßiger Klarheit vorgetragen hat.
[17]) Bei Seidel [1847], S. 383, heißt es: 'Wenn man, ausgehend von der so erlangten Gewißheit, daß der Satz nicht allgemein gelten kann, also seinem Beweis noch irgendeine versteckte Voraussetzung zugrunde liegen muß, denselben einer genaueren Analyse unterwirft, so ist es auch nicht schwer, die verborgene Hypothese zu entdecken; man kann dann rückwärts schließen, daß diese bei Reihen, welche diskontinuierliche Funktionen darstellen, nicht erfüllt sein darf, indem nur so die Übereinstimmung der *übrigens* richtigen Schlußfolge mit dem, was andererseits bewiesen ist, gerettet werden kann.'

derte eine ganze Generation der besten Geister daran, ein einfaches Problem zu lösen?
Man könnte natürlich sagen, viele Probleme sähen erst nach ihrer Lösung einfach aus. Aber warum konnte dann Cauchy auch nach dem Erscheinen von Seidels Arbeit die gleichmäßige Konvergenz nicht verstehen, die nach Seidel ein eindeutiger versteckter Hilfssatz in Cauchys eigenem Beweis war? In einem Vortrag vor der Akademie im März 1853[18]) sprach er hartnäckig wieder seinen Satz aus und behauptete, die widerspenstigen Folgen konvergierten *nicht* überall, insbesondere nicht in der unendlich kleinen Umgebung der Unstetigkeitsstellen.

Diese Geschichte von Cauchy ist recht geheimnisvoll, überall voller Probleme. Doch die Theorie Robinsons liefert den entscheidenden Schlüssel zur Auflösung.

3 Eine neue Lösung

Der Kernpunkt der von Robinson vorgeschlagenen Lösung ist der, daß es in der Geschichte der Infinitesimalrechnung von Leibniz bis Weierstraß zwei konkurrierende Theorien des Kontinuums gegeben habe, einmal die heute anerkannte Weierstraßsche und zum anderen die Leibnizsche Theorie des Kontinuums, die aus dem Archimedischen Kontinuum durch Hinzufügung der unendlich kleinen und der unendlich großen Zahlen ein nicht-Archimedisches Kontinuum machte. Die Leibnizsche Theorie war bis zur Weierstraßschen Revolution die herrschende, und Cauchy stand völlig in der Leibnizschen Tradition. Das Revolutionäre an der Weierstraßschen Theorie war, daß die bekannte Infinitesimalrechnung allein mit den Weierstraßschen reellen Zahlen vollständig erklärt und sogar weiterentwickelt werden konnte – und die waren ein bloßes Skelett dessen, was die Leibnizianer als die Menge der reellen Zahlen betrachteten. Cauchys reelle 'Variablen' durchliefen die Weierstraßschen reellen Zahlen *und* die unendlich kleinen Zahlen *und* diejenigen, die von Weierstraßschen reellen Zahlen um unendlich große und/oder unendlich kleine Zahlen abwichen; die späteren Weierstraßschen Punkte waren *endliche* Leibniz-Cauchysche Punkte, aber ohne deren unendlich kleine Umgebungen (oder *Monaden*, wie sie Robinson anschaulich nennt).*[3])

---

[18]) Cauchy [1853], S. 454. Cauchy sagt: 'Au reste il est facile de voir comment on doit modifier l'énoncé du théorème, pour qu'il n'y ait plus lieu à aucune exception. C'est ce que je vais expliquer en peu de mots.' Auf den ersten (Weierstraßschen!) Blick sieht es so aus, als fügte Cauchy die Bedingung der gleichmäßigen Konvergenz hinzu. Robinson [1967], S. 273, meint, das sei eine Zusatzbedingung, doch es ist klar, daß sie Cauchy als eine triviale Konsequenz seines Begriffs der Konvergenz betrachtet. Seine Argumentation paßt völlig mit seinen Vorstellungen von 1821 zusammen. Sein 'abgeänderter' Satz ist in Weierstraßscher Sicht eindeutig ebenso problematisch wie sein ursprünglicher: 'Si les différents termes de la série (1) u_0, $u_1, u_2, \ldots u_n, u_{n+1}, \ldots$ sont des fonctions de la variable réelle x, continues par rapport à cette variable, entre des limites données, si, d'ailleurs, la somme (3) $u_n + u_{n+1} + \ldots + u_{n'-1}$ devient toujours infiniment petite pour des valeurs infiniment grandes des nombres entiers n et n' > n, la série (1) sera, entre les limites données, fonction continue de la variable x.' S. u., Anm. *[6]) (J.P.C.)

*[3]) Streng genommen, sind Cauchys Variablen Folgen von Weierstraßschen reellen Zahlen. 'Eine Variable ist eine Größe, von der man sich denkt, daß sie nacheinander verschiedene Werte annimmt.' Seine unendlich großen Zahlen sind unbeschränkte Folgen reeller Zahlen. Die unendlich kleinen Größen sind Folgen, die (im Weierstraßschen Sinne) gegen Null konvergieren: 'Wenn die aufeinanderfolgenden

2 Cauchy und das Kontinuum

In diesem Lichte kann man nun die Geschichte der 'Irrtümer' Cauchys verstehen, ebenso auch andere Seiten der Geschichte der gleichmäßigen Konvergenz und der gleichmäßigen Stetigkeit. Es dürfte nützlich sein, an ein paar Einzelheiten zu erinnern.

Die quasi-empirische These, die Grenzfunktion jeder konvergenten Folge stetiger Funktionen sei selbst stetig, wurde im ganzen 18. Jahrhundert einfach vorausgesetzt und keines Beweises für bedürftig erachtet. Sie galt als ein Anwendungsfall des Leibnizschen 'principe de continuité'[19]) und insbesondere des Grundsatzes: 'Hat eine veränderliche Größe stets eine bestimmte Eigenschaft, so kommt diese auch ihrem Grenzwert zu.'[20]) Cauchy versuchte als erster, die These zu beweisen; vielleicht deshalb, weil er die Irrationalzahlen als Grenzwerte konvergenter Folgen rationaler Zahlen auffaßte, und das war bereits eine Widerlegung des allgemeinen Grundsatzes von Leibniz; oder vielleicht deshalb, weil Fourier 1807 Gegenbeispiele gegen die These angegeben zu haben scheint und Cauchy gedacht haben könnte, sein Beweis würde zeigen, daß Fouriers Reihen nicht richtig konvergieren können.[21])

Zahlenwerte einer Variablen unbeschränkt abnehmen, so daß sie kleiner werden als jede gegebene Zahl, dann wird diese Variable, wie man sagt, eine *infinitesimale* oder unendlich kleine Größe' (Cauchy [1821], S. 4, 5). Cauchy verwendete zwar nicht ausdrücklich den Begriff der Folge für seine Variablen, doch er liegt seinem tatsächlichen Sprachgebrauch zugrunde.

Interessanterweise wurden die Cauchyschen Begriffe der *Variablen* und der *unendlich kleinen Größe* noch 1878 in Lehrbüchern der Infinitesimalrechnung verwendet. So sagte etwa Houël [1878], S. 106: 'Une quantité *infiniment petite*, étant essentiellement *variable*, n'a pas de valeur fixe, et conséquemment sa grandeur n'est liée en rien à nos appréciations physiques. L'essence d'un infiniment petit n'est pas d'être imperceptable, mais de *pouvoir* décroître autant que l'on voudra.' (J.P.C.)

[19]) Leibniz [1687].

[20]) Lhulier [1787], S. 167. Interessanterweise ist Whewell noch 1858 der Auffassung, das sei 'im Begriff des Grenzwerts selbst enthalten' (Whewell [1858], S. 152).

[21]) Die übliche Behauptung: 'Abel *erkannte als erster,* daß der von Cauchy behauptete Satz nicht allgemeingültig ist' (Smith [1929], S. 287) ist ganz offensichtlich falsch und verschleiert nur die hochinteressante Tatsache, daß Cauchy den Satz *in Kenntnis* der Gegenbeispiele bewies. Andererseits fragt man sich, ob Fourier überhaupt jemals daran gedacht hat, daß einige seiner Reihen dem Leibnizschen Grundsatz widersprechen. In seiner Arbeit [1822], Abschn. 178, stellt er fest: Die Funktion $\cos x - \frac{1}{3} \cos 3x + \frac{1}{5} \cos 5x - \ldots$ 'besteht aus getrennten achsenparallelen Geraden, die dem Umfang [[des Einheitskreises]] gleich sind. Sie liegen im Abstand $\frac{\pi}{4}$ abwechselnd oberhalb und unterhalb der Achse und sind durch Senkrechten miteinander verbunden, die selbst zu der Linie gehören.' Fourier könnte also diese Funktion unter Einbeziehung der Senkrechten als stetig angesehen haben. Doch mein Freund J. R. Ravetz hat mich freundlicherweise auf ein unveröffentlichtes Manuskript von Fourier (von 1809) aufmerksam gemacht, wo der Ausdruck 'unstetig' im modernen Sinn gebraucht wird. Hat nun Fourier die Senkrechten *nach* dem Erscheinen von Cauchy [1821] gezogen, nur um (recht naiv) den Cauchyschen Satz zu erfüllen? Oder gebrauchte er den Ausdruck 'unstetig' in verschiedenem Sinne, wenn er über die Temperatur und wenn er über schwingende Saiten sprach? Immerhin ist die Stetigkeit in der modernen Definition stark intuitionswidrig, z. B. ist sie nicht invariant unter Rotation! Fouriers Senkrechten hielten sich – trotz Dirichlets Arbeit von 1829 – noch in dem Gedanken, der Wert der Funktion sei an den Unstetigkeitsstellen 'unbestimmt': Dirichlet wurde noch 1870 von Schläfli kritisiert (*Crelles Journal*, S. 284) und mittelbar 1874 von DuBois-Reymond (*Math. Annalen*, S. 244). *) S. auch Grattan-Guinness und Ravetz [1972]. (D. Hrsgg.)

In der Tat *war der Cauchysche Satz richtig und sein Beweis so schlüssig, wie ein informaler Beweis nur sein kann.* Im Anschluß an Robinson[22]) wollen wir zeigen, daß Cauchys Argumentation, wenn man sie nicht als proto-Weierstraßsch, sondern als wirklich Leibniz-Cauchysch auffaßt, folgendermaßen verläuft:

Sei lim $s_n(x) = s(x)$, wo die $s_n(x)$ stetig seien. Um dann die Stetigkeit von $s(x)$ an einer Stelle x_1 zu beweisen, muß man zeigen, daß $s(x_1+\alpha) - s(x_1)$ für alle unendlich kleinen α unendlich klein ist. (Hierbei wird der Cauchysche Stetigkeitsbegriff verwendet, der mit dem Weierstraßschen nur dann äquivalent wäre, wenn jede Aussage, die für alle unendlich kleinen Größen gilt, auch für hinreichend kleine endliche Größen gälte, und umgekehrt.[23]))

Nun gilt: $|s(x_1+\alpha) - s(x_1)| = |s_n(x_1+\alpha) - s_n(x_1) + r_n(x_1+\alpha) - r_n(x_1)|$
$\leq |s_u(x_1+\alpha) - s_u(x_1)| + |r_u(x_1+\alpha) - r_u(x_1)|$,
wo r_n die Restglieder sind. Cauchy meinte, die linke Seite sei für alle unendlich kleinen α unendlich klein, denn $|s_n(x_1+\alpha) - s_n(x_1)|$ ist wegen der Cauchyschen Definition der *Stetigkeit* für alle n unendlich klein, und $|r_n(x_1+\alpha)|$ und $|r_n(x_1)|$ sind es für alle unendlich großen n ebenfalls, und zwar wegen der Cauchyschen Definition des *Grenzwerts*: $a_n \to 0$, wenn a_n für unendlich großes n unendlich klein ist.

Diese Argumentation setzt natürlich voraus, daß die $s_n(x)$ nicht nur an den gewöhnlichen Weierstraßschen Punkten erklärt sind, stetig sind und konvergieren, sondern an *jedem* Punkt des 'dichteren' Cauchyschen Kontinuums, und daß sie für unendlich große Indizes n erklärt sind und die Reihe dort eine stetige Funktion darstellt.*[4]) Cauchys 'Grenzwert' und 'Stetigkeit' sind nur für 'transfinite' Funktionenfolgen definiert, die auf diesem überdichten Kontinuum erklärt sind. Für solche Funktionenfolgen ist der Cauchysche Satz durchaus richtig, und die Fourier-Abelschen Gegenbeispiele sind entweder bei unendlich großem Index oder bei endlichem Index an nicht-Weierstraßschen Punkten nicht stetig. Es könnte aber auch so sein, daß diese widerspenstigen Folgen in der ganzen Monade der Unstetigkeitspunkte gar nicht Cauchy-konvergieren, und es ist sehr wahrscheinlich, daß Cauchy 1821 etwas Derartiges

---

[22]) Robinson [1976], S. 272. Meine Rekonstruktion wird sich von der Robinsonschen etwas unterscheiden.

[23]) Pringsheims maßgebliche Darstellung der Geschichte der Infinitesimalrechnung in *Enzyklopädie der mathematischen Wissenschaften* (Teubner, Leipzig, Bd. 2, 2.1, S. 17) schreibt den Weierstraßschen Begriff der Stetigkeit Cauchy zu. Bell [1940], S. 292, schließt sich an: 'Die Definitionen des Grenzwerts und der Stetigkeit, wie sie heute in durcndacht geschriebenen Texten üblich sind, wurden im wesentlichen von Cauchy entwickelt und angewandt.'

*[4]) Cauchys Konvergenzbegriff läßt sich in Robinsons heterodoxer Analysis folgendermaßen fassen. Sei R' eine elementare Erweiterung des Systems R der reellen Zahlen und N' die entsprechende Erweiterung der natürlichen Zahlen N. Cauchys Beweis seines 'Stetigkeits'-Satzes erfordert die Konvergenz der 'transfiniten' (Lakatos) Folge $\{s(n): n\epsilon N'\}$ mit $s(n) \epsilon R'$, d. h.: Schreitet man in der Folge hinreichend (endlich) weit fort, so nähern sich die Werte von $s(n)$ beliebig dem Grenzwert. Es gilt also: Die Folge $\{s(n): n\epsilon N'\}$ mit $s(n) \epsilon R'$ konvergiert Cauchysch gegen den Grenzwert t ($\epsilon R'$), wenn es eine Funktion $M(n)$ *in* R gibt, so daß für alle m *in* N und n *in* N'

$$n > M(m) \to |s(n) - t| < m^{-1}.$$

Mit dieser Definition ist der Cauchysche Satz richtig — aber für R', nicht R. Der springende Punkt ist, daß Cauchy die Konvergenz (in diesem Sinne) für die Folge in der *unendlich kleinen* Umgebung von x_1 voraussetzt — für Cauchy heißt 'Umgebung' in diesem Satz 'unendlich kleine Umgebung'. (J.P.C.)

vermutete.²⁴) In der Tat hat er in seiner Arbeit von 1853, in der er den Satz völlig unverändert wiederholt, ganz besonders betont, daß die Funktionenfolge an *jedem* Punkt konvergieren *müsse!*
    Diese Deutung wirft ein völlig neues Licht auf Cauchys berühmten 'Irrtum': *Cauchy hat sich überhaupt nicht geirrt, er hat nur einen völlig anderen Satz bewiesen, über transfinite Funktionenfolgen, die auf dem Leibniz-Kontinuum Cauchy-konvergieren.*
    Felix Klein, Pringsheim, Cajori, Boyer, Bourbaki, Bell²⁵) und andere, die Cauchy den ersten Schritt zur Weierstraßschen Revolution zuschreiben, haben also völlig unrecht; ihre Darstellungen sind nichts anderes als ein Umschreiben der Geschichte nach der neusten Parteilinie à la '1984'. Und auch der Tadel an Cauchy wegen seines 'bedauerlichen Irrtums' geht völlig an der Sache vorbei: Der 'Fehler' stellte sich erst in Seidels 'Übersetzung' des Cauchyschen Beweises in die Weierstraßsche Theorie ein.
    Doch selbst wenn Cauchy seinen Beweis im Rahmen der Weierstraßschen Theorie geliefert hätte, so wäre es immer noch eine typisch justifikationistische Rekonstruktion, ihm die 'irrige Supposition' zuzuschreiben, 'daß jede in der Umgebung von x = a konvergierende Reihe daselbst eo ipso gleichmäßig konvergieren müsse'.²⁶) Sie beruht auf der verbreiteten Auffassung, ein informaler Beweis sei ein formaler Beweis mit Lücken, mit 'versteckten

---

²⁴) Fourier selbst hatte Zweifel an der Konvergenz seiner Reihen in diesen kritischen Fällen. Er stellte fest: 'Die Konvergenz ist nicht so rasch, daß sie zu einer guten Näherung führt, doch sie genügt zur Erfüllung der Gleichung' (Fourier [1822], Abschn. 177). (Das ist natürlich etwas wesentlich anderes als die Entdeckung von Stokes, daß die Konvergenz an diesen Stellen unendlich langsam ist – das stellte sich erst nach 40jähriger Erfahrung bei der Berechnung von Fourier-Reihen heraus. Und diese Entdeckung wäre überhaupt nicht möglich gewesen, ehe Dirichlet (im Jahre 1829) die Vermutung Fouriers entscheidend verbessert hatte, indem er zeigte, daß nur solche Funktionen durch Fourier-Reihen darstellbar sind, die an den Unstetigkeitsstellen den Wert $\frac{1}{2}$ (f(x + o) + f (x – o)) haben.)
²⁵) Ein typisches Fehlurteil findet sich bei Bell [1940], S. 292: 'Die Schwierigkeiten des widerspruchsfreien Denkens über das Unendliche und das Kontinuum zeigen sich etwa daran, daß auch ein so vorsichtiger Geist wie Cauchy in die Irre ging, als er sich der Intuition überließ.' Diese Bemerkung ist, abgesehen von der völlig falschen Beurteilung, auch ein gutes Beispiel für die Gefahren bei der Verwendung des Begriffs der 'Intuition'.
²⁶) Pringsheim [1916], S. 34. *) Wenn die Fassung im Rahmen der heterodoxen Analysis (s. o., Anm. **⁴)) richtig ist, so läßt sich zeigen, daß aus dem Cauchyschen Begriff der Konvergenz die gleichmäßige Konvergenz in folgendem Sinne folgt:
Sei $\{f(n, x): n = 0, 1, 2, \ldots\}$ eine Funktionenfolge in R. Sei $\{f^*(n, x): n \epsilon N'\}$ ihre Fortsetzung in R' (so daß $f^*(n, x) = F(n, x)$ für $n \epsilon N$, $x \epsilon R$). Falls $\{f^*(n, x): n \epsilon N'\}$ in der Umgebung von x_0 gegen eine Funktion $F^*(x)$ Cauchy-konvergiert, wo $F(x)$ eine Funktion in R ist, dann konvergiert $\{f(n, x)\}$ gleichmäßig an der Stelle x_0.
Beweis. Da $\{f^*(n, x)\}$ aufgrund der Definition der Cauchy-Konvergenz (oben, Anm. **⁴)) gegen $F^*(x)$ Cauchy-konvergiert, gibt es ein $r > 0$ in R', derart, daß es zu jedem x mit der Eigenschaft $|x - x_0| < r$ eine Funktion $M_x(n)$ in R gibt, für welche gilt:
$n > M_x(m) \to |f^*(n, x) - F^*(x)| < m^{-1}$ für alle $m \epsilon N$ und alle $n > m$ in R'.
Insbesondere gilt für jede unendliche ganze Zahl ∞ und jedes positive ϵ in R:
$|x - x_0| < r \to |f^*(\infty, x) - F^*(x)| < \epsilon$.
Sei ∞_0 eine feste unendliche ganze Zahl. Dann gilt für alle $n \epsilon N'$ und alle $x \epsilon R'$:
$n > \infty_0$ & $|x - x_0| < r \to |f^*(n, x) - F^*(x)| < \epsilon$.

Hilfssätzen', die nachlässigerweise nicht erwähnt werden. Diese Auffassung hat keinen Platz für eine echte Entwicklung theoretischer Systeme, und sie hat in der Mathematikgeschichtsschreibung ebensoviel Schaden angerichtet wie die Auffassung, ein Kind sei ein kleiner Erwachsener, in der Pädagogik.

Jetzt ist auch verständlich, warum Abel den versteckten Hilfssatz bezüglich der gleichmäßigen Konvergenz nicht entdeckte: Er hatte sich nie von dem Leibniz-Cauchyschen theoretischen Rahmen gelöst. Sieht man sich den Beweis seines eingeschränkten Satzes an, so zeigt sich, daß er, wie Cauchy, mit unendlichen kleinen Größen arbeitet, mit 'Größen, die kleiner sind als jede *gegebene* Größe'.*[5]) Für 'gegeben' sagt er 'angebbar',[27]) und das läßt natürlich an Weierstraßsche Zahlen denken, die ja die einzigen 'angebbaren' (oder, wie Bolzano sagen würde, 'meßbaren') Größen des Leibnizschen Kontinuums sind. Abel bezeichnet hier die unendlich kleinen Größen mit dem Buchstaben 'ω'. Sylow, der Herausgeber der zweiten Auflage [1881] der gesammelten Werke Abels, war mit dem Abelschen Beweis gar nicht glücklich, weil er unter ω das Weierstraßsche ε verstand.[28]) Pringsheim stellt mit der für ihn kennzeichnenden Selbstsicherheit fest, Abel habe für einen Spezialfall 'direkt die Existenz derjenigen Eigenschaft nachgewiesen, welche jetzt als gleichmäßige Konvergenz bezeichnet wird';[29]) Hardy schließt sich an: 'Der Gedanke ist implizit in Abels Beweis seines berühmten Satzes enthalten.'[30]) Bourbaki stellt die Verhältnisse ähnlich falsch dar:

'Cauchy bemerkte zunächst nicht den Unterschied zwischen der gewöhnlichen und der gleichmäßigen Konvergenz ... Doch Abel entdeckte den Fehler fast unmittelbar danach, er bewies, daß alle Potenzreihen in ihrem offenen Konvergenzintervall stetig sind ... Für diesen Spezialfall benützt er faktisch den Gedanken der gleichmäßigen Konvergenz. Diesen mußte man nur noch allgemein anwenden, und das taten unabhängig voneinander Stokes und Seidel 1847–48 und Cauchy selbst 1853.'[31])

Leider ist jeder einzelne Satz historisch falsch. Abel konnte Cauchys 'Irrtum' überhaupt nicht 'aufdecken'. Sein Beweis 'benützt den Begriff der gleichmäßigen Konvergenz' nicht, dieser würde gar nicht in seine Theorie der unendlichen kleinen Größen passen. Die Ergebnisse Abels und Seidels verhalten sich zueinander nicht wie das Besondere zum Allgemeinen – sie liegen auf ganz verschiedenen Ebenen, gehören zu völlig verschiedenartigen

---

Somit gilt
$(\exists m \in N')\ (\exists r \in R)\ (\forall n \in R)\ (\forall x \in R)\ (n>m\ \&\ r>0\ \&\ |x-x_0|<r \rightarrow |f^*(n,x)-F^*(x)|<\varepsilon)$
in R' für jedes positive ε in R. Da R' eine elementare Erweiterung von R ist, gilt für jedes positive ε in R
$(\exists m \in N)\ (\exists r \in R)\ (\forall n \in R)\ (\forall x \in R)\ (n>m\ \&\ r>0\ \&\ |x-x_0|<r \rightarrow |f(n,x)-F(x)|<\varepsilon)$
in R. Somit konvergiert die Reihe $\{f(n,x):\ n \in N\}$ gleichmäßig an der Stelle x_0. (J.P.C.)

[5]) Das ist besonders deutlich in Houëls Erklärung von 'infiniment petit' (s.o., Anm.[3])). Es führt zu der Definition der Cauchy-Konvergenz in Anm. *[4]): $|s(n)-t|$ *kann* kleiner gemacht werden als m^{-1} für jede *gegebene* Zahl m (d.h., m∈N), indem n über die (in N) angebbare Schwelle M(m) wächst – M ist also eine Funktion in R. (J.P.C.)

[27]) Es sollte nicht unerwähnt bleiben, daß der deutsche Ausdruck von Crelle stammt, der ihn aus dem Französischen übersetzt hat.
[28]) Vgl. seine Analyse in Bd. 2, S. 303.
[29]) Pringsheim [1916], S. 35.
[30]) Hardy | [1918], S. 148.
[31]) Bourbaki [1960], S. 228. S. auch Bourbaki [1949b], S. 65.

2 Cauchy und das Kontinuum 51

Theorien. Übrigens bemerkt Bourbaki nicht einmal, daß Abel den Bereich der einschlägigen Funktionen einschränkt und nicht (wie Seidel!) die Art ihrer Konvergenz. Und schließlich müßte die Feststellung, die Arbeit Cauchys von 1853 enthalte eine unabhängige Entdeckung der gleichmäßigen Konvergenz, mit ganz wesentlichen Einschränkungen versehen werden.*⁶)

Jetzt wird auch klar, warum es Seidel so einfach fand, den versteckten Hilfssatz in dem angeblichen Cauchyschen Beweis zu entdecken: Er beschäftigt sich ja mit seiner Weierstraßschen Rekonstruktion von Cauchys Satz und Beweis, und in dieser ist der Satz falsch, und der dafür verantwortliche Hilfssatz läßt sich in der Tat leicht finden.

Schließlich ist auch verständlich, warum Cauchy noch 1853 die gleichmäßige Konvergenz nicht verstand, obwohl er das Seidelsche Ergebnis gekannt haben dürfte: Er verstand eben die Weierstraßsche Theorie nicht – genau wie Seidel, der keine Ahnung von der Leibniz-Cauchyschen Theorie der unendlich kleinen Größen hatte, den Beweis Cauchys mißverstand.

Damit scheint sich allmählich alles zurechtzurücken, und es schält sich eine aufregende Geschichte zweier konkurrierender Theorien der Infinitesimalrechnung heraus, die damals freilich noch überraschend wenig ausformuliert waren. Es ist eine hochinteressante historische Tatsache, daß Bolzano, der beste logische Kopf dieser Generation, einen nachdrücklichen Versuch unternahm, die Dinge zu klären. Er erkannte vielleicht als einziger die Pro-

---

*⁶) Cauchys Beweis seines Satzes von 1853 (s. o., Anm. 18) lautet folgendermaßen (die Klammern [ ], { } wurden vom Herausgeber des vorliegenden Bandes hinzugefügt):
»Soient alors
    s la somme de la série
    s_n la somme de ses n premiers termes
    et $r_n = s - s_n = u_n + u_{n+1} + \ldots$ le reste de la série
indéfiniment prolongée à partir du terme général u_n.
Si l'on nomme n' un nombre entier supérieur à n, le reste r_n ne sera autre chose que la limite vers laquelle convergera, pour des valeurs croissantes de n', la différence
(3) $s_{n'} - s_n = u_n + u_{n+1} \ldots + u_{n'-1}$.
[Concevons, maintenant, qu'en attribuant à n une valeur suffisamment grande, on puisse rendre, pour toutes les valeurs de x comprises entre les limites données, le module de l'expression (3) (quel que soit n'), et, par suite, le module de r_n, inférieur à un nombre ε aussi petit que l'on voudra.] Comme un accroissement attribué à x pourra encore être supposé assez rapproché de zéro pour que l'accroissement correspondant de s_n offre un module inférieur à un nombre aussi petit que l'on voudra, {il est clair qu'il suffira d'attribuer au nombre n une valeur infiniment grande, et à l'accroissenement de x une valeur infiniment petite, pour démontrer, entre les limites données, la continuité de la fonction
    $s = s_n + r_n$.}
Mais cette démonstration suppose évidemment que l'expression (3) remplit la condition ci-dessus énoncée, c'est-à-dire que cette expression devient infiniment petite pour une valeur infiniment grande attribuée au nombre entier n. D'ailleurs, si cette condition est remplie, la série (1) sera évidemment convergente.'
Wie der Satz in [ ] zeigt, hatte Cauchy erkannt, daß die gleichmäßige Konvergenz für die Stetigkeit von s hinreichend ist. Doch die Stelle in { } zeigt, daß Cauchy diese Bedingung als eine triviale Konsequenz seines Begriffs der *Konvergenz in einer Umgebung* durch Setzen von n gleich unendlich ansah. (Dieser Schritt ähnelt dem ersten Schritt des Beweises in Anm. 18 oben.) Die gleichmäßige Konvergenz ist also in Cauchys Gedanken von 1821 mittelbar enthalten und wurde nicht 1853 als Zusatzbedingung hinzugefügt. (J.P.C.)

bleme im Zusammenhang mit dem Unterschied der beiden Kontinua, des reichhaltigen Leibnizschen Kontinuums und dessen, wie er es nannte, 'meßbarer' Teilmenge – der Menge der Weierstraßschen reellen Zahlen. Bolzano macht völlig deutlich, daß der Bereich der 'meßbaren Zahlen' nur eine Archimedische Teilmenge eines Kontinuums bildet, das zusätzlich nicht-meßbare – unendlich große oder kleine – Größen enthält.[32]) Der Herausgeber versucht abwegigerweise, die Bolzanosche Theorie als einen bloßen Vorläufer der Cantorschen Theorie der reellen Zahlen zu rekonstruieren (vgl. sein Wörterbuch der beiden Theorien: Rychlik [1962], S. 98); man fragt sich, ob er nicht ein paar entscheidende Seiten aus den Teilen des Manuskripts weggelassen hat, in denen eine widerspruchsfreie Theorie des Leibniz-Cauchyschen Kontinuums versucht wird. Zweifellos aber werden die Historiker, seit Robinson dieses Kontinuum in ein neues Licht gerückt hat, an die Bolzanoschen Manuskripte mit anderen Augen herangehen, und das Verhältnis zwischen Bolzanos meßbaren und nicht meßbaren Größen einerseits und Robinsons gewöhnlichen und nicht gewöhnlichen Zahlen andererseits wird geklärt werden.

4 Was führte zum Niedergang der Leibnizschen Theorie?

Es gibt aber noch einige unaufgelöste Probleme. Zunächst einmal: warum diese 'Ausnahmesperre' bei Abel? Wenn die informale Leibnizsche Theorie des Kontinuums vorlag, war sie dann nicht stark genug, um auf versteckte Hilfssätze zu verweisen, die die Gegenbeispiele erklären würden? Warum sagte Abel nicht, die Gegenbeispiele zeigten, daß die abnormen Funktionenfolgen in den Monaden ihrer Unstetigkeitspunkte auf keinen Fall konvergieren könnten? Vielleicht deshalb, weil das die Frage aufgeworfen hätte, wie die Funktionen an den nichtgewöhnlichen Punkten erklärt sein sollten, und für diese Fortsetzung gibt es jeweils viele verschiedene Möglichkeiten! Doch auch dann hätte Abel wenigstens zu dem Schluß kommen müssen, daß es in den Ausnahmefällen keine Möglichkeit geben könne, die an den gewöhnlichen Punkten erklärten Funktionen stetig so fortzusetzen, daß sie auch an den nichtgewöhnlichen Punkten konvergieren. Dann hätte er den Cauchyschen Satz wieder mit bestem Gewissen behaupten können, wenn er einfach betonte, die Funktionenfolgen müßten *überall* konvergieren (d.h. auf dem ganzen Leibniz-Kontinuum). *Warum hat er das nicht getan?* Vielleicht deshalb, weil es ja gewiß nicht sehr interessant ist, einen versteckten Hilfssatz herauszuschälen, wenn er *nicht prüfbar* ist, in dem mathematischen Sinne nämlich, daß mögliche Gegenbeispiele – in irgendeinem Sinne – *konstruierbar* oder *angebbar* sein sollten, so daß sich ein neues Forschungsgebiet eröffnen würde wie in der Weierstraßschen Theorie mit ihren leicht angebbaren nicht-gleichmäßig konvergenten Folgen. Der entscheidende Unterschied zwischen der Leibnizschen und der Robinsonschen Theorie der unendlich kleinen Größen ist genau folgender: Robinson konstruiert eine *spezielle* heterodoxe Analysis, die eine elementare Erweiterung (im Sinne Tarskis) der reellen Analysis ist, und es gibt wichtige Brücken zwi-

---

[32]) Bolzano arbeitete an dieser Analyse ('Theorie der Größen') in den Jahren 1830–1835, schloß sie aber nie ab. Teile des Manuskripts wurden kürzlich unter dem irreführenden Titel 'Theorie der reellen Zahlen' veröffentlicht (Rychlik [1962]).

schen dieser heterodoxen und der orthodoxen Analysis, durch die erstere prüfbar wird. Doch dieser Fortschritt wäre vor und ohne Weierstraß und Tarski nicht möglich gewesen.[*7]

Der Niedergang der Leibnizschen Theorie kam also nicht daher, daß sie widerspruchsvoll gewesen wäre,[33] sondern daß sie nur zu begrenzter Entwicklung fähig war. Das heuristische Entwicklungs- (und Erklärungs-)Potential der Weierstraßschen Theorie führte zum Niedergang der Theorie der unendlich kleinen Größen. Die entscheidenden verborgenen Hilfssätze, die unter dem Druck der Kritik an jenen Beweisen zutage kamen, waren nicht unabhängig prüfbar; das entmutigte die Befürworter der unendlich kleinen Größen, führte manche von ihnen, wie Cauchy, zu der Auffassung, sie seien in Beweisen zulässig, aber nicht bei der Formulierung von Sätzen, und verbannte sie schließlich auf ein Jahrhundert aus der Geschichte der Mathematik.[34]

5 War Cauchy ein 'Vorläufer' Robinsons?

Es kann keinen Zweifel geben, daß der Beitrag Robinsons epochemachende Bedeutung für die Geschichtsschreibung der Infinitesimalrechnung erlangen wird. Doch dabei sollte man zwei Punkte nicht vergessen.

Einmal folgendes. Wir haben bereits gesehen, welche Gefahr es mit sich bringt, wenn man Cauchy Weierstraßisch deutet. Daraus sollte man lernen, daß ältere Theorien als respektabel betrachtet werden sollten, auch wenn sie besiegte Rivalen moderner Theorien

---

[*7] Eine Konstruktion der heterodoxen Analysis wird bei Chwistek [1948] angegeben, sie beruht auf einer 1926 veröffentlichten Arbeit. Es handelt sich grundsätzlich um die reduzierte Potenz R^N/F, wo F der Fréchet-Filter auf den natürlichen Zahlen ist (die Menge der kofiniten Mengen natürlicher Zahlen); s. Frayne u. a. [1962/63]. Der Satz aus Anm. 18 oben ist unschwer für R^N/F beweisbar. Diese spezielle Konstruktion ist keine elementare Erweiterung von R, doch es gibt hinreichend starke Übertragungseigenschaften, die eine gewisse heterodoxe Analysis ermöglichen. Es sei bemerkt, daß die Elemente von R^N/F Äquivalenzklassen von Folgen reeller Zahlen sind, wobei zwei Folgen $s_1, s_2, \ldots$ und $t_1, t_2, \ldots$ als gleich gelten, wenn es ein n gibt, so daß $s_m = t_m$ für alle $m \geq n$. Die Beziehung dieser Klassen zu den Cauchyschen Variablen liegt auf der Hand. (J.P.C.)

[33] Kompetente Mathematiker noch nach Weierstraß (so DuBois-Reymond und Stolz) hielten eine widerspruchsfreie Theorie des unendlich Kleinen für durchaus möglich. Felix Klein äußerte sich so: 'Es liegt nun natürlich die Frage nahe, ob man nicht ... der traditionellen Begründung der Infinitesimalrechnung mit unendlich kleinen Größen eine durchaus exakte, modernen Ansprüchen genügende Gestaltung geben, d. h. gewissermaßen auch eine nichtarchimedische Analysis aufbauen könnte. ... Ich will einen Fortschritt in dieser Richtung nicht geradezu als unmöglich bezeichnen, jedenfalls ist bisher von keinem der vielen Leute, die sich mit aktual unendlich kleinen Größen beschäftigen, da etwas Positives geleistet worden.' (Klein [1908], 3.3.1, S. 479.) Ich halte Robinsons Erklärungsgrund für den Untergang der Theorie des unendlich Kleinen – ihre Widersprüchlichkeit – für unhaltbar. (Er sagt in der Einleitung zu seiner Arbeit [1966]: 'Weder Leibniz noch seine Schüler und Nachfolger konnten eine vernünftige Entwicklung' eines widerspruchsfreien nichtarchimedischen Systems angeben. 'Daher geriet die Theorie der unendlich kleinen Größen allmählich in Mißkredit und wurde schließlich durch die klassische Theorie der Grenzwerte ersetzt.')

[34] Dieser Abschnitt zeigt, wie eine Theorie der Entwicklung informaler mathematischer Theorien durch eine passende Anwendung Popperscher Ideen befruchtet werden kann.

sind; die Bedingung für einen Platz in der Geschichte sollte nicht die nahtlose Verbindung mit den heute gängigen Theorien sein. Es wäre ein Fehler, der Theorie der unendlich kleinen Größen nur deshalb erneut Aufmerksamkeit zu widmen, weil sie Robinson in einem heutigen Maßstäben genügenden Sinne rekonstruiert hat, und Cauchy nun, statt als einen noch nicht zur Klarheit gelangten Weierstraß, als einen ebensolchen Robinson zu behandeln. Das würde die *Form* der justifikationistischen Geschichtsschreibung ändern, aber nicht ihre Grundabsicht – die Geschichte zu rekonstruieren als ein Gemisch sinnlosen Geredes und stetigen Fortschritts bis zu den neuesten Theorien. Das würde dem Historiker immer noch den wirklichen dialektischen (d.h. kritischen) Ablauf des geschichtlichen Fortschritts verstellen, den der Vermutungen, Beweise und Widerlegungen und des Kampfes konkurrierender Theorien. Leider scheint Robinson selbst gelegentlich in die falsche Richtung zu tendieren. Er sagt, die moderne heterodoxe Analysis liefere 'genaue Explikationen' der Cauchyschen Begriffe; in der Einleitung zu seinem Buch behauptet er, gezeigt zu haben, daß 'Leibnizens Ideen in vollem Umfang gerechtfertigt werden können'. Diese Überbetonung der Kontinuität zwischen der Leibniz-Cauchyschen und seiner Theorie hat ihn zu einer falschen Rekonstruktion des Cauchyschen Beweises von 1821 geführt; in seinem Buch liest er sich folgendermaßen:

'Im Rahmen der heterodoxen Analysis formuliert, verläuft die Argumentation so. Sei x_1 eine reelle Zahl im gewöhnlichen Sinne, $a < x_1 < b$. Um zu beweisen, daß $s(x)$ an der Stelle x_1 stetig ist, versucht man zu zeigen, daß $s(x_1+\alpha) - s(x_1)$ für alle unendlich kleinen α unendlich klein ist. Nun gilt:
(10.5.3)
$$s(x_1+\alpha) - s(x_1) = (s_n(x_1+\alpha) - s_n(x_1)) + (r_n(x_1+\alpha) - r_n(x_1)).$$

Im Anschluß an Cauchy möchte man vielleicht behaupten, die linke Seite sei unendlich klein, weil $s_n(x_1+\alpha) - s_n(x_1)$ für alle n und $r_n(x_1+\alpha)$ und $r_n(x_1)$ für alle unendlich großen n unendlich klein ist. Doch das wäre falsch, denn $r_n(x_1)$ ist zwar unendlich klein für alle unendlichen n, doch $r_n(x_1+\alpha)$ braucht nur für hinreichend *große* unendliche unendlich klein zu sein; $s_n(x_1+\alpha) - s_n(x_1)$ dagegen ist nur für alle *endlichen* n unendlich klein, und somit gilt das nach einem unserer grundlegenden Hilfssätze auch für hinreichend *kleine* unendliche n. Um zu beweisen, daß die linke Seite von (10.5.3) unendlich klein ist, muß man zeigen, daß es ein n gibt, für das $r_n(x_1+\alpha)$ und $s_n(x_1+\alpha) - s_n(x_1)$ gleichzeitig unendlich klein sind. Es bieten sich zwei naheliegende Möglichkeiten an: (1) man nimmt an, $u_0(x) + u_1(x) + \ldots$ sei im Intervall $a > x > b$ gleichmäßig konvergent, so daß $r_n(x_1+\alpha)$ für *alle* unendlichen n unendlich klein ist; oder (2) man nimmt an, daß die Familie $\{s_n(x)\}$ in dem Intervall äquistetig ist, so daß $s_n(x_1+\alpha) - s_n(x_1)$ für alle unendlichen n unendlich klein ist.' (Robinson [1966], S. 272.)

Nach dieser Darstellung bezieht sich der ursprüngliche Cauchysche Satz nur auf die Konvergenz an gewöhnlichen Punkten; daher ist er falsch, und Cauchy hätte *doch* bei seinem Beweis einen Fehler gemacht[35]). Doch das gilt nur im Rahmen der Robinsonschen Rekonstruktion, die von einer *speziellen* heterodoxen Analysis ausgeht, von der sich Cauchy unmöglich hätte etwas träumen lassen können. So gibt es beispielsweise keinen Grund, warum Cauchy nicht hätte glauben können, $s_n(x_1+\alpha) - s_n(x)$ oder $r_n(x_1+\alpha)$ seien für alle unendlich großen Indizes unendlich klein. Robinsons Analyse von Cauchys 'Irrtum' erinnert gewiß an H. Liebmanns Analyse (aus dem Jahre 1900[36])) des nämlichen 'Irrtums', die diesen – im Anschluß an Seidel – sorgfältig im Sinne von Weierstraß rekonstruiert.

---

[35]) Das wäre gewiß der Fall, wenn Cauchy die Verwendung unendlich kleiner Größen nur in Beweisen, aber nicht in Sätzen zugelassen hätte.

[36]) In den Bemerkungen des Herausgebers zu Dirichlet [1829] und Seidel [1847] in der Ausgabe 'Ostwalds Klassiker', S. 51.

2 Cauchy und das Kontinuum

Doch Cauchy steht der Auffassung Robinsons *wesentlich weniger* nahe als der Weierstraßschen.

Bisher gingen wir davon aus, die Theorie der unendlich kleinen Größen bestehe aus einer einzigen Schule, nach der das Kontinuum eine nicht-Archimedische Erweiterung des Feldes der reellen Zahlen um die unendlich kleinen und großen Zahlen sei. Dieses Kontinuum stellten wir als *statisch* in dem Sinne vor, daß die Größen fest waren, und wenn von *Variablen* die Rede war, so war das nur eine – nicht besonders glückliche – Redeweise zur Beschreibung von *Funktionen* in modernem Sinne. Insbesondere nahmen wir an, daß die Cauchysche Theorie in diesem Sinne statisch war, und wir analysierten sie auf dieser Grundlage.

Doch diese Auffassung wird durch eine sorgfältigere Analyse von Cauchys Ausdruck 'Variable' bald hinfällig gemacht. Es wird sich zeigen, daß die Auffassung, 'Variable' sei für Cauchy nur eine Redeweise gewesen, unhaltbar ist.[37] Robinson[38] hat recht mit dem Hinweis, es liege da ein systematischer Versuch vor, von den aktual unendlich kleinen und großen Zahlen wegzukommen, deren logische Schwächen schon Berkeley so überzeugend aufgezeigt hatte. Doch damit tut sich ein Abgrund zwischen den Theorien Cauchys und Robinsons auf. Um das richtig zu begreifen, müssen wir Cauchys Arbeit von 1853 analysieren. Nach den Geschichtsbüchern entdeckte Cauchy in ihr – 32 Jahre nach seinem 'Cours d'analyse' – den Begriff der gleichmäßigen Konvergenz. Nach Robinson stellt er in dieser Arbeit richtig fest, daß sein Satz gültig sei, sofern nur die Folge *überall* (also auch an den nicht-gewöhnlichen Punkten) konvergiert.[39] Wer hat nun recht? Die Schulhistoriker können kaum recht haben, weil die gleichmäßige Konvergenz ein theoretischer Begriff der Weierstraßschen Theorie ist. Ohne Weierstraßsche Theorie keine gleichmäßige Konvergenz. Hat aber Robinson recht? Wenn ja, dann muß Cauchy 1853 seine Ansicht geändert haben, daß keine theoretischen (nicht-gewöhnlichen) Begriffe in Sätzen vorkommen dürfen, denn 'überall' ist ein Begriff, der nach seiner Auffassung nur in Beweisen vorkommen durfte und nicht in Sätzen. Doch Robinson hat unrecht. Um das einzusehen, wollen wir Cauchys Argument für seinen Satz anführen. Er nimmt ein Fouriersches Gegenbeispiel und zeigt, daß es *nicht* überall konvergiert, nämlich die Reihe $\sin x + \frac{1}{2} \sin 2x + \frac{1}{3} \sin 3x + \ldots$ Er zeigt: In der Umgebung von $x = 0$, wo die Grenzfunktion unstetig ist, 'kann der Wert des Restglieds für Werte von x sehr nahe bei Null, z. B. für $x = \frac{1}{n}$, wo n eine sehr große Zahl ist, erheblich von Null abweichen', und das heißt: Die Funktion ist an Punkten sehr nahe bei Null nicht stetig. (Cauchy zeigt, daß das Restglied bei $x = \frac{1}{n}$ gegen $\int_1^\infty \frac{\sin x}{x} dx$ strebt.)

Das nun ist ein merkwürdiges Argument. Es zeigt, daß unsere Robinsonsche Deutung des Cauchyschen Kontinuums nicht ganz richtig war: Es ist (vielleicht im Unterschied zum Leibnizschen) nicht eine Menge von *eigentlichen* Punkten, sondern von *beweglichen* Punkten. Seine 'Variablen' sind keine Weierstraßschen 'Variablen'; letztere kann man weganalysieren, ohne etwas zu verlieren, denn die Weierstraßsche Theorie der Bewegung erklärt Bewegung, Veränderung, Variablen anhand einer infinitistischen Algebra *eigentlicher* Größen; das ist eine ihrer wichtigsten Leistungen. Anders die Cauchysche Theorie, in der

---

[37] Nach Felix Klein ist die Aussage ''[ε] wird unendlich klein' seit Cauchy ... nur eine bequeme Ausdrucksweise dafür, daß [die Größe] unbegrenzt gegen Null abnimmt' (Klein [1908], 3.3.1, S. 479). Das ist natürlich ein weiteres Beispiel einer Rückprojektion von Weierstraß auf Cauchy.
[38] Robinson [1967], S. 35.
[39] Vgl. Robinson [1966], S. 273.

'variable Größe' nicht bloß eine Redeweise ist, sondern ein unverzichtbarer Bestandteil der Theorie. Der 'Punkt', an dem, wie er zeigt, $\sin x = \frac{1}{2} \sin 2x + \frac{1}{3} \sin 3x + \ldots$ nicht konvergiert, ist ein *beweglicher* Punkt $x = \frac{1}{n}$ mit $n \to \infty$. Daß die Folge an diesem *beweglichen* Punkt nicht konvergiert, fällt unter die später so genannte Gibbssche Erscheinung, und die entsprechende Bedingung – nämlich daß $\sum f_n(x)$ in I gleichmäßig konvergiert, wenn für alle $\{x_n\}$ in I die zugehörigen Restglieder $r_n(x_n)$ gegen Null gehen – ist, wie man zeigen kann, mit der Weierstraßschen gleichmäßigen Konvergenz äquivalent. Doch dann bedeutet 'überall' in Cauchys Satz nicht *'an allen, gewöhnlichen und nicht-gewöhnlichen, Punkten'*, wie Robinson meint, sondern *'an allen gewöhnlichen und allen Cauchy-beweglichen Punkten'*. Das Cauchysche Kontinuum ist also ein recht 'dynamisches'. (Es wäre interessant, zu untersuchen, ob das Bolzanosche Kontinuum dem Robinsonschen vielleicht ähnlicher war, und welche Vorstellungen Abel und Dirichlet hatten.[40]))

Das Ergebnis: Robinsons heterodoxe Analysis ist eine starke Anregung für den Historiker, die Geschichte mit neuen Augen zu sehen. Doch man sollte nicht erwarten, daß die stetige Geschichte der Infinitesimalrechnung nun auf Robinson konvergiert und nicht, wie bisher angenommen, auf Weierstraß; der Historiker sollte besser seine Theorie von den stetigen, einheitlichen Strömungen in der Geschichte überhaupt aufgeben.

6 Metaphysisches und Technisches

Die justifikationistische Geschichtsschreibung – das stellten wir schon fest – möchte die Geschichte der Mathematik als eine Ansammlung ewiger Wahrheiten darstellen. Das führt dazu, daß man die Geschichte der Mathematik entweder mit der letzten 'Revolution im Namen der Strenge' beginnen läßt oder sie verfälscht und in modernem Sinne rekonstruiert. Ein sehr verbreitetes Hilfsmittel zur Maximierung der Kontinuität besteht darin, daß man in mathematischen Theorien einen *harten formalen Kern* ausgrenzt, der unbestritten, unbezweifelbar, ewig ist, und eine *'metaphysische' Deutung* des Formalismus, die umstritten, 'weich' und veränderlich ist. Es ist eine anspruchsvolle Aufgabe für den Geistesgeschichtler, den Ursprung dieser Theorie genau herauszuarbeiten. Wahrscheinlich stammt sie aus dem 17. und 18. Jahrhundert, als hervorragende Mathematiker mit den Formeln in der Analysis so umgehen konnten, daß etwas Richtiges herauskam – sie konnten mit bemerkenswertem Erfolg differenzieren und integrieren –, doch wenn sie ihre Formeln deuten sollten, dann gerieten sie in Widersprüche. Daher behaupteten sie, der erfolgreiche Umgang mit den Formeln sei die unfehlbare Mathematik, während die Deutung, die 'Grundlagenfragen' zur unbeweisbaren, fehlbaren, umstrittenen, philosophischen Meinung gehörten. So rettete Baumann 1869 das Ansehen der Leibnizschen Infinitesimalrechnung mit folgender Abgrenzung: 'So verwer-

---

[40]) Nach alledem kann man nur noch über Pringsheims Darstellung staunen, nach der 'Cauchy späterhin, wohl unabhängig von den beiden eben Genannten, seinen oben erwähnten falschen Stetigkeitssatz berichtigt und bei dieser Gelegenheit das Wesen der gleichmäßigen Konvergenz vollkommen scharf charakterisiert' hat (Pringsheim [1916], S. 35). Man wundert sich auch, warum Pringsheim so sicher war, daß Cauchys Entdeckung unabhängig erfolgt sei. Das ist eigentlich sehr unwahrscheinlich.

fen wir die logische und metaphysische Rechtfertigung, welche Leibniz dem Kalkül gegeben hat, aber diesen Kalkül selbst tasten wir nicht an.'[41]) Daher kommt die Auffassung Cauchys und anderer, die Theorie der unendlich kleinen Größen könne als ein *Instrument* in Beweisen verwendet werden, doch ihre Begriffe könnten nicht in Sätzen auftreten. Es läßt sich leicht zeigen, daß in der sich entwickelnden informalen Mathematik diese Trennung kaum durchführbar ist; dazu betrachten wir ein einfaches, kennzeichnendes Entwicklungsschema in der Mathematik. Es besteht aus folgenden drei Schritten: einer *'naiven Vermutung'* (man könnte sie *Thesis* nennen), einem *'Beweis' und Gegenbeispielen* (man könnte sie *die beiden Pole der Antithesis* nennen) und schließlich dem *'Satz'* (man könnte ihn die *Synthesis* der Triade nennen). Nehmen wir zum Beispiel als die naive Vermutung Cauchys ursprüngliche These; der Weierstraßsche Beweis und die Fourierschen Gegenbeispiele seien die Antithesis. Die Synthesis, die verbesserte Vermutung, ist dann der Weierstraß-Seidelsche Satz, zu dem man durch Ermittlung des 'verantwortlichen Hilfssatzes' in dem informalen Beweis und seine Einbeziehung in die Thesis kommt. Diese Triade zeigt nun, daß das übliche Verfahren des Einbaus von Hilfssätzen *die theoretischen Begriffe des Beweises in den Satz hineinträgt*: Verbesserung durch Einbau von Hilfssätzen bedeutet Durchtränkung mit Theorie. Man erkennt auch leicht, daß der Beweis der ursprünglichen These in verschiedenem theoretischem Rahmen zu verschiedenen Sätzen führt.[42]) Man kann also in der informalen Mathematik 'Metaphysik' und 'Technisches' nicht trennen. (Man kann es auch in der 'formalen' Mathematik nicht – aber das ist jetzt nicht unser Problem.)

Diese ganzen Überlegungen bilden keine Kritik am Ansatz Robinsons – sie legen nur eine leichte Schwerpunktverlagerung nahe.

7   Die Beurteilung mathematischer Theorien

Die Neubeurteilung der Theorie der unendlich kleinen Größen führt zu dem Problem, wie informale Theorien zu beurteilen sind oder widerspruchsvolle Theorien wie die Leibnizsche Infinitesimalrechnung, die Fregesche Logik oder die Diracsche Deltafunktion. Sind ungültige Theorien 'unter aller Kritik'? Müssen alle widerspruchsvollen Theorien schonungslos ausgemerzt werden, da sie für die vernünftige Argumentation absolut wertlos sind?

---

[41]) Baumann [1869], Bd. 2, S. 55. Diese Abgrenzung ist erstaunlich weithin anerkannt. Russell zum Beispiel hält sie für selbstverständlich: 'Die Deutung der Infinitesimalrechnung war fast zweihundert Jahre lang eine Streitfrage für die Mathematiker und die Philosophen; nach Leibnizens Auffassung arbeitete die Infinitesimalrechnung mit aktual unendlich kleinen Größen, und erst durch Weierstraß wurde diese Auffassung endgültig widerlegt. Ein noch grundlegenderes Beispiel: über die elementare Arithmetik hat es nie Meinungsverschiedenheiten gegeben, und doch ist die Definition der natürlichen Zahl heute noch umstritten.' (Russell [1948], S. 362.) Russell hält also die Infinitesimalrechnung für ebensowenig theoriedurchtränkt wie die elementare Arithmetik!

[42]) Diese Triade wird eingehend bei Lakatos [1963/64] behandelt, insbes. S. 130–139 und 318–323 [[in [176c] Abschn. 4.5 und 8.1 von Kap. 1]]. Wie verschiedene Beweise zu verschiedenen Sätzen führen, wird besonders S. 236–245 erörtert.*)S. jetzt Lakatos [1976c], engl. S. 144f., 149 und 65f. (D. Hrsgg.) [[Richtiger wohl – engl. u. dt. – Anhang 1, Abschn. 1; Anhang 2, Abschn. 2.1; Kap. 1, Abschn. 6.3.]]

Lassen sie sich nur dann beurteilen, wenn eine spätere Rekonstruktion sie gerettet und, wenn nicht als respektable, so doch als verzeihliche Vorformen respektabler Theorien dargetan hat, die nach heutigen Maßstäben widerspruchsfrei und streng aussehen? Es muß sicherlich vernünftige Maßstäbe für die Beurteilung informaler und widerspruchsvoller*⁸⁾ mathematischer Theorien geben; doch dafür braucht man eine Philosophie, die sich an der Entwicklung der informalen Mathematik orientiert und nicht an der Grundlagenforschung und den formalen Systemen, wie es in der heutigen Philosophie der Mathematik Mode ist. Und nach dem logischen Positivismus muß die informale Mathematik, da sie weder analytisch noch empirisch ist, sinnloses Gerede sein; daher kann auch der logische Positivismus nicht die Philosophie sein, an der sich der Historiker orientieren könnte.

Historiker und Philosophen der Mathematik werden die heterodoxe Analysis sicher nicht nur deshalb beachten, weil sie eine gewichtige Anregung zu einer neuen Sicht der Geschichte der Infinitesimalrechnung und zu einer philosophischen Analyse der Entwicklung der Mathematik ist, sondern auch, weil *die heterodoxe Analysis, zusammen mit der heterodoxen Arithmetik, einen radikalen Wandel von Ziel und Funktion der Metamathematik bildet.*

Bis vor kurzem war die Metamathematik für die meisten einfach die Untersuchung der Grundlagen der Mathematik. Der normale Mathematiker ohne philosophische Neigungen interessierte sich nicht dafür. Ihr ursprünglicher Zweck war ein begrenzter: der Beweis der Widerspruchsfreiheit der klassischen Mathematik. Ihre ursprüngliche Methode war auf karge, einfache Mittel beschränkt. Heute ist sie eine lebendige, sich fortentwickelnde mathematische Disziplin mit unbeschränkten Zielen und Werkzeugen*⁹⁾. Sie gewinnt immer wichtigeren, vielleicht entscheidenden Einfluß auf die Entwicklung der klassischen mathematischen Disziplinen. Die heterodoxe Analysis läßt erkennen, daß die Metamathematik, nachdem sie ihr ursprüngliches *angestrebtes* Ziel nicht erreicht hat, nämlich endgültige und unfehlbare Grundlagen für die gesamte Mathematik zu schaffen, diesen faszinierenden Mißerfolg jetzt vielleicht wettmacht durch faszinierende *unbeabsichtigte* Beiträge zur Entwicklung der fehlbaren Mathematik. An die Stelle unfehlbarer Grundlagen, die mit beschränkten Methoden gewonnen werden sollten, ist unbeschränkte fehlbare Entwicklung mit reichem Gehalt getreten.

Das ist nicht das erstemal, daß Grundlagenuntersuchungen festgelaufen sind, ohne ihren Zweck, die endgültige Strenge, erreicht zu haben, statt dessen aber neue Entwicklungen angeregt haben. Die 'List der Vernunft' verwandelt jede Zunahme der *Strenge* in eine Zunahme des *Gehalts*. So geschah es auch mit der Weierstraßschen Theorie der reellen Zah-

---

*⁸⁾ Das Lakatossche Manuskript enthält an dieser Stelle folgende handschriftliche Bemerkung: 'Wenn widerspruchsvolle Systeme für vernünftige Erörterungen nicht taugen, wie steht es dann mit der natürlichen Sprache?' (J.P.C.)

*⁹⁾ Eine moderne Auffassung von der Bedeutung der Metamathematik äußert Sacks [1972]: 'Der Gegenstand der mathematischen Logik besteht aus vier Teilen: den rekursiven Funktionen, dem Kern der Sache; der Beweistheorie, zu der der beste Satz des Gebiets gehört; den Mengen und Klassen, deren romantische Aura bei weitem ihre mathematische Substanz übertrifft; und der Modelltheorie, die deshalb wertvoll ist, weil sie auf die Algebra anwendbar ist und aus ihr entspringt.' Eine ältere, aber tieferdringende Einschätzung der Bedeutung metamathematischer Methoden in der Mathematik findet sich in einem Besprechungsaufsatz von Kreisel [1956/57]. (J.P.C.)

len: Zunächst galt sie der großen Mehrheit der normalen Mathematiker als eine uninteressante Pedanterie, doch dann wurde sie (nicht ohne einen harten Kampf) zu einer Theorie mit ungeheurer heuristischer Kraft, die dem schöpferischen Mathematiker unentbehrlich wurde.[43])

Von diesem Standpunkt aus könnte eines als eine 'Schwäche' der heterodoxen Analysis erscheinen: Nach dem Satz von Luxemburg ist alles, was in der heterodoxen Analysis beweisbar ist, auch in der klassischen Analysis beweisbar. Der Bereich der beiden Theorien ist also derselbe; die heterodoxe Analysis eröffnete eine neue Entwicklungslinie, aber nur innerhalb schon bekannten Geländes; auch der Satz von Bernstein und Robinson wird eines Tages klassisch bewiesen werden. Die heterodoxe Arithmetik könnte in diesem Sinne aussichtsreicher sein: (sie strebt unmittelbar nach Ergebnissen, die über die klassische Arithmetik hinausgehen).[*10]) Doch dieser Vorteil der heterodoxen Arithmetik gegenüber der heterodoxen Analysis könnte zu einigen spektakulären Entwicklungen über ihren gegenwärtigen Bereich hinaus führen, und andererseits könnte die klassische Arithmetik immer noch informale Beweise liefern, die über ihren jetzigen Dedekind-Peanoschen Rahmen hinausführen. Man kann nicht voraussagen, wie sich das Stärkeverhältnis von Theorien im Laufe ihrer Entwicklung verändern wird.

---

[43]) Vgl. Kap. 1 des vorliegenden Bandes.
[*10]) Lakatos hat später den eingeklammerten Satz mit Bleistift unterstrichen und auf den Rand des Manuskripts ein nachdrückliches 'Nein' geschrieben. (J.P.C.)

4 Was beweist ein mathematischer Beweis?*¹)

Auf den ersten Blick sollte es keine Meinungsverschiedenheiten über den mathematischen Beweis geben. Jedermann blickt neidisch auf die scheinbare Einhelligkeit der Mathematik; doch in Wirklichkeit gibt es in der Mathematik eine ganze Menge Meinungsverschiedenheiten. Die reinen Mathematiker distanzieren sich von den Beweisen der angewandten Mathematiker, die Logiker wiederum von denen der reinen Mathematiker. Die Logizisten verachten die Beweise der Formalisten und einige Intuitionisten die der Logizisten und Formalisten.

Ich beginne mit einer groben Einteilung der mathematischen Beweise; ich unterscheide bei der Gesamtheit der von Mathematikern oder Logikern anerkannten Beweise drei Gruppen:
1. vor-formale Beweise,
2. formale Beweise,
3. nach-formale Beweise.
Die erste und dritte Gruppe sind Unterarten der informalen Beweise.

Ich fürchte, mancher glühende Popperianer könnte schon wegen dieser Einteilung alles, was ich sagen werde, ablehnen. Er wird sagen, diese abwegigen Bezeichnungen bewiesen eindeutig, ich unterstellte der Mathematik ein notwendiges oder zumindest normales geschichtliches Entwicklungsschema – vom vor-formalen über den formalen zum nach-formalen Stadium; und ich hätte mich schon verraten – daß ich nämlich in die vernünftige mathematische Philosophie einen verderblichen Historizismus hineinbringen wolle.

Es wird sich in dieser Arbeit zeigen, daß ich in der Tat eben dies vorhabe; ich bin völlig überzeugt, daß selbst das Elend des Historizismus immer noch besser ist als gar kein Historizismus – natürlich immer vorausgesetzt, daß er so vorsichtig gehandhabt wird, wie es der Umgang mit Sprengstoffen erfordert.

Aufgrund der unhistorischen Auffassung von der 'formalen Theorie' hat es viele Diskussionen darüber gegeben, was aus der ungeheuren Menge leichtfertig vorgeschlagener widerspruchsfreier formaler Systeme, die zumeist uninteressante Spielereien sind, eigentlich ein ernstzunehmendes formales System sei. Die Formalisten mußten sich irgendwie aus diesen Schwierigkeiten befreien. Dazu hätten sie natürlich ihre Grundauffassung fallen lassen können, doch im allgemeinen zogen sie komplizierte ad-hoc-Berichtigungen vor. Sie suchen nach Kriterien, die die 'interessanten', 'annehmbaren' usw. formalen Systeme auszeichnen sollen, und dabei verraten sie ihr schlechtes Gewissen bei der reinen formalistischen Auffassung,

---

*¹) Diese Arbeit scheint zwischen 1959 und 1961 für das Seminar von T. J. Smiley in Cambridge entstanden zu sein. Das Lakatossche Exemplar enthält mehrere handschriftliche Verbesserungen, einige von ihm selbst und einige von Smiley. Wir haben sie hier in den Text aufgenommen. Es gibt keine Anzeichen dafür, daß sich Lakatos nach 1961 noch einmal mit dieser Arbeit beschäftigt hätte. In einigen Punkten änderte er später seine Auffassung; an eine Veröffentlichung dachte er nicht. (D. Hrsgg.)

nach der die Mathematik die Menge *aller widerspruchsfreien* formalen Systeme ist. So sagt etwa Kneale, ein mathematisches System solle 'interessant' sein. Seine Definition lautet so: 'Ein mögliches [d. h. einem üblichen modernen Strengemaßstab genügendes – z. B. widerspruchsfreies] System ist mathematisch interessant, wenn es viele Theoreme und viele Verbindungen mit anderen Zweigen der Mathematik aufweist, insbesonders mit der Arithmetik der natürlichen Zahlen.'[1]) Curry, ein ganz extremer Formalist, führt den Begriff der 'Annehmbarkeit' ein: 'Das Hauptkriterium für die Annehmbarkeit ist ein empirisches; und die wichtigsten Gesichtspunkte sind Adäquatheit und Einfachheit.'[2]) Ich fürchte, es gibt einen Punkt, an dem ich mit diesem Ansatz nicht ganz einverstanden bin: Man wählt aus einer vorgegebenen Menge formaler Systeme diejenigen aus, die interessant oder annehmbar sind. Ich würde die Reihenfolge lieber umkehren: man sollte nur dann von formalen Systemen sprechen, wenn sie Formalisierungen anerkannter informaler mathematischer Theorien sind. Weiterer Kriterien bedarf es nicht. Es gibt in der Tat keine respektable formale Theorie, die nicht auf die eine oder andere Weise einen respektablen informalen Vorfahr hat.

Jetzt komme ich auf unser ursprüngliches Thema zurück: den Beweis. Die meisten modernen Philosophen werden den Beweis instinktiv gemäß ihrer engen formalistischen Auffassung von der Mathematik definieren. Das heißt, sie werden sagen, ein Beweis sei eine endliche Folge von Formeln eines gegebenen Systems, wo jede Formel entweder ein Axiom des Systems ist oder nach einer Regel des Systems aus vorangehenden Formeln abgeleitet ist. Der 'reine' Formalismus läßt jedes beliebige formale System zu, man muß also stets angeben, in welchem System S man sich bewegt; man hat dann nur mit einem S-Beweis zu tun. Der Logizismus läßt im Grunde nur ein einziges großes ausgezeichnetes System zu somit im Grunde nur einen einzigen Beweisbegriff.

Eine der hervorstechendsten Eigenschaften eines solchen formalen Beweises ist, daß man für jeden gegebenen angeblichen Beweis mechanisch entscheiden kann, ob er wirklich einer ist.

Doch wie steht es mit einem *in*formalen Beweis? Neuerdings hat es einige Versuche von Logikern gegeben, Eigenschaften von Beweisen in informalen Theorien zu analysieren. So heißt es in einem bekannten modernen Logiklehrbuch, ein 'informaler Beweis' sei ein formaler Beweis, bei dem die logischen Schlußregeln und Axiome nicht erwähnt würden, sondern nur jede Heranziehung der speziellen Postulate.[3])

Nun ist dieser sogenannte 'informale Beweis' nichts anderes als ein Beweis in einer axiomatisierten mathematischen Theorie, die schon die Form eines hypothetisch-deduktiven Systems angenommen hat, aber die zugrundeliegende Logik nicht angibt. Im gegenwärtigen Entwicklungsstadium der Mathematik kann ein guter Logiker in ganz kurzer Zeit die Logik, die einer Theorie zugrunde liegen muß, erfassen und jeden solchen Beweis ohne allzuviel Kopfzerbrechen formalisieren.

Doch die Bezeichnung 'informaler Beweis' dafür ist unpassend und sogar irreführend. Man könnte vielleicht von einem quasi-formalen Beweis oder von einem 'formalen Beweis mit Lücken' sprechen, aber daß ein informaler Beweis einfach ein unvollständiger forma-

---

[1]) Kneale [1955], S. 106.
[2]) Curry [1958], S. 62.
[3]) Suppes [1957], S. 128.

ler Beweis sei, das scheint mir derselbe Fehler zu sein wie der der frühen Pädagogen, die in der Meinung, ein Kind sei nichts als ein verkleinerter Erwachsener, die unmittelbare Untersuchung des kindlichen Verhaltens vernachlässigten und nur aufgrund einer einfachen Analogie zum Verhalten des Erwachsenen theoretisch dachten.

Doch jetzt möchte ich einige wirklich informale, oder genauer: vor-formale Beweise vorführen.

Mein erstes Beispiel ist ein Beweis des bekannten Eulerschen Satzes über einfache Polyeder.[4]) Der Satz lautet: Sei E die Zahl der Ecken, K die Zahl der Kanten und F die Zahl der Flächen eines einfachen Polyeders, dann gilt stets

$E - K + F = 2$.

Ein Polyeder ist ein Körper, dessen Oberfläche aus einer Anzahl von Polygonflächen besteht, und ein einfacher Polyeder hat keine 'Löcher', so daß seine Oberfläche stetig in eine Kugeloberfläche übergeführt werden kann. Der Beweis des Satzes verläuft folgendermaßen:

Denken wir uns das einfache Polyeder als Hohlraum mit einer Oberfläche aus dünnem Gummi (s. Abb. 1 a). Schneidet man dann eine der Polyederflächen heraus, so kann man die übrigen auf einer Ebene flach ausbreiten (s. Abb. 1 b). Dabei verändern sich natürlich die Flächeninhalte sowie die Winkel zwischen den Kanten. Doch das eben ausgebreitete Netz enthält ebensoviele Ecken und Kanten wie das ursprüngliche Polyeder, während die Zahl der Flächen ja um eine abgenommen hat. Wir wollen jetzt zeigen, daß für das ebene Netz $E - K + F = 1$, so daß für das ursprüngliche Polyeder, das ja eine Fläche mehr enthielt, $E - K + F = 2$ gilt.

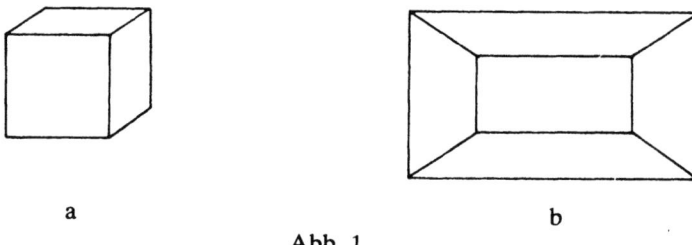

a   b

Abb. 1

Wir 'triangulieren' das ebene Netz folgendermaßen: In eine Polyederfläche, die nicht schon ein Dreieck ist, zeichnen wir eine Diagonale ein. Das erhöht K [[jetzt als 'Seite' statt 'Kante' zu lesen]] und F je um 1, so daß der Wert von $E - K + F$ erhalten bleibt. Das setzen wir fort, bis die Figur nur noch aus Dreiecken besteht, was einmal eintreten muß (s. Abb. 2 a). Auch jetzt ist $E - K + F$ unverändert. Einige der Dreiecke haben Seiten, die zum Rand des ebenen Netzes gehören; manche, wie ABC, nur eine, andere können auch zwei solche Seiten haben. Von jedem solchen am Rand beteiligten Dreieck nehmen wir nun die Seiten weg, die nicht auch zu einem anderen Dreieck gehören. So nehmen wir von ABC die Seite AC

---

[4]) Eine vollständige Behandlung der Geschichte dieses Satzes findet sich bei Lakatos [1976c].

4 Was beweist ein mathematischer Beweis?

weg, damit verschwindet auch die Fläche, es verbleiben die Seiten AB und BC und die Ecken A, B, C (s. Abb. 2 a); von DEF nehmen wir die Seiten DF und FE weg, damit verschwindet auch die Ecke F, und natürlich die Fläche (s. Abb. 2 b). Bei einem Dreieck wie ABC sinken K und F je um 1, und E bleibt unverändert, somit bleibt E − K + F unverändert. Bei einem Dreieck wie DEF sinkt E um 1, K um 2 und F um 1, somit bleibt E − K + F wiederum unverändert. Durch geeignete Wahl einer Folge solcher Operationen kann man Dreiecke mit Seiten im (jeweils veränderten) Rand so lange entfernen, bis ein einziges Dreieck übrig bleibt, also 3 Ecken, 3 Seiten und 1 Fläche, so daß E − K + F = 3 − 3 − 1 = 1. Wir sahen aber, daß durch die Entfernung der Dreiecke der Wert von E − K + F nicht verändert wurde. Somit muß auch für das ursprüngliche ebene Netz E − K + F = 1 gegolten haben, und für das Polyeder, das ja eine Fläche (und sonst nichts) mehr gehabt hatte, E − K + F = 2.

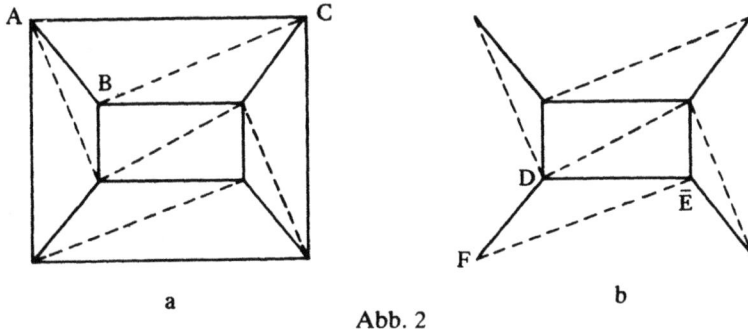

Abb. 2

Ich meine, daß Mathematiker das als Beweis gelten lassen würden, und für manche wäre es sogar ein schöner Beweis. Er ist sicherlich ungeheuer überzeugend. Doch wir haben nichts in irgendeinem noch so großzügigen logischen Sinn *bewiesen*. Es gibt keine Postulate, keine wohlbestimmte zugrundeliegende Logik, es scheint überhaupt keine einfache Möglichkeit zu geben, diese Überlegungen zu formalisieren. Wir haben *anschaulich gezeigt, daß der Satz wahr ist*. Das ist eine sehr verbreitete Art, mathematische *Tatsachen* darzutun, wie die Mathematiker heute sagen. Die Griechen sprachen von 'deikmyne', und ich nenne es *Gedankenexperiment*.

Ist das nun ein Beweis? Kann man eine Definition des Beweises geben, die wenigstens *praktisch*, in den meisten Fällen, zu entscheiden gestattet, ob wirklich ein Beweis vorliegt? Ich fürchte, die Antwort lautet 'nein'. In einer wirklichen vor-formalen Theorie unterer Ebene kann man nicht definieren, was ein Beweis ist, was ein Theorem ist. Es gibt keine Methode der Verifikation. Ein strenger Logiker wie Nidditch würde gewiß sagen, es handle sich hier — ich zitiere — um '*bloße* Überredung, Rhetorik, entscheidende Verwendung der Anschaulichkeit oder noch Schlimmeres'.[5]

---

[5] Nidditch [1957], S. 5.

Doch wenn es keine Methode der Verifikation gibt, so doch gewiß eine Methode der Falsifikation. Man kann bisher nicht bedachte Möglichkeiten aufzeigen. Nehmen wir etwa an, wir hätten vergessen, vorauszusetzen, daß das Polyeder ein einfaches ist. Wir haben nicht an die Möglichkeit gedacht, daß ein Polyeder auch ein Loch haben kann (in diesem Falle könnte man dem Satz viele Gegenbeispiele entgegenhalten).*[2]) Diesen 'Fehler' beging in der Tat Cauchy.[6]) Es ist die häufig anzutreffende Erscheinung, daß ein mathematischer Satz 'in falscher Allgemeinheit behauptet' wird.

Zur besseren und einfacheren Veranschaulichung möchte ich ein anderes Gedankenexperiment mit einer berühmten Falsifikation anführen. Gesucht sind die beiden Punkte P und Q innerhalb oder auf dem Rand eines Dreiecks, die möglichst weit voneinander entfernt sind. Die Lösung ist leicht zu erraten: es sind die Endpunkte der längsten Seite. Das läßt sich leicht durch ein Gedankenexperiment wie das soeben benutzte beweisen: keine Axiome, keine Schlußregeln, aber Überzeugungskraft. Sehen wir zu:

Liegt der eine Punkt, sagen wir, P, *innerhalb* des Dreiecks, dann hat PQ offensichtlich nicht seine größtmögliche Länge, denn auf der Verlängerung von PQ gibt es offenbar einen Punkt P', der weiter von Q entfernt ist und immer noch innerhalb des Dreiecks liegt. Liegen P und Q auf dem Rand, ist aber einer der Punkte, es sei P, kein Eckpunkt, dann kann man offenbar einen nahen benachbarten Punkt P' auf dem Rand finden, der weiter von Q entfernt ist als P. Daher kann PQ nur dann seinen größtmöglichen Wert haben, wenn P und Q Eckpunkte sind; und dann müssen es natürlich die Endpunkte der längsten Seite sein.

Offenbar kann man nun mit demselben Gedankenexperiment für Polygone den folgenden Satz 'beweisen': Damit zwei Punkte der Fläche eines Polygons möglichst weit voneinander entfernt sind, müssen es die beiden weitestentfernten Eckpunkte sein.

Das dürfte wohl recht überzeugend sein. Trotzdem gibt es eine nicht bedachte Möglichkeit, die Wasser in den Wein gießen kann. Man wende dasselbe Gedankenexperiment auf folgende Figur an:

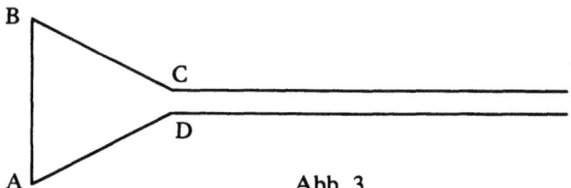

Abb. 3

P und Q mögen irgendwo im Inneren oder auf dem Rand liegen; auch die Endpunkte A, B, C, D sind zugelassen. [Außer wenn PQ die Seite AB ist, läßt sich, wie in den vorigen Fällen, in der Figur stets ein nahe benachbarter Punkt P' finden, so daß der Abstand P'Q größer ist als PQ.] Wenn man der vorigen Argumentation genau folgt, muß man also schließen, daß AB das Maximum ist.

Die Falsifikation unseres Arguments verlief ebenso wie beim Eulerschen Satz für *alle* Polyeder. Wir glaubten, mehr gezeigt zu haben, als es wirklich der Fall war. Im zweiten

---

*[2]) Ein solches Gegenbeispiel ist der 'Bilderrahmen' (Lakatos [1976c], S. 19, dt. S. 13). (D. Hrsgg.)
[6]) Cauchy [1813].

Fall hatten wir lediglich gezeigt, daß das Maximum das und das sein muß, *falls es überhaupt existiert.* Die Geltung des Eulerschen Satzes hatten wir lediglich für den Fall gezeigt, daß die Gummifläche in der Ebene ohne Löcher ausgebreitet werden kann.

Ich möchte betonen, daß solche Fehler auf der Ebene der vor-formalen Theorien berichtigt werden können, durch eine neue vor-formale Theorie.

Die soeben vorgeführten Gedankenexperimente sind nur eine Art des vor-formalen Beweises. Es gibt noch grundsätzlich andere Arten; eine etwa mit der recht interessanten Eigenschaft, daß man in gewissem Sinne sagen kann, diese Beweise könnten verifiziert werden, aber nicht falsifiziert wie die oben betrachteten Gedankenexperimente. Sie gewähren einen guten Einblick in die Beschaffenheit der Regeln in einer vor-formalen Theorie und in die vor-formale Strenge.*[3])

Doch jetzt wollen wir uns den axiomatischen Theorien zuwenden. Bis heute ist keine informale mathematische Theorie der Axiomatisierung entgangen. Wir sagten schon, wenn eine Theorie axiomatisiert sei, dann könne sie jeder fähige Logiker formalisieren. Das aber bedeutet, daß Beweise in axiomatisierten Theorien endgültig verifiziert werden können, und zwar mit einem narrensicheren, mechanischen Verfahren. Bedeutet das nun zum Beispiel, daß es kein Gegenbeispiel geben *kann,* wenn man den Eulerschen Satz im Steenrod-Eilenbergschen vollständig formalisierten Postulatensystem[7]) beweist? Nun, es ist jedenfalls kein Gegenbeispiel in dem System formalisierbar [falls dieses widerspruchsfrei ist]; doch wir haben keinerlei Gewähr, daß unser formales System das gesamte empirische oder quasi-empirische Material enthält, das uns eigentlich interessiert und mit dem sich unsere informale Theorie beschäftigte. Es gibt kein formales Kriterium für die Richtigkeit einer Formalisierung.

Bekannte Beispiele für 'falsifizierte' Formalisierungen sind: (1) die Formalisierung der Theorie der Mannigfaltigkeiten durch Riemann, in der es keinen Platz für Möbius-Bänder gibt; (2) die Kolmogorowsche Axiomatisierung der Wahrscheinlichkeitstheorie, in der man intuitive Aussagen wie die folgende nicht formalisieren kann: 'Jede Zahl erscheint in der Menge der natürlichen Zahlen mit der gleichen Wahrscheinlichkeit';*[4]) (3) das interessanteste Beispiel: Gödels Auffassung, das Zermelo-Fraenkelsche und ähnliche Systeme der formalisierten Mengenlehre seien keine zutreffenden Formalisierungen der vor-formalen Mengenlehre, da man in ihnen die Cantorsche Kontinuumshypothese nicht widerlegen könne.*[5])

Ich möchte an einem trivialen Beispiel zeigen, wie wenig die Formalisierung die Beweis- oder Überzeugungskraft informaler Gedankenexperimente zu erhöhen braucht. Erinnern wir uns an den Beweis des Eulerschen Satzes. Ein Formalist wird ihn sicher nicht gelten lassen. Doch den folgenden 'Beweis' kann er gar nicht so leicht ablehnen: Man errichtet ein formales System mit dem einen Axiom A; keine Regeln [außer daß alle Axiome auch Theoreme sind!]. Die Deutung von A ist der Eulersche Satz. Dieses System dürfte den strengsten Anforderungen des Formalismus genügen.

---

*[3]) Es blieb uns unklar, was Lakatos hier gemeint hat. (D. Hrsgg.)

[7]) Eilenberg und Steenrod [1952].

*[4]) Siehe Renyi [1955]. (D. Hrsgg.)

*[5]) Genaueres dazu und Literaturnachweise für die Auffassungen Gödels finden sich in Kap. 2 des vorliegenden Bandes. (D. Hrsgg.)

werden. Ist etwa die Aussage 'Irgend zwei verschiedene Geraden in derselben Ebene bestimmen eindeutig einen Punkt' richtig, so ist es auch die Aussage 'Irgend zwei verschiedene Punkte in derselben Ebene bestimmen eindeutig eine Gerade'. Dann benutzt man zum Beweis der zweiten Aussage einen Satz des Systems und einen Metasatz, den man nicht formulieren, geschweige denn beweisen kann, ohne die Begriffe der Beweisbarkeit im System, des Theorems im System usw. einzuführen. Dieser Metasatz, den wir wie einen Hilfssatz bei unseren Beweisen einer informalen mathematischen Theorie verwenden, handelt nicht bloß von Geraden und Punkten, sondern außerdem von der Beweisbarkeit, dem Theoremsein usw. Die projektive Geometrie ist zwar ein vollständig axiomatisiertes System, doch die Axiome und Regeln zum Beweis des Dualitätsprinzips kann man nicht angeben, denn die entsprechende Metatheorie ist informal.

Die andere Klasse nach-formaler Beweise sind die Unentscheidbarkeitsbeweise. In der mathematischen Logik hat sich in den allerletzten Jahren herausgestellt, daß formale Beweise in Wirklichkeit viel mehr beweisen, als man möchte. Ganz grob gesprochen: die Axiome in den wichtigsten mathematischen Theorien definieren implizit nicht nur eine, sondern eine ganze Familie von Strukturen. So werden etwa die Peanoschen Axiome nicht nur von den bekannten natürlichen Zahlen erfüllt, sondern auch von einigen ganz seltsamen Strukturen, den Skolemschen Funktionen, die keineswegs mit der Menge der natürlichen Zahlen isomorph sind. Es stellt sich also heraus, daß man mit seinen Bemühungen um den Beweis eines arithmetischen Satzes gleichzeitig einen Satz auf dem Gebiet dieser Struktur beweist, an die man überhaupt nicht gedacht hat. Nun gibt es immer Aussagen, die in der einen Struktur wahr und in einer anderen falsch sind. Solche Aussagen sind in der gemeinsamen formalen Struktur unentscheidbar. Ist man in einer solchen Situation hilflos? Um die Frage besser zu verstehen, wollen wir ein konkretes, wenn auch hypothetisches Beispiel betrachten. Wenn man beweisen könnte, daß der Fermatsche Satz unentscheidbar ist, könnte man dann niemals irgend etwas über die Wahrheit des Fermatschen Satzes sagen? Keineswegs. Man könnte sich wieder des informalen Denkens bedienen und versuchen, informal *nur* im Rahmen des angezielten Modells zu arbeiten. Ein konkretes Beispiel dafür ist der Gödelsche Beweis [daß die Gödelschen unentscheidbaren Sätze *wahr* sind (nämlich im Standardmodell)]. Doch derartige nach-formale Beweise sind sicherlich informal und können somit durch spätere Entdeckung einer nicht bedachten Möglichkeit falsifiziert werden.

Nun kommen beim gegenwärtigen Stand unserer mathematischen Kenntnisse unentscheidbare Sätze nur in ziemlich künstlichen Beispielen vor und betreffen nicht die Hauptteile der Mathematik. Doch hier könnte sich etwas ähnliches herausstellen wie bei den transzendenten Zahlen, die zunächst mehr als Ausnahmen auftauchten und sich später als der allgemeinere Fall entpuppten. So könnten nach-formale Methoden an Bedeutung gewinnen, wenn sich die Unentscheidbarkeit immer mehr in der Mathematik ausbreitet.

Und nun eine kurze Zusammenfassung. Wir sahen, daß mathematische Beweise im wesentlichen drei verschiedenen Arten angehören: den vor-formalen, den formalen und den nach-formalen. Die erste und die dritte beweist, grob gesprochen, etwas über jene manchmal klare und empirische, manchmal undeutliche und 'quasi-empirische' Materie, die der eigentliche, wenn auch schlecht faßbare Gegenstand der Mathematik ist. Diese Art von Beweisen ist immer etwas unsicher, weil man an gewisse Möglichkeiten nicht gedacht haben könnte. Die zweite Art mathematischer Beweise ist absolut verläßlich; leider nur ist nicht völlig – wenn auch in etwa – sicher, in bezug worauf sie verläßlich sind.

Heißt nun all dies, daß ein Beweis in einer formalisierten Theorie die Gewißheit des betreffenden Satzes um nichts erhöht? Keineswegs. [Bei dem informalen Beweis kann sich herausstellen, daß man eine Annahme nicht formuliert hat, so daß es ein Gegenbeispiel gegen den Satz gibt. Doch wenn es gelingt, den Beweis in einem formalen System zu *formalisieren*, dann weiß man, daß es nie ein Gegenbeispiel geben wird, das selbst in dem System formalisiert werden könnte, sofern dieses widerspruchsfrei ist.] Hätte man etwa einen formalen Beweis für Fermats letzten Satz, dann könnte es in unserer formalisierten Zahlentheorie, sofern sie widerspruchsfrei ist, unmöglich ein Gegenbeispiel geben, das in dem System formalisierbar wäre.

Wir erkennen also: genügt die Formalisierung (unter der wir von jetzt an im wesentlichen dasselbe wie Axiomatisierung verstehen wollen) gewissen informalen Bedingungen, etwa daß genug anschauliche Gegenbeispiele in ihr formalisiert sind u. ä., so gewinnen die Beweise durchaus an Wert. Versucht man freilich, eine vor-formale Theorie zu früh zu formalisieren, so kann das Ergebnis negativ sein. Ich frage mich, was geschehen wäre, wenn die Wahrscheinlichkeitstheorie nur zu dem Zweck axiomatisiert worden wäre, um der Wahrscheinlichkeitstheorie 'Grundlagen' zu schaffen, noch ehe das Lebesguesche Maß entdeckt war. Oder ein anderes Beispiel: es ist klar, daß es eine Kraft- und Zeitverschwendung gewesen wäre, die Metamathematik zur Zeit des finitären Illusionismus zu axiomatisieren, denn später stellte sich heraus, daß die einzig nützlichen Methoden nicht nur über die finitären Mittel hinausreichen müssen, sondern sogar auch über die betreffende Objekttheorie. In einer verfrüht axiomatisierten Algebra – die etwa keinen Platz für die komplexen Zahlen gehabt hätte – könnte man zum Beispiel nie beweisen, daß eine Gleichung n-ten Grades höchstens n reelle Lösungen hat. Manchmal ist eine zulässige Formel einer Theorie in dieser unentscheidbar, könnte aber durchaus entschieden werden, wenn sie in einer anderen Theorie passend gedeutet wird, die nicht einmal eine Erweiterung der ursprünglichen Theorie zu sein braucht. Es ist sehr schwierig, zu entscheiden, in welcher Theorie eine mathematische Aussage eigentlich beweisbar ist; man denke etwa an einige Sätze, die in der Theorie der reellen Funktionen formalisierbar sind, aber nur in der Theorie der komplexen Funktionen beweisbar, oder Sätze, die in der Maßtheorie formalisierbar, aber nur in der Verteilungstheorie beweisbar sind, u. a. Auch nach der fruchtbaren Axiomatisierung einer Theorie können noch Fragen auftauchen, die zu einer Änderung der Axiomatisierung Anlaß geben. Das ist zur Zeit in der Wahrscheinlichkeitstheorie der Fall. Die Axiomatisierung ist ein wichtiger Wendepunkt im Leben einer Theorie, und zwar nicht nur im Hinblick auf die Beweise; doch schon hier ist sie von ungeheurer Bedeutung. In einer informalen Theorie gibt es wirklich unbegrenzte Möglichkeiten zur Einführung immer neuer Begriffe, immer neuer, bisher verborgener Axiome, immer neuer, bisher unausgesprochener Regeln, und zwar in Form neuer sogenannter 'offensichtlicher' Erkenntnisse; in einer formalisierten Theorie dagegen ist die Phantasie an eine abgemagerte rekursive Menge von Axiomen und ein paar karge Regeln gefesselt.

Zuletzt möchte ich zur dritten Gruppe meiner Einteilung kommen: den *nach-formalen Beweisen*. Hier mache ich nur ein paar programmatische Bemerkungen.

Zwei Arten von nach-formalen Beweisen sind bekannt. Zur einen gehört das Dualitätsprinzip in der projektiven Geometrie, nach welchem jede passend formulierte richtige Aussage über das Zusammenfallen von Punkten und Geraden auf einer projektiven Ebene eine weitere richtige Aussage liefert, wenn die Worte 'Punkt' und 'Gerade' vertauscht

5 Die Methode der Analyse und Synthese*¹)

1 Analyse und Synthese: Eine Form der Euklidischen Heuristik und ihre Kritik

a) Prolog über Analyse und Synthese

Psi: Lieber Lehrer, ich möchte auf deinen Beweis der Descartes-Eulerschen Vermutung zurückkommen. Ich glaube, du hast da einfach gemogelt.
Lehrer: Wirklich?
Psi: Du hast behauptet, du habest die Descartes-Eulersche Vermutung aufgrund von Untervermutungen bewiesen wie 'Alle Polyeder sind einfach' und 'Alle Polyeder haben nur einfach zusammenhängende Flächen'. Du hast nun, zwar nicht genau so, wie ich es jetzt sage, aber doch faktisch jene kritisiert, die die Vermutung beweisen zu können glaubten, und gezeigt, daß sie nicht *bewiesen,* sondern nur aus bestimmten Untervermutungen *abgeleitet* werden kann. Der *Satz,* deine verbesserte Vermutung, war nichts als *ein verkleideter Schluß:* '*Aus den Hilfssätzen folgt die ursprüngliche Vermutung.*' Ich gebe zu, du hast hinzugesetzt, dieser Schluß könne ungültig werden, wenn man einige der in ihm vorkommenden Begriffe erweitert, doch das ist eine Nebensache. Du hast jedenfalls behauptet, dein 'Beweis' sei eine Ableitung der ursprünglichen Vermutung aus bestimmten Hilfssätzen – und die sind vielleicht nicht alle namhaft gemacht worden.
Alpha: Worauf willst du hinaus? Komm mal zur Sache – wenn du überhaupt eine im Auge hast.

---

*¹) Dieses Kapitel (dem wir einen Titel gegeben haben) besteht aus zwei Arbeiten, die zu weit auseinanderliegenden Zeiten entstanden sind. Der erste Teil ist das Schlußkapitel von Lakatos' Cambridger Doktorarbeit, die zwischen 1956 und 1961 entstand. Der zweite Teil beruht auf einer Äußerung auf einer Konferenz in Jyväskylä (Finnland) im Jahre 1973, die auf einen Vortrag von Hintikka erwidert. (Siehe Hintikka und Remes [1974].) Teile des Schreibmaschinenmanuskripts dieser Äußerung hatten die Form von Notizen. An diesen Stellen haben wir verschiedene Einschaltungen gemacht, die in eckigen Klammern stehen. Die beiden Teile überschneiden sich in gewissem Maße.
In der Danksagung zu seiner Doktorarbeit bemerkte Lakatos: 'Die drei hauptsächlichen – scheinbar ganz unverträglichen – 'ideologischen' Quellen der Arbeit sind die Pólyasche mathematische Heuristik, die Hegelsche Dialektik und die Popperschen kritische Philosophie.' Daneben dankte er folgenden Leuten für nützlichen Rat und Kritik: J. Agassi, W. W. Bartley, R. B. Braithwaite, Lucien Foldes, R. Gandy, J. Giedymin, I. Jarvie, W. C. Kneale, Margaret Masterman, G. Morton, G. Polya, K. R. Popper, H. Post, J. Ravetz, J. E. Reeve, T. J. Smiley, R. C. H. Tanner und J. W. N. Watkins.
Der erste Abschnitt des ersten Teils hat, wie die ersten Kapitel von Lakatos' Doktorarbeit, Gesprächsform. Diese ersten Kapitel bilden die Grundlage des Buches 'Beweise und Widerlegungen' [1976c]. Dort wird der Cauchysche Beweis der Descartes-Eulerschen Vermutung behandelt. Hier wird er von einer neuen Seite her aufgegriffen. (Eine kurze Darstellung dieses Beweises findet sich unten in Abschn. 2(a).)
(D. Hrsgg.)

5 Die Methode der Analyse und Synthese

Psi: Deine Behauptung ist falsch. *Du hast in Wirklichkeit aus der Hauptvermutung und den Hilfssätzen abgeleitet, daß für ein Dreieck E(ckenzahl) – K(anten- bzw. Seitenzahl) + F(lächenzahl) = 1.* Aber das wußten wir schon!
Alpha: Was?
Psi: Zunächst machten wir die Annahme (P): 'E – K + F = 2 für alle Polyeder'. Genau diese Behauptung wollten wir beweisen. Daraus folgerten wir (P_1): 'E – K + F = 1 für alle ebenen Polygonnetze'. Und wir stellten fest, daß wir zu dieser Folgerung auch den Hilfssatz (Q_1): 'Alle Polyeder sind einfach' als Voraussetzung verwendet haben. Daraus folgerten wir nun (P_2): 'E – K + F = 1 für alle Dreiecksnetze' – und dazu benutzten wir auch den Hilfssatz (Q_2): 'Alle Flächen sind einfach zusammenhängend'. Daraus schließlich folgerten wir (P_3): 'Für ein Dreieck gilt E – K + F = 1'. Und dieses triviale Ergebnis haben wir freudig begrüßt. Ich frage mich, warum. Weil wir zu etwas unbezweifelbar Wahrem gelangt sind? Aber man kann doch aus falschen Voraussetzungen wahre Folgerungen schlüssig ableiten; wir können also gar nichts bezüglich der Wahrheit der Voraussetzungen schließen. Und im übrigen *wissen* wir ja, daß in unserem Fall alle Voraussetzungen in der Tat falsch sind.
Alpha: Offen gesagt, dein Argument beeindruckt mich.
Gamma: [Aber hier liegt doch gar keine wirkliche Schwierigkeit vor.] Diese Schlußkette – ich nenne sie eine 'Analyse' – läßt sich trivial umkehren, und so können wir P schlüssig aus der unzweifelhaft *wahren* Voraussetzung P_3 und den falschen Aussagen Q_1 und Q_2 ableiten; d. h., wir können *beweisen:* (Q_1 & Q_1) → P.*[2]) Diese Umkehrung nenne ich 'Synthese'. Das folgende Schema könnte nützlich sein:

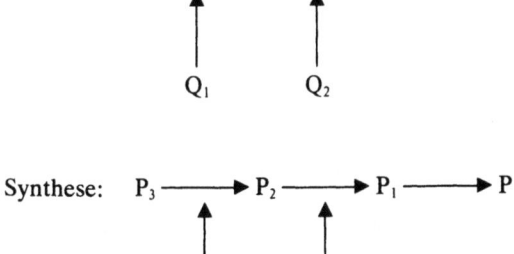

Alpha: Diese Umkehrung ist gar nicht so trivial. Die Rückschlüsse sind andere als unsere ursprünglichen Schlüsse. Zum Beispiel hatten wir aus P und Q_1 P_1 geschlossen. Ge-

---

*[2]) Hier scheint uns Lakatos seine eigene Methode der 'Beweise und Widerlegungen' falsch darzustellen. Als bewiesen wird nicht der zusammengesetzte wahrheitsfunktionale Satz '(Q_1 & Q_2) → P' vorausgesetzt (der ohnehin jedenfalls wegen der Falschheit von (Q_1 & Q_2) wahr ist), sondern der wahrheitsfunktional einfache Satz '$\forall_x$ (wenn x ein einfaches Polyeder ist und die Flächen von x einfach zusammenhängend sind, dann gilt für x: E – K + F = 2)'. Die Voraussetzungen Q_1 und Q_2 werden zu Prädikaten, die jene Polyeder auszeichnen, für die der verbesserte Beweis gilt. (Das sagt im wesentlichen auch Lakatos unten in Abschn. 2(a), Text nach Abb. 3.) (D. Hrsgg.)

währleistet das aber, daß man aus P_1 und Q_1 P schließen kann? Keineswegs. Ist P falsch, aber P_1 wahr und Q_1 wahr, so kann man auf keinen Fall P aus P_1 und Q_1 schließen, aber man könnte vielleicht das wahre P_1 aus dem falschen P und dem wahren Q_1 schlüssig ableiten. Die Umkehrung ist also nicht trivial.*³)

Beta: Wenn wir also unseren Satz beweisen wollen, müssen wir diesen 'Beweis' umkehren, und das könnte gar nicht ohne weiteres möglich sein.

Psi: So ist es.

Lehrer: Wenn euch euer Naturwissenschaftler seine Theorien 'beweist', indem er aus ihnen unstreitige Tatsachen ableitet, dann folgt er genau diesem Schema. Ich möchte wissen, warum ihr nicht auch gegen ihn protestiert.

Psi: Das werden wir aber.¹)

b) Analyse-Synthese und Heuristik

Die Euklidische Heuristik trennt das Auffinden und das Beweisen der Wahrheit.*⁴) Doch das hindert nicht, daß die Heuristik beim einen wie beim anderen eine Rolle spielt.²)

Zum Beweisen gehört das Auffinden von Hilfssätzen. Aber wo bekommt man diese her? Der primitive Sinn mag keine Beweise, die einen Rückgriff auf unbekannte Hilfssätze verlangen – auch wenn es die ausformulierten Axiome einer Theorie sind; denn woher kann man wissen, aus *welcher* trivialen Wahrheit die zweifelhafte folgt? Man müßte raten, auf Versuch und Irrtum zurückgreifen. Doch der Primitive scheut das Raten. Er schreckt vor der Freiheit zurück, er fühlt sich unsicher, wenn er die Grenzen des Ritus überschreitet. Rät er, so tut er es heimlich.³)

Primitive mögen die Entscheidungsverfahren. Mit diesen kann man mechanisch entscheiden, ob eine Vermutung wahr oder falsch ist. Die Primitiven verehren die Algorithmen. Ihr Vernunftbegriff ist, wie der von Leibniz, Wittgenstein und den modernen Formalisten, im wesentlichen ein algorithmischer.

---

*³) Alphas Behauptung, die Umkehrung sei nicht (notwendig) trivial, ist sicher richtig. Die Hilfssätze, die den Schluß von P auf P_1 gültig machten, gewährleisten nicht immer die Gültigkeit des Umkehrschlusses von P_1 auf P. (Offenbar leisten das die Hilfssätze Q_i dann und nur dann, wenn $Q_i \to (P \leftrightarrow P_1)$.) Doch Alphas Argument für diese richtige Behauptung scheint uns nicht schlüssig. Aus denselben Gründen, wie sie in der vorangehenden Anmerkung dargelegt wurden, besteht das Problem *nicht* darin, aus P_1 und Q_1 das (zugegebenermaßen falsche) P abzuleiten, sondern eine qualifizierte Fassung von P, die im allgemeinen nicht als falsch bekannt ist. (D. Hrsgg.)

¹) Psi ist ein fortgeschrittener Student. Die meisten Physiker würden nicht protestieren – sie sind Verifikationisten, einfach, weil sie keine Logik können. Solche 'Beweise' sind natürlich ein ernster Fehler in der deduktivistischen Darstellung. Es wäre interessant, einmal nachzuprüfen, wieviele Beweise in Lehrbüchern und Zeitschriften von dieser Art sind. Es ist bemerkenswert, daß dies alles weder von Cauchy noch von irgendeinem seiner Nachfolger einschließlich Courant und Robbins bemerkt wurde.

*⁴) Diese Trennung wird behandelt bei Lakatos [1976c], Anh. 2, Abschn. 1. (D. Hrsgg.)

²) In der Tat sind diese beiden Vorgänge in den beiden Zweigen der Pappusschen Heuristik enthalten: der *problematischen* und der *theoretischen* (s. den letzten Absatz des Pappus-Zitats eine Seite weiter unten). Doch in der Praxis ist diese Trennung nicht so starr, wie sie in der Theorie erscheint.

³) Dieses primitive Erbe ist das Haupthindernis für den heuristischen Stil. *) Vgl. Lakatos [1976c], Anh. 2. (D. Hrsgg.)

5 Die Methode der Analyse und Synthese

Doch die Griechen fanden kein Entscheidungsverfahren für ihre Geometrie, obwohl sie gewiß davon träumten. Sie fanden aber eine Kompromißlösung: ein heuristisches Verfahren, das nicht völlig algorithmisch ist, das nicht immer zum gesuchten Ergebnis führt, aber doch eine heuristische *Regel* ist, ein Normalschema für die Logik der Entdeckung.

Diese heuristische Methode war die Methode der Analyse und Synthese. Ich möchte sie als Regel formulieren.

Regel der Analyse und Synthese: *Ziehe Folgerungen aus deiner Vermutung, eine nach der anderen, wobei du die Vermutung als richtig voraussetzt. Kommst du zu einer falschen Folgerung, dann war deine Vermutung falsch. Kommst du zu einer unzweifelhaft wahren Folgerung, so kann deine Vermutung richtig gewesen sein. In diesem Falle kehre das Verfahren um und versuche, deine ursprüngliche Vermutung auf dem umgekehrten Weg von der unzweifelhaften Wahrheit zu der zweifelhaften Vermutung abzuleiten. Gelingt das, so hast du deine Vermutung bewiesen.*

Der erste Teil hieß Analyse, der zweite Synthese. Die heuristische Regel zeigt sofort, warum die Griechen von der reductio ad absurdum so außerordentlich viel hielten: sie ersparte ihnen die Mühe der Synthese, die Sache war dann bereits durch die Analyse entschieden.

Die Darstellung der Methode findet sich in Buch 13 der 'Elemente' Euklids. Der Text ist korrumpiert, doch die Beispiele für die Analyse, die der Definition folgen, machen die Methode klar. Die beste erhaltene antike Darstellung ist die von Pappus. Sie wurde von Sir T. L. Heath [1925], Bd. 1, S. 138 f., ins Englische übersetzt:

'Der sogenannte ἀναλυόμενος ('Schatzkammer der Analyse') ist, kurz gefaßt, ein besonderes Lehrsystem für diejenigen, die nach dem Studium der gewöhnlichen 'Elemente' die Fähigkeit erlangen möchten, ihnen vorgelegte Aufgaben bezüglich (der Konstruktion von) Linien zu lösen, und es dient allein dazu. Es ist das Werk dreier Männer, Euklids, des Verfassers der 'Elemente', Apollonios' von Pergo und Aristaios' des Älteren, und geht nach der Analyse und Synthese vor.

Die Analyse betrachtet das Gesuchte, als wäre es zugestanden, und schreitet von da in aufeinanderfolgenden Schlüssen zu etwas vor, das der Synthese als Ausgangspunkt dient: in der Analyse nimmt man das Gesuchte als (bereits) geleistet(γέγονός) an und untersucht, woraus es sich ergibt, was davon wieder die Ursache ist, und sofort, bis man rückwärtsschreitend zu etwas schon Bekanntem oder zur Klasse der ersten Grundsätze Gehörigem gelangt; eine solche Methode nennen wir Analyse, weil sie eine rückwärtsschreitende Lösung (ἀνάπαλιν λύσιν) ist.

Bei der Synthese dagegen kehrt man das Verfahren um: man nimmt das Endergebnis der Analyse als bereits geleistet an, man macht die bisherigen Voraussetzungen nun in der gegebenen Reihenfolge zu Folgerungen und kommt über sie Schritt für Schritt schließlich zum Gesuchten; das nennen wir die Synthese.

Nun gibt es Analyse von zweierlei Art: die eine sucht die Wahrheit und heißt *theoretisch*, die andere möchte vorgegebene Aufgaben lösen und heißt *problematisch*. (1) Bei der *theoretischen* Analyse setzt man das Gesuchte als existierend und wahr voraus und durchläuft nacheinander seine Konsequenzen, als wären auch sie wahr und aufgrund der Annahme erwiesen, und kommt zu etwas Zugestandenem; ist nun (a) dieses wahr, so ist das Gesuchte auch wahr, und der Beweis entspricht in umgekehrter Reihenfolge der Analyse; ist es dagegen (b) zugestandenermaßen falsch, so ist das Gesuchte ebenfalls falsch. (2) Bei der *problematischen* Analyse nimmt man das Behauptete als bekannt an und durchläuft nacheinander seine Konsequenzen, die man als wahr betrachtet, bis man zu etwas Zugestandenem gelangt; ist dieses (a) möglich und erreichbar – die Mathematiker nennen es *gegeben* –, so ist das ursprünglich Behauptete ebenfalls möglich, und der Beweis entspricht wieder der Analyse in umgekehrter Reihenfolge; ist es dagegen (b) zugestandenermaßen unmöglich, so ist die Aufgabe ebenfalls unmöglich.'

Diese Methode hat eine Reihe von Eigenheiten. Einmal kann eine falsche Vermutung mit ihr widerlegt, aber nicht verbessert werden. Ferner sind auf den ersten Blick die einzigen Beweise, die mit ihrer Hilfe gefunden werden können, solche, die mit einem einzigen Axiom oder schon bewiesenen Satz arbeiten. Doch das ist keine wesentliche Einschränkung, weil die Griechen freizügig alle Axiome oder bewiesenen Sätze in die deduktive Argumentation einführten, bei der Analyse so gut wie bei der Synthese.[4]) Die Hauptbeschränkung dieser Methode hängt mit folgender Überlegung zusammen: Leitet man aus C die Basisaussage[5]) P ab und aus P wieder C, dann ist P notwendige und hinreichende Bedingung für C und umgekehrt. Doch das ist nicht immer der Fall. Aus manchen Axiomen folgt vielleicht die betreffende Vermutung, nicht aber aus dieser die Axiome. In solchen Fällen versagt die Methode der Analyse und Synthese. Doch wir kennen aus der Antike keine klare Aussage über das mögliche Versagen der Methode in diesen Fällen.[6])

Daß die offensichtlichen Grenzen der Methode nicht betont wurden, bedarf der Erklärung. Die Griechen müssen doch auf zahlreiche Sätze gestoßen sein, die mittels Analyse und Synthese nicht beweisbar waren (wenn auch überraschend viele Sätze in den 'Elementen' aus notwendigen und hinreichenden Bedingungen folgen). Hankel bringt folgendes Beispiel: 'Der Satz: 'Die Spitzen aller Dreiecke mit gemeinschaftlicher Basis, deren Winkel an der Spitze einen konstanten Wert hat, liegen auf einem Kreise', gestattet nicht die Umkehrung in den anderen: 'Alle Dreiecke mit gemeinschaftlicher Basis, deren Spitzen auf einem Kreis liegen, haben denselben Winkel an der Spitze'. Denn einerseits gilt dies nur, wenn der Kreis durch die Endpunkte der Basis geht, andererseits nur für den auf je einer Seite der Basis gelegenen Teil des Kreises. Fügt man aber diese Bedingungen zu jenem Lehrsatze hinzu, so wird er allerdings, und zwar unbedingt, umkehrbar. Ähnlich verhält es sich mit dem Satze: 'Liegen A, B, D, F auf einem Kreise, so ist (unter E den [[Schnittpunkt]] von AB und DF verstanden) EA · EB = ED · EF', dessen Umkehrung offenbar dadurch bedingt ist, daß, je nachdem A und B auf derselben oder der entgegengesetzten Seite von E liegen, auch ED und EF gleich oder entgegengesetzt gerichtet sind.'[7])

Das ratlose Schweigen der Griechen über solche Versager ist, wie ich meine, mindestens zum Teil auf die Kernlehre des Aristotelischen Essentialismus zurückzuführen,

---

[4]) Vgl. z. B. die Behandlung der Euklidischen Analyse bei R. Robinson [1936], S. 470 f. Wie die stillschweigende Einführung dieser Hilfsaxiome und Hilfssätze (enthymeme) mit dem Gedanken zusammenhing, eine einzige 'arche' genüge zur Ableitung der gesamten Erkenntnis, ist eine schwierige Frage, die Robinson [1953], S. 168 f., sauber formuliert, aber in meinen Augen unbefriedigend behandelt. Er scheint nicht zu erkennen, daß alle Sätze etwa der 'Principia mathematica' aus einem einzigen Axiom ableitbar sind, das nämlich aus der 'und'-Verbindung sämtlicher Axiome besteht.

[5]) Mit einer Basisaussage ist in diesem Zusammenhang entweder eine unzweifelhaft wahre Aussage gemeint wie etwa ein Euklidisches Axiom, oder eine bereits bewiesene Aussage, oder eine Aussage, die am Anfang als Bedingung eingeführt wurde. Dieser letzte Fall war bei geometrischen Konstruktionen sehr häufig.

[6]) In einer Fußnote sagt R. Robinson [1936]: 'Ich kenne zwei Stellen, die sich *möglicherweise* auf diesen Punkt beziehen könnten.' (Hervorhebung von mir.) Ich könnte noch eine dritte nennen. Als Geminus gegen Proklos behauptet, die Geometrie untersuche *doch* Ursachen, sagt er: 'Wenn die Geometer per impossibile schließen, so sind sie damit zufrieden, die Eigenschaft zu finden; doch wenn sie mittels direkten Beweises schließen, dann genügt ein bloßer Teilbeweis nicht, um die Ursache zu zeigen; ist er jedoch allgemein und gilt für alle gleichartigen Fälle, so wird auch gleichzeitig das Warum deutlich.' (Vgl. Heath [1925], Bd. 1, S. 150.)

[7]) Hankel [1874], S. 139.

daß echte Beweise (oder Erklärungen) endgültig und gewiß sein müssen (s. z. B. *An. post.* 1.6), was so gut zu einer Heuristik paßte, die gerade solche Beweise zu liefern behauptete.[8]) Diese Forderung der Endgültigkeit und Gewißheit gibt es in der Mathematik heute noch in Form der Forderung der notwendigen und hinreichenden Bedingungen.

Wir wollen hier noch eine andere Frage stellen: Warum haben die Griechen die Mathematik nicht heuristisch betrieben? Warum haben sie ihre Analysen versteckt und nur die Synthesen dargestellt?[9]) Wir wissen es nicht. Wahrscheinlich ist an Descartes' Vermutung jedenfalls etwas Richtiges: 'Die alten Geometer pflegten sich in ihren Schriften allein der Synthesis zu bedienen, nicht als ob sie von der Analysis gar nichts gewußt hätten, sondern meiner Ansicht nach deshalb, weil sie diese für so wertvoll hielten, daß sie sie als ein Geheimnis für sich selbst bewahrten.'[10])

c) Der Kartesische Kreislauf und sein Versagen

Das klassische Euklidische Programm ist anti-empiristisch; es steht den Sinnen äußerst kritisch gegenüber. Unbezweifelbare Sätze lassen sich nur durch die unfehlbare geistige Anschauung gewährleisten. Tatsachen müssen anhand unbezweifelbarer erster Grundsätze oder Wesensbestimmungen bewiesen werden. In einem solchen Rahmen mag die Methode der Analyse und Synthese ganz gut funktionieren – ganz wie in der Euklidischen Geometrie.

In der modernen empirischen Wissenschaft aber kommen zwei neue Faktoren ins Spiel. Einmal eine neue Art der unzweifelhaft wahren Aussage: die vernunftgemäße Tatsache. Solche Tatsachen können der Sinneserfahrung zuwiderlaufen. Sie können – wie Galilei

---

[8]) Wegen der Äquivalenz von Endgültigkeit und Gewißheit einerseits und notwendigen und hinreichenden Bedingungen andererseits s. Lakatos [1963/64], Abschn. 6 b [[entspr. [1976c], Kap. 1, Abschn. 6.2]].
[9]) Es sollte hier erwähnt werden, daß man den heuristischen Stil im ersten Teil von Buch 13 der 'Elemente' Euklids findet. Nach Bretschneider und Heiberg dürfte dieser Teil nicht von Euklid geschrieben worden sein (vgl. Heath [1925], S. 137). Ein weiteres Beispiel des heuristischen Stils ist Archimedes, 'Über Kugel und Zylinder', wo bei der Lösung der *Probleme* sowohl die Analysen als auch die Synthesen angegeben werden. (Das Interessante an den Archimedischen Analysen ist: Übersetzt man die Probleme in Vermutungen, dann sieht diese Methode ganz wie ein Beweisverfahren aus. Die Archimedischen Analysen schließen häufig mit einem 'διορισμός' ab, der dem zu einer Bedingung gemachten Hilfssatz zu entsprechen scheint. Nach Heath war das in den Analysen zum Problemlösen allgemein der Fall: 'In Fällen, in denen ein διορισμός notwendig ist, d. h. eine Lösung nur unter bestimmten Bedingungen möglich ist, erlaubt es die Analyse, diese Bedingungen zu ermitteln.' (Heath [1925], Bd. 1, S. 142.))
[10]) Descartes, *Meditationen ... mit den sämtlichen Einwänden und Widerlegungen*, dt. v. Artur Buchenau, Leipzig [1915], S. 141 (lat. Originalausg. S. 212): Antwort auf den 2. Einwand, 'siebentens', Mitte. – Hankel [1874], S. 148, erklärt den griechischen deduktivistischen Stil als eine 'griechische Nationaleigentümlichkeit'. Ich meine, er erklärt sich hauptsächlich aus dem infallibilistischen Vorurteil gegen bloße Vermutungen. Die Analyse tastet bloß herum, die Synthese beweist; die Analyse ist fehlbar, die Synthese 'unfehlbar'. Fehlbarkeit hielt man für 'unter seiner Würde', also ließ man die Analyse weg. *) Lakatos' Descartes-Zitate standen alle in der französischen oder lateinischen Originalsprache. (D. Hrsgg.)

es ausdrückte – 'die Sinne vergewaltigen'. Beispiele für vernunftgemäße Tatsachen sind: 'Die Erde ist rund', 'Alle Körper fallen im Vakuum mit derselben Beschleunigung', usw. Der andere von der modernen empirischen Wissenschaft eingeführte Faktor ist eine Art zweifelhafter Tatsache: die okkulte Hypothese wie 'Alle Körper ziehen einander an.'

Diese beiden Faktoren nun schaffen eine ganze Menge Probleme, wenn man die Methode der Analyse und Synthese auf Tatsachen, okkulte Hypothesen und Grundsätze anwenden möchte.

Der Hauptgesichtspunkt im Zusammenhang mit der klassischen Analyse-Synthese ist der, daß sie Bekanntes und Unbekanntes durch eine Ableitungskette oder einen Kreislauf von Wahrheit und/oder Falschheit verknüpft. An einem bestimmten Punkt wird Wahrheit oder Falschheit eingebracht, und durch das Kreislaufsystem wird sie überall hingetragen. Es kommt nun zu Kreislaufschwierigkeiten in der Nähe der vernunftgemäßen Tatsachen wie auch der okkulten Hypothesen.

[Tatsachen und vernunftgemäße Tatsachen hängen nicht deduktiv miteinander zusammen. Aus vernunftgemäßen Tatsachen folgen nicht unmittelbar okkulte Hypothesen, doch aus letzteren können erstere folgen.]

Hält man aber am Ideal des Infallibilismus für die empirischen Wissenschaften fest, so muß der freie und verläßliche Fluß der Wahrheitswerte von Tatsachen zu vernunftgemäßen Tatsachen, von diesen zu okkulten Hypothesen, von diesen zu ersten Grundsätzen und umgekehrt wiederhergestellt werden. Alle diese verschiedenen Aussagearten müssen auf die gleiche Höhe der Gewißheit gebracht werden.

So überbrückte der Infallibilismus die Lücken durch Einführung einer neuen Art der Wahrheitsübertragung – des 'induktiven' Schließens. [Der oben erwähnte Pappussche Kreislauf könnte folgendermaßen dargestellt werden:]

Der Pappussche Kreislauf

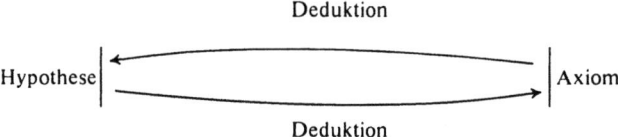

[Der *Kartesische Kreislauf* könnte so dargestellt werden:]

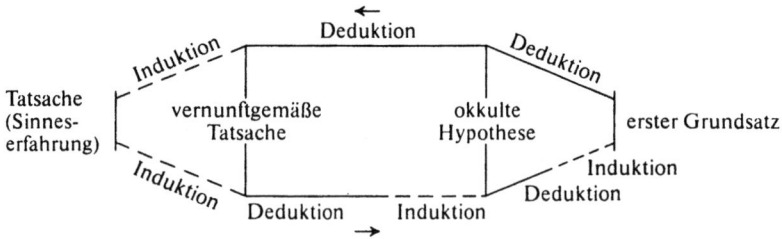

Das ist eine erweiterte Form der Analyse und Synthese. Die Erweiterung ergab sich aus dem Versuch Descartes', dieses antike Schema der modernen empirischen Wissenschaft anzupassen. Es kommt etwas wesentlich anderes heraus: im Unterschied zum Pappusschen Schema gibt es jetzt quasi-empirische Basisaussagen[11]) und induktive wie auch deduktive Schlüsse.

Die Behauptung des vorliegenden Abschnitts lautet: Ein Hauptzug der Geschichte der modernen wissenschaftlichen Methode ist die kritische Weiterentwicklung des antiken Pappusschen Kreislaufs zum Kartesischen Kreislauf, der dann – trotz einiger Teilerfolge und mehrerer interessanter Rettungsversuche – zusammenbrach.

Wir wollen zunächst einige Probleme im Zusammenhang mit dem Kartesischen Kreislauf klären.

c 1) *Der Kreislauf ist weder empiristisch noch rationalistisch.*
Die Quelle der Erkenntnis ist der Kreislauf als Ganzes.

In der herkömmlichen Philosophiegeschichte pflegt man Empirismus und Rationalismus einander entgegenzusetzen. Die Empiristen, so heißt es, führen Wahrheitswerte auf der Ebene der Tatsachen ein, die Rationalisten bei den ersten Grundsätzen; die Empiristen erkennen die Autorität der Sinne an, die Rationalisten die des Verstandes.

In Wirklichkeit gibt es allenfalls nur ganz wenige waschechte Empiristen oder Rationalisten. Descartes, Newton und Leibniz waren sich zweifellos alle einig, daß man Wahrheit und/oder Falschheit an beiden Punkten unzweifelhaft erkennen könne, auf der Ebene der Tatsachen und der ersten Grundsätze. Beide können als Basisaussagen dienen. Doch jedermann war auch der Auffassung, daß man nicht von wahren Tatsachenaussagen oder wahren ersten Grundsätzen je für sich genommen sprechen könne; nur Narren verlassen sich völlig auf die Sinneserfahrung, und erste Grundsätze aus der hohlen Hand sind bloße Spekulationen – nichts von beidem hat einen Ort in dem vollkommenen, unfehlbaren Gebäude der wissenschaftlichen Erkenntnis. Zu einem beachtlichen und sinnvollen Anwärter auf Wahrheit oder Falschheit wird eine Aussage erst, wenn sie schon in das Kreislaufsystem von Analyse und Synthese eingebaut ist. Unabhängig von diesem ist es sinnlos, von 'Basisaussagen' zu sprechen.

Descartes wie auch Newton machten sehr deutlich, daß man bei der Analyse von den Tatsachen ausgehen müsse; von diesen schritt man zu 'vermittelnden Ursachen' und weiter zu ersten Grundsätzen vor. Beide hatten sie nichts für Leute übrig, die zu den ersten Grundsätzen ohne Rücksicht auf die Tatsachen gelangen wollten, durch 'vorschnelle Antizipation' statt durch sorgfältige Analyse.

In diesem Lichte sollte man einige scheinbar 'verwirrende' Stellen bei Descartes und Newton sehen, so etwa:

'Ich habe sie nur Hypothesen genannt, damit man wisse, daß ich glaube, sie aus jenen ersten Wahrheiten, die ich oben erklärt habe, ableiten zu können; aber ich habe dies absichtlich nicht tun wollen, um zu verhindern, daß gewisse Gemüter ... hier die Gelegenheit wahrnehmen könnten, eine überspannte Philosophie auf das zu bauen, was sie für meine Prinzipien halten, und man mir dafür die Schuld zuschiebt.'[12])

---

[11]) In diesem Abschnitt bezeichnen wir als 'Basisaussagen' jene Aussagen, durch welche ein Wahrheitswert in den Kreislauf eingebracht wird.
[12]) Descartes [1637], S. 125: Abschn. 6, Abs. 10 (zweitletzter Abs.). Die letzten Worte spiegeln die Wirkung von Galileis Überzeugung wider.

Diese Stelle ähnelt sehr stark dem Newtonsche 'hypotheses non fingo'. Sie besagt, daß Hypothesen in einen Kartesischen Kreislauf eingebaut werden müssen und dann keine Hypothesen mehr sind.

Der Zweck des Kartesischen Kreislaufs ist der, die Wahrheit an alle seine Punkte zu tragen, wodurch Hypothesen zu Tatsachen werden und die alte Aristotelischen Behauptung untermauert wird, daß 'der Wissende schlechthin unerschütterlich in seiner Überzeugung sein muß'.[13]) Der Kreislauf läßt keine unbegründeten Spekulationen zu, die mit der Würde der unfehlbaren Wissenschaft unvereinbar wären. Daß in diesem System Wirkungen und Ursachen, Tatsachen und Theorien auf derselben logischen und damit erkenntnistheoretischen (wenn auch nicht heuristischen) Ebene liegen, das wird auch aus folgender Stelle aus Clarkes 'Fünfter Antwort an Leibniz' deutlich:

'Die Erscheinung selbst, die Anziehung, Gravitation oder das Zueinanderstreben der Körper ... [ist] jetzt aufgrund von Beobachtungen und Experimenten hinlänglich bekannt. Wenn dieser oder irgendein anderer gelehrter Autor diese Erscheinungen mit den mechanischen Gesetzen erklären kann, so wird man ihm nicht nur nicht widersprechen, sondern der überschwengliche Dank der gelehrten Welt ist ihm gewiß. Doch vorerst dürfte es eine höchst ungewöhnliche Denkweise sein, wollte man die Gravitation (die eine Erscheinung oder eine wirkliche Tatsache ist) mit Epikurs Tendenz des Atoms vergleichen (die im Rahmen seiner nichtswürdigen und atheistischen Entstellung einer älteren und vielleicht besseren Philosophie bloß eine Hypothese oder Fiktion war, und auch noch eine unmögliche in einer Welt, in der es keine Intelligenz geben sollte).'[14])

Die heuristische Regel, daß die Ableitungskette bei den Tatsachen anfangen solle, ist für Descartes wie auch Newton unantastbar. Darauf muß man immer wieder hinweisen, denn es geht unserem Popperschen Zeitalter, das die Spekulation überbewertet, so gegen den Strich. Diese Regel ist die richtige Deutung etwa für folgende Aussage: 'Wie in der Mathematik, so sollte auch in der Naturphilosophie die Untersuchung schwieriger Verhältnisse nach der Methode der Analyse stets der Methode der Synthese vorausgehen.'[15]) Und sie ist die richtige Deutung von Descartes' fünfter 'Regel':

'(Daher) muß man sich, will man die Erkenntnis der Dinge in Angriff nehmen, ebenso an diese Regel halten wie an den Faden des Theseus, wenn man in das Labyrinth eindringen will. Aber viele denken nicht an diese Vorschrift oder kennen sie überhaupt nicht oder bilden sich ein, ihrer nicht zu bedürfen, und behandeln oft die schwierigsten Fragen so unordentlich, daß sie sich in meinen Augen genau so verhalten, als versuchten sie, vom untersten Stockwerk eines Gebäudes mit einem Sprung auf das Dach zu kommen, indem sie die Treppenstufen, die zu diesem Zweck bestimmt sind, außer acht lassen oder gar nicht bemerkt haben. So verfahren alle Astrologen, die in Unkenntnis der Natur des Himmels, ja sogar ohne vollkommene Beobachtung der Himmelsbewegungen hoffen, deren Wirkungen angeben zu können; so die meisten, die Mechanik studieren ohne Physik und auf gut Glück neue bewegungserzeugende Maschinen konstruieren; so auch jene Philosophen, die die Erfahrung mißachten und dann glauben, daß die Wahrheit aus ihrem eigenen Gehirne entspringe wie Minerva aus dem des Jupiter.'[16])

An einer anderen Stelle, in der vierten Regel, vergleicht Descartes diejenigen, die nach der offenbaren Wahrheit Ausschau halten, die am Wege liegen soll, und auf die mühsame Methode des Kreislaufs verzichten wollen, mit jemandem, der 'aus derart törichter Habgier darauf brennen würde, einen Schatz zu finden, daß er ständig in den Straßen umherliefe

---

[13]) *An. post.*, 72 b; dt. von J. H. v. Kirchmann, Leipzig [1877].
[14]) Alexander [1956], S. 119.
[15]) Newton [1717], Frage 31.
[16]) Descartes [1628], S. 29: Regel 5, Abschn. 1.

5 Die Methode der Analyse und Synthese

auf der Suche, ob er nicht vielleicht einen fände, den ein Reisender verloren hat'. Descartes gesteht zu, daß diese 'Methode' – nach der 'fast alle Chemiker, die meisten Geometer und nicht wenige Philosophen' vorgehen – gelegentlich einmal zu einem Zufallstreffer führen könne. Doch dafür müsse man teuer bezahlen, denn 'derartige ungeregelte Studien und düstere Meditationen trüben das natürliche Licht und machen die Erkenntniskraft blind'.[17] Das dachte Descartes in Wirklichkeit über jene Art von Rationalismus, die man später ihm selbst zuschrieb!

Zwar wollten Descartes und Newton keine ersten Grundsätze unabhängig von dem Kreislauf anwenden, aber sie hielten sie für einen wesentlichen Bestandteil des Kreislaufs, der entscheidend zu seiner erkenntnistheoretischen Sicherheit beitrug. Bekanntlich war Newton wegen der Okkultheit der Gravitation recht unglücklich und versuchte diese – mittels der Theorie des 'Regenschirm-Effekts' – aus Kartesischen ersten Grundsätzen abzuleiten.

Descartes kritisierte Galilei nachdrücklich, weil er keine ersten Grundsätze verwende und somit 'ohne Fundament gebaut' habe,[18] und dabei ging er von einem sehr vernünftigen Gesichtspunkt aus. Tatsachen allein sind nicht verläßlich genug, um die Wahrheit des Kreislaufs zu gewährleisten. Mersenne und Rocco weigerten sich schlicht, Galileis 'Tatsachen' anzuerkennen. (Und vor der Erfindung der Atwoodschen Maschine waren Tatsachen im Zusammenhang mit dem freien Fall in der Tat sehr zweifelhaft.) Newtons Arbeit wurde durch falsche astronomische Daten behindert. Die Unzuverlässigkeit empirischer Daten wurde damals noch nicht durch das Ritual statistischer Entscheidungsverfahren verdeckt.

c 2) *Induktion und Deduktion in dem Kreislauf*

Ein weiteres klärenswertes Problem ist das Verhältnis von Induktion und Deduktion in der Kartesischen Logik. Beides sind auf Anschauung beruhende Schlüsse, die Wahrheit [von Voraussetzungen auf Folgerungen] übertragen und Falschheit [von Folgerungen auf Voraussetzungen] zurückübertragen. Bei Descartes unterscheiden sie sich in keiner wesentlichen Hinsicht. Für ihn wie auch für Newton ist die Induktion der unfehlbare Zwillingsbruder der Deduktion. Daß die Induktion nichts mit fehlbaren Vermutungen zu tun hat, das macht Newton in seinem berühmten Brief an Cotes deutlich:

'Denn alles, was nicht aus den Erscheinungen abgeleitet ist, sollte Hypothese heißen, und derartige Hypothesen, seien es metaphysische oder physikalische, seien sie über okkulte oder mechanische Eigenschaften, haben in der empirischen Philosophie keinen Platz. In dieser Philosophie werden die Aussagen aus den Erscheinungen abgeleitet und anschließend durch Induktion verallgemeinert.'[19] Oder im selben Brief eine Gleichsetzung von Induktion und Deduktion: 'Die empirische Philosophie geht ausschließlich von Erscheinungen aus und deduziert allgemeine Aussagen aus ihnen allein mittels der Induktion.'[20]

Es gibt gewiß eine Kluft zwischen der formalen Aristotelischen Logik mit ihren 19 gültigen Schlußfiguren und der Induktion, die sich auf die Anschauung stützen muß. Doch Descartes wischt die Aristotelische Logik verächtlich beiseite[21] und setzt an die Stelle der

---

[17] Ebenda, S. 23: Regel 4, Abschn. 1.
[18] Descartes [1638], S. 380, dt. S. 137: 1. Abs. des Briefes.
[19] Newton [1713], S. 155.
[20] Ebenda.
[21] Descartes [1637], S. 29 f.: Abschn. 2.6.

Armut der syllogistischen Logik den unbegrenzten Reichtum der anschaulichen Deduktionen, deren Unfehlbarkeit durch Gott gewährleistet wird. Warum aber sollte dann Gott nicht das induktive Schließen garantieren, so wie er das deduktive garantiert?[22])

Eine andere häufig mißverstandene Eigenschaft des Kartesischen Kreislaufs ist die vergleichsweise Länge und Bedeutung der deduktiven und induktiven Teile der Schlußkette, die die Wahrheit von den Tatsachen auf die okkulten Hypothesen überträgt.

Newton legte allergrößten Wert darauf, seine Theorie *vollständig* aus den Tatsachen abzuleiten. In seinem Prioritätsstreit mit Hooke betonte er wiederholt, Hooke habe das Gesetz des Kehrwerts des Quadrats lediglich *erraten*, doch er, Newton, habe es aus den empirischen Keplerschen Gesetzen *deduziert*. Er machte Hookes Vermutung verächtlich: Woher weiß er, daß der Exponent des Abstands gleich 2 ist? Vielleicht ist es eine Zahl *nahe* bei 2! Doch er [Newton] weiß, daß er gleich 2 ist, denn das hat er deduziert.[23])

Newtons Behauptung, er habe seine Theorie aus den Tatsachen abgeleitet, galt den Philosophen seit Duhem als lächerlich. Der einzige Physiker, der Newton verteidigte, war Born, der erste Autor in der Geschichte der Wissenschaft, der Newtons Deduktion rekonstruiert hat.[24]) Leider übersah Born etwas Wichtiges: Newtons Deduktionskette führt nicht bis zum Gravitationsgesetz – das könnte sie auch gar nicht –, sondern nur bis zum umgekehrt quadratischen Gesetz.[25]) Es besteht eine schmale, aber entscheidende induktive Lücke zwischen diesem und dem allgemeinen Gravitationsgesetz; doch man sollte sie auch nicht überbewerten. Newton hat seine Theorien aus den Tatsachen *beinahe abgeleitet*, und es sollte mich nicht wundern, wenn man das auch für die Ergebnisse Plancks, Einsteins oder Schrödingers zeigen könnte.

Heute geht man allgemein davon aus, die Deduktion führe zwar von Theorien zu Tatsachen, aber bei dem Übergang von Tatsachen zu Theorien spiele sie nicht die geringste Rolle. Der Pappussche wie auch der Kartesische Kreislauf ist vergessen. Der letzte Philosoph, der den Pappusschen Kreislauf so ernst nahm, daß er ihn kritisierte, war J. M. C. Duhamel. Er behandelte die antike Methode mit einiger Verachtung als etwas Veraltetes und völlig Konkurrenzunfähiges. Die *moderne* Methode der Analyse, so behauptet er, ist nicht *deduktiv*, sondern *reduktiv*, sie geht von der zur Diskussion stehenden Aussage zu Aussagen über, *aus denen* jene folgt, und das so lange, bis man zu einer unzweifelhaft wahren Aussage gelangt ist. (In diesem Sinne ist Duhamel noch Kartesianer.) Dabei erfolgt natürlich die Synthese gleichzeitig mit der Analyse; jede Analyse ist nach mechanischen Regeln umkehrbar.[26]) Doch heute wird die antike Methode nicht nur nicht kritisiert, sie ist fast völlig vergessen. Nur *ein* Autor, der sich gelegentlich einmal mit der Geschichte der Geometrie beschäftigt hat, erinnert sich an sie.[27]) Stößt doch einmal jemand darauf und erfährt, daß die Griechen mathematische Theorien aus Tatsachen *deduziert* haben (nämlich Axiome aus Vermutungen), dann traut er im allgemeinen seinen Augen nicht. So hielt F. M. Cornford nicht nur, wie Duhamel, diese Methode

---

[22]) Daß Deduktion und Induktion in Descartes' 'Regulae' auf derselben Ebene liegen, erkannte schon recht früh Joachim [1906], S. 71f.
[23]) Newton [1686], in Brewster [1855], Bd. 1, S. 441.
[24]) Born [1949], Anhang 2.
[25]) Darauf verwies Popper [1957], in [1972] S. 221 (engl. S. 198), Anm. 8.
[26]) Duhamel [1865], S. 37–57 und 62–68.
[27]) Vgl. Heath [1925], Bd. 1, S. 137–142.

5 Die Methode der Analyse und Synthese

für veraltet, sondern er bestand darauf, es sei eine paradoxe, 'unsinnige' Methode, der die Griechen unter keinen Umständen gefolgt sein könnten, und behauptete, die Pappussche Analyse sei faktisch dasselbe wie Duhamels moderne reduktive Analyse.[28]) Nach Cornford hatte jeder, der Pappus deduktiv verstand, ihn 'jämmerlich mißverstanden'. Er sagt: 'Man kann nicht dieselbe Folge von Schritten erst in der einen und dann in der anderen Richtung durchlaufen und beide Male logische *Folgerungen* ziehen.'[29])

Welcher Wandel! Ein paar Jahrzehnte vorher galt es für ausgemacht, daß alle brauchbaren Beweise (und Erklärungen) umkehrbar seien, und man nahm die widrigen Fälle nur widerstrebend zur Kenntnis. Und heute halten es manche Leute für ausgemacht, daß es überhaupt keine umkehrbaren Beweise geben könne.[30])

All das zeigt nur den modernen Verfall der Heuristik. Euklid hat in der Tat die meisten seiner Sätze mit dieser Methode *deduziert*, und wie der Cauchysche Beweis der Eulerschen Formel zeigt, ist sie immer noch eine wichtige Form der mathematischen Heuristik.

Doch kommen wir auf Descartes und Newton zurück. Newton behauptet gewiß *an manchen Stellen*, er habe seine Theorien aus den Tatsachen *deduziert*. Das läßt sich auf zwei gleich einleuchtende Arten verstehen: Er kann die induktive Lücke für vernachlässigbar gehalten haben; oder die Unterscheidung der beiden anschaulichen Wahrheits-Erschließungen, der Deduktion und der Induktion, war in der Kartesischen Philosophie ziemlich verwischt.

In Wirklichkeit hat die 'gegenseitige Ableitbarkeit' von Tatsachen und Theorien im Kartesischen Kreislauf überhaupt nichts Verwirrendes an sich; im Gegenteil, sie ist eine seiner einleuchtendsten Eigenschaften.

Als Beispiel zitiere ich Descartes' Zusammenfassung seiner 'Dioptrik' und 'Meteore' am Ende des 'Discours':

'Il me semble que les raisons s'y entresuivent en telle sorte que, comme les dernières sont démontrées par les premières, qui sont leurs causes, ces premières le sont réciproquement par les dernières, qui sont leur effets. Et on ne doit pas imaginer que je commette en ceci la faute que les logiciens nomment un cercle; car l'expérience rendant la plus part de ces effets très certains, les causes dont je les déduis

---

[28]) Cornford [1932], S. 37 ff. und 173 ff. Robinsons Erwiderung auf Cornfords Argument erschien vier Jahre später: R. Robinson [1936].
[29]) Während Cornford völlig falsch liegt, hat Kneale recht, wenn er betont, daß es keinen *(rein)* deduktiven Weg von Tatsachen zu transzendenten Hypothesen gibt. Doch er verkennt, daß man deduktiv doch recht weit kommen kann: 'Man wird bemerken, daß Newton auf eine sehr merkwürdige Art davon spricht, er *deduziere* die Sätze aus den Erscheinungen. Dieser Ausdruck kommt auch anderswo vor, und man muß annehmen, daß ihn Newton bewußt verwendete; *doch er kann offenbar nicht das bedeuten, was gewöhnlich Deduktion heißt,* und ich kann nur zu dem Schluß kommen, daß Newton sagen wollte, die Sätze, die ihn interessierten, seien aus Beobachtungen auf eine sehr strenge Art hergeleitet worden. Doch abgesehen von der seltsamen Ausdrucksweise ist die Stelle ziemlich klar. Newton möchte wohl sagen, er halte es für möglich, eine Erklärung für die Gravitation zu finden, doch *diese müsse durch gewöhnliche Induktion aus Erfahrungstatsachen gewonnen werden,* denn in der Naturwissenschaft sei keine andere Methode zulässig.' (Kneale [1949], S. 98 f.; Hervorhebungen von mir.)
[30]) Für Descartes war die wichtigste erkenntnistheoretische Struktur der *Kreislauf* – für Braithwaite [1953], S. 352, ist es der *Reißverschluß*. Es ist zu betonen, daß in dem Kreislauf nicht nur die Synthese erkenntnistheoretische Bedeutung hatte, wie allgemein angenommen wird, sondern auch die Analyse. Quelle und Gewähr der Wahrheit ist der Kreislauf als ganzer.

ne servent pas tant à les prouver qu'à les expliquer; mais, tout au contraire, ce sont elles qui sont prouvées par eux.'[31])

Descartes gebraucht selbst häufig die Aristotelischen formalen Ausdrücke 'Deduktion' und 'Induktion' abwechselnd im Sinne von 'informaler Schluß'. Wenn er etwa in Regel 3 seiner 'Regulae ad directionem ingenii' sagt, es gebe nur zwei unfehlbare Wege zur Erkenntnis – die Anschauung und die Induktion ('intuitus et inductio') –, so ist für ihn die *Anschauung* das Mittel zur unfehlbaren Erfassung der Wahrheit und die Induktion der *Schluß*, mit dem man Wahrheit unfehlbar übertragen kann. In Regel 4 verwendet er wieder den Ausdruck 'deductio'. Mehrere Descartes-Kommentatoren (so Gouhier, Le Roy und andere[32])) deuten diesen Wechsel als einen Abschreibfehler, doch mir scheint vielmehr dies ein Deutungsfehler zu sein.

Ein anderes amüsantes Beispiel für die Ratlosigkeit vor Descartes' Deduktionsbegriff ist die Übersetzung, wiederum von Haldane und Ross, jener Stelle in Regel 13, wo Descartes, wie Newton, die Theorien aus den Tatsachen '*deduziert*' wissen möchte. Der Text lautet: 'Sed insuper ut quaestio sit perfecta, volumus illam omnino determinari, adeo ut nihil amplius quaeratur quam id quod *deduci* postest ex datis' (Hervorhebung von mir).[33]) Haldane und Ross, die 'deducere' gewöhnlich mit 'deduzieren' übersetzen, sagen hier 'erschließen' ('infer').[34])

c 3) *Die Kontinuität zwischen Pappus und Descartes*

Zwei Punkte meiner Darstellung könnten vielleicht zu kritischen Fragen Anlaß geben:

1. Ist die Kartesische Analyse-Synthese tatsächlich in Form des Pappusschen Kreislaufs entstanden?

---

[31]) Adam und Tannery [1897–1913], Bd. 6, S. 76. Die englische Übersetzung von Haldane und Ross [1911], S. 129, begeht hier einen groben Schnitzer, indem sie 'prouvées' mit 'erklärt' übersetzt. Vielleicht haben die Übersetzer den Streit zwischen Morin und Descartes von 1638 über diese Frage und die danach erfolgte Änderung in der späteren lateinischen Fassung mißverstanden. *) Haldane und Ross übersetzen die Stelle so (S. 128 f.): 'Mir scheinen die Überlegungen so miteinander verschränkt, daß, wenn die späteren durch die früheren bewiesen werden, die ihre Ursachen sind, die früheren gleichzeitig durch die späteren bewiesen werden, die ihre Wirkungen sind. Und man soll nicht glauben, damit beginge ich den Fehler, den die Logiker zirkuläre Argumentation nennen, denn da die Erfahrung die Mehrzahl dieser Wirkungen sehr sicher macht, dienen die Ursachen, aus denen ich sie ableite, nicht so sehr zum Beweis ihrer Existenz als zu ihrer Erklärung; andererseits werden die Ursachen durch die Wirkungen erklärt.' (D. Hrsgg.)
[32]) Vgl. Beck [1952], S. 84.
[33]) Adam und Tannery [1897–1913], Bd. 10, S. 431.
[34]) Haldane und Ross [1911], S. 49. *) (Der ganze Satz wird von ihnen so übersetzt: 'Aber vor allem ist, wenn die Frage vollkommen formuliert sein soll, zu fordern, daß sie vollständig bestimmt sei, so daß man nichts weiter benötigt, als was aus den Daten erschlossen werden kann (can be inferred).' (D. Hrsgg.)) Joachim betont ganz richtig, der Unterschied zwischen 'Deduktion' und 'Induktion' sei für Descartes sehr gering und der logische Charakter der gleiche: 'ein schließender Übergang von einem Inhalt oder Inhalten, die anschaulich erfaßt werden, zu einem anderen Inhalt, der aus dem ersten mit unmittelbarer logischer Notwendigkeit folgt' (Joachim [1906], S. 71 f.). Wenn die logische Gültigkeit ein psychologistischer Begriff ist, warum sollte es dann einen scharfen Unterschied zwischen dem Gewißheitsgefühl bezüglich der deduktiven und der induktiven Gültigkeit geben?

5 Die Methode der Analyse und Synthese

2. Ist der Kartesische Kreislauf eine Tatsachenbeschreibung Kartesischer Gedanken oder auch wieder eine rationale Rekonstruktion dieser Gedanken?

Unsere Darstellung ist sicherlich eine rationale Rekonstruktion gewesen. Wir haben die objektive Verknüpfung und Entwicklung von Gedanken betont und nicht untersucht, auf welche unsicher tastende Weise sie zum erstenmal subjektiv bewußt – oder halbbewußt – wurden.

Trotzdem wich unsere Darstellung nicht vom tatsächlichen Geschichtsverlauf ab. Der Hauptgesichtspunkt des jetzigen Unterabschnitts wird sein, daß Descartes und seine Zeitgenossen sehr genau wußten, daß sie die Pappussche Tradition wiedererweckten und der modernen empirischen Wissenschaft anpaßten.

Descartes' Hauptinteresse war die Auffindung einer Methode zur Entdeckung unfehlbaren Wissens, eine an der Unfehlbarkeit orientierte Heuristik. Das Musterbeispiel unfehlbarer Erkenntnis war natürlich die Euklidische Geometrie. Und die einzige vorhandene Entdeckungsmethode in der Euklidischen Geometrie war der Pappussche Kreislauf. Das war für Descartes der natürliche Ausgangspunkt. Sein Programm bestand darin, die Entdeckungslogik der Euklidischen Mathematik auf alle Gebiete der menschlichen Erkenntnis zu übertragen.

Daß das eine angemessene Darstellung von Descartes' Vorgehen ist, läßt sich leicht zeigen. Er erklärt es mit ungewöhnlicher Kraft und Klarheit in Regel 4 seiner 'Regulae'. Schon die Überschrift der Regel ist kennzeichnend: Wir brauchen Heuristik.[35] Das Kapitel beginnt mit einem heftigen Angriff gegen bloßes Vermuten. Man kann sich nur auf *Anschauung* und *Deduktion* verlassen, und die führen niemals in die Irre. Dies beides – sofern nicht mit irgendetwas anderem vermengt – führt uns zu unfehlbarer, quasi-göttlicher Erkenntnis. Und dann kommt die entscheidende Stelle. Descartes sieht sich nach Vorläufern seiner Methode um, und nachdem er zunächst die Aristotelische Logik abgetan hat,[36] spricht er von Pappus:

'Ich bin ohne Bedenken überzeugt, daß [die Methode] in gewissem Maße schon früher von den größeren Talenten ... durchschaut worden ist. ... Das erleben wir in den einfachsten Wissenschaften, in der Arithmetik und der Geometrie. Man bemerkt nämlich recht gut, daß *die alten Geometer sich einer gewissen Analysis bedient haben,* die sie auf die Lösung aller Probleme ausdehnten, wenn sie sie auch ihren Nachkommen mißgönnten. Und eben jetzt ist eine Spielart der Arithmetik, Algebra genannt, im Schwange, um das bezüglich der Zahlen zu leisten, was die Alten bezüglich der Figuren schufen. Tatsächlich sind *diese zwei* [Methoden] nichts anderes als wildgewachsene Früchte, aus den angeborenen Grundtrieben dieser Methode entsprossen, die sich, was Wunder, bei den so einfachen Gegenständen dieser Wissenschaften bisher ergiebiger entwickelt haben als in den anderen, wo größere Hindernisse sie zu ersticken pflegen, wo sie jedoch zweifellos auch, wenn man sie nur mit größter Sorgfalt pflegt, ihre vollkommene Reife werden erreichen können. – *Hauptsächlich diese notwendige Aufgabe habe ich aber in diesem Traktat zu leisten unternommen.*'[37]

---

[35] 'Zur Erforschung der Wahrheit ist Methode notwendig'. (Descartes [1628], Überschrift zu Regel 4.) [[In der deutschen Übersetzung (S. 23) heißt es: 'Zur wissenschaftlichen Forschung ...']]
[36] 'Die übrigen Operationen des Geistes aber, die die Dialektik diesen zwei ersteren als Unterstützung beizusteuern bestrebt ist, sind hier unnütz oder vielmehr unter die Hindernisse zu rechnen, weil man zu dem unverfälschten Lichte der Vernunft nichts hinzutun kann, was es nicht in irgendeiner Weise trüben würde.' (Ebenda, S. 25: Regel 4, Abschn. 2)
[37] Ebenda, S. 25 f.: Regel 4, Abschn. 3. (Hervorhebungen von mir.)

Nichts könnte klarer sein: die Methode ist die Pappussche. Die Schwierigkeit ist nur, daß sich die Untersuchung gewöhnlich nicht mit so einfachen und unüberwucherten und so vollkommen klar formulierten Problemen beschäftigt wie die Geometrie. Die Bemerkung über die Algebra verdient eine Erklärung.

Die Algebra wird hier nicht als ein Zweig der Mathematik angesehen, sondern als eine Methode, als ein Zwillingsstück zur Methode der Analyse. Und in der Tat ist die Algebra par excellence 'analytisch' im Pappusschen Sinne:

'(So) besteht an dieser Stelle der ganze Kunstgriff darin, daß wir das Unbekannte als bekannt voraussetzen und uns so einen bequemen und direkten Weg der Untersuchung bahnen können, selbst bei noch so verwickelten Problemen, und es hindert auch gar nichts, daß dieses immer geschieht, weil wir ja von Anfang dieses Teils an vorausgesetzt haben, wir erkennten, daß das, was in dem Problem unbekannt ist, von dem Bekannten so abhängt, daß es davon vollständig bestimmt wird; wenn wir daher, während wir jene Bestimmtheit erkennen, auf das achten, was uns zuerst begegnet, und es, auch wenn es unbekannt ist, unter das Bekannte rechnen, um darauf Schritt für Schritt und durch wirkliches Durchdenken auch alles übrige Bekannte so, als sei es unbekannt, zu deduzieren, so werden wir alles, was diese Regel vorschreibt, ausführen.' [Regel 17.][58])

Und:

'Nach dieser Schlußfolgerungsmethode sind so viele auf zwei verschiedene Weisen ausgedrückte Größen zu suchen, wie wir zum direkten Durchlaufen des Problems unbekannte Bestimmungsstücke als bekannt annehmen. So nämlich wird man ebenso viele Vergleiche zwischen zweierlei Gleichen gewinnen.' [Regel 19.][39])

Ein Blick auf den klassischen Pappusschen Text genügt, um sich zu vergewissern, daß die Algebra in der Tat 'analytisch' ist. Descartes' Version folgt [[im übrigen]] dem Schema des Aufgabenlösens und nicht dem des Beweisens.

Descartes erklärt dem Leser, er habe sich für die Mathematik nicht um ihrer selbst willen interessiert: Ihm ging es um die bedeutenden Geheimnisse des Weltalls und nicht um die 'Trivialitäten der Geometrie.'[40]) 'So wird jeder, der gleichwohl aufmerksam auf meine Absicht geachtet hat, leicht bemerken, daß ich hier an nichts weniger als an die Vulgärmathematik [[die bekannte M.]] denke, sondern daß ich eine andere Disziplin darstelle, deren Hülle [diese Beispiele] eher sind als ihre Teilstücke.'[41]) Er widmete sich der Mathematik hauptsächlich, 'weil man doch aus keinem anderen Wissenszweig weder so evidente noch so deutlich bestimmte Beispiele ziehen kann.'[42]) Doch das befriedigte Descartes nicht. Er fand bei den Geometern die Gewißheit, aber keinen *Weg* zur Gewißheit. 'Aber warum sich das so verhält, und wie es gefunden wurde, schienen sie mir dem Verstande ... nicht hinreichend zu zeigen.'[43]) Diese Stelle enthält eine ganz vernichtende Kritik der Euklidischen synthetischen

---

[38]) Ebenda, S. 155: Regel 17, Abschn. 2.
[39]) Ebenda, S. 167: Regel 19.
[40]) Er wußte nicht, daß Euklids 'Elemente' als eine kosmologische Theorie gedacht waren (vgl. Popper [1952], S. 147f.).
[41]) Descartes [1628], S. 27: Regel 4, Abschn. 4.
[42]) Ebenda.
[43]) Ebenda, S. 169: Anhang zu Regel 4.

5 Die Methode der Analyse und Synthese

Darstellungsweise,[44]) die, wie er sagt, den Geist lähmt.[45]) Doch wenn die Mathematik nur den Geist lähmt, warum wollte dann Platon niemanden in seine Schule lassen, der der Mathematik unkundig war? Die Frage bestärkte Descartes in seinem Verdacht, daß die antiken Geometer 'eine Art Mathematik gekannt hätten, die sich stark von der vulgären [[verbreiteten]] unseres Zeitalters unterscheidet'.[46]) Und in dieser entscheidenden Sache spricht er nun tatsächlich von Pappus – und von Diophant, dem Begründer der Algebra: 'Und zwar scheinen mir Spuren dieser wahren Mathematik ... bei Pappus und Diophant sichtbar zu sein.'[47])

Danach wiederholt er sein Programm der mathesis universalis und fragt sich, warum die Leute trotz ihrer Kenntnis des Sinns und der Wichtigkeit der Mathematik sie immer noch vernachlässigen, aber mühsam Disziplinen betreiben, die in Wirklichkeit auf ihr beruhen.[48])

Noch an vielen anderen Stellen spricht Descartes von der Pappusschen Analyse und wiederum von der Algebra als dem Ausgangspunkt seiner Methode. Im 'Discours' etwa wiederholt er, er habe drei Disziplinen studiert, 'die, wie mir schien, zu meiner Absicht einiges beitragen würden.'[49]) Dann sagt er, keine der drei sei befriedigend: Die Logik diene nur zur Darlegung dessen, was man schon weiß, und Gutes und Schlechtes sei in ihr untrennbar verwoben;

'was sodann die Analysis der Alten betrifft und die Algebra der Neueren, so ist, abgesehen davon, daß sich beide nur auf sehr abstrakte Gegenstände beziehen, die gar keinen Nutzen zu haben scheinen, die erstere stets so an die Betrachtung von Figuren gebunden, daß sie den Verstand nicht üben kann, ohne die Einbildungskraft sehr zu ermüden – und in der letzteren hat man sich so dem Zwang gewisser Regeln und Zeichen unterworfen, daß daraus eine verworrene und dunkle Kunst entstanden ist, die den Geist eher hemmt, und nicht eine Wissenschaft, die ihn bildet. Das war der Grund, weshalb ich dachte, man müsse eine andere Methode suchen, die, indem sie die Vorteile dieser drei in sich vereinigt, doch frei ist von ihren Mängeln.'[50])

Trotz dieser Kritik, die sich mindestens zum Teil aus seinem Bestreben erklärt, die Neuheit seiner Methode zu betonen, hat Descartes Analyse und Algebra sehr sorgfältig studiert: 'In zwei oder drei Monaten ... glaubte ich der Geometer Analyse und der Algebra ihr Bestes zu entlehnen und alle Fehler der einen durch die andere zu korrigieren.'[51])

Es ist erstaunlich, wie sehr diese grundlegende Stelle im 'Discours' und die Regel 4 im wesentlichen übereinstimmen: Beide enthalten Descartes' Darstellung der drei Quellen seiner Methode.

Mindestens zwei weitere Punkte sollten hier noch erwähnt werden: Descartes' Interesse einmal an Archimides, zum anderen an Apollonius, die beide die Pappussche Methode und Ausdrucksweise benützen.

---

[44]) Sie 'zogen es vor, uns ... gewisse unfruchtbare, aus Folgerungen pfiffig bewiesene Wahrheiten als Früchte ihres Könnens zu zeigen, um unsere Bewunderung zu erregen' (ebenda, S. 171).
[45]) '... jene oberflächlichen Beweise, die öfter durch Zufall als nach Regeln gefunden werden ... daß wir uns den Vernunftgebrauch gewissermaßen abgewöhnen ...' (ebenda, S. 169).
[46]) Ebenda, S. 171.
[47]) Ebenda.
[48]) 'Die meisten ... durchforschen angestrengt und genau die anderen von ihr abhängigen Disziplinen, diese selbst aber mag niemand lernen' (ebenda, S. 175).
[49]) Descartes [1637], S. 29: Abschn. 2.6.
[50]) Ebenda, S. 31.
[51]) Ebenda, S. 35: Abschn. 2.12, 2.11.

Fassen wir zusammen: Man kann die 'Regulae' und den 'Discours' – und Descartes' geistige Entwicklung – nicht verstehen, wenn man nicht den Pappusschen Kreislauf berücksichtigt.⁵²)

(Der Pappussche Kreislauf – er wurde 1566 von Commandinus und 1706 von Halley vom Arabischen ins Lateinische übersetzt – wurde im 17. Jahrhundert viel diskutiert. Er kommt in Galileis 'Dialog über die beiden hauptsächlichsten Weltsysteme' vor:
'Simplicio: Als wichtigste Grundlage betrachtete Aristoteles seine apriorischen Erwägungen, indem er die Notwendigkeit der Unveränderlichkeit des Himmels durch seine einleuchtenden, klaren

---

⁵²) Der einzige Descarteskenner, der die Wirkung der Pappusschen heuristischen Tradition erkannt zu haben scheint, war Robert [1937], doch leider deutet auch er sie falsch. Er meint, es sei Descartes darum gegangen, die Synthese loszuwerden und zu einer Analyse zu kommen, die selbst Beweiskraft hatte. Nun glaubte Robert (a) daß in der Algebra die Beweise umkehrbar waren, und daß daher (b) die Algebraisierung der Geometrie und der empirischen Wissenschaften vollkommen beweisende Analysen ermöglichen würde. Hören wir ihn selbst: (a) 'Die Analyse in der Algebra ist nicht mehr bloß die Erfindung eines Beweises, sondern ein Beweis. Tatsächlich ist jede algebraische Qualität, da rein quantitativ, stets umkehrbar. Es ist daher unnütz, die gewonnenen Ergebnisse zu verifizieren, indem man von [[den]] einfachen Elementen (Wurzeln von Gleichungen) ausgeht und die komplizierten Beziehungen (Gleichungen) rekonstruiert, von denen man ausgegangen ist. Die Synthese wurde überflüssig. Die Analyse genügt; sie ist gleichzeitig die Methode der Erfindung und des Beweises. Und das suchte Descartes.' (S. 242.) (b) 'Die Einführung der Algebra wird zeigen, daß Descartes der Analyse einen Beweiswert zuschreibt, den ihr die Griechen absprachen.' (S. 230.)
Nun ist die erste These offensichtlich falsch, wenn auch das Märchen von der Umkehrbarkeit des algebraischen Beweises recht verbreitet ist. (Nach Brunschvicg [1912], S. 54, ist die griechische Analyse 'für sich allein nicht genug; denn die Alten wählten als ihr Gebiet nicht *das der Algebra, wo die Aussagen im allgemeinen durch Gleichungen ausgedrückt werden und umkehrbar sind*, sondern das der Geometrie, wo sie gewöhnlich hierarchisch geordnet sind.' (Hervorhebung von mir.) Den gleichen Fehler begeht R. Robinson [1936], S. 465 und 469.)
Die zweite These wiederum steht leider in geradem Widerspruch zu mehreren Stellen aus den 'Regulae'. Nach Regel 4 möchte die Algebra 'das bezüglich der Zahlen leisten, was die Alten bezüglich der Figuren schufen'. Das bedeutet, daß Descartes Algebra und Geometrie gleichstellte. Und man könnte sich fragen, ob seine Regel 20 nicht vor möglicherweise nichtumkehrbaren algebraischen Operationen warnt, über deren Existenz er sich sehr wohl im klaren war: 'Sind die Gleichungen gefunden, so müssen die Operationen, die wir beiseite gelassen haben, ausgeführt werden, wobei niemals die Multiplikation benutzt werden darf, wenn eine Division am Platze ist.' [[Der von Lakatos benutzte englische Text besagt 'möglich' statt 'am Platze'.]]
Roberts ursprüngliches Problem – das hierdurch nicht richtig gelöst wird – lautete ja, warum Descartes in seinen 'Zweiten Antworten' sagt, Analyse und Synthese seien unabhängig voneinander beweiskräftig. Außerdem zog er die Analyse vor, denn für ihn bedurfte nur der flache und unaufmerksame Geist der Synthese, der tiefe und aufmerksame verlangt die Analyse, den 'wahreren' Beweis.
Der Grund für diese Bevorzugung ist der, daß Descartes hier die Analyse mit vernunftgemäßen Tatsachen beginnt und nicht mit okkulten Hypothesen. Faktisch beginnt er also – anders als Pappus – mit Basisaussagen. Daher ist auch gar nichts Seltsames an seiner Behauptung, die Analyse sei beweiskräftig. Erklärungsbedürftig ist eher umgekehrt, warum er in diesem Fall die Synthese ebenfalls für beweiskräftig hielt. Die Antwort auf diese Frage – die Robert entging – liegt in der Beschaffenheit des Kartesischen Kreislaufs: die okkulten Hypothesen erhalten ebenfalls einen Wahrheitswert, der unabhängig ist von den Tatsachen-Basisaussagen, nämlich den ersten Grundsätzen.*) (Die Stelle aus Robert und Brunschvicg wurde von Lakatos auf Französisch zitiert (d. Hrsgg.).)

Naturprinzipien dartut; nachher befestigte er a posteriori seine Theorie durch die sinnliche Wahrnehmung und die alten Überlieferungen.

Salviati: Diese Eure Angaben beziehen sich auf die Art und Weise, wie er seine Lehre niederschrieb, aber ich glaube nicht, daß er auf diesem Wege zu ihr gelangte. Vielmehr halte ich es für ausgemacht, daß er zuerst mittels der Sinne, der Erfahrung und der Beobachtung soviel als möglich von der Richtigkeit der Schlußfolgerung sich zu überzeugen versuchte und dann erst sich nach Mitteln umtat, sie zu beweisen; so nämlich verfährt man gewöhnlich in den deduktiven Wissenschaften: und zwar darum, weil, wenn die Theorie richtig ist, man bei Benutzung der analytischen Methode leicht auf irgendwelchen schon bewiesenen Satz oder zu einem selbstverständlichen Axiome gelangt; *ist aber die Behauptung falsch, so kann man ins Unendliche weitergehen, ohne je auf irgendeine bekannte Wahrheit zu treffen*, wenn man nicht gar auf eine offenbare Unmöglichkeit oder etwas Widersinniges stößt.'[53])

Oder hören wir die Version Arnaulds:

'Von hier aus kann man auch begreifen, was die Analyse der Mathematiker ist: Wenn ihnen eine Frage gestellt wird, deren Richtigkeit oder Unrichtigkeit (falls es sich um ein Theorem handelt) oder deren Möglichkeit oder Unmöglichkeit (falls es sich um ein Problem handelt) sie nicht kennen, nehmen sie an, daß das Vorgebrachte wahr ist. Indem sie prüfen, was sich daraus ergibt, folgern sie, wenn sie bei dieser Untersuchung zu einer klaren und mit dem Vorgebrachten notwendig zusammenhängenden Wahrheit gelangen, daß das Vorgebrachte tatsächlich wahr ist. Anschließend gehen sie von dort aus, wo sie geendet hatten, und beweisen diese Wahrheit durch die andere Methode, die man Komposition (Zusammensetzung) nennt. Wenn sie aber, das Vorgebrachte folgerichtig zu Ende denkend, an einem Unsinn oder an einer Unmöglichkeit ankommen, folgern sie daraus, daß das Vorgebrachte unrichtig und unmöglich ist. – Das ist alles, was man bei einer allgemeinen Erörterung der Analyse, die eher vom treffenden Urteil und dem Geschick des Geistes als von besonderen Regeln abhängt, sagen kann.'[54])

Es ist nicht nötig, diese mehr oder weniger korrumpierten Versionen hier zu untersuchen. Wir wollten lediglich zeigen, daß der Pappussche Kreislauf im 17. Jahrhundert in Erörterungen der Heuristik eine große Rolle spielte; er war in der Tat Bestandteil fortgeschrittener Logiklehrgänge. Wir brauchen hier auch nicht auf die Frage der Fortsetzung der Pappusschen Tradition in der mittelalterlichen Logik oder in der Methodologie von Padua einzugehen.)

Doch wenn nun zugegeben ist, daß Descartes vom Pappusschen Kreislauf ausging – was hat er davon beibehalten? Hat er ihn tatsächlich zu dem entwickelt, was wir den Kartesischen Kreislauf genannt haben? Oder ist das nur eine rationale Rekonstruktion der Geschichte?

In der vorliegenden Arbeit wollen wir diese Frage offen lassen und lediglich behaupten, daß der Kartesische Kreislauf in der Tat die rationale Rekonstruktion des betreffenden Problems *ist,* und daß man die Geschichte überhaupt nur im Lichte solcher Rekonstruktionen vernünftig verstehen kann.

c 4) *Der Kartesische Kreislauf in der Mathematik*

Wer wie Descartes die Mathematik mit der Euklidischen Geometrie und der elementaren Algebra gleichsetzte, der war der Auffassung, daß in der Mathematik die Tatsachen vernunftgemäße Tatsachen sind und es keine okkulten Hypothesen gibt.

Im 17. und 18. Jahrhundert drang die Infinitesimalrechnung mit ihren 'nicht-vernunftgemäßen' Tatsachen in die Mathematik ein. Bald wurde es zu einem Hauptproblem, wie

---

[53]) Galilei [1630], S. 54: kurz vor Mitte des '1. Tages'.
[54]) Arnauld und Nicole [1724], dt. S. 297: 4.2.

man sie vernünftig durchdringen, auf die Ebene der 'vernunftgemäßen' Tatsachen heben könne. Cauchy und seine Nachfolger lösten das Problem mit dem 'Übersetzungsverfahren',*⁵) das dem induktiven Übergang von Tatsachen zu vernunftgemäßen Tatsachen im Kartesischen Kreislauf entspricht. Gleichzeitig tauchten auch okkulte Hypothesen auf. Die Erklärung einiger Tatsachen über die *reelle* Achse mittels der Theorie der komplexen Funktionen entspricht den transzendenten Hypothesen in der Physik. Die Ableitung dieser Hypothesen aus ersten Grundsätzen war eines der Probleme, das die Arithmetisierung und dann die Logisierung der Mathematik lösen wollte.

Eine eingehende Behandlung der Spezialdialektik des mathematischen Kartesischen Kreislaufs könnte einige bisher unentdeckte Seiten der Geschichte und der Philosophie der Mathematik an den Tag bringen.

c 5) *Der Zusammenbruch des Kartesischen Kreislaufs*

1. *Die Induktion überträgt die Wahrheit nicht.* Eine wichtige Richtung der Kritik nahm die Sicherheit der anschaulichen Wahrheitsübertragung in dem Kreislauf aufs Korn. Zuerst gerieten die *induktiven Übergänge* ins Feuer, am meisten derjenige, der zu den okkulten Hypothesen führt. Diese Kritiker⁵⁵) betrachteten den Übergang von vernunftgemäßen Tatsachen zu okkulten Hypothesen für sich allein und bestritten, daß der bei den vernunftgemäßen Tatsachen eingebrachte Wahrheitswert jemals die okkulten Hypothesen erreichen könne.

---

*⁵) Vgl. Lakatos [1976c], dt. S. 112:Kap. 2, Abschn. 3. (D. Hrsgg.)
⁵⁵) Die ersten Kritiker waren Leibniz und Huygens (vgl. Kneale [1949], S. 97f.). Leibniz entdeckte, daß der Pappussche Kreislauf in der empirischen Wissenschaft versagt. Er kannte die Bedingung für sein Funktionieren: 'daß zu diesem Zweck die Sätze reziprok sein müssen, damit der synthetische Beweis in umgekehrter Richtung auf den Spuren der Analyse zurückgegangen werden kann.' Doch diese Bedingung ist in der empirischen Wissenschaft nicht erfüllt: 'Bei den astronomischen oder physikalischen Hypothesen ist der Rückweg nicht statthaft.' (Leibniz [1704], Buch 4, 17.6, 2. Abs. (S. 565).)*) (Lakatos zitierte auf Französisch (d. Hrsgg.).)
Huygens beschreibt in der Vorrede zu [1609], 3. Abs., denselben Mißstand: 'Man wird darin Beweise von der Art finden, welche eine ebenso große Gewißheit als diejenigen der Geometrie nicht gewähren, und welche sich sogar sehr davon unterscheiden, weil hier die Prinzipien sich durch die Schlüsse bewahrheiten, welche man daraus zieht, während die Geometer ihre Sätze aus sicheren und unanfechtbaren Grundsätzen beweisen; *die Natur der behandelten Gegenstände bedingt dies.*' (Hervorhebung von mir.)
Newton war sich des Problems ebenso bewußt, doch er glaubte, die Lücke durch einen unfehlbaren induktiven [[engl. wohl irrtümlich 'intuitiven']] Schluß ausfüllen zu können: '*In dieser Philosophie leitet man die Sätze aus den Erscheinungen ab und verallgemeinert sie durch Induktion*' ('General Scholium' am Ende der 'Principia' (Buch 3, Abschn. 5 (Kometen), zweitletzter Abs.)).
⁵⁶) Die Methode der Aufteilung (z. B. Descartes [1628], passim, und [1664], XVIII) war eine Methode zum Beweis okkulter Hypothesen ohne Rückgriff auf die Induktion. Man zählt sämtliche möglichen Vermutungen auf, aus denen die zu erklärenden Tatsachen abgeleitet werden können; man falsifiziert (d. h. leitet aus ihnen falsche Tatsachenaussagen ab) alle außer einer (allein durch die Analyse) und beweist damit diese.
Diese Methode der Aufteilung hängt natürlich von der absoluten Unfehlbarkeit der *Anschauung* ab, die diese vollständige Aufzählung liefert, sowie von der effektiven Herstellbarkeit von experimenta crucis.

5 Die Methode der Analyse und Synthese

Erkennt man die Kritik an, so kann man entweder (a) den Infallibilismus aufgeben und den Vermutungscharakter der wissenschaftlichen Hypothesen zugeben oder (b) diesen speziellen Übergang durch die unfehlbare 'Methode der Aufteilung'[56]) ersetzen. Eine dritte, neutrale Möglichkeit ist (c) eine Theorie der Wahrscheinlichkeit wissenschaftlicher Hypothesen (die freilich unausweichlich zu logisch unhaltbaren Theorien der Bestätigung führt, die die Unfehlbarkeit durch die Hintertür wieder hereinholen möchten).[57])

Die Unfehlbarkeit der Methode der Aufteilung wurde von katholischen Logikern von Papst Urban VIII. bis Duhem[58]) und von vielen anderen vernichtend kritisiert; die Wahrscheinlichkeitstheorien der Bestätigung wurden von Popper vernichtend kritisiert.

Doch bei der Kritik wurde völlig vergessen, daß der Übergang nicht völlig induktiv ist, sondern einen bedeutenden deduktiven Anteil enthält (den man 'Newtonschen deduktiven Übergang' nennen könnte). Die infallibilistische Heuristik des Deduzierens der Theorien aus den Tatsachen hat gewiß versagt – aber wenn man sie durch die Poppersche Heuristik der Spekulationen und Widerlegungen ersetzte, dann hieß das doch das Kind mit dem Bade ausschütten.

(Im 17. und vor allem im 18. Jahrhundert war die Induktion in der Mathematik ebenso verbreitet wie in der empirischen Wissenschaft. Sie hieß 'Formalismus' und wurde von Cauchy, Abel und anderen in der 'kritischen', 'rigoristischen' oder 'exakten' Periode in Grund und Boden verdammt.)

2. *Verbesserte Deduktion überträgt die Wahrheit vollkommen.* Auch die deduktiven Übergänge wurden später scharf kritisiert, aber nie als Transmissionsriemen der Wahrheit aufgegeben. Sie wurden hier und da durch verschiedene Übersetzungsverfahren (Arithmetisierung, Übersetzung in die Mengenlehre) verbessert, die das Niveau der Strenge immer wieder anhoben, indem sie die Zahl der quasi-logischen Konstanten verringerten und schließlich zu Beweisen führten, die eine Turing-Maschine überprüfen könnte.

---

[57]) Vgl. Leibniz [1678] und Huygens [1690].
[58]) Duhems Kritik des Baconschen experimentum crucis war faktisch die Ausführung des Arguments Urbans VIII., das Galilei ganz am Ende von [1630] Simplicio in den Mund legt (S. 458): 'Ich weiß, daß ihr beide auf die Frage: kann Gott vermöge seiner unendlichen Macht und Weisheit dem Elemente des Wassers die abwechselnde Bewegung, die wir an ihm beobachten, nicht auch auf andere Weise mitteilen, als indem er das Meeresbecken bewegt? – ich weiß, sage ich, daß ihr auf diese Frage antworten werdet, er vermöge und wisse das auf vielfache, unserem Verstande unerfindliche Weise zu tun. Dies zugegeben, ziehe ich aber sofort den Schluß, daß es eine unerlaubte Kühnheit wäre, die göttliche Macht und Weisheit begrenzen und einengen zu wollen in die Schranken einer einzelnen menschlichen Laune.' Galilei mißachtete diese Empfehlung und betrachtete die Methode der Aufteilung als völlig unfehlbar. Die Erde bewegt sich, oder sie ruht: es gibt keine andere Möglichkeit. Nun widerlegte er, eins nach dem anderen, die Argumente für die zweite Möglichkeit, also blieb mit Sicherheit nur die erste übrig. Descartes war vorsichtiger: 'Weder die Erde noch die Planeten haben eine eigentliche Bewegung, weil sie sich nicht ... entfernen.' (Descartes [1644], 3.28, dt. S. 73.) [[Der engl. Text besagt 'wenn auch' statt 'weil'.]]
Auch Leibniz stand der Methode der Aufteilung kritisch gegenüber. Doch als heuristische Methode war sie allgemein anerkannt; die Logik von Port Royal warnt: 'Zuwenig und zuviel einteilen ist in gleicher Weise ein Fehler, denn das erste erhellt den Geist nicht genug, und das zweite zerstreut ihn zu sehr.' (Arnauld und Nicole [1724], dt. S. 157: 2.15.)

Doch für jede Erhöhung der deduktiven Strenge mußte man mit einer neuen und fehlbaren Übersetzung bezahlen. Die Bedeutung dieser Tatsache ist noch nicht genügend gewürdigt worden.*6)

3. *Es gibt keine ersten Grundsätze und keine vollkommenen vernunftgemäßen Tatsachen.* Der Zusammenbruch der induktiven Logik zerstörte den [Kartesischen] Kreislauf. Der Wahrheitswert in dem reduzierten Kreislauf fließt nur noch in *einer Richtung*. Braithwaites Reißverschluß tritt an die Stelle des Kartesischen Kreislaufs. Kann er aber Wahrheit übertragen? Wenn erste Grundsätze zugelassen werden: ja. Wenn nicht, kann er bestenfalls Falschheit übertragen. Mit ersten Grundsätzen kann man dem Reißverschluß entlang *beweisen*. Ohne sie kann man bestenfalls *widerlegen*.

Nun richtete sich gegen den reduzierten Kartesischen Kreislauf ein zweiter Angriff: diesmal nicht gegen die Sicherheit der Kanäle zur Wahrheitsübertragung, sondern gegen die Begründbarkeit der Wahrheitswertsetzungen. Die Kartesianer führten Wahrheitswerte auf zwei Ebenen ein: bei den ersten Grundsätzen und den vernunftgemäßen Tatsachen. Die optimistische Suche nach ersten Grundsätzen, deren Wahrheit uns immer unabweislicher werden würde, dauerte jahrhundertelang in allen Zweigen der menschlichen Erkenntnis fort, so in der Mechanik,[59]) der Ethik (Spinoza, Kant), der Wirtschaftswissenschaft (L. v. Mises), der politischen Philosophie (Hobbes). Doch heute gilt sie allgemein als vergeblich; nur einige neukantianische Philosophen würden heute erwarten oder anerkennen, daß man Wahrheitswerte in den reduzierten Kreislauf von intuitiv unbezweifelbaren ersten Grundsätzen aus einführen könne.

Man kann also in der empirischen Wissenschaft nicht beweisen; höchstens kann man, wenn man anti-induktivistischer Empirist ist, widerlegen. Dehnt man aber die kritische Einstellung auch auf die Tatsachen aus – und das muß man, vor allem aufgrund der nachdrücklichen Wiederaufnahme der antiken griechischen Kritik der Sinneserfahrung durch Duhem und Popper –, so kann man Basisaussagen nur vorläufig anerkennen. Der Poppersche erkenntnistheoretische Reißverschluß taugt – anders als der des logischen Positivismus – nicht einmal zur unfehlbaren Widerlegung. Er kann überhaupt nicht beweisen und nur vorläufig widerlegen. Was den heuristischen Reißverschluß betrifft, so kann er von einer vernunftgemäßen Tatsache ausgehen – etwa den Keplerschen Gesetzen –, deduktiv aufsteigen und dann einen induktiven Sprung zur Gravitationstheorie machen; anschließend rein deduktiv zurückschreiten, die vorherige Tatsache auslöschen, die berichtigte Newtonsche Fassung der Keplerschen Gesetze hinschreiben, usw. Es gibt keine völlig harten, unnachgiebigen, vollkommen vernunftgemäßen Tatsachen.

Der Leser wird in diesem heuristischen Reißverschluß ein Modell unseres Beweisverfahrens erkennen: die Keplerschen Gesetze als die primitiven Vermutungen, die Newtonsche Berichtigung als das Theorem. Der einzige Unterschied ist der, daß wir hier vielleicht lieber von einem 'Erklärungsverfahren' sprechen – doch dieser Unterschied scheint nur jenen

---

*6) Vgl. Lakatos [1976c], Kap. 2. (D. Hrsgg.)

[59]) Stevinus glaubte sein Druckgesetz *bewiesen* zu haben, D. Bernoulli das Kräfteparallelogramm, Euler die Grundsätze der Mechanik, Lagrange das Prinzip der virtuellen Verschiebungen. Zu diesem Zweck wollte auch Maupertuis die Newtonsche Mechanik auf intuitiv unmittelbar einleuchtende Grundsätze zurückführen.

5 Die Methode der Analyse und Synthese

logischen Positivisten wichtig, die in der Mathematik an erste Grundsätze glauben, sie aber in der empirischen Wissenschaft leugnen. Diese Positivisten verwenden also die Unterscheidung zwischen Beweis und Erklärung (d. h. zwischen ersten Grundsätzen und dem Fehlen solcher) als Abgrenzungskriterium zwischen Mathematik und empirischer Wissenschaft:

'Es gibt einen wesentlichen Unterschied zwischen dem Denken mit einem mathematischen und einem empirisch-wissenschaftlichen deduktiven System. Beim einen fängt man vorne an und geht bis ans Ende, und zwar logisch wie auch erkenntnistheoretisch; beim anderen fängt man nur logisch vorne an und geht bis ans Ende, erkenntnistheoretisch schreitet man umgekehrt fort. Um wieder das Bild des Reißverschlusses zu verwenden: Der Wahrheitswert 'wahr' (im Sinne der formalen Wahrheit) für mathematische Aussagen wird zuerst an der Spitze gesetzt und dann nach unten weitergegeben; in einem empirisch-wissenschaftlichen System wird der Wahrheitswert 'wahr' (im Sinne der Übereinstimmung mit der Erfahrung) zuerst am unteren Ende gesetzt und dann nach oben weitergegeben ... [E]s dauerte lange, bis die empirischen Wissenschaftler erkannten, daß die hypothetisch-deduktive Methode der empirischen Wissenschaft erkenntnistheoretisch etwas anderes ist als die auf den ersten Blick ähnliche deduktive Methode der Mathematik, und daß eine genaue Nachahmung der deduktiven Form des Euklidischen Systems nicht automatisch auch seine deduktive Beweismethode mit sich führte. Der ungeheure Einfluß Euklids war insofern, als er die empirischen Wissenschaftler zur Konstruktion deduktiver Systeme veranlaßte, so positiv, daß er den negativen Einfluß mehr als ausgleicht, der im Mißverständnis dieser ihrer Tätigkeit bestand; Euklid war der gute Geist der Mathematik und der ihrer selbst nicht bewußten empirischen Wissenschaft, aber der böse Geist der Wissenschaftstheorie — ja der Metaphysik.' (Braithwaite [1953], S. 352 f.)

Doch diese logizistische Abgrenzung zwischen empirischer Wissenschaft und Mathematik ist unbegründet. Die Arithmetisierung der Mathematik war das Grundargument für die Behauptung der Neukantianer, sie könnten die gesamte Mathematik aus den fünf synthetisch-apriorischen Peanoschen Axiomen ableiten. Die Logisierung der Mathematik war das Grundargument für die Behauptung der logischen Positivisten, sie könnten die gesamte Mathematik aus den analytisch wahren Axiomen der 'Principia mathematica' ableiten.

Russells Versuch war echt kartesianisch.[60] Doch er mißlang. Sein Unendlichkeits- und sein Auswahlaxiom war alles andere als analytisch,[61] und auch einige der anderen waren es nicht ohne weiteres. Man kann sich natürlich immer noch auf den Kantianismus zurückziehen und auf den Standpunkt stellen, die logischen Axiome seien synthetisch a priori.[62]

---

[60] 'Ich hoffte, früher oder später zu einer vervollkommneten Mathematik zu gelangen, die keinen Raum für Zweifel lassen würde, und dann Schritt für Schritt die Sphäre der Gewißheit von der Mathematik auf andere Wissenschaften ausdehnen zu können' (Russell [1959], S. 36).

[61] Dem Kartesianer Ramsey gelang es lediglich, das Reduzibilitätsaxiom zu eliminieren.

[62] Ich nehme an, Russell hatte dies beim letzten Satz der folgenden Stelle im Sinn, wo er das Scheitern seiner ursprünglichen Version des Kartesianismus bekanntgibt: 'Wird die reine Mathematik als deduktives System aufgebaut — d. h. als die Menge aller Aussagen, die sich aus einer gegebenen Menge von Voraussetzungen ableiten lassen —, so wird ganz deutlich, daß ein Glaube an die Wahrheit der reinen Mathematik nicht ausschließlich auf dem Glauben an die Wahrheit der Voraussetzungen beruhen kann. Manche Voraussetzungen sind wesentlich weniger einleuchtend als einige ihrer Konsequenzen und werden hauptsächlich wegen dieser für richtig gehalten. Das ist stets der Fall, wenn eine Wissenschaft als deduktives System aufgebaut wird. Nicht die logisch einfachsten Aussagen des Systems sind die einleuchtendsten oder

Doch diese Umdeutung hat zwei entscheidende Schwächen. Einmal sind die Übersetzungsverfahren doch wieder alles andere als synthetisch a priori. Und zum anderen zeigt das Gödelsche Argument von der Unvollständigkeit einigermaßen reichhaltiger Theorien, daß der Nimbus der Unfehlbarkeit bei der Arithmetik daher rührt, daß ihr heute bekannter Teil nur ein sehr beschränkter Ausschnitt aus dem unendlichen Ganzen ist.

Man könnte sagen, die Gödelschen Unentscheidbarkeitsbeweise, die zu diesen neuen Axiomen führen, würden immer noch vollkommen einfach und durchsichtig sein. Doch die Gödelschen Ergebnisse zerstörten auch diese Hilbertschen Träume von trivialen Metatheorien.

Der Euklidisch-Kartesische Traum von der Trivialisierung der Erkenntnis ist zu Bruch gegangen; nicht nur in der empirischen Wissenschaft, sondern auch in der Logik und Mathematik.[63])

Fußn. 62 Forts.
liefern den Hauptteil der Gründe dafür, daß wir das System für richtig halten. Bei den empirischen Wissenschaften liegt das auf der Hand. So läßt sich etwa die Elektrodynamik in die Maxwellschen Gleichungen verdichten, doch diese hält man für richtig wegen der beobachteten Wahrheit gewisser ihrer logischen Folgen. Genau so verhält es sich auch in den reinen Gefilden der Logik; die logisch ersten Grundsätze der Logik – jedenfalls einige davon – sind nicht an sich selbst glaubwürdig, sondern wegen ihrer Konsequenzen. Die erkenntnistheoretische Frage: 'Warum sollte ich diese Aussagen für richtig halten?' ist etwas ganz anderes als die logische Frage: 'Was ist die kleinste und logisch einfachste Menge von Aussagen, aus denen diese Aussagenmenge ableitbar ist?'. Unsere Gründe für die Logik und die reine Mathematik sind teilweise nur induktiv und wahrscheinlich, obwohl in ihrer *logischen* Ordnung die Aussagen der Logik und reinen Mathematik aus den logischen Axiomen rein deduktiv folgen. Diesen Punkt halte ich für wichtig, denn es kommt leicht zu Irrtümern, wenn die logische mit der erkenntnistheoretischen Ordnung gleichgesetzt wird, oder auch umgekehrt. Die einzige Art, wie die Arbeit an der mathematischen Logik Licht auf die Wahrheit oder Falschheit der Mathematik wirft, ist die Beseitigung der ihr noch anhaftenden Antinomien. Das zeigt, daß die Mathematik wahr sein *kann*. Doch der Nachweis, daß sie wahr *ist*, würde andere Methoden und Überlegungen erfordern.' (Russell [1924], S. 325 f.) Diese Einstellung ähnelt sehr derjenigen Newtons. Newton wollte eine Kartesische Kosmologie, Russell eine Kartesische Logik. Nach ihrem Scheitern meinten beide, sie sollten das ursprüngliche – und einzig lohnende – Problem noch einmal angehen.

[63]) Wir sind hier nicht auf das formalistische Abgrenzungskriterium zwischen empirischer Wissenschaft und Mathematik eingegangen, das in den mathematischen Reißverschluß überhaupt keinen Wahrheitswert einbringt; es kann Wahrheit übertragen, es kann 'ableiten', doch es ist wesentlich neutral, es kann nicht 'beweisen'. Auch dieses scheitert wegen der Gödelschen Ergebnisse. Die Vielfalt möglicher Wahrheitsübertragungen ist viel reicher als jede gegebene logische Theorie; doch selbst die scheinbar trivialste logische Theorie kann sich als nichttrivial widerspruchsvoll herausstellen.

2 Analyse und Synthese: Wie fehlgeschlagene Widerlegungsversuche zu heuristischen Ausgangspunkten von Forschungsprogrammen werden können

Der Aufsatz von Hintikka und Remes ist ein interessanter Beitrag zu der umfangreichen Literatur zum Problem der Pappusschen Analyse und Synthese, und ich bin sehr erfreut über die Gelegenheit, ihn um die recht andersartigen Auffassungen zu ergänzen, die ich in meiner Arbeit 'Beweise und Widerlegungen' vertreten habe und die den Verfassern entgangen zu sein scheinen.[64]

a) Eine Analyse und Synthese in der Topologie, die nicht beweist, was sie beweisen wollte

Wie Polya, dessen Arbeiten von Hintikka leider nicht beachtet worden sind, sehe ich in der Analyse ein heuristisches Schema, das, wenn auch von den Griechen *initiiert*, doch bis heute für die empirisch-wissenschaftliche und mathematische Forschung kennzeichnend ist.

Ich beginne mit einer Erinnerung an zwei klassische Beispiele für die Analyse. Das erste ist Cauchys Beweis von 1811 für den berühmten Eulerschen Polyedersatz. Euler hatte 1751 [[vermutet]], daß für alle Polyeder E(ckenzahl) − K(antenzahl) + F(lächenzahl) = 2.

Cauchys Beweis verlief folgendermaßen. Angenommen, der Satz sei richtig. Dann nehmen wir ein spezielles Polyeder, etwa einen Würfel, und machen damit folgendes Experiment.

Zunächst stellen wir ein hohles Gummimodell eines Würfels her und färben die Kanten hellrot.[*7] Schneidet man eine der Seiten heraus, so kann man die übrige Oberfläche auf einer Ebene ausbreiten, ohne sie zu zerreißen. Die Flächen und Kanten werden deformiert, die roten Kanten werden vielleicht krumm, aber E, K und F ändern sich nicht, so daß für das ursprüngliche Polyeder E − K + F = 2 genau dann gilt, wenn für das ebene Netz [[mit K jetzt als Seitenzahl statt Kantenzahl]] E − K + F = 1 gilt – eine Fläche ist ja entfernt worden. (Abb. 1 zeigt das ebene Netz für den Fall des Würfels.) *Zweiter Schritt:* Nun machen wir lauter Dreiecke aus unserer Karte – sie sieht tatsächlich wie eine geographische Karte aus. Wir zie-

---

[64] Meine Arbeit 'Beweise und Widerlegungen' wurde 1963/64 im *British Journal for the Philosophy of Science* veröffentlicht; 1966 erschien sie als Buch in Moskau unter dem Titel 'Dokazatelstva i oprovezemia' [*] und danach auf Englisch als Buch: *Proofs and Refutations*, Cambridge University Press, 1976 (d. Hrsgg.)] [[dt. *Beweise und Widerlegungen*, Vieweg, Braunschweig/Wiesbaden, 1979]]. Näheres über meine Philosophie der Mathematik findet sich in Lakatos [1961], [1962], [1963/64] und in Kap. 2 des vorliegenden Bandes.

[*7] An dieser Stelle ist in Lakatos' Schreibmaschinenmanuskript eine Lücke gelassen. Die folgende Beschreibung des Cauchyschen Beweises ist entnommen aus Lakatos [1976c], Kap. 1, Abschn. 2. (D. Hrsgg.)

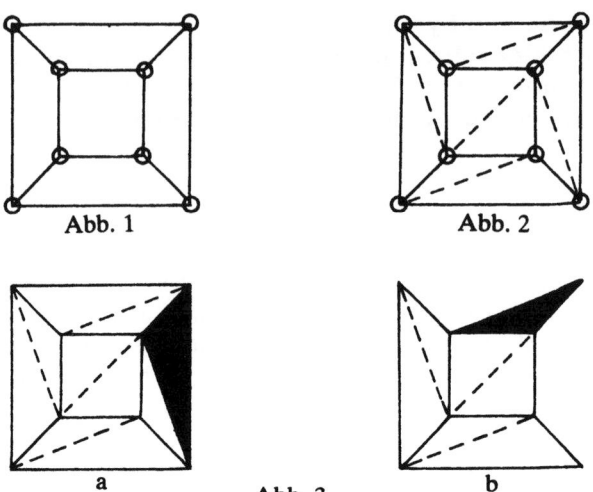

Abb. 1   Abb. 2

a   Abb. 3   b

hen (möglicherweise krumme) Diagonalen in denjenigen (möglicherweise krummlinigen) Polygonen, die nicht schon (möglicherweise krummlinige) Dreiecke sind. Jede Diagonale erhöht K und F um 1, so daß E − K + F unverändert bleibt (Abb. 2). *Dritter Schritt:* Aus diesem Dreiecksnetz entfernen wir nun ein Dreieck nach dem anderen. Dazu entfernen wir entweder eine Seite – und damit auch eine Fläche (Abb. 3 a) –, oder wir entfernen zwei Seiten und einen Eckpunkt – und damit auch wieder eine Fläche (Abb. 3 b): In beiden Fällen wird E − K + F nicht verändert; galt vorher E − K + F = 1, so gilt es auch nachher. Am Schluß bleibt ein einziges Dreieck übrig, und für dieses gilt E − K + F = 3 − 3 + 1 = 1.

Es klingt vielleicht seltsam, daß die Mathematiker dieses Argument als Beweis der Eulerschen Vermutung gelten ließen, denn Cauchy hatte ja lediglich bewiesen: Gilt für den Würfel E − K + F = 2, dann gilt für ein bestimmtes Dreieck E − K + F = 1, und diese Gleichung ist gewiß trivialerweise richtig. Doch dieser seltsame Beweis hat ungeheure heuristische Kraft. Der in ihm steckende Schluß läßt sich natürlich so formulieren:

$$E(P_1) \rightarrow E'(T_{P_1}),$$

wo P_1 ein spezielles Polyeder ist (der Würfel) und T_{P_1} das Dreieck, das sich durch die in dem 'Beweis' beschriebene Umformung ergibt. Das Prädikat E bedeutet Eulersch, E' quasi-Eulerisch [es ist die Eigenschaft, daß E − K + F = 1].

Doch diese triviale Ableitung *legt* sehr stark die allgemeinere Formel *nahe:*

$$E(P) \rightarrow E'(T_P),$$

wo P eine freie Variable ist, die alle Polyeder als Werte annimmt. Doch in diesem Fall brauchen wir sehr starke Zusatzannahmen, um E'(T_P) aus E(P) abzuleiten. Wir müssen voraussetzen, daß *alle* Gummipolyeder nach Entfernung einer Fläche ohne Zerreißen eben ausgebreitet werden können. Wir müssen voraussetzen, daß *alle* ebenen Netze, die so entstehen, ohne Änderung von E − K + F in Dreiecke übergeführt werden können. Wir müssen voraussetzen, daß aus *allen* solchen Netzen *alle* Dreiecke eines nach dem anderen entfernt werden können,

5 Die Methode der Analyse und Synthese

bis schließlich ein einziges übrigbleibt, und zwar wieder ohne Änderung von E − K + F. Unsere Ableitungskette sieht in Wirklichkeit eher so aus:

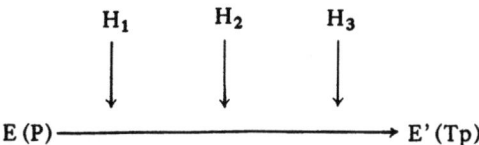

Zu einer sehr schwachen Folgerung (E − K + F = 1 für das Dreieck) kamen wir also von einer starken Voraussetzung aus nur mit Hilfe einiger *sehr starker Hilfsannahmen*. Doch mit diesen kann man nun auch rückwärts vom Dreieck zum Polyeder kommen und den Eulerschen Satz aus der Tatsache ableiten, daß ein Dreieck 3 Ecken, 3 Seiten und 1 Fläche hat. Die Analyse liefert die versteckten Voraussetzungen, die für die Synthese notwendig sind. Die *Analyse* enthält das schöpferisch Neue, die *Synthese* ist eine Routine-Schulaufgabe. Im vorliegenden Fall war das schöpferisch Neue der Gedanke, daß Polyeder 'eigentlich' geschlossene, aus Dreiecken bestehende Gummiflächen sind. Die Analyse wurde übrigens mit einem speziellen Polyeder durchgeführt, und daher wurden die allgemeingültigen Hilfssätze nur nahegelegt, aber nicht ausdrücklich formuliert.

Doch – die versteckten Hilfssätze sind falsch. Nicht alle Polyeder sind mit der Kugel homomorph, und nicht alle Polyederflächen sind einfach-zusammenhängend. Es sind also nur die Polyeder Eulersch, die die Hilfsvoraussetzungen erfüllen. Die Analyse wie auch die Synthese ist ungültig, und der Satz, den wir beweisen wollten, entpuppt sich als eine bloße 'naive Vermutung'. Doch trotzdem kann man aus der Analyse (oder der Synthese) einen 'durch den Beweis erzeugten Satz' herausholen, indem man die in den Hilfssätzen genannten Bedingungen in den Satz aufnimmt. Wir beweisen also nicht das, das wir beweisen wollten, nämlich daß E − K + F = 2 für alle Polyeder; durch die kritische Untersuchung der Analyse und eine stärker ausformulierte Synthese kommen wir nicht zu unserem Ausgangspunkt zurück. Wir gingen von dem Satz aus: 'Alle Polyeder sind Eulersch', und nach einer imaginativ-kritischen Analyse und Synthese kommen wir zu dem Satz: 'Alle *Cauchyschen* Polyeder sind Eulersch.'

Was ist mit den nicht-Cauchyschen Polyedern? Dieses Problem führte zu einem regelrechten Forschungsprogramm. Es führte zu einer vollständigen Klassifikation topologisch äquivalenter geschlossener Flächen, zur Klassifikation n-fach zusammenhängender Polygonmengen und zur Ermittlung von E − K + F für einen großen Bereich topologischer Gegenstände. Im Verlauf dieser Untersuchungen stellte sich eine Reihe weiterer versteckter Hilfssätze heraus, und schließlich brachte das Forschungsprogramm einen harten Kern hervor (die Axiome der algebraischen Topologie) und eine differenzierte, reichhaltige positive Heuristik.

Geht man nun aber von einer Aussage P aus und *zieht Folgerungen* aus ihr, statt nach *Voraussetzungen zu suchen*, aus denen sie folgen könnte, dann führt man, *objektiv* gesehen, *eine Prüfung aus und keinen Beweis*. Bei der Analyse wird also – auf Poppersche Art – eine Vermutung geprüft; wird sie aber *nicht* widerlegt, so kann es gelingen, aus ihr zunächst einen Beweis und dann sogar ein mathematisches Forschungsprogramm zu machen.

An diesem Punkt könnte man fragen, wie wir ursprünglich zu E − K + F = 2, zu der 'naiven Vermutung' gekommen sind. Es ist wichtig, festzustellen, daß die meisten mathematischen Vermutungen auftauchen, ehe sie bewiesen werden; und gewöhnlich werden sie bewiesen, ehe das axiomatische System formuliert ist, in dem der Beweis auf formalisierte Art geführt werden kann. Man kommt zu mathematischen Vermutungen durch vorläufiges Lösen mathematischer Probleme mittels Versuch und Irrtum. So fragen wir nach den Beziehungen zwischen der Zahl der Ecken, Kanten und Flächen eines Polyeders. Wir erproben nacheinander verschiedene Vermutungen. Ich habe im Anschluß an Polya diese Abfolge von Vermutungen und Widerlegungen eingehend beschrieben.*8) In diesem Falle dauerte es fast 2000 Jahre, um durch Poppersche Vermutungen und Widerlegungen zu der naiven Vermutung zu kommen – ich sprach von der Phase des 'naiven Versuchs und Irrtums'. Diese 'naive' Periode, die erste Phase der mathematischen Entdeckung, dauerte in diesem Fall von Euklid bis Descartes. Doch an irgendeinem Punkt wird die naive Vermutung einem differenzierten Widerlegungsversuch unterworfen; die Analyse und Synthese beginnt: das ist die *zweite* Phase der Entdeckung, die ich 'Beweisverfahren' genannt habe. Sie erzeugt zunächst den nagelneuen beweiserzeugten Satz und dann ein reichhaltiges Forschungsprogramm. Die naive Vermutung verschwindet, die beweiserzeugten Sätze werden immer komplizierter, und im Mittelpunkt der Phase stehen die neu erfundenen Hilfssätze, zunächst als versteckte (enthymemes), später als immer genauer formulierte Hilfsannahmen. Und diese werden schließlich zum harten Kern des Programms. In unserem Fall tauchten ein paar hundert Jahre später sie (oder besser ihre weiteren 'Abkömmlinge') als die Axiome der algebraischen Topologie auf.

Man sollte beachten, daß es in der beschriebenen Analyse keine Spur von einem Axiomensystem oder auch nur einem wohlbestimmten Kenntnisstand oder einer Menge als wahr bekannter Hilfssätze gibt. Man fängt an mit einer naiven Vermutung, und man muß die Hilfssätze *erfinden*, vielleicht sogar auch den theoretischen Rahmen für sie. Außerdem finden wir, daß sich in einer heuristisch fruchtbaren Analyse die meisten Hilfssätze bei Prüfung als *falsch* herausstellen, ja schon von Anfang an als falsch bekannt sind. Das alles ist etwas ganz anderes als die Hintikkasche (oder Pappussche) Vorstellung von der (theoretischen) Analyse. In meiner Vorstellung besteht das Problem nicht darin, einen Satz aus Hilfssätzen oder Axiomen zu beweisen, sondern ein besonders strenges, phantasievolles 'Prüfungs-Gedankenexperiment' zu finden, das die Mittel für ein 'Beweis-Gedankenexperiment' bereitstellt, das aber die Vermutung nicht *beweist,* sondern *verbessert.* Die Synthese ist eine Verbesserung, kein Beweis, und sie kann als Abschußrampe für ein Forschungsprogramm dienen.

Es gibt also ein Schema, mit dem man vom naiven Popperschen Raten zur Methode der *Beweise* und Widerlegungen *(nicht* der Vermutungen und Widerlegungen) gelangt und im nächsten Schritt zu mathematischen Forschungsprogrammen. Dieses Schema widerlegt die philosophische Behauptung, der heuristische Ursprung von Forschungsprogrammen sei stets irgendeine große metaphysische Vision. Ein Forschungsprogramm kann einen bescheideneren Ursprung haben: es kann aus Verallgemeinerungen auf niedriger Ebene entstehen. Meine Falluntersuchung rehabilitiert in gewissem Sinne die induktivistische Heuristik: Häufig besteht die Abschußrampe für Forschungsprogramme in der Untersuchung von Tatsachen und der Aufstellung von Verallgemeinerungen auf niedriger Ebene. Die Mathematik und die empirische Wissenschaft werden an wichtiger Stelle durch Tatsachen, durch Verall-

---

*8) Siehe Lakatos [1976c], Kap. 1 und 2. (D. Hrsgg.)

gemeinerungen von solchen und dann durch diese phantasievolle deduktive Analyse inspiriert.[65) *9)]

b) Eine Analyse und Synthese in der Physik, die nicht erklärt, was sie erklären wollte

Ich möchte kurz zu einem zweiten Beispiel übergehen. Vorher möchte ich auf die Tatsache hinweisen, daß es an meinem *ersten* Beispiel – mindestens bis zu dem Punkt, an den ich es geführt habe – nichts spezifisch Mathematisches gegeben hat. Alles Gesagte läßt sich auffassen als ein Forschungsprogramm über Netze, die auf geschlossene Gummihäute gemalt sind. In diesem Fall führt unsere Analyse zu einer *Erklärung* statt einem *Beweis,* und die sich zeigenden versteckten Voraussetzungen sind *erklärende* Aussagen. Ich wiederhole: in diesem Fall *hätten wir aus der Eulerschen Formel ihre eigene Erklärung abgeleitet.* So verhält es sich offenbar bei Newtons berühmter Analyse und Synthese, die ich in diesem Abschnitt betrachten möchte, und die ein Erklärungs- und kein Beweisverfahren ist. Doch ehe ich zu Newton komme, möchte ich betonen, daß 'E − K + F = 2 für alle Polyeder' nicht weniger und nicht mehr eine *Tatsache* ist als 'Alle Planeten bewegen sich auf Ellipsen'.

Newton ging von Hypothesen niedriger Ebene aus: den drei Keplerschen Gesetzen der Planetenbewegung. Er machte sich – wie es bei der Analyse geschieht – ein Beispiel eines Planetensystems: die Sonne wird von einer unsichtbaren Hand festgehalten, und sie wird von einem einzigen Planeten umlaufen. Für diesen Spezialfall machte er sich an eine 'Analyse' der Keplerschen Gesetze. Zunächst deduzierte er für den gewählten Spezialfall die rein kinematische Folgerung, daß eine ebene Planetenbewegung auf die Sonne hin beschleunigt ist, aus Keplers naiver Vermutung, daß der *Fahrstrahl* in gleichen Zeiten gleiche Flächen überstreicht. Anders als im Falle Cauchy ist dieses Schlußergebnis über die Beschleunigung nicht offensichtlich wahr, aber jedenfalls im Lichte der Platonischen Metaphysik einigermaßen einleuchtend. Dann kam Newton zur Synthese. Er ging davon aus, die Beschleunigung sei wirklich auf die Sonne gerichtet, und deduzierte daraus *rückwärts* das Keplersche Flächengesetz. Nach dieser Analyse und Synthese nahm er sich das Keplersche Ellipsengesetz vor und deduzierte daraus im Rahmen der Analyse, daß die Beschleunigung, von der er bereits bewiesen hatte, daß sie auf die Sonne gerichtet war, proportional zum Kehrwert des Quadrats des Abstands des Planeten von der Sonne an jedem beliebigen Punkt sei. Diese Analyse hatte zur Voraussetzung das Gesetz, daß die Bahn des Planeten eine Ellipse ist. Doch die Synthese liefert nicht einfach eine Ellipse. Im Unterschied zur Analyse enthält die Synthese einen falschen Hilfssatz, und indem Newton vom umgekehrt quadratischen Gesetz mit verbesserten Hilfssätzen rückwärts schritt, gelangte er zu einer empirisch stärkeren Aussage: der Planet bewegt sich auf einem *Kegelschnitt,* dessen Art aufgrund der Anfangsgeschwindigkeit voraussagbar ist.

[65)] Auf diese Konsequenz machte mit Spiro Latsis aufmerksam. Vgl. auch Latsis [1972].
[*9)] An dieser Stelle steht in Lakatos' Schreibmaschinenmanuskript die neue Abschnittüberschrift: 'Eine Analyse und Synthese in der Infinitesimalrechnung, die nicht beweist, was sie beweisen wollte', aber kein zugehöriger Text. (D. Hrsgg.)

Jetzt kommt Newtons Analyse des dritten Keplerschen Gesetzes. Ehe ich sie skizziere, müssen wir uns daran erinnern, was Newton aus den beiden ersten Keplerschen Gesetzen deduziert hatte: daß der Planet in dem speziellen Modell eine Beschleunigung auf die Sonne zu erfährt, die umgekehrt proportional zum Quadrat seines Abstands von der Sonne ist. Jetzt versetzen wir den Planeten weiter weg von der Sonne auf eine größere Ellipse. Bleibt der Proportionalitätsfaktor derselbe? Die beiden Keplerschen Gesetze sagen darüber nichts aus. Newton vermutete, daß der Faktor der gleiche sei. Er hatte schon aus den beiden ersten Keplerschen Gesetzen abgeleitet, daß der Proportionalitätsfaktor folgenden Wert hatte:

$$\gamma = 4\pi \frac{2a^3}{T^2},$$

wo a die halbe große Achse der Ellipse und T die Umlaufzeit ist; und nun leitete er aus dem dritten Keplerschen Gesetz ab, daß γ unabhängig von der Entfernung des Planeten von der Sonne ist. Newton leitete also aus den drei Keplerschen Gesetzen ab: bei fester Sonne und einem Planeten ist die auf den Planeten wirkende Beschleunigung $\frac{\gamma}{r^2}$, wobei γ für alle solchen Systeme mit einem einzigen solchen Planeten dasselbe ist.

Diese rein kinematische Rekonstruktion der Newtonschen Analyse und Synthese stammt von Toeplitz.[66] Es ist eine offene Frage, ob Newton tatsächlich auf diesem Wege vorgegangen war, und sie läßt sich vielleicht nie klären. Nehmen wir nun an, er sei tatsächlich so vorgegangen. Die Analysen rufen die mathematischen Methoden auf den Plan, die in den Synthesen verwendet werden; liegt einmal die Analyse vor, so ist die Synthese nicht allzu schwierig. Im Falle Newtons scheint die Analyse – *völlig anders* als im Falle Cauchys – vom 'Bekannten' zum 'Unbekannten' zu führen und nicht vom 'Unbekannten' zum 'Bekannten'. Doch in Wirklichkeit wußte Newton, daß sich die Planeten nur *näherungsweise* auf Ellipsen bewegen, ganz wie zu Cauchys Zeit die Anomalien zu der Eulerschen naiven Vermutung wohlbekannt waren. Trotzdem führte Cauchy wie auch Newton eine exakte Analyse und Synthese ohne jede Rücksicht auf die Anomalien aus, und beide waren ungeheuer stolz darauf. *Die eigentliche Leistung war in beiden Fällen nicht das 'bewiesene' Endergebnis, sondern die geistige Leistung bei der Schaffung des nötigen mathematischen Apparats bei der Analyse.* Newton benutzte natürlich auch versteckte Hilfssätze, etwa den, daß die Masse der Sonne und des Planeten in einem geometrischen Punkt konzentriert sei. Erst später zeigte Newton, daß sich die Analyse auch unter der Annahme durchführen läßt, daß die beiden Körper vollkommene und homogene Kugeln sind. Doch Newtons Analyse und Synthese war noch auf Systeme mit fester Sonne und einem Planeten beschränkt. Dann ließ er die Sonne sich bewegen und zeigte, daß sich der Planet immer noch auf einem Kegelschnitt mit der beweglichen Sonne in einem Brennpunkt bewegt – doch dazu mußte er seine Dynamik heranziehen.[67] Um Planetenbewegungen bei mehr als zwei Körpern und verbeulte Planetenbahnen zu berechnen, mußte er einen komplizierten mathematischen Apparat und die ganze Tragweite seiner Dynamik einsetzen. In diesem Stadium half ihm die 'Analyse' nichts mehr, genau wie man in der schöpferischen Entwicklung der reifen algebraischen Topologie kaum noch Analysen findet. Wenn einmal die Hilfssätze immer mehr Bewährung erfahren und gar in axiomatische Systeme ein-

---

[66] Vgl. Toeplitz [1963], S. 156–164.
[67] Natürlich hatte er die ganze Zeit gewußt, daß es keine unsichtbare Hand gibt, die den Planeten festhält, und daß somit sein drittes Bewegungsgesetz eine feststehende Sonne ausschloß.

geordnet werden, wenn einmal der mathematische Apparat aufgebaut ist, dann wird die Analyse, das 'Rückwärtsschreiten', vielleicht noch als heuristisches Werkzeug beim Aufgabenlösen verwendet, aber es wird klar, daß ihre Rolle nur noch eine psychologische ist. Sie hilft der Phantasie dabei, gültige Beweise oder Erklärungen im Rahmen eines *gegebenen* Forschungsprogramms zu finden. In den reifen empirischen Wissenschaften und der reifen Mathematik führt die Analyse nicht mehr zu revolutionärem Fortschritt. *Die Analyse ist nur revolutionär, wenn sie einen Durchbruch von einer naiven Vermutung auf niedriger Ebene zu einem Forschungsprogramm bewerkstelligt.*

Das scheint mir bei mehreren wichtigen Entwicklungen in der Physik der Fall gewesen zu sein. So ist, wie ich meine, die Quantentheorie Plancks und Einsteins aus deduktivem Sondieren von Strahlungsgesetzen niedriger Ebene entstanden (wenn auch wahrscheinlich nicht auf den Wegen, die Dorling sieht[68])).

c) Pappussche Analysen und Synthesen in der griechischen Geometrie

Jetzt möchte ich mich der antiken griechischen Geometrie zuwenden. Ich möchte folgende historische These vertreten. Die antike Geometrie entwickelte sich zunächst empirisch durch naiven Versuch und Irrtum. Die Griechen übernahmen von den Babyloniern und Ägyptern einen Korpus naiver *Vermutungen* mit verhältnismäßig hohem Wahrheitsgehalt (und erfanden selbst weitere). Diese Vermutungen waren eine Vorbedingung für die späteren Entwicklungen. Dann kamen Prüf- und Beweis-Gedankenexperimente, hauptsächlich Analysen, ohne irgendwelche *bekannten* Hilfssätze, ohne irgendwelche gesicherten axiomatischen Systeme. Dies, so zeigte Szabo, war der ursprüngliche Begriff des griechischen Beweises, deiknymi. Deiknymi kann auf zwei Arten vor sich gehen [die der Analyse und Synthese entsprechen]. Erst nach Hunderten erfolgreicher Analysen und Synthesen, nach Hunderten von 'Beweisverfahren' (im Sinne meiner Arbeit 'Beweise und Widerlegungen') traten bestimmte Hilfssätze wieder und wieder auf, erlangten 'Bewährung' (während ihre Alternativen unfruchtbar blieben) und wurden schließlich von Euklid zum harten Kern eines Forschungsprogramms (zu einem 'axiomatischen System') gemacht. *Da war es dann so weit, daß man sich bei einer geometrischen Vermutung nicht mehr fragte, ob sie* wahr *sei, sondern ob sie aus den Euklidischen Postulaten und Axiomen* folgte. Die Analyse als ein Mittel zur Gewinnung *neuer* Hilfssätze und Axiome verlor ihre Funktion; wurde sie überhaupt angewandt, dann nur als heuristisches Mittel zur Aktivierung der – bereits bewiesenen oder trivial gültigen – Hilfssätze, die für die Synthese notwendig waren. Die Analyse war nicht mehr ein Aufbruch ins Unbekannte, sondern eine Übung zur Aktivierung und geschickten Verknüpfung der einschlägigen Teile des Bekannten. Die Hilfssätze, die einmal kühne und oft falsifizierte Vermutungen waren, verfestigten sich zu Hilfs-*Sätzen*.

Deshalb findet man in Euklids eigenen Analysen niemals 'lokale Gegenbeispiele', welche zeigen, daß versteckte Annahmen falsch sind und abgeändert und ersetzt werden müssen. Die Zeiten, da manche Hilfssätze durch Begriffsdehnung tatsächlich widerlegt wurden, waren vorbei; andere Möglichkeiten für Hilfssätze, wie 'Nicht alles ist größer als seine

---

[68]) Vgl. Dorling [1971].

Teile' oder 'Parallelen schneiden sich' wurden wegen Degeneration ausgeschieden: Solche anderen Möglichkeiten wurden vorgeschlagen, führten aber nicht zu interessanten Ergebnissen. Es wäre interessant, zu untersuchen, ob die Analysen des Archimedes und Apollonius – in Kuhnscher Ausdrucksweise – zur revolutionären oder zur Normalwissenschaft gehörten.

Eine letzte Bemerkung. In der vor-Euklidischen Geometrie, in der die Pappusschen Analysen eine revolutionäre Rolle spielten, trat das Parallelenaxiom immer wieder als ein neuer und zweifelhafter Hilfssatz auf. Erst nach einiger Zeit *entschloß* man sich dazu, diesen Hilfssatz als ein unbezweifeltes Axiom der Euklidischen Geometrie anzusehen; auf diese Entwicklung weist Szabo [1969] in seiner klassischen Arbeit hin.

Jetzt werden meine Meinungsverschiedenheiten mit Hintikka und Remes bei der rationalen Rekonstruktion der griechischen Analyse und Synthese deutlich. Ihre Rekonstruktion geht davon aus, daß die Pappussche Analyse ein heuristisches Schema in der *bereits axiomatisierten* Euklidischen Geometrie gewesen sei, und sie gehen stets davon aus, daß die deduktiven Teile von Analysen gültig und die benutzten Hilfssätze beweisbar seien. In meinen Augen waren die interessantesten Analysen der griechischen Geometrie vor-Euklidische, und ihre Funktion bestand darin, das Euklidische axiomatische System zu erzeugen. Der größte Teil der Euklidischen Geometrie existierte schon *vor* Euklids Postulaten, Axiomen, Definitionen und bekannten Begriffen; genau wie die Zahlentheorie schon vor den Peanoschen Axiomen bestand, die Infinitesimalrechnung schon vor den Definitionen der reellen Zahl von Dedekind und anderen, und die Wahrscheinlichkeitsrechnung schon vor Kolmogorow. Es fragt sich, warum das Bedürfnis nach der Formulierung eines axiomatischen Systems überhaupt entstand, und welche heuristische Rolle ein solches System bei der weiteren Entwicklung der betreffenden Disziplin spielte. Doch das ist eine *andere* Frage als die von uns behandelte und ihr nachgeordnet.

d) [Falsches Bewußtsein bezüglich Analyse und Synthese]

Es ist natürlich fesselnd, die verschiedenen Formen falschen Bewußtseins bei großen Wissenschaftlern zu untersuchen, wenn sie aus irgendeinem Grunde zu erklären versuchen, warum sie ihre Beiträge für wissenschaftlich, ja für hervorragend halten. So versuchte Newton häufig, seine wissenschaftlichen Verdienste gegenüber denen Hookes zu verteidigen. Newton behauptete, während Hooke lediglich *vermutet* habe, daß der Exponent im umgekehrt quadratischen Gesetz genau gleich 2 sei und nicht eine Zahl in der Nähe von 2, habe er selbst den genauen Wert aus den Keplerschen Gesetzen *deduziert*. Seit Duhem hat man Newton wegen dieser Behauptung viel verlacht (so Popper und Feyerabend), und die Verteidigungen etwa von Born und Bernard Cohen beruhten auf logischen Fehlvorstellungen.[69]) Doch Newtons heuristische Vorgehensweise könnte durchaus tatsächlich eine *Analyse* gewesen sein, die von den Keplerschen Gesetzen zum umgekehrt quadratischen Gesetz führte, und selbst in ihrer schwächsten, rein kinematischen Form war sie gehaltvermehrend und sogar gehaltverbessernd, weil sie tiefliegende Hilfssätze benutzte. Hat man das einmal erkannt, so versteht man, daß bereits bei der Analyse ein wissenschaftlicher Fortschritt im modernen Sinne erzielt worden ist. Der Fortschritt liegt nicht einmal so sehr in den neuen Voraussagen, die

---

[69]) Vgl. Born [1949], S. 128–133, und Cohen [1974].

5 Die Methode der Analyse und Synthese

über die Voraussetzungen hinausgehen – in diesem Fall, daß sich die Planeten [[z. B.]] auch auf Parabeln bewegen könnten –, sondern darin, daß die mathematischen und physikalischen Problemlösungsmethoden neu waren und später zu einem voranschreitenden Forschungsprogramm führten und in es eingingen.

Die verschiedenen Formen der Verwirrung bezüglich der Analyse und Synthese bei Euklid, Pappus, Zabarella, Galilei, Descartes, Newton und anderen lassen sich im wesentlichen auf einige wenige klar erkennbare Ursachen zurückführen.

Erstens meinte man, jeder Schritt des Wissenschaftlers müsse erkenntnistheoretisch *begründet* sein. Gelangt also der Wissenschaftler durch Analyse von A nach B, so muß er nun mehr wissen als am Anfang. Hatte die Analyse nur heuristischen und keinen Erkenntniswert, dann ist sie, justifikationistisch gesehen, noch kein nennenswerter Erfolg. Sie ist keine Entdeckung. Daher wurde die Analyse als Teil der Begründung und nicht der Entdeckung angesehen. *Diese beiden Vorgänge wurden vor der Entwicklung der modernen Logik nicht klar voneinander getrennt und konnten es auch gar nicht.* Schon der Ausdruck 'analytische Methode' vermengt beides. Heuristik und Beurteilung sind in Wirklichkeit zweierlei.

Zweitens war der Unterschied zwischen Deduktion und Induktion nicht klar. In der Aristotelischen Syllogistik läßt sich beides leicht auseinanderhalten, doch in einer psychologistischen Theorie der Logik (wie bei Galilei, Descartes und Newton) ist ein gültiger Schluß ganz allgemein 'der schließende Übergang von einem Inhalt oder Inhalten, die anschaulich erfaßt werden, zu einem anderen Inhalt, der aus dem ersten mit unmittelbarer logischer Notwendigkeit folgt'.[70]) Dann aber braucht es keinen Unterschied zwischen einem gehaltvermehrenden und einem nicht gehaltvermehrenden Schluß zu geben: Ein objektiv ungültiger induktiver Schluß kann mehr psychologische Gewißheit bei sich führen als manche deduktiv gültigen Schlüsse. Insbesondere das heute so genannte inhaltliche (informale) mathematische Schließen ist induktiv, denn die benutzten versteckten Voraussetzungen haben einen logischen Gehalt, der in den formulierten Voraussetzungen nicht enthalten ist. *Erst seit Bolzanos Theorie der logischen Gültigkeit kann man die Induktion von der Deduktion mittels allgemeiner Begriffe unterscheiden.* Bei Descartes und auch bei Newton werden die beiden Ausdrücke in gleicher Bedeutung gebraucht.

Drittens war es vor der modernen Logik unmöglich, den Unterschied zwischen Ursache und Wirkung herauszuarbeiten.

Diese drei Quellen der Verwirrung – die alle aus einer justifikationistischen Erkenntnistheorie und einer psychologistischen Theorie der Logik entspringen – führten zu den unklaren erkenntnistheoretischen Vorstellungen von dem, was ich den Pappus-Kartesischen Kreislauf nannte.*[10]) Ich möchte den Pappusschen Kreislauf durch ein Schema veranschaulichen:

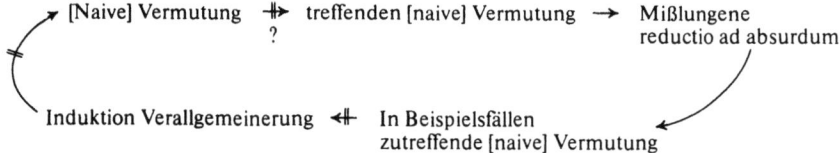

---

[70]) Joachim [1906], S. 71, Anm. 2.
[71]) S. oben, 1(c), vor (c1). (D. Hrsgg.)

Die Wahrheit der Vermutung wird durch den *vollständigen Kreislauf* gewährleistet, durch das Zusammenwirken von Verstand und Erfahrung – wieder ein so wichtiges Thema für Bacon, Descartes und Newton. (Ich weiß nicht, wer das Märchen von dem Streit zwischen Bacon und Descartes erfunden hat.)

Die Schwierigkeit bei dem Kreislauf ist natürlich, daß nicht alle Pfeile deduktiv gültige Schlüsse darstellen. Durchläuft man mehrmals den Kreis, so treten immer wieder versteckte Hilfssätze zutage, und die Vermutung wird ständig durch kritische Betrachtung des Kreislaufs verbessert. Zu einem Beweis kommt es nur, wenn man sich durch Festsetzung einigt, wo die begriffsdehnende Kritik haltmachen muß, und wenn, für *mathematische* Vermutungen, ein gültiger Beweis in einem Prädikatenkalkül erster oder zweiter Ordnung angegeben wird.

Gehen wir vom Pappusschen zum Kartesischen Kreislauf über, so treten neue Eigenschaften und damit neue Probleme auf [s. oben, 1(c1)–(c5). Der Kartesische Kreislauf läßt sich folgendermaßen darstellen:]

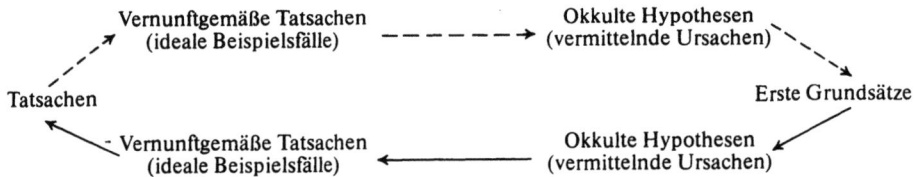

Der Zusammenbruch dieser Kartesischen Idee des Kreislaufs hat zu der Hauptströmung der modernen Wissenschaftstheorie geführt. [Dieser Zusammenbruch kam zustande durch] die allmähliche Trennung der Deduktion und Induktion sowie der Psychologie der Entdeckung und der Logik der Begründung, durch den Zusammenbruch des Grundsatzes 'causa aequat effectum' und vor allem durch die allmähliche Trennung der Mathematik und der empirischen Wissenschaften. Dieser Zusammenbruch des Kartesischen Kreislaufs brauchte ein paar hundert Jahre. Wahrscheinlich begann er mit Leibniz, doch der eigentliche Durchbruch kam erst mit Bolzano, Fries und schließlich Tarski. [Die anschließende Entstehung der hypothetisch-deduktiven Methode der Entdeckung und Begründung könnte uns freilich gegen die wichtige Rolle deduktiver Ableitungsketten aus den 'Erscheinungen' blind machen. Die Kluft zwischen wissenschaftlichen Theorien und Tatsachenaussagen *ist* unüberbrückbar, aber gelegentlich ist sie schmaler, als die Poppersche Philosophie uns vielleicht glauben macht.]

**Teil 2
Kritische Arbeiten**

6 Das Problem der Beurteilung wissenschaftlicher Theorien: drei Ansätze*)

Ein herkömmliches Hauptproblem der Wissenschaftstheorie war das der (normativen) Beurteilung jener Theorien, die den Anspruch auf 'Wissenschaftlichkeit' erheben. Lassen sich allgemein anwendbare Bedingungen angeben, die eine wissenschaftliche Theorie erfüllen muß, um besser zu sein als eine andere? (Das Abgrenzungsproblem, das sich heute mit dem Namen Poppers verbindet, und bei dem es darum geht, ob man die Bedingungen angeben kann, die eine Theorie erfüllen muß, um überhaupt wissenschaftlich zu sein, ist eine Art 'Nullfall' dieses Problems.) Das verallgemeinerte Abgrenzungsproblem scheint mir das Hauptproblem der Wissenschaftstheorie zu sein. Als Lösungsansätze dazu gibt es drei wichtige Traditionen. [Die vorliegende Arbeit möchte sie skizzieren und ihre Stärken und Schwächen untersuchen.]

1 Drei wichtige Schulen im Hinblick auf das normative Problem der Beurteilung wissenschaftlicher Theorien

a) Die Skepsis

Eine Schule bezüglich des Beurteilungsproblems läßt sich bis auf die griechische Tradition der Pyrrhonischen Skepsis zurückführen; sie wird heute als 'Kulturrelativismus' bezeichnet. Die Skepsis betrachtet wissenschaftliche Theorien als eine Familie von Meinungen, die erkenntnistheoretisch auf der gleichen Stufe steht wie die Tausende anderer Familien von Meinungen. Kein solches System ist 'richtiger' als irgendein anderes; manche freilich sind *mächtiger* als andere. Es kann *Veränderungen* bei den Vorstellungssystemen geben, aber keinen *Fortschritt*. Diese philosophische Schule, die eine Zeitlang durch den erstaunlichen Erfolg der Newtonschen Wissenschaft zum Schweigen gebracht war, gewinnt heute wieder an Boden, vor allem in den wissenschaftsfeindlichen Kreisen der neuen Linken; ihre originellste und farbigste Form ist Feyerabends *'erkenntnistheoretischer Anarchismus'*. Nach Feyerabend ist die Wissenschaftstheorie ein völlig berechtigtes Tätigkeitsfeld; sie darf sogar die Wissenschaft *beeinflussen*. *Alle* Glaubenssysteme – auch die der Gegner – dürfen sich entwickeln und jedes andere beeinflussen; doch keines steht erkenntnistheoretisch höher.[1]) Man beachte, daß diese Auffassung etwas anderes ist als Maos 'Laßt hundert Blumen blühen'. Feyerabend möchte niemandem eine 'subjektive' Unterscheidung zwischen Blumen und Unkraut aufoktroyieren.

---

*) Diese Arbeit bildete ursprünglich einen Teil von Lakatos' Besprechung von Toulmins Buch 'Human Understanding', deren Geschichte unten in der ersten Anmerkung zu Kap. 11 beschrieben wird. Sie war auch Grundlage einiger seiner Vorträge in Alpbach im Jahre 1973. Der Titel stammt von uns. Die Arbeit wird hier zum erstenmal veröffentlicht. (D. Hrsgg.)
[1]) Ich meine hier den Feyerabend des Jahrgangs 1970, wie er sich am besten in seinen Arbeiten [1970], [1972] und [1975] ausdrückt.

Der Rat des Skeptikers lautet: *Tu, was dir gemäß ist.* Das ist sein Grundsatz der intellektuellen Redlichkeit.

Skeptiker sind phantasiereiche, aber unzuverlässige Historiker. Für sie kann die Wissenschaftsgeschichte nur eine Meinung über Meinungen sein. Die Rekonstruktionen unterscheiden sich voneinander gemäß der unbehebbaren Voreingenommenheit der einzelnen Historiker, und keine ist besser als eine andere.

Der Skeptiker *leugnet* also jede Möglichkeit einer befriedigenden Lösung des Problems der Beurteilung wissenschaftlicher Theorien. Die beiden anderen Schulen, die ich betrachten möchte, *behaupten* diese Möglichkeit. Die 'Abgrenzungstheoretiker' möchten vor allem ein *allgemeingültiges* Beurteilungskriterium aufstellen, das zur Erkennung des wissenschaftlichen Fortschritts beiträgt und zum Beispiel zeigt, [daß die Newtonsche Theorie eine Verbesserung der Keplerschen in genau dem gleichen Sinne ist wie die Einsteinsche eine Verbesserung der Newtonschen. Die 'Elitetheoretiker', so werden wir sehen, stimmen dem jeweils bei, bestreiten aber die Möglichkeit eines *allgemeingültigen* Kriteriums des wissenschaftlichen Fortschritts, aus dem diese speziellen Urteile folgen würden.]

b) Die Abgrenzungstheorie

Der Ausdruck 'Abgrenzungstheorie' leitet sich von dem Problem der Abgrenzung zwischen Wissenschaft und Nichtwissenschaft oder Pseudowissenschaft her. Ich gebrauche ihn aber in einem weiteren Sinne. Ein (verallgemeinertes) Abgrenzungskriterium, eine Methodologie oder ein Beurteilungskriterium, grenzt bessere von schlechterer Erkenntnis ab, bestimmt Fortschritt und Degeneration.

Abgrenzungskriterien setzen allgemeingültige 'drittweltliche' [Kriterien der] logischen Wahrheit und des logisch gültigen Schließens voraus. Das abgrenzungstheoretische Forschungsprogramm, das solche Kriterien finden wollte, begann mit der Aristotelischen Syllogistik und erreichte einen Höhepunkt mit Gödels berühmtem Vollständigkeitssatz. Zur Verdeutlichung des Unterschieds zwischen der 'Abgrenzungstheorie' und der 'Elitetheorie' (die ich als nächstes skizzieren werde) müssen wir bei der Fregeschen und Popperschen Unterscheidung zwischen drei Welten anfangen. Die 'erste Welt' ist die materielle Welt; die 'zweite Welt' ist die Welt des Bewußtseins, der Geisteszustände und insbesondere des Für-zutreffend-Haltens; die 'dritte Welt' ist die Platonische Welt des objektiven Geistes, die Ideenwelt.[2] Die drei Welten wirken aufeinander, doch jede ist recht selbständig. Die *Erzeugnisse* der Erkenntnis: Aussagen, Theorien, Theoriensysteme, Probleme, Problemverschiebungen, Forschungsprogramme, sie leben und entwickeln sich in der 'dritten Welt'.[3] Die *Erzeuger* der Erkenntnis leben in der ersten und der zweiten Welt.

---

[2] Eine Darstellung dieser grundwichtigen Unterscheidung findet sich bei Popper [1972], Kap. 3 u. 4, und insbesondere in der bedeutenden unveröffentlichten Dissertation von Musgrave [1969].

[3] Die meisten Abgrenzungstheoretiker sind darin einig, daß Aussagen wahr sind, wenn sie mit den Tatsachen übereinstimmen, sie schließen sich also der Übereinstimmungstheorie der Wahrheit an. (Manche Konventionalisten ziehen vielleicht die Kohärenztheorie vor.) Doch die meisten von ihnen unterscheiden genau zwischen der Wahrheit und ihren fehlbaren Anzeichen: Eine Aussage kann mit einer Tatsache übereinstimmen, ohne daß es eine unfehlbare Möglichkeit gäbe, das festzustellen. (Vgl. Popper [1934], Abschn. 84, sowie Carnap [1950], S. 37–51.)

Nach der 'Abgrenzungstheorie' kann man die Erzeugnisse der Erkenntnis aufgrund bestimmter *allgemeingültiger* Kriterien beurteilen und vergleichen. Theorien über diese Kriterien bilden 'methodologische' Erkenntnis und leben und entwickeln sich ebenfalls in der 'dritten Welt'.

Es gibt viele Unterschiede *innerhalb* der abgrenzungstheoretischen Schule. Sie gehen auf zwei Grundunterschiede zurück. Einmal können sich die Abgrenzungstheoretiker darin unterscheiden, was sie für den geeignetsten *Gegenstand* der Beurteilung halten. Leibniz meinte, jede Aussage könne für sich allein beurteilt werden; Russell meinte, nur eine große Konjunktion von Aussagen könne beurteilt werden.[4] Ich halte es für besser, Problemverschiebungen und insbesondere Forschungsprogramme zu bewerten.[5] Zweitens können Abgrenzungstheoretiker, auch wenn sie sich über den Gegenstand der Beurteilung einig sind, über das Beurteilungskriterium uneinig sein. Für manche ist eine Aussage nur annehmbar, wenn sie wahr ist, und nur wahr, wenn sie anhand der Tatsachen beweisbar ist; für andere ist eine Aussage nur dann annehmbar, wenn sie aufgrund des gesamten Datenmaterials wahrscheinlicher ist als ihre Konkurrenten; für noch andere ist eine Aussage nur dann annehmbar, wenn sie mehr mögliche, aber weniger wirkliche Falsifikatoren hat als ihre Konkurrenten. Zahar ist mit mir darin einig, daß Forschungsprogramme beurteilt werden sollten, hat aber meine Beurteilungsweise verbessert.[6]

Doch bei allen Unterschieden stimmen die Abgrenzungstheoretiker in einigen wichtigen Punkten überein. Für sie ist die Frage der Wissenschaftlichkeit einer Theorie eine Frage über die 'dritte Welt'. Daher kann für sie eine Theorie auch dann pseudowissenschaftlich sein, wenn sie ungeheuer 'einleuchtend' ist und jeder sie für richtig hält, und sie kann wissenschaftlich wertvoll sein, auch wenn sie unglaublich ist und niemand sie für richtig hält. Eine Theorie kann sogar dann von höchstem wissenschaftlichem Wert sein, wenn sie gar niemand *versteht*, geschweige denn *für richtig hält*. Der *Erkenntnis*wert einer Theorie hat also nichts mit ihrem *psychologischen* Einfluß auf das Bewußtsein der Menschen zu tun. Es spielt keine Rolle, ob sie sie zu nachdrücklichem Glauben und starkem Engagement bringt, oder ob sie den euphorischen (zweitweltlichen) Bewußtseinszustand erzeugt, der da 'Verstehen' heißt. Fürrichtig-Halten, Engagement, Verstehen sind Zustände des menschlichen Bewußtseins. Sie sind Bewohner der 'zweiten Welt'. Doch der objektive wissenschaftliche Wert einer Theorie ist eine Sache der 'dritten Welt'. Er ist unabhängig vom menschlichen Geist, der die Theorie erschafft oder versteht.

Den Abgrenzungstheoretikern gemeinsam ist also *eine kritische Achtung vor dem Artikulierten*. Sie beurteilen an der menschlichen Erkenntnis nur das *Artikulierte*. Sie geben ohne weiteres zu, daß die artikulierte Erkenntnis nur die Spitze eines Eisbergs menschlicher Tätigkeit ist; doch genau hier ist die Vernunft angesiedelt. Den Abgrenzungstheoretikern ist noch eine zweite wichtige Eigenschaft gemeinsam: *eine demokratische Achtung vor dem Lai-*

---

[4] Vgl. Russell [1910], S. 92f. Er sagt aber nicht, *wie*. Übrigens kann nach Duhem auch eine isolierte Hypothese widerlegt werden, aber dazu braucht der Wissenschaftler mehr als die deduktive Logik, nämlich *gesunden Menschenverstand*. (Duhem [1906], Kap. 6, Abschn. 10.) Popper hat Duhem mißverstanden, und seine eigene Lösung ist weniger klar als die Duhemsche. Meine Lösung findet sich in Bd. 1, Kap. 1, zweite Hälfte des Anhangs.

[5] Vgl. Lakatos [1968c] sowie Bd. 1, Kap. 1.

[6] Vgl. Zahar [1973], insbes. S. 99–104.

en.⁷) Sie legen *'Rechtsnormen'* der vernünftigen Beurteilung fest, nach denen Laienrichter urteilen können. (Man braucht zum Beispiel kein Fachwissenschaftler zu sein, um zu verstehen, unter welchen Bedingungen eine Theorie in höherem Maße falsifizierbar ist als eine andere.) Natürlich ist kein Gesetzestext eindeutig auslegbar und keiner unabänderlich. Man kann sowohl gegen ein spezielles Urteil als auch gegen das Gesetz selber Einwände erheben. Doch es gibt ein vom 'Abgrenzungstheoretiker' geschriebenes Gesetzbuch, an dem der Außenstehende sein Urteil ausrichten kann.

In der abgrenzungstheoretischen Tradition ist die Wissenschaftstheorie ein Wachhund für die wissenschaftlichen Maßstäbe. Die Abgrenzungstheoretiker rekonstruieren allgemeingültige Kriterien, die große Wissenschaftler unbewußt oder halbbewußt bei der Beurteilung bestimmter Theorien oder Forschungsprogramme angewandt haben. Nun könnte es sich herausstellen, daß die mittelalterliche 'Naturwissenschaft', die heutige Physik der Elementarteilchen, die Umwelttheorien der Intelligenz diese Kriterien nicht erfüllen. In einem solchen Fall versucht die Wissenschaftstheorie, die apologetischen Bemühungen degenerierender Programme zu überwinden.⁸)

Was empfehlen die Abgrenzungstheoretiker den Wissenschaftlern? Die Induktivisten verbieten ihnen die Spekulation; die Probabilisten verbieten ihnen, eine Hypothese zu formulieren, ohne die Wahrscheinlichkeit anzugeben, die ihr die vorliegenden Daten verleihen; in den Augen der Falsifikationisten verbietet es die *wissenschaftliche* Ehrlichkeit, zu spekulieren, ohne mögliche widerlegende Daten anzugeben, *wie auch,* die Ergebnisse strenger Prüfungen unbeachtet zu lassen. Meine Methodologie der wissenschaftlichen Forschungsprogramme enthält keine so strengen Normen; *sie gestattet den Menschen, das ihnen Gemäße zu tun, aber nur, solange sie öffentlich darüber sprechen, wie sie im Vergleich zu ihren Konkurrenten stehen.* Es besteht Freiheit (oder 'Anarchie', wenn dieses Wort Feyerabend lieber ist) für die Neuschöpfung und für die Entscheidung, an welchem Programm man arbeiten möchte, aber das, was herauskommt, muß beurteilt werden. *Beurteilung* heißt nicht *Empfehlung.*⁹)

Die abgrenzungstheoretische Geschichtsschreibung erkennt an, daß jede Darstellung der Wissenschaftsgeschichte unvermeidlicherweise methodologiegetränkt ist, und daß man auf 'rationale Rekonstruktionen' nicht verzichten kann. Jede Variante der Abgrenzungstheorie führt zu einer anderen 'innerwissenschaftlichen Rekonstruktion' mit entsprechend verschiedenen Anomalien und verschiedenen 'außerwissenschaftlichen' Problemen. Doch diese 'rationalen Rekonstruktionen' sind anhand wohlbestimmter Kriterien vergleichbar, und die Geschichte des Abgrenzungsansatzes – des klassischen Induktivismus, Probabilismus, Konventionalismus, Falsifikationismus, der Methodologie der wissenschaftlichen Forschungsprogramme – bildet selbst ein voranschreitendes Forschungsprogramm.¹⁰)

---

⁷) Dem gebildeten Laien, nicht dem ungebildeten Wissenschaftssoziologen.
⁸) Ein solcher militanter Abgrenzungstheoretiker ist z.B. Newton mit seinem bekannten Kampf gegen Hypothesen, die nicht aus den Erscheinungen abgeleitet sind; Popper mit seinen Äußerungen über die Psychoanalyse in [1963a], S. 37 f.; oder Urbach mit seinen Äußerungen über Umwelttheorien der Intelligenz in [1974]. Ein Versuch, einen nichtempirischen Zweig der Erkenntnis als degenerierende Scholastik zu entlarven, findet sich in meiner Behandlung der induktiven Logik im vorliegenden Band, Kap. 8.
⁹) Vgl. Bd. 1, Kap. 2, insbes. Schluß von 1(d), sowie auch Quine [1972].
¹⁰) Das ist ein schwieriges Problem. Eingehende Behandlungen finden sich im vorliegenden Band, Kap. 8, und in Bd. 1, Kap. 2.

c) Die Elitetheorie

Bei den Wissenschaftlern ist die einflußreichste Tradition der Betrachtung wissenschaftlicher Theorien die Elitetheorie. Im Unterschied zu den Skeptikern – aber in Übereinstimmung mit den Abgrenzungstheoretikern – behaupten die Elitetheoretiker, gute Wissenschaft lasse sich druchaus von schlechter oder Pseudowissenschaft, bessere von schlechterer Wissenschaft unterscheiden. Für die Elitetheoretiker sind die Leistungen Newtons, Maxwells, Einsteins, Diracs, der Astrologie, den Theorien Velikovskys und anderen Arten der Pseudowissenschaft haushoch überlegen, und sie behaupten wissenschaftlichen Fortschritt erkennen zu können. Doch sie bestreiten, daß es 'Rechtsnormen' gebe oder geben könne, die als explizites allgemeingültiges Kriterium (oder endliche Menge von Kriterien) für Fortschritt oder Degeneration dienen könnten. In ihren Augen kann Wissenschaft nur kasuistisch beurteilt werden, und die einzigen Richter sind die Wissenschaftler selbst. In dieser autoritären Sicht ist die akademische Freiheit unantastbar, und der Laie, der Außenseiter darf sich kein Urteil über die akademische Elite erlauben; das abgrenzungstheoretische Forschungsprogramm ist Hybris und sollte stillgelegt werden. Kürzlich äußerte sich in diesem Sinne Polanyi (und ebenso Kuhn).[11] Auch Oakeshotts konservative Politikauffassung fällt in diese dritte Kategorie. Nach Oakeshott kann man Politik *treiben,* aber es hat keinen Sinn, darüber zu philosophieren.[12] Nach Polanyi kann man Wissenschaft *treiben,* aber es hat keinen Sinn, darüber zu philosophieren. Nur eine privilegierte Elite ist zur Wissenschaft befähigt, genau wie nach Oakeshott nur eine privilegierte Elite zur Politik befähig ist. Die elitetheoretische Tradition geht auch auf die Antike zurück (auf gewisse griechische und auch einige östliche esoterische Philosophien).

Ich habe die Elitetheorie durch ihre *negative* Grundbehauptung gekennzeichnet, es gebe kein allgemeingültiges Kriterium für den wissenschaftlichen Fortschritt; doch die meisten Elitetheoretiker legen eine positive These vor, die erklären soll, warum dem so sei: ein großer Teil der wissenschaftlichen Erkenntnis sei nicht artikulierbar, gehöre zur 'stummen Dimension'. Auch die methodologische Erkenntnis habe eine 'stumme Dimension'. Der Laie könne wissenschaftliche Theorien nicht beurteilen, weil die stumme Dimension nur der Elite gegeben sei und nur von ihr verstanden werde.[13] Nur sie kann ihre eigene Tätigkeit beurteilen.

Die Elitetheorie (ebenso wie die Skepsis) lebt von den Niederlagen der älteren Formen des Abgrenzungsprogramms. Der Niedergang des klassischen Induktivismus, die anscheinend unverbesserliche Armseligkeit der neoklassischen induktiven Logik, die heutige Degeneration des Falsifikationismus und schließlich die Notwendigkeit außerwissenschaftlicher Erklärungen für einige historische Anomalien in der Methodologie der wissenschaftlichen Forschungsprogramme haben alle der Propaganda für die elitetheoretische Behauptung

---

[11] Polanyis ursprüngliches Problem waren Argumente zum Schutz der akademischen Freiheit vor den Kommunisten in den dreißiger bis fünfziger Jahren; vgl. Polanyi [1964], S. 7–9. Kuhns Problem war ein ganz anderes; vgl. Kuhn [1962].
[12] Eine kritische Behandlung der Philosophie Oakeshotts findet sich bei Watkins [1952].
[13] Die Elitetheorie hängt eng mit der Lehre vom Verstehen zusammen; siehe z. B. Martin [1969]. Verstehen hat natürlich nichts mit 'positivistischen' Kriterien für eine befriedigende Erklärung zu tun, wie ich eines in Bd. 1, Kap. 1, 2(c), Anm. zum 8. Abs., angegeben habe. ('Positivismus' scheint in der deutschen philosophischen Literatur das Schimpfwort für das zu sein, was ich 'Abgrenzungstheorie' nenne.)

in die Hände gearbeitet, daß kein allgemeingültiges Kriterium des wissenschaftlichen Fortschritts möglich sei.¹⁴) Die Elitetheoretiker schreiben die Schwächen und Anomalien der Abgrenzungstheorie im allgemeinen der Nichtbeachtung der stummen Dimension zu. [Doch die Elitetheoretiker sollten nicht vergessen, daß die Abgrenzungstheoretiker ein paar Schlachten verlieren und doch noch den Krieg gewinnen können.

Wie gesagt, ist die Elitetheorie sehr einflußreich, und sie ist die vorherrschende Tradition bei den Wissenschaftlern selbst. Es lohnt sich daher, sie eingehender zu analysieren.]

2 Die Elitetheorie und verwandte philosophische Standpunkte

Die Elitetheoretiker können zweifellos für ihre Auffassung einige Argumente anführen. So neigten gewiß einige Abgrenzungstheoretiker dazu, die Möglichkeiten der Logik zu überschätzen,¹⁵) und einige beachteten zu wenig die tatsächliche Wissenschaftspraxis.¹⁶) Und in sehr beschränktem Maße ist an der Elitetheorie auch etwas Richtiges.¹⁷) Doch auf jeden Fall hängt die Elitetheorie sehr eng mit vier abstoßenden philosophischen Lehren zusammen: dem Psychologismus, dem Ideal der autoritären geschlossenen Gesellschaft (mit Irrenanstalten für die Abweichler), dem Historizismus und dem Pragmatismus.

a) Die psychologistische und/oder soziologistische Tendenz der Elitetheorie

Die Hauptauswirkung der elitetheoretischen Lösung des Abgrenzungsproblems ist der Übergang von der Beurteilung drittweltlicher Erzeugnisse wie Aussagen, Problemverschiebungen, Forschungsprogramme und ihrer drittweltlichen Beziehungen wie gültiger Schlüsse (im Bolzanoschen und Tarskischen Sinne) hin zur Beurteilung zweitweltlicher Gegenstände wie psychologischer Glaubensakte, Bewußtseinszustände, des Strebens nach Lösung von Problemen und sozio-psychologischer Krisen im Bewußtsein des Wissenschaftlers oder in der wissenschaftlichen Gemeinschaft.

Nach der Abgrenzungstheorie ist eine Theorie besser als eine andere, wenn sie bestimmte objektive Kriterien erfüllt. Nach der Elitetheorie ist eine Theorie besser als eine andere, wenn sie von der wissenschaftlichen Elite vorgezogen wird. Doch dann muß man unbedingt wissen, *wer* zur wissenschaftlichen Elite gehört. Wenn auch die Elitetheoretiker be-

---

¹⁴) Vgl. Bd. 1, Kap. 2 u. 3, sowie Kap. 8 des vorliegenden Bandes. Am besten betrachtet man die Abgrenzungstheorie als ein voranschreitendes Forschungsprogramm.

¹⁵) Doch wesentlich mehr Elitetheoretiker *unter*schätzen die Möglichkeiten der deduktiven Logik.

¹⁶) Vgl. meine Kritik an Carnap, Popper und sogar Tarski in dieser Beziehung, insbes. in der Einleitung zu meiner Arbeit [1963/64] bzw. [1976c], in Kap. 8 des vorliegenden Bandes sowie in Bd. 1, Kap. 3, 1(c)–(d).

¹⁷) Vgl. mein Plädoyer für eine Abgrenzungstheorie, die ernsthaft auf solche Urteile von Wissenschaftlern eingeht, die den allgemeinen abgrenzungstheoretischen Urteilen entgegenlaufen. Doch solche Unstimmigkeiten müssen nach meiner Auffassung *innerhalb* des abgrenzungstheoretischen Programms aufgelöst werden (Bd. 1, Kap. 3, 1(e)). Ein Beispiel dafür ist die Verbesserung der Methodologie der wissenschaftlichen Forschungsprogramme durch Zahar [1973].

haupten, es seien keine allgemeingültigen Kriterien für wissenschaftliche *Leistungen* möglich, so können sie doch die Möglichkeit allgemeingültiger Kriterien dafür zugeben, ob eine *Person oder Gemeinschaft* zur Elite gehört.[18])

Jeder Versuch, Personen oder Gemeinschaften anhand ihrer Leistungen zu beurteilen, würde den Elitetheoretiker in einen Zirkel verwickeln. Während also die Abgrenzungstheoretiker Regeln zur Beurteilung der 'drittweltlichen' *Erzeugnisse* der wissenschaftlichen Tätigkeit anbieten, gibt es bei den Elitetheoretikern Regeln zur Beurteilung der *Erzeuger* (in erster Linie ihrer 'zweitweltlichen' Bewußtseinszustände). War also *für die Abgrenzungstheorie der Wachhund der wissenschaftlichen Maßstäbe die Wissenschaftstheorie, so ist es für die Elitetheorie die Psychologie, Sozialpsychologie oder Soziologie der Wissenschaft.* (Die Abgrenzungstheorie bestreitet die Selbständigkeit der Wissenschaftssoziologie: alle Darstellungen der Wissenschaft sind rationale Rekonstruktionen der Wissenschaft.)

Für den Elitetheoretiker ist der Versuch, ein System der Qualitätskontrolle für Tataschen- oder theoretische Aussagen zu schaffen, aussichtslos; daher muß er statt dessen ein System der Qualitätskontrolle für Eliten schaffen. Schlägt ein Wissenschaftler eine Theorie T vor, dann muß der Elitetheoretiker zur erkenntnistheoretischen Beurteilung von T entscheiden, ob der Urheber von T, es sei P, ein echter Wissenschaftler ist; er kann nur den Erzeuger beurteilen, *nicht* das Erzeugnis. Seine Anerkennung von T folgt aus seiner Anerkennung von P. Steht er vor zwei konkurrierenden Theorien T_1 und T_2, so untersucht er die konkurrierenden Urheber P_1 und P_2, und aus 'P_1 ist besser als P_2' schließt er 'T_1 ist besser als T_2'. Das ist Psychologismus. Und wenn die Kriterien auf Gemeinschaften statt Einzelpersonen anzuwenden sind, dann liegt Soziologismus vor.

Es sind verschiedene Kriterien für wissenschaftliche Individuen und wissenschaftliche Gemeinschaften vorgeschlagen worden. Die ersten beiden modernen Elitetheoretiker waren Bacon und Descartes. Nach Bacon war das wissenschaftliche Bewußtsein das von 'Vorurteilen' gereinigte, die tabula rasa, in die die Natur die Wahrheit über sich eingraben konnte. Nach Descartes war das wissenschaftliche Bewußtsein dasjenige, das durch die Qualen des skeptischen Zweifels hindurchgegangen war; sein Lohn war Gottes Hand, die es zur Erkenntis der Wahrheit führen würde.

Andere Elitetheoretiker beurteilen Gemeinschaften und nicht Einzelpersonen. Für einige Pseudo-Marxisten (Marx selbst hat nach meiner Kenntnis solche Ansichten nie vertreten) hängt die Güte der Wissenschaft von der Struktur der Gesellschaft ab, aus der sie stammt. Die Wissenschaft des Feudalismus ist besser als die der antiken Sklavenhaltergesellschaft, die bürgerliche besser als die feudalistische, und die proletarische Wissenschaft, die ist wahr.

Manche Formen des Psychologismus und des Soziologismus sind fragwürdiger als andere. Nach einigen kann jedermann Mitglied der hellseherischen und sich selbst instruierenden wissenschaftlichen Gemeinschaft werden, wenn er nur eine bestimmte Ausbildungstherapie (Gehirnwäsche?) absolviert hat. Doch nach anderen ist der Klub der wahren Wissenschaftler sehr exklusiv und kann jemandem aus gesellschaftlichen oder rassischen Gründen

---

[18]) Nach Polanyi kann man wissenschaftliche Leistungen überhaupt nicht beurteilen, ohne Vertrauen in die persönliche Integrität der Wissenschaftler zu haben: 'Von der Wissenschaft und ihrem ständigen Fortschritt sprechen heißt Vertrauen in ihre Grundsätze setzen wie auch in die Integrität der Wissenschaftler, die diese Grundsätze anwenden und weiterentwickeln.' (Polanyi [1964], S. 16.)

dauernd verschlossen sein. Nach den einen (so Polanyi, Kuhn und Toulmin) ist die wissenschaftliche Gemeinschaft eine geschlossene Gesellschaft, nach anderen (so Popper und Merton) eine offene. Merton – der kein Elitetheoretiker ist – behauptete, die ideale wissenschaftliche Gemeinschaft sei eine offene Gesellschaft mit den Normen 'Universalismus', 'Gemeinschaftlichkeit', 'Unparteilichkeit' und 'organisierte Skepsis'.[19])

Doch in jeder ihrer besonderen Formen scheinen mir Psychologismus und Soziologismus beide dem folgenden grundlegenden Einwand ausgesetzt zu sein. Jeder, sei er Elitetheoretiker oder nicht, muß normative drittweltliche Kriterien – seien es ausdrückliche oder stillschweigende – dafür heranziehen, was eine wissenschaftliche Gemeinschaft sei. Merton etwa entschied zweifellos darüber, welche Theorien als wissenschaftlich zu gelten hätten, ehe er die Institutionalisierungen der Wissenschaft beschrieb. Er mußte schon entschieden haben, daß die Darwinsche Biologie wissenschaftlich sei und die katholische Theologie nicht, *ehe* er seine vier Normen formulierte. [Ähnliches] gilt für Polanyi und Kuhn. Warum aber lassen Merton, Polanyi, Kuhn und Toulmin alle die katholische Theologie und die Astrologie nicht als Wissenschaften gelten? Das tun sie ja auf jeden Fall, Merton freilich *vor* der Aufstellung seines Kriteriums, während Polanyi, Kuhn und Toulmin nachträgliche Anpassungen vornehmen müssen. (Die katholischen Theologen und die Astrologen bilden eindeutig keine offene Gesellschaft.)

Doch wenn man *irgendeine* Idee darüber haben muß, was Wissenschaft sei, ehe man weiß, welche Gemeinschaften als wissenschaftliche zu gelten haben, dann muß man zuerst entscheiden, was wissenschaftlicher Fortschritt ist. Erst *nach* der Lösung dieses normativen Problems kann man zu dem empirischen Problem übergehen, welche sozio-psychologischen Bedingungen notwendig (oder am günstigsten) für das Zustandekommen wissenschaftlichen Fortschritts sind. Genau so gehen die Abgrenzungstheoretiker an die Soziologie der Wissenschaft heran. Sie betrachten das Problem der Qualitätskontrolle für die *Erzeugnisse* als primär, das der Qualitätskontrolle für die *Erzeuger* als sekundär. Da für die Qualitätskontrolle der Erzeugnisse verschiedene Vorschläge vorliegen, steht auch der Soziologe, je nachdem, von welchem er ausgeht, vor verschiedenen Problemen. Und wenn einmal das normative Problem der Qualitätskontrolle für die Erzeugnisse durch eine Definition des wissenschaftlichen Fortschritts gelöst ist, dann wird das Problem der Qualitätskontrolle für die Erzeuger zu einem empirischen. Für die Abgrenzungstheorie ist die Wissenschaftstheorie normativ und die Wissenschaftssoziologie empirisch, wenn auch 'normgetränkt'.

Die Abgeleitetheit der Wissenschaftssoziologie läßt sich an einer Kritik der Mertonschen Theorie der Prioritätsstreitigkeiten verdeutlichen. Mertons Auffassung vom wissenschaftlichen Fortschritt (anscheinend eine Art Induktivismus) führte ihn dazu, Prioritätsstreitigkeiten in der wissenschaftlichen Gemeinschaft als eine 'Dysfunktion' zu sehen. Geht man aber von der Auffassung des wissenschaftlichen Fortschritts aus, wie sie in meiner Methodologie der wissenschaftlichen Forschungsprogramme formuliert ist, dann ist es von entscheidender Wichtigkeit, zu wissen, welches von zwei konkurrierenden Forschungsprogrammen Tatsachen *vorausgesagt* und welches sich erst *nachträglich* mit ihnen beschäftigt hat. Manche

---

[19]) Merton [1949].

6 Das Problem der Beurteilung wissenschaftlicher Theorien: drei Ansätze

Prioritätsstreitigkeiten können also alles andere als eine Anomalie, sondern wesentlich und völlig 'funktional' sein.[20])

Die psychologistische und soziologistische Orientierung der Elitetheorie hat eine weitere nachteilige Folge. Der Elitetheoretiker braucht nicht zu behaupten, daß irgendeine Änderung in den Auffassungen der Gemeinschaft ein *Fortschritt* sei. In wirklichen wissenschaftlichen Gemeinschaften sind Veränderung und Fortschritt einfach identisch. So könnte der Elitetheoretiker zum Beispiel Lysenkos zeitweiligen Sieg über die Mendelianer in der Sowjetunion mit der Zerstörung der Normen der wissenschaftlichen Gemeinschaft durch Stalin erklären.[21]) Doch ob er nun Mertons oder Polanyis oder Kuhns oder Toulmins Kriterien für echte wissenschaftliche Gemeinschaften zugrunde legt – sind diese sozialen Normen vollständig erfüllt, dann muß der Elitetheoretiker jeden Wandel in einer wissenschaftlichen Gemeinschaft als Fortschritt betrachten.[22])

Doch sicherlich ist Degeneration zumindest möglich, auch in einer 'wissenschaftlichen' Gemeinschaft. Schließlich hätte es auch im Westen zu einem Sieg des Lysenkoschen Forschungsprogramms kommen können, wenn alle seine Gegner in ein paar Monaten eines natürlichen Todes gestorben wären, statt daß sie in Konzentrationslager geschickt wurden und dort starben. Wäre die Theorie Lysenkos dann bestätigt gewesen, weil sie von einer Mertonschen oder Polanyischen wissenschaftlichen Gemeinschaft hervorgebracht worden war? *Ganz bestimmt* nicht. Macht ist *nicht* Recht, auch in einer völlig 'rationalen' wissenschaftlichen Gemeinschaft. Es kann *offensichtlich* völlige Einigkeit und gleichzeitig Degeneration vorliegen.[23]) Das aber bedeutet, daß man Kriterien zur Beurteilung wissenschaftlicher Leistungen und nicht Gemeinschaften braucht *(und tatsächlich verwendet).*

Die Wissenschaftstheorie kann also als oberster Wachhund nicht durch die Wissenschaftssoziologie ersetzt werden.[24]) Wenn Wissenschaftsgeschichte und -soziologie normgetränkt sind, dann muß die vernünftige Beurteilung des wissenschaftlichen Fortschritts der umfassenden empirischen Geschichtsdarstellung *vorausgehen,* nicht *folgen:* 'Die interne

---

[20]) Wie Soziologen und Historiker irregeführt werden können, wenn sie von naiven oder verworrenen Antworten auf das Problem der Beurteilung von Theorien ausgehen, wird in Bd. 1, Kap. 2 gezeigt. Eine glänzende Falluntersuchung ist Worrall [1976]. Leider scheint nicht einmal Merton zu erkennen, daß die Definition des Fortschritts der Bestimmung optimaler sozialer Normen zu seiner Herbeiführung vorangehen muß.

[21]) Vgl. auch Toulmin [1972], Schluß von Kap. 3.

[22]) Das ist natürlich 'Historizismus'. Vgl. den folgenden Abschnitt.

[23]) Und zwar deshalb, weil es unmöglich ist, die Wissenschaftlichkeit einer Gemeinschaft und die einer Theorie unabhängig voneinander zu definieren; und weil natürlich wissenschaftliche Forschungsprogramme sowohl in einer nicht-Mertonschen Gemeinschaft voranschreiten können (in der z. B. viel Energie auf Prioritätsstreitigkeiten verwendet wird oder sogar die 'organisierte Skepsis' zeitweilig verschwindet) als auch etwa in einer nicht-Kuhnschen Gemeinschaft (in der es z. B. ein Kräftegleichgewicht zwischen zwei 'Paradigmen' gibt).

[24]) Die Wissenschaftssoziologen verwenden, ob sie es wollen oder nicht, drittweltliche Beurteilungskriterien. Sie halten vielleicht naiverweise Aussagen wie 'Das Experiment E hat die Theorie T widerlegt' oder 'Die Theorie T_1 ist wahrscheinlicher (oder 'einfacher') als T_2' für empirische Aussagen. Sie sind aber normgetränkt. Und man *kann zwar darüber einig* sein, daß T_1 besser sei als T_2, aber es hat niemals Einigkeit über ein allgemeingültiges Gütekriterium gegeben – das betonen die Wissenschaftssoziologen selbst.

(normative) Geschichte ist primär und die externe ('deskriptiv-empirische') Geschichte nur sekundär.'²⁵) Ohne ein *gewisses* Maß an rationaler Rekonstruktion kann man nicht Geschichte schreiben.

1970 hielt ich Kuhn folgendes vor:

'Stellen wir uns zum Beispiel vor, daß alle Astronomen trotz des objektiven Fortschritts astronomischer Forschungsprogramme vom Gefühl einer Kuhnschen 'Krise' gepackt werden, und daß sie sich dann alle durch einen unwiderstehlichen Gestaltumsprung zur Astrologie bekehren. Für mich wäre diese Katastrophe ein erschreckendes *Problem*, das eine empirisch-externe Erklärung verlangt. Nicht so für einen Anhänger Kuhns. Was er sieht, ist eine Krise, der dann eine Massenbekehrung in der Gemeinschaft der Wissenschaftler folgt: eine ganz gewöhnliche Revolution. Nichts ist problematisch, nichts bleibt unerklärt.'²⁶)

Kuhn antwortete auf meine Arbeit,²⁷) ging aber auf diese Kritik nicht ein.

b) Die autoritäre und historizistische Tendenz der Elitetheorie

Nach der Elitetheorie sind nur Eingeweihte befähigt, die Erzeugnisse der wissenschaftlichen Gemeinschaft zu beurteilen. *Doch wie, wenn sich die Eingeweihten nicht einig sind?* Dann gibt es eigentlich keine eindeutige Antwort auf das Abgrenzungsproblem. Aber wie schon gesagt, sind auch die Elitetheoretiker davon überzeugt, daß einige Theorien gute Wissenschaft sind und andere schlechte oder Pseudowissenschaft.

Diese Schwierigkeit pflegen viele Elitetheoretiker mit der einfachen Behauptung aus der Welt zu schaffen, daß solche Meinungsverschiedenheiten in Wirklichkeit nicht vorkämen. Die wissenschaftlichen Gemeinschaften kämen rasch und mühelos zur Einigkeit über die wissenschaftliche Erkenntnis. Wenn das richtig wäre, würde es bedeuten, daß die Wissenschaftler eine *totalitäre Gesellschaft ohne Alternativen* bilden.²⁸) Der hervorragendste Vertreter dieser Einigkeitsauffassung war Kuhn. Aus seiner *These vom Monopol eines Paradigmas*²⁹) folgt, daß sich bei dramatischen Revolutionen die Einigkeit auf einen neuen Inhalt verlagern kann, aber sich auch hier wieder rasch einstellt. Der Wind der Veränderung bläst selten, aber wenn er bläst, dann kann ihm keiner widerstehen. Das ist Kuhns *These vom fehlenden Interregnum.*³⁰)

Verzichtet man aber auf Ausdrücke wie 'Beweis', 'Widerlegung', 'höhere Wahrscheinlichkeit', so kommt eine blutleere, dumme, falsche Geschichtsdarstellung heraus. So müßten etwa Historiker, die 'rationale Rekonstruktionen' vermeiden möchten, feststellen: 'Um 1830 waren sich die meisten Sachverständigen einig geworden, daß die Fresnelsche Theorie des Lichts besser war als die Newtonsche', statt zu sagen: 'Um 1830 hatte die Fresnelsche Lichttheorie die Newtonsche überrundet.' Sollten sie sich auf die Feststellung von Meinungen zurückziehen? Damit aber ziehen sie sich auf die Skepsis zurück. Die Elitetheorie ist unhaltbar; schließt man sich nicht der Abgrenzungstheorie an, so muß man sich mit der Skepsis begnügen. Es gibt keine konsequente elitetheoretische Wissenschaftsgeschichtsschreibung.

²⁵) Vgl. Bd. 1, Kap. 2, Einleitung.
²⁶) Ebenda, letzter Abs. von 2(b). Man beachte meine Neudefinition von 'intern' und 'extern' und von 'rationale Rekonstruktion' (Bd. 1, Kap. 1, Abschn. 4).
²⁷) Kuhn [1971].
²⁸) Eine Darstellung und Kritik dieser Thesen findet sich bei Watkins [1970], S. 34 ff.
²⁹) Ebenda.
³⁰) Ebenda.

Geht aber der Elitetheoretiker von der entgegengesetzten empirischen Auffassung aus, es herrsche nicht immer (oder gar niemals) Einigkeit in der wissenschaftlichen Gemeinschaft, so hat er zwei Möglichkeiten. Er kann eine Autoritätsstruktur in der wissenschaftlichen Gemeinschaft behaupten: Es werden höchste Richter bestimmt (oder sie 'tauchen auf'), die in geheimer Sitzung ihre Urteile nach dem Präzedenzfall-Recht sprechen. Keine Rechtsnormen (kein 'Abgrenzungskriterium') schränken ihre Macht ein. Wie aber, wenn der höchste Gerichtshof in sich nicht einig ist? Da dieses Problem unlösbar sein dürfte, ziehen die meisten Elitetheoretiker die zweite Lösung vor: Etwaige Konflikte innerhalb der Elite werden durch das Überleben der Tüchtigsten gelöst. Solange die Uneinigkeit fortbesteht, muß der Außenseiter achtungsvoll dem Kampf der Giganten zuschauen und den Sieger als den Vertreter des Fortschritts anerkennen. Dann aber gilt innerhalb der Elite der Grundsatz: Macht ist Recht. So hängt der darwinistische Kampf der Ideen und die Hegelsche List der Vernunft eng mit der Elitetheorie zusammen. Gibt es Konflikte, so muß die freundliche List der Vernunft als deus ex machina erscheinen, um – auch wenn nur auf sehr lange Sicht oder aufs Ende aller Sicht – die rechte Lösung aller Konflikte im Heiligen Konzil der Wissenschaftler herbeizuführen. Der Elitetheoretiker muß also wählen zwischen der Autorität unfehlbarer Erzbischöfe und der List der Vernunft. Um den Autoritarismus kommt er nicht herum.[31])

Feyerabend bestreitet als erkenntnistheoretischer Anarchist, daß es ein 'Recht' gebe (d. h., er leugnet die Notwendigkeit einer Beurteilung), und braucht daher keine Autorität ins Spiel zu bringen. Doch der Elitetheoretiker glaubt an die Vernünftigkeit der Wissenschaft, wenn auch nicht an die Möglichkeit einer allgemeingültigen Beurteilung der Wissenschaft; daher muß er entweder die Autorität der wissenschaftlichen Einigkeit oder, wenn diese nicht gegeben ist, die der großen wissenschaftlichen Erzbischöfe oder der göttlichen Gnade anrufen. Nur diese dünne autoritär-historizistische ad-hoc-Lehre trennt die Elitetheorie dieser couleur von der Skepsis.

c) Die pragmatistische Tendenz der Elitetheorie

Man kann sich auf den Standpunkt stellen, wissenschaftliche Theorien könnten nur von der wissenschaftlichen Elite beurteilt werden; doch ob diese Theorien wahr oder falsch sind oder der Wahrheit näher kommen als andere Theorien, das sind objektive Fragen. Man kann also Elitetheoretiker sein und dabei auf dem Standpunkt stehen, die Erzeugnisse der wissenschaftlichen Forschung existierten in Freges und Poppers 'dritter Welt' der Ideen. So kann man etwa Elitetheoretiker sein und die Übereinstimmungstheorie der Wahrheit vertreten. In diesem Fall ist der Elitetheoretiker der Auffassung, die Wahrheit lasse sich allgemeingültig kennzeichnen, nicht aber [die Wahrheitskriterien].

Es gibt aber eine sehr einflußreiche Schule, die grundsätzlich die *Existenz der dritten Welt leugnet: den Pragmatismus.* Die Pragmatisten bestreiten nicht, daß es Erkenntnis gibt, aber für sie ist Erkenntnis ein Bewußtseinszustand, ja ein 'Stück Leben'.[32]) Erkenntnis äußert sich (oder besteht) also in Verhaltensformen. Ja, sie ist eine Lebensform, die sich nicht in Aus-

---

[31]) Der elitetheoretische Ehrlichkeitsgrundsatz lautet: *Handle im Sinne deines Meisters.* Er steht in scharfem Gegensatz zu Feyerabends Ehrlichkeitsgrundsatz (und zum meinigen).
[32]) Toulmin [1961], S. 99.

sagen fassen läßt. Wie kann man solche 'Erkenntnis' beurteilen? Wie kann eine 'Theorie' besser sein als eine andere?

Zwei 'Theorien' sind verschieden, wenn sie 'praktisch' verschieden sind. Sie haben verschiedenen Inhalt, wenn sie verschieden verwendet werden. Eine 'Theorie' ist besser als eine andere für eine Person oder Gemeinschaft P zur Zeit t, wenn sie für P zu t 'ansprechender', 'befriedigender' ist. Da verstört ein 'Problem' den Geist. Eine 'Lösung' stellt ihn wieder zufrieden. Das 'Problem' wird aufgelöst, nicht gelöst. Oder: 'Der Pragmatismus löst kein wirkliches Problem, er zeigt nur, daß angebliche Probleme keine wirklichen sind' (Peirce). Eine 'Theorie' ist besser als eine andere, wenn sie besser 'funktioniert', wenn sie einen höheren 'Kurswert' hat (James), wenn sie zu mehr Erfolg im Leben verhilft. Bedeutung und Wahrheit von 'Aussagen' hängen davon ab, wer sie verwendet. Was für A wahr ist, kann für B falsch sein. Was heute wahr ist, kann morgen falsch sein. Was für Israel wahr ist, kann für Ägypten falsch sein. Kein Wunder also, daß es, wie F.C.S. Schiller sagte, so viele Pragmatismen gibt wie Pragmatisten.

Dieser extreme Subjektivismus folgt einfach aus der pragmatistischen Leugnung der 'dritten Welt' in Verbindung mit der empirischen Tatsache, daß verschiedene Menschen und Gemeinschaften entgegengesetzte Interessen und Gefühle haben. Viele Pragmatisten können sich mit diesem extremen Subjektivismus nicht abfinden und führen den Begriff der objektiven Wahrheit wieder ein, indem sie sich, völlig ad hoc, auf den Darwinismus oder auf den Historizismus berufen. Wenn wir *alle* einig sind und *immerfort* einig sind, dann haben wir die *absolute* Wahrheit erreicht. Wahrheit ist entweder das, was sich in einem Darwinschen Kampf hält (die wahre Theorie ist also die, die [am Ende] jedem durch Drohung oder Gehirnwäsche eingebleut ist), oder das, was dazu bestimmt ist, daß ihm am Ende jeder zustimmen wird. Peirce stellt sich auf den historizistischen Standpunkt und schreibt: 'Die Meinung, die dazu bestimmt ist, daß ihr am Ende alle Forschenden zustimmen, ist das, was wir unter Wahrheit verstehen.'

Die logischen Empiristen weisen gegen den Pragmatismus darauf hin, hier werde die Wahrheit mit ihren Anzeichen verwechselt und die Psychologie der Entdeckung, die Verwendung und die Folgen einer Entdeckung, mit ihrer Beurteilung. Russell verwandte beträchtliche Zeit und Kraft auf die Bekämpfung des Pragmatismus. Er verabscheute den folgenden Gedanken:

'Um zu beurteilen, ob eine Auffassung wahr ist, braucht man nur zu ermitteln, ob sie sich in Richtung auf die Befriedigung von Bedürfnissen auswirkt. Die Art des zu befriedigenden Bedürfnisses ist nur insofern von Bedeutung, als es mit anderen Bedürfnissen zusammenstoßen könnte. Die Psychologie steht also nicht nur über der Logik und der Erkenntnistheorie, sondern auch über der Ethik. Um zu ermitteln, was gut ist, braucht man nur zu untersuchen, wie die Menschen das bekommen können, was sie möchten; und wahre Auffassungen sind solche, die dazu beitragen.'[33])

Russell verabscheute den Gedanken, daß nicht die Wahrheit sich in Auffassungen niederschlägt, sondern daß diese die Tatsachen schaffen.[34]) Er verabscheute den Gedanken, daß man 'zwischen verschiedenen Anwärtern auf die Wahrheit einen Existenzkampf ausrichten müsse, der zum Überleben des Stärksten führt'.[35]) Russell verwies darauf, daß der

---

[33]) Russell [1910], S. 92.
[34]) Ebenda, S. 102.
[35]) Ebenda, S. 106.

Pragmatismus wesentlich mit der Gewaltanwendung zu tun habe.[36]) Im Unterschied zu Schiller glaubte Russell nicht, daß die Wahrheit durch Meinungsbefragungen erkannt werden könne[37]) oder durch 'Panzerschiffe und Maschinengewehre'[38]). Russell sah auch eine Verbindung zwischen dem Pragmatismus und der naiven politischen Auffassung, die Demokratie könne vollständige Übereinstimmung herbeiführen und sei allmächtig. Nach Russell gibt es keine außermenschlichen Begrenzungen für die menschliche Macht. Er verweist auch auf den 'seltsamen Gegensatz' zwischen den demokratischen Appellen und dem diktatorischen Ton der Pragmatisten. In seinem schönen Aufsatz 'Die Vorläufer des Faschismus' behauptet er, der Pragmatismus sei die geistige Hauptquelle des Faschismus:

'Hitler erkennt Theorien aus politischen Gründen an oder lehnt sie ab ... Der arme William James, der diese Auffassung erfunden hat, wäre entsetzt darüber, wie sie da verwendet wird; doch wenn einmal der Begriff der objektiven Wahrheit aufgegeben wird, dann ist klar, daß die Frage, was man für richtig halten soll, entschieden werden muß ... durch den Appell an die Gewalt und die Entscheidung durch die stärkeren Bataillone.'[39])

Während also für die Elitetheorie, wie ich sie definiert habe, die menschliche Erkenntnis nicht unabhängig von ihren Erzeugern beurteilt werden kann, *gibt es* für den Pragmatismus gar kein Erzeugnis unabhängig von den Erzeugern. Wahrheit kann nicht Aussagen zugeschrieben werden – die gibt es ohnehin nicht –, sondern nur menschlichen Meinungen, Tätigkeiten (wie 'Sprechakten'), Lebensformen, 'Paradigmen'.[40]) Die Wahrheit für P (sei nun P eine Einzelperson oder eine Gemeinschaft) ist eine Tätigkeit, die P von einer (Peirceschen) Unbefriedigtheit oder einer (Kuhnschen) Krise befreit. Wenn die Wissenschaftler (oder wissenschaftlichen Gemeinschaften) immer glücklicher und zufriedener werden, dann liegt wissenschaftlicher Fortschritt vor. (Und wenn die Wissenschaft die Menschheit immer glücklicher macht, dann trägt der wissenschaftliche Fortschritt zum menschlichen Fortschritt bei.) Gibt es Konflikte, so werden sie gewaltsam ausgetragen. Das alles folgt einfach aus der Skepsis bezüglich der dritten Welt der Ideen. Doch ihr fügt der Pragmatismus den Gedanken hinzu, im Kampfe der Meinungen, Tätigkeiten, Lebensformen sei die fortschrittlichste diejenige, die durch Vernichtung ihrer Konkurrenten die Einigkeit (oder das allgemeine Glück) *herstellt*. Und tut sie es mit bleibendem Erfolg, so ist sie absolut wahr. Der Pragmatismus scheint sich von der Skepsis nur durch seine Betonung der 'absoluten Wahrheit' und des 'Fortschritts' in deren Richtung zu unterscheiden. Aber das ist nichts als Rhetorik.

---

[36]) Ebenda, S. 109.
[37]) Ebenda, S. 107.
[38]) Ebenda, S. 109.
[39]) Russell [1935]. Trotz der Stärke seiner Argumente und seiner Verehrung für die 'unpersönliche Vernunft' (ebenda) scheint Russells einziger Erfolg gewesen zu sein, daß er Dewey aufrüttelte. Russells Angriff auf den Pragmatismus hat aber auch gewisse philosophische Schwächen. Sie rühren daher, daß er verkannte, daß das Entscheidende am Pragmatismus seine Leugnung der Existenz der dritten Welt ist und seine damit verbundene Unfähigkeit, *ausreichend* zwischen (drittweltlichem) 'vernünftigem Glauben' und (zweitweltlichem) faktischem Glauben zu unterscheiden. (Es ist jedoch unfair, wenn Russell von Popper schlicht und einfach als 'Philosoph des [[faktischen]] Glaubens' eingestuft wird. Vgl. Popper [1972], Beginn von Kap. 3.)
[40]) 'Sprechakt', 'Lebensform' sind Wittgensteinsche Fachausdrücke. 'Paradigma' ist ein Kuhnscher Fachausdruck; vgl. z. B. die Definitionen 10, 12, 14, 16 in der Anordnung von Masterman [1970], S. 63 f.

Elitetheorie und Pragmatismus sind zwar, wie ich schon sagte, logisch unabhängig, aber sie sind natürliche Verbündete. Wird nämlich behauptet, bei der Beurteilung der wissenschaftlichen Erkenntnis komme die stumme Dimension ins Spiel, dann ist es nur noch ein kleiner Schritt zu der Behauptung, die wissenschaftliche Erkenntnis selbst lasse sich nicht in Aussagen fassen, sie sei 'stumm' und könne somit nicht als ein Gegenstand der dritten Welt betrachtet werden. Die meisten Elitetheoretiker tun in der Tat noch diesen kleinen Schritt und schließen sich mindestens gelegentlich (vielleicht ungewollt) dem Pragmatismus an.

Umgekehrt kommt man vom Pragmatismus zur Elitetheorie, wenn man ihm zwei Annahmen hinzufügt: die List der Vernunft und die Existenz einer Elite, die eine Spürnase dafür hat, welcher – womöglich gewundene – Weg zum letzten Ziel führt. Dann können Angehörige der Elite als Geburtshelfer die Entwicklung beschleunigen.

Unser Ergebnis: Die Elitetheorie, sei sie nun pragmatistisch eingefärbt oder nicht, hat kein größeres Problemlösungsvermögen als die Skepsis. So würde etwa Feyerabend die Velikovsky-Affäre mit der besseren Propaganda der etablierten Wissenschaft erklären. Der Elitetheoretiker wird einverstanden sein und seinen axiomatischen Beifall dazugeben. Was besagt das schon?

7 Kneale, Popper und die Notwendigkeit*[1])

Unser Problem [der Naturnotwendigkeit] stellt sich auf mindestens zwei Ebenen: der ontologischen und der erkenntnistheoretisch-methodologischen. Daß diese Unterscheidung nicht genügend beachtet wurde, ist mindestens für einen Teil der Verwirrung im Zusammenhang mit dem Problem verantwortlich.

Kneales Beitrag ist ein neues Stück der Diskussion über die Naturnotwendigkeit, die in den letzten zehn Jahren zwischen ihm, Popper und anderen Philosophen im Gange gewesen ist.[1]) Ich möchte versuchen, sie kritisch zusammenzufassen.

1 Die ontologische Ebene

Nach Kneale könnte Gott vor der Wahl gestanden haben, eine materielle Welt zu erschaffen oder nicht zu erschaffen, doch als diese Wahl einmal getroffen war, konnte er die Form oder Struktur dieser Welt nicht mehr frei wählen – so, wie ein Dichter, der sich entschlossen hat, ein Sonett zu schreiben, es eben in Sonettform schreiben muß. Gott konnte also die Naturgesetze nicht frei bestimmen, ebensowenig wie der Sonettschreiber die Gesetze des Sonetts bestimmen kann. Gott hatte natürlich eine ganze Menge Freiheit, die Inhalte der Welt innerhalb dieses notwendigen Rahmens auszufüllen; und das, was er frei wählen konnte – den Inhalt des Sonetts –, nannte man später die Anfangsbedingungen.[2])

Nach Popper konnte Gott völlig frei jedes Naturgesetz wählen, das ihm gerade einfiel. Er diktierte nach seinem Belieben das Buch der Natur mit den Naturgesetzen, überließ es aber seinen Engeln, mit den Anfangsbedingungen herumzuspielen, soweit sie nicht von einem Naturgesetz ausgeschlossen wurden. Nun könnten diese kapriziösen Engel die Anfangsbedingungen so raffiniert gewählt haben, daß sich unbeabsichtigte wahre universelle Aussagen ergaben. In der Popperschen Ontologie spiegeln also physikalisch notwendige Aussagen Gottes Willen wider, zufällige universelle Aussagen die Launen der Engel.[3]) In der Knealeschen Ontologie haben nur die Engel einen freien Willen; Gott handelt notwendig. Kneale nennt Regelmäßigkeiten, die die Engel hervorgebracht haben, 'historische Zufälle im kosmischen Maßstab'.[4])

Einige von Ihnen sind vielleicht von dieser theologischen Formulierung des Streites abgestoßen. Ich möchte also die Poppersche Auffassung jetzt ohne Rückgriff auf Gott und seine Engel formulieren (freilich ergibt sich eine recht trockene Definition): 'Ein Satz heißt dann und nur dann physisch notwendig (oder naturnotwendig), wenn er aus einer Satzfunk-

---

*[1]) Diese Arbeit war eine Erwiderung auf einen Beitrag von William Kneale auf der Jahreskonferenz der British Society for the Philosophy of Science im Jahre 1960. Kneales Beitrag erschien unter dem Titel 'Universality and Necessity' (Kneale [1961]). Lakatos beabsichtigte unseres Wissens keine Veröffentlichung seines Beitrags. (D. Hrsgg.)
[1]) Kneale [1949]; Popper [1949]; Kneale [1950]; Popper [1959], Anhang *X.
[2]) Diese Auffassung geht auf Descartes zurück.
[3]) Diese Auffassung geht auf Leibniz zurück.
[4]) Kneale [1950], S. 123.

tion ableitbar ist, die in allen jenen Welten erfüllbar ist, welche sich von unserer Welt, wenn überhaupt, nur durch die Randbedingungen unterscheiden.'[5])

Diese Definition ist eigentlich ein ungeschickter und unvollständiger Ausdruck für die oben theologisch formulierte Auffassung Poppers. Zunächst zeige ich, daß sie ungeschickt ist. Man denke sich eine wahre universelle Aussage wie 'Alle Dronten sterben, ehe sie 60 Jahre alt sind'. Sie ist ein Naturgesetz, wenn sie in allen Welten erfüllt ist, die sich von der unseren, wenn überhaupt, nur durch die Anfangsbedingungen unterscheiden, wenn sie also in allen Welten erfüllt ist, die dieselben Naturgesetze haben wie die unsere. Die Aussage ist also ein Naturgesetz, wenn sie ein Naturgesetz ist. Diese Zirkularität läßt sich nicht beseitigen, auch wenn man an die Stelle der Knealeschen Dronten mit Popper die Neuseeländischen Moas setzt.[6]) Sie läßt sich aber beseitigen, indem man sagt, was Gott ins Buch der Natur geschrieben habe, seien Naturgesetze, und was die Engel gekritzelt hätten, seien Anfangsbedingungen.[7]) Doch auch wenn man sich durch die Zirkularität der Definition nicht stören läßt, steht man doch noch vor einem Rätsel. Man könnte sich fragen, ob es überhaupt Naturgesetze oder [wahre] universelle Aussagen gibt. Eine Definition von 'Naturgesetz' führt ja keinerlei ontologische Festlegung bei sich, es folgt aus ihr nicht, daß es tatsächlich Naturgesetze gibt. Wie, wenn die Welt allein von den launischen Engeln geschaffen worden wäre? Besteht das Buch der Natur vielleicht [nur] aus Engelgekritzel? Ich hoffe, Popper würde mir zustimmen, daß die Definition durch einen Existenzsatz ergänzt werden muß, des Inhalts, daß Gott bei der Schöpfung mindestens einen Satz aussprach. Doch selbst dann liegt auf der Hand, daß in der Popperschen Ontologie die Naturgesetze, die physisch notwendigen Aussagen, in wichtiger Beziehung kontingent sind, und ich frage mich, wie Kneale, der Gott keine Freiheit bei der Schöpfung zugesteht, das anerkennen konnte.

Nun stimme ich weitgehend mit Popper gegen Kneale überein, aber mit einer wichtigen Modifikation. Gottes Worte und das Buch der Natur sollte man sich nicht anthropomorph vorstellen. Ich meine, die von Gott ausgesprochenen Naturgesetze waren unendlich lang, und dafür habe ich gute Gründe. Nehmen wir eine Aussage wie: 'Für alle Gase gilt $PV=RT$'. Streng genommen, ist sie falsch. Sie könnte nur für ideale Gase richtig sein, d. h. für Gase aus völlig elastischen Billardkugeln. Doch in der Nähe des absoluten Nullpunkts gilt nicht einmal dies; man kann die Behauptung nur durch immer neue Qualifikationen retten. Da das Weltall unendlich vielfältig ist, ist es sehr wahrscheinlich, daß nur unendlich lange Aussagen wahr sein können.

Doch meine ontologische Forderung, daß Gottes Sätze unendlich lang waren, gewährleistet noch nicht, daß es nicht zufällig wahre universelle Aussagen endlicher Länge gibt, weil die kapriziösen Engel die Anfangsbedingungen so raffiniert gewählt haben. Mir scheint aber, das Weltall ist ontologisch so beschaffen, daß doch alle universellen Aussagen von endlicher Länge falsch sind. Das wäre sicher der Fall, wenn alle physisch möglichen Anfangsbedingungen irgendwann und irgendwo einmal verwirklicht wären, denn dann wären nur

---

[5]) Popper [1959], Anhang *X, Nr. 12.
[6]) Vgl. Kneale [1949], S. 75; Popper [1959], Anhang *X, Nr. 6. Popper weist selbst auf die Zirkularität seiner Definition hin (Nr. 13, letzter Abs.), doch das stört ihn gar nicht, denn nach *seiner* Theorie der Definition liegt dazu gar kein Grund vor.
[7]) Das zeigt unverhüllt den konventionellen Charakter der Grenzlinie zwischen 'Naturgesetzen' und 'Anfangsbedingungen'.

physisch notwendige Aussagen wahr, und die sollten ja nur wahr sein, wenn sie unendlich lang sind. Doch wir brauchen gar kein so reichhaltiges Weltall, damit alle universellen Aussagen falsch sind. Es genügt, wenn es zu jeder universellen Aussage von endlicher Länge in der Welt mindestens ein Gegenbeispiel gibt. (Sie braucht nicht *alle* physisch möglichen Gegenbeispiele zu enthalten – wie die Aristotelische und Poppersche Welt.[8])) Und ich glaube, daß die Welt diese Minimalstruktur besitzt, kraft göttlichen Befehls an die Engel für ihre Tätigkeit bezüglich der Anfangsbedingungen.

Das bisher Gesagte scheint mir bereits zu zeigen, daß die Parteien in dieser Diskussion in gewissen grundsätzlichen Punkten übereinstimmen. *Die erste Gemeinsamkeit* ist ein Interesse an metaphysischen Problemen. Diese Diskussion wäre völlig sinnlos nach den Kriterien des logischen Positivismus jeglicher Spielart und nach Poppers Falsifizierbarkeitskriterium [wenn man es, entgegen Popper, als Sinnkriterium auffaßt]. Die Positivisten müßten also [[nach Hume]] diese Diskussion ins Feuer werfen, sie ist sinnloses Gerede. Die Leidenschaft, mit der Kneale und Popper diese Diskussion nun seit etwa zehn Jahren führen, zeigt, daß sie sich grundsätzlich über den Wert metaphysischer Spekulation einig sind.

(Vielleicht sollten wir hier festhalten, daß ein sehr respektabler englischer Positivist das Drontenproblem ironisch umformuliert hat, so daß er es als sinnvoll ansehen und seine Lösung versuchen konnte. Er gab zu, daß es ein Problem des Sprachgebrauchs gebe: Man unterscheide manchmal in der Umgangssprache zwischen 'Gesetzen' und 'bloßen Verallgemeinerungen', und er lieferte dafür eine witzig-sarkastische Rechtfertigung in Humeschem Geiste. Er gab einfach denjenigen *kontingenten* universellen Aussagen den Ehrentitel 'Naturgesetz', die an gut verankerter Stelle in einem respektablen, noch nicht falsifizierten empirischwissenschaftlichen deduktiven System vorkommen.[9]))

Die zweite Gemeinsamkeit der Parteien in dieser Diskussion ist die, daß sie nicht einfach Metaphysiker sind, sondern Metaphysiker einer besonderen Art, nämlich metaphysische Realisten oder, marxistisch gesprochen, Materialisten. Sie glauben, daß es eine wirkliche Welt gibt, unabhängig von unserem Bewußtsein und beherrscht von irgendwelchen Naturgesetzen.

Es gibt auch noch eine *dritte Gemeinsamkeit*, die uns geradewegs in die Erkenntnistheorie hineinführt: Alle Parteien in der Diskussion sind erkenntnistheoretische Optimisten; sie glauben, daß wir irgendwie die Naturgesetze erforschen und uns von ihnen entweder ein genaues oder wenigstens ein ungefähres Bild machen können.

Vielleicht sollte ich hier anmerken, daß metaphysischer Realismus in Verbindung mit erkenntnistheoretischem Optimismus eine ganz massive Weltanschauung ausmacht. Ihre Anhänger – denen zwar ihre Schwäche angesichts des ungeheuren Weltalls bewußt ist – empfinden die Wahrheitssuche, die Erforschung der Naturgesetze als eine edle Herausforderung und betrachten den Erkenntnisfortschritt als die schönste Seite der Menschenwürde. Für metaphysische Idealisten ist die Wahrheitssuche eine Selbstbetrachtung ihres ausgeweiteten Ichs. Für Positivisten sind 'Wahrheit', 'Naturgesetz' und ähnliche Begriffe [[nach Hume]] 'Sophisterei und Täuschung'.[10]) Ich glaube, nur weil Kneale und Popper metaphysische Realisten

---

[8]) Vgl. Hintikka [1957]; Popper [1959], Anhang *X, Nr. 14.
[9]) Braithwaite [1953], S. 300 ff. Der Gedanke geht zurück auf Campbell [1920], S. 153.
[10]) Glücklicherweise gibt es keinen dieser Typen in reiner Form.

und erkenntnistheoretische Optimisten sind, gleichermaßen gegen jede Art metaphysischen Idealismus und gegen den Positivismus, nur deshalb können sie überhaupt das Problem der Naturnotwendigkeit diskutieren.

Doch die Poppersche Art des erkenntnistheoretischen Optimismus ist sehr weit entfernt von derjenigen Kneales – und hier werden wir den ganz gewichtigen Ursprung ihrer ontologischen Meinungsverschiedenheiten finden.

2 Die erkenntnistheoretisch-methodologische Ebene

Der Kern der Meinungsverschiedenheit ist in der Tat erkenntnistheoretischer und methodologischer Art. Ehe ich zu seiner Analyse komme, möchte ich ein paar Hauswahrheiten wiederholen. Die Metaphysiker können sich gegenseitig umbringen, aber sie können die Argumente ihres Gegners nicht aus der Welt schaffen. Erkenntnistheoretische Ideen können Schläge überstehen, die eigentlich tödlich sein müßten; so überdauerte die Kantische Philosophie der Geometrie Bólyai und Lobatschewski oder der Machismus Wilson und Millikan. Nur der Fachwissenschaftler muß nach grausamer wissenschaftlicher Tradition mit ansehen, wie seine Theorien hingerichtet werden, und muß weiterexistieren. (Das stalinistische Rußland freilich könnte eine Ausnahme gewesen sein.)

Gleichzeitig gibt es starke Verbindungen zwischen diesen drei Ebenen. Das große metaphysische und das mittelgroße erkenntnistheoretische Zahnrad drehen sich vielleicht wesentlich langsamer als die ziemlich kleinen wissenschaftlichen Zahnräder, doch alle sind sie organische Bestandteile unseres riesigen Systems der Erkenntnis.

Bei unserem Problem können wir leicht zeigen, wie Poppers metaphysische Zahnräder klug so ausgedacht sind, daß sie Kneales erkenntnistheoretische Zahnräder blockieren.

Wie schon gesagt, sind Kneale und Popper erkenntnistheoretische Optimisten, aber auf ganz verschiedene Art. Popper ist strenger Fallibilist bezüglich der empirisch-wissenschaftlichen Erkenntnis und starrer Infallibilist, speziell Konventionalist, bezüglich der mathematischen und logischen Erkenntnis. Kneale scheint zu glauben, daß zumindest ein grundlegender Teil der empirisch-wissenschaftlichen Erkenntnis synthetisch a priori sei, und er glaubt, daß auf diesem Gebiet sichere Erkenntnis möglich sei; sein Infallibilismus erstreckt sich also weiter als derjenige Poppers; und *keinen* Teil des unfehlbaren Gebiets möchte er konventionalistisch erklären. Er scheint zu glauben, Logik und Mathematik seien gewiß *und* bezögen sich auf die Wirklichkeit; und er sieht einige triviale Grundsätze der Notwendigkeit, etwa 'nichts kann in seiner Gänze gleichzeitig rot und grün sein', die den gleichen Charakter haben. Doch er ist Fallibilist bezüglich der wirklichen Axiome *jeder* physikalischen Theorie; wie Descartes behauptet er *nicht,* daß 'man hoffen kann, eines Tages Naturgesetze allein aus evidenten Wahrheiten ableiten zu können'.[11] Poppers Behauptung, Kneale wolle 'alle Naturgesetze auf die 'wahren Grundsätze der Notwendigkeit' – auf Tautologien zurückführen',[12] könnte auf irgendeinem Mißverständnis beruhen.

---

[11] Kneale [1949], S. 97.
[12] Popper [1959], Anhang *X, Nr. 10.

Nun hat nach Poppers Hypothese Gott die Welt, wie sie ist, nach seinem freien Willen geschaffen. Daß Menschen eine intuitive und *unfehlbare* Erkenntnis der göttlichen Psychologie dieses großen Augenblicks haben sollten, ist doch ein sehr unwahrscheinlicher Gedanke – Vermutungen dagegen kann man ohne weiteres haben und diese fehlbaren Vermutungen sodann prüfen. Die einzige Möglichkeit, synthetisch-apriorische Erkenntnis der Welt einleuchtend zu machen, ist die Verbannung jeglicher Kontingenz aus dem Buch der Schöpfung. Hinter der vorangegangenen ontologischen Diskussion verbirgt sich also eine sehr gewichtige erkenntnistheoretische Diskussion, bei der sich die entgegengesetzten Auffassungen auch schon in der Methodologie abzeichnen: beispielsweise wird kein Knealescher Wissenschaftler seine kostbare Zeit damit vergeuden, notwendige Aussagen über die Welt zu prüfen, von denen er *weiß*, daß sie notwendig sind.

Vielleicht sollte ich die tiefsten Beweggründe meiner Modifikation der Popperschen Ontologie bezüglich der unendlichen Länge der Sätze im Buch der Natur darlegen. Es gefiel mir nicht, als Popper kürzlich die Möglichkeit unterstrich, wir könnten unwissentlich auf die endgültige Wahrheit stoßen. Ich hatte etwas gegen diese Xenophanische These, weil sie einigen meiner Lieblingsideen widerspricht, die ich vom Marxismus gelernt habe (und ich sehe nicht ein, warum ich die aufgeben sollte). Engels sagt:

'Die Erkenntnis, welche unbedingten Anspruch auf Wahrheit hat, [verwirklicht sich] in einer Reihe von relativen Irrtümern; weder die [absolute Wahrheit der Erkenntnis] noch die [Souveränität des Denkens] kann anders als durch eine unendliche Lebensdauer der Menschheit vollständig verwirklicht werden.... Das menschliche Denken [ist] ... souverän und unbeschränkt der Anlage, dem Beruf, der Möglichkeit, dem geschichtlichen Endziel nach; nicht souverän und beschränkt der Einzelausführung und der *jedesmaligen* Wirklichkeit nach.'[13])

Die endgültige Wahrheit kann also, wie Engels ausdrücklich sagt, 'nur in der für uns wenigstens praktisch endlosen Aufeinanderfolge der Menschengeschlechter' erreicht werden (ebd.). Oder mit Lenin zu sprechen: wir können uns 'der objektiven Wahrheit mehr und mehr nähern (ohne sie jemals zu erschöpfen)'.[14]) Nun sagt Popper, hier und da *könnten* wir sie, auch wenn unwissentlich, erreichen. Ich halte das für einen Bruch in seinem Fallibilismus, und so versuchte ich ihn in wahrem marxistischem Geist durch meine Lehre von den unendlichen Sätzen in Gottes Schöpfungsplan zu korrigieren. Nach dieser Lehre kann es keine menschlichen Aussagen geben, die Naturgesetze ausdrücken würden. Ich halte es für einen schlechten Anthropomorphismus bei Kneale wie bei Popper, wenn sie naturnotwendige Aussagen unter den Aussagen der menschlichen Sprache finden wollen. Für mich ähnelt das in gewisser Weise dem Ansatz von Campbell und Braithwaite, der die notwendigen Aussagen aus kontingenten Aussagen heraussucht.

Nachdem ich nun versucht habe, die niedrigen erkenntnistheoretischen Motive hinter den erhabenen ontologischen Streitpunkten aufzudecken, möchte ich jetzt zeigen, daß das Problem des Unterschieds zwischen physisch notwendigen universellen Aussagen und zufälligen universellen Aussagen – kurz, das Drontenproblem – im Popperschen Rahmen auf erkenntnistheoretischer oder methodologischer Ebene überhaupt nicht entsteht. Hier kann man die Gesetzesaussage 'Alle Dronten sterben [notwendig], ehe sie 60 Jahre alt sind' nur da-

---

[13]) Engels [1894], S. 80 f.: Abschn. 9, 3. Seite. Hervorhebung von mir.
[14]) Lenin [1908], S. 138: Schluß von 2.6. *) Der von Lakatos benutzte Text hat statt 'erschöpfen' 'erreichen' ('reaching'). (D. Hrsgg.)

durch falsifizieren, daß man ein Gegenbeispiel vorlegt, das ebenso auch die entsprechende schwächere universelle Aussage falsifiziert. Und es ist ebenso unmöglich, die Wahrheit der universellen Aussage 'Alle Dronten sterben, ehe sie 60 Jahre alt sind' zu erweisen wie ihre notwendige Wahrheit. Aus diesem Grunde empfand Popper ursprünglich kein Bedürfnis, den Unterschied auf metaphysischer Ebene zu formulieren, und das war der Grund, warum ihn Kneale einen Positivisten nannte (und damit verunglimpfte)[15] ('labelled – and libelled – him a positivist'). Poppers Reaktion zeigte eindeutig, daß Kneale voreilig gewesen war. Der Knealesche erkenntnistheoretische Rahmen ist ein anderer: die Sätze, die Naturnotwendigkeiten ausdrücken, sind nicht nur als wahr, sondern als notwendig wahr bekannt. Im Popperschen Rahmen sind diese selben Sätze weder als notwendig noch auch nur als universell wahr bekannt.

In meinem System kann es gar keine naturnotwendigen Aussagen von endlicher Länge geben; außerdem sind alle [endlich langen] universellen Sätze, seien sie nun angeblich notwendig oder zufällig, einfach falsch.

3 Der Zusammenhang zwischen logischer und Naturnotwendigkeit

Popper ist ein Erzfeind des Konventionalismus auf dem Gebiet der empirisch-wissenschaftlichen Erkenntnis, aber er ist Konventionalist auf dem Gebiet der logischen und mathematischen Erkenntnis. Nach ihm entspringt die logische und mathematische Notwendigkeit aus der Struktur der menschlichen Sprache, während die Naturnotwendigkeit von Gott geschaffen wurde. Beide Notwendigkeiten haben also nichts miteinander gemeinsam, und es ist eigentlich irreführend, sie mit demselben Wort zu bezeichnen.

Kneale ist ein Erzfeind des Konventionalismus in der empirischen Wissenschaft wie auch der Mathematik und Logik. Für ihn sind Naturnotwendigkeit und logische Notwendigkeit miteinander verwandt; die erste besteht aus speziellen Notwendigkeitsgrundsätzen, die zweite aus allgemeinen.

Für Kneale ist es also ein entscheidendes Problem, diese Gleichartigkeit der logischen und der Naturnotwendigkeit einleuchtend zu machen. Das ist der springende Punkt seines jetzigen Beitrags, der die These vertritt, die beiden Arten der Notwendigkeit unterschieden sich lediglich durch die Anzahl der logischen Konstanten. Leider scheint er mir diese These nicht überzeugend untermauert zu haben. Ich kann nur zwei Möglichkeiten erkennen. Entweder benützt man die üblichen logischen Konstanten und kommt so zu der Einteilung der Aussagen in logisch notwendige und logisch kontingente, oder man betrachtet alle Ausdrücke der Sprache als logische. Dann würde der Begriff der logischen Wahrheit mit dem der materialen Wahrheit zusammenfallen. Kann man nun vielleicht *einige* Ausdrücke als logische Konstanten betrachten (nennen wir sie quasi-logische) und *einige andere* als Zeichen für etwas? Sollte dies Kneales Vorschlag sein, dann wären *alle* Aussagen quasi-logisch falsch, denn man könnte leicht Modelle angeben, in denen sie falsch sind. Man kann also mit seiner Methode die Zweiteilung nicht zum Verschwinden bringen.

Im übrigen ist einer der wesentlichsten Züge der Geschichte der mathematischen Strenge die allmähliche Beseitigung der quasi-logischen Konstanten. Die Weierstraßsche

---

[15] Kneale [1949], S. 76.

7 Kneale, Popper und die Notwendigkeit

Strenge läßt noch die natürliche Zahl als quasi-logische Konstante zu, während die Russellsche Strenge auch diesen letzten Rest eliminiert und nur noch logische Konstanten bestehen läßt. Der Hauptgesichtspunkt dabei ist, daß die logischen Konstanten völlig bekannte Ausdrücke sein müssen, und die quasi-logischen Ausdrücke gerieten einer nach dem anderen wegen ihrer Unschärfe in Mißkredit und wurden durch Definitionen anhand völlig bekannter Ausdrücke ersetzt. Ich gebe durchaus zu, daß es manchmal eine sehr gute Idee sein kann, die Uhr zurückzudrehen, und daß es ganz vernünftig sein könnte, einige der in Mißkredit geratenen völlig bekannten quasi-logischen Konstanten wieder zurückzuholen, doch zunächst sollte man sich mit den Schwierigkeiten auseinandersetzen, die zu ihrer Ausscheidung geführt haben.

Ich interessiere mich sehr für dieses Problem und habe schon daran gearbeitet, doch mir scheint, daß der sich ergebende Begriff der quasi-logischen Notwendigkeit nicht mit dem der Naturnotwendigkeit zusammenfallen, sondern eine Art nichtlogischer mathematischer Notwendigkeit bilden wird.*[2])

Sie sehen also, ich stehe auf der Seite Kneales, wenn ich eine Art Zusammenhang zwischen den verschiedenen von ihm vorgeschlagenen Notwendigkeitsbegriffen annehme, und es tut mir leid, daß sein jetziger Versuch, soweit ich sehe, fehlgeschlagen ist. Doch ich habe eine starke Aversion gegen Poppers sprachlich-konventionalistischer Theorie der Mathematik und Logik. Ich halte mit Kneale die logische Notwendigkeit für eine Art Naturnotwendigkeit; ich glaube, daß der Großteil der Logik und Mathematik von Gott geschaffen und keine menschliche Übereinkunft ist. Wir haben die riesige Menge der logisch möglichen Welten, wir haben die Teilmenge der mathematisch möglichen Welten, wir haben als Teilmenge dieser Teilmenge die physisch möglichen Welten; und dann haben wir die wirkliche Welt.

Aber demgemäß bin ich Fallibilist nicht nur in der empirischen Wissenschaft, sondern auch in der Mathematik und Logik.

---

*[2]) Siehe Lakatos [1976c], Kap. 1, Abschn. 9. (D. Hrsgg.)

8   Wandlungen des Problems der induktiven Logik*)

Einleitung

Ein erfolgreiches Forschungsprogramm zeigt sprudelnde Aktivität. Ständig gibt es Dutzende von Rätselfragen zu lösen und technische Fragen zu beantworten; mögen auch *einige* davon – unvermeidlicherweise – von dem Programm selbst geschaffen worden sein. Doch diese verselbständigte Dynamik des Programms kann die Forscher fortreißen und dazu führen, daß sie den Problemhintergrund aus den Augen verlieren. Sie fragen dann kaum mehr, in welchem Maße sie das ursprüngliche Problem gelöst haben, in welchem Maße sie Grundpositionen aufgegeben haben, um mit den inneren technischen Schwierigkeiten fertig zu werden. Sie bewegen sich womöglich mit rasender Geschwindigkeit vom Ausgangsproblem weg, merken es aber nicht. Problemverschiebungen dieser Art können einem Forschungsprogramm eine bemerkenswerte Standfestigkeit bei der schadlosen Verarbeitung fast jeder beliebigen Kritik verleihen.[1]

Nun sind Problemverschiebungen regelmäßige Begleiterscheinungen des Problemlösens und insbesondere von Forschungsprogrammen. Häufig löst man dann ganz andere Probleme als die, von denen man ausgegangen ist. Vielleicht sind es interessantere. In solchen Fällen wollen wir von einer *'voranschreitenden (progressiven) Problemverschiebung'*[2] sprechen. Es können aber auch weniger interessante Probleme als das ursprüngliche sein; ja, in Extremfällen löst man vielleicht schließlich nur noch solche Probleme (oder versucht sie zu lösen), die man selbst geschaffen hat, als man das Ausgangsproblem zu lösen versuchte. In solchen Fällen wollen wir von einer *'degenerierenden Problemverschiebung'*[3] sprechen.

---

*) Diese Arbeit erschien ursprünglich in Lakatos [1968a] – als Teil der Verhandlungen des internationalen wissenschaftstheoretischen Kolloquiums in London 1965. Sie erwuchs aus einem Kommentar zu Carnaps Vortrag [1968b] 'Inductive Logic and Inductive Intuition'. Lakatos gab seiner Arbeit folgende Danksagung bei: 'Der Verfasser dankt Y. Bar-Hillel, P. Feyerabend, D. Gillies, J. Hintikka, C. Howson, R. Jeffrey, I. Levi, A. Musgrave, A. Shimony und J. W. N. Watkins für Kritik an früheren Fassungen, vor allem aber Carnap und Popper, die damit Tage zubrachten und dadurch ungeheuer zu meinem Verständnis des Problems und seiner Geschichte beitrugen. Doch ich fürchte, daß Carnap – und möglicherweise auch Popper – nicht mit der Auffassung übereinstimmen, zu der ich gelangt bin. Beide haben die endgültige Fassung nicht vor sich gehabt.' (D. Hrsgg.)

[1] Eine allgemeine Behandlung von Forschungsprogrammen, Problemlösen gegenüber Rätsellösen, Problemverschiebungen findet sich in Bd. 1, Kap. 1.

[2] Ein einfaches Beispiel für eine 'voranschreitende Problemverschiebung' liegt vor, wenn mehr erklärt wird, als man ursprünglich erklären wollte, oder sogar etwas damit Unverträgliches. Das ist übrigens eine von Poppers Adäquatheitsbedingungen für eine gute Lösung des Erklärungsproblems (Popper [1957]).

[3] Die 'degenerierende Problemverschiebung' läßt sich ebenfalls am Erklärungsproblem veranschaulichen. Eine Erklärung bildet eine degenerierende Problemverschiebung, wenn sie mit 'konventionalistischen' (d. h. gehaltvermindernden) Strategien gewonnen wurde. Vgl. unten, Text zu Anm. 153.

Ich meine, es kann nur von Vorteil sein, wenn man gelegentlich das Problemlösen unterbricht und versucht, sich den Problemhintergrund wieder vor Augen zu führen und die Problemverschiebung kritisch zu beurteilen.

Im Falle von Carnaps weitgespanntem Forschungsprogramm könnte man sich fragen, was ihn dazu veranlaßte, seinen ursprünglichen kühnen Gedanken einer apriorischen, analytischen induktiven Logik bis auf seine heutige Zurückhaltung bezüglich der erkenntnistheoretischen Beschaffenheit seiner Theorie herunterzustimmen[4]); warum und wie er das ursprüngliche Problem des vernünftigen Grades des Glaubens an Hypothesen (in erster Linie wissenschaftliche Theorien) zunächst auf das Problem des vernünftigen Grades des Glaubens an partikuläre Sätze zurückschraubte[5]) und endlich auf das Problem der wahrscheinlichkeitstheoretischen Stimmigkeit ('Kohärenz') von Systemen von Annahmen.

Ich beginne mit einer modellhaften Darstellung des Problemhintergrunds der induktiven Logik.

1 Die zwei Hauptprobleme des klassischen Empirismus: induktive Begründung und induktive Methode

Die *klassische Erkenntnistheorie* im allgemeinen läßt sich durch ihre beiden Hauptprobleme kennzeichnen: (1) das Problem der *Grundlagen* der – vollkommenen, unfehlbaren – Erkenntnis (die *Logik der Begründung),* und (2) das Problem des Fortschritts der – vollkommenen, wohlbegründeten – Erkenntnis oder das Problem der Heuristik oder der Methode (die *Logik der Entdeckung).*

Die *empiristische Richtung der klassischen Erkenntnistheorie* im besonderen erkannte nur eine *einzige* Quelle der Erkenntnis der Außenwelt an: das natürliche Licht der Erfahrung.[6]) Doch dieses Licht kann bestenfalls Bedeutung und Wahrheitswert von solchen Aussagen erhellen, die 'harte Tatsachen' ausdrücken, von 'Tatsachenaussagen'. Die theoretische Erkenntnis bleibt im Dunkeln.

Die Begründungslogiken aller Richtungen der klassischen Erkenntnistheorie – der empiristischen wie der rationalistischen – hielten an einer strikten Schwarz-weiß-Beurteilung der Aussagen fest. Das bedeutete eine scharfe Abgrenzung zwischen Erkenntnis und Nichterkenntnis. Erkenntnis – episteme – wurde mit dem Bewiesenen gleichgesetzt; unbewiesene doxa war 'Sophisterei und Täuschung' oder 'sinnloses Gerede'. So mußte die theoreti-

---

[4]) Vgl. unten, Anm. 123.

[5]) Mit 'partikulären Sätzen' meine ich wahrheitsfunktionale Verknüpfungen von Sätzen von der Form $r(a_1, a_2, \ldots, a_n)$, wo r eine n-stellige Beziehung ist und die a_i Individuenkonstanten sind. Carnap [1950], S. 67, spricht von 'molekularen' Sätzen.

[6]) *Die rationalistische Form der klassischen Erkenntnistheorie* dagegen war weniger einheitlich. Die Kartesianer ließen das Zeugnis der Vernunft, der Sinneserfahrung und des religiösen Glaubens gleichermaßen zu. Bacon war ein verworrener und widerspruchsvoller Denker, und er war Rationalist. Der Streit zwischen Bacon und Descartes war ein Märchen, das die Newtonianer erfunden hatten. Doch die meisten Empiristen gaben – versteckt oder offen – zu, daß mindestens die logische Erkenntnis (die der Wahrheitsübertragung) apriorisch war.

sche, nicht unmittelbar Tatsachen betreffende Erkenntnis zum Hauptproblem des klassischen Empirismus werden: sie *mußte* begründet – oder verschrottet werden.[7])

In dieser Sache war die erste Generation der Empiristen gespalten. Die Newtonianer, die bald die einflußreichsten waren, meinten, wahre Theorien seien unfehlbar aus Tatsachenaussagen beweisbar ('deduzierbar' oder 'induzierbar'), aber aus nichts sonst. Im 17. und 18. Jahrhundert gab es keine klare Unterscheidung zwischen 'Induktion' und 'Deduktion'. (Ja, für Descartes – und nicht nur für ihn – waren 'Induktion' und 'Deduktion' gleichbedeutende Ausdrücke; er hielt nicht viel von der Aristotelischen Syllogistik und zog Schlüsse vor, die den logischen Gehalt vermehren. Informale 'Kartesische' gültige Schlüsse – in der Mathematik wie auch der empirischen Wissenschaft – vermehren den Gehalt und lassen sich nur durch eine unendliche Vielzahl gültiger Schlußformen kennzeichnen.[8])

Dies also ist die Begründungslogik des klassischen Empirismus: *'Tatsachenaussagen' und ihre informalen – deduktiven/induktiven – Konsequenzen sind Erkenntnis; alles übrige ist nichts wert.*

Ja, nach manchen Empiristen war alles übrige sogar sinnlos. Denn nach einer einflußreichen Richtung des Empirismus konnte nicht nur die Wahrheit, sondern auch die Bedeutung nur durch das Licht der Erfahrung erhellt werden. Deshalb können nur 'Beobachtungsausdrücke' eine nichtabgeleitete Bedeutung haben; theoretische Ausdrücke müssen mittels Beobachtungsausdrücken definiert (oder zumindest 'partiell definiert') werden. Soll dann aber die theoretische Wissenschaft nicht samt und sonders als sinnlos abgestempelt sein, so braucht man eine induktive Leiter nicht nur von Aussagen, sondern auch von Begriffen. Um die Wahrheit (oder Wahrscheinlichkeit) von Theorien zu ermitteln, mußte man zunächst ihre Bedeutung festlegen. Daher wurde das Problem der *induktiven Definition*, der 'Konstitution' oder 'Reduktion' der theoretischen auf Beobachtungsausdrücke, für den logischen Empirismus entscheidend, und als die Lösungsversuche immer wieder fehlschlugen, kam es zur sogenannten 'Liberalisierung' des Verifizierbarkeitskriteriums des Sinnes und zu weiteren Fehlschlägen.[9])

---

[7]) Kennzeichnend für die klassische Erkenntnistheorie ist der Streit zwischen Skepsis und Dogmatismus. Die skeptische Richtung des klassischen Empirismus möchte mit der Beschränkung der Erkenntnisquellen auf die Sinneserfahrung nur zeigen, daß es überhaupt keine maßgebliche Erkenntnisquelle gebe: auch die Sinneserfahrung täuscht, und deshalb gibt es überhaupt keine Erkenntnis. Im gegenwärtigen Zusammenhang gehe ich nicht auf den skeptischen Pol der klassischen justifikationistischen Dialektik ein. Diese Analyse der klassischen justifikationistischen Erkenntnistheorie ist einer der Hauptpfeiler der Philosophie Karl Poppers; vgl. die Einleitung zu Popper [1963a]. Eine weitere Behandlung findet sich in Band 1, Kap. 1.

[8]) Von diesem Standpunkt aus sind informaler mathematischer Beweis und induktive Verallgemeinerung wesentlich gleichartig. Vgl. Lakatos [1976c], insbes. S. 81, Anm. 2, dt. S. 82, Anm. 157.

[9]) Popper hatte diese Tendenz schon 1934 in 'Logik der Forschung' am Ende von Abschn. 25 kritisiert; später lieferte er eine interessante kritische Darstellung des Problems in [1963a], insbes. S. 258–279. Die Kritik wurde entweder unbeachtet gelassen oder mißverstanden; doch im ganzen gesehen, war die 'Liberalisierung des logischen Empirismus' nichts als eine stückweise und unvollständige, unabhängige oder nicht ganz unabhängige Wiederentdeckung der Popperschen Argumente von 1934. Der Geistesgeschichtler kann nicht umhin, hier ein allgemeines Ablaufschema zu sehen: Eine theoretische Schule entsteht; sie erfährt vernichtende Kritik von außen; diese wird unbeachtet gelassen; es beginnen innere

Die *methodologischen Konsequenzen* dieser Begründungslogik waren eindeutig. Die klassische Methode überhaupt verlangt, daß der Fortschritt der Erkenntnis langsam und vorsichtig von einer bewiesenen Wahrheit zur nächsten gehen und so vermeiden sollte, daß sich Irrtümer halten können. Für den Empirismus im besonderen bedeutete dies, daß man von unbezweifelbaren Tatsachenaussagen auszugehen hatte und von da schrittweise durch gültige Induktion zu Theorien immer höherer Ordnung gelangen konnte. Der Erkenntnisfortschritt war eine Ansammlung ewiger Wahrheiten: von Tatsachen und 'induktiven Verallgemeinerungen'. Diese Theorie des 'induktiven Aufsteigens' war die methodologische Botschaft Bacons, Newtons und – in abgewandelter Form – sogar noch Whewells.

Kritische Praxis zerstörte den klassischen Gedanken gültiger gehaltvermehrender Ableitungen in Mathematik und empirischer Wissenschaft und trennte die schlüssige 'Deduktion' von dem nicht schlüssigen 'informalen Beweis' und der 'Induktion' ab. Nur Schlüsse, die den logischen Gehalt nicht vermehrten, galten noch als gültig.[10] Das war das Ende der Begründungslogik des klassischen Empirismus.[11] Seine Entdeckungslogik wurde zuerst von Kant und Whewell erschüttert, dann von Duhem zertrümmert[12] und schließlich von Popper durch eine neue Theorie des Erkenntnisfortschritts ersetzt.

2 Das Hauptproblem des neoklassischen Empirismus: schwache induktive Begründung (Bestätigungsgrad)

Nach der Niederlage des klassischen Empirismus waren die meisten Empiristen nicht zu der skeptischen Konsequenz bereit, daß theoretische Wissenschaft – da nicht mittels Beobachtungsbegriffen definierbar und nicht mittels Beobachtungsaussagen beweisbar –

Schwierigkeiten; 'Revisionisten' und 'Orthodoxe' setzen sich über sie auseinander: die Orthodoxen machen aus der ursprünglichen Lehre mittels kritikentschärfender Strategien eine 'ziemlich sterile Haarspalterei', die Revisionisten entdecken und verarbeiten langsam und unvollständig die kritischen Argumente, die seit Jahrzehnten vorliegen. Von außen her gesehen, wo diese kritischen Argumente etwas Selbstverständliches geworden sind, wirkt der 'heroische' Kampf der Revisionisten – sei es im Marxismus, Freudianismus, Katholizismus oder logischen Empirismus – trivial und gelegentlich sogar komisch. (Als 'ziemlich sterile Haarspalterei' bezeichnete Einstein den späteren logischen Empirismus; vgl. Schilpp [1959/60], S. 491.)

[10] Eine Rekonstruktion dieses historischen Vorgangs ist eines der Hauptthemen von Lakatos [1963/64] bzw. [1976c].

[11] Natürlich können die klassischen Rationalisten behaupten, induktive Schlüsse seien unvollständige deduktive Schlüsse mit synthetisch-apriorischen 'Induktionsprinzipien' als verborgenen Voraussetzungen. Vgl. auch unten, 5(a), drittletzter Abs.

[12] Eines der wichtigsten Argumente in der Geschichte der Wissenschaftstheorie war Duhems vernichtende Kritik der induktiven Logik der Entdeckung, die zeigte, daß einige der tiefsten erklärenden Theorien *die Tatsachen korrigierten,* daß sie den 'Beobachtungsgesetzen' *widersprachen,* auf die sie sich nach der Newtonschen induktiven Methode angeblich 'gründeten' (vgl. Duhem [1906], Abschn. 10.4). Popper [1948, 1957] kam auf Duhems Darstellung zurück und verbesserte sie. Feyerabend führte das Thema in seiner Arbeit [1962] aus. Ich habe gezeigt, daß ein ähnliches Argument in der Logik der mathematischen Entdeckung zutrifft: wie man in der Physik manchmal nicht das erklärt, was man erklären wollte, so beweist man in der Mathematik manchmal nicht das, was man beweisen wollte; vgl. Lakatos [1976c].

nichts als Sophisterei und Täuschung sei. Sie fanden, ein guter Empirist könne die Wissenschaft nicht einfach aufgeben. Aber wie konnte man dann ein guter Empirist sein – der sowohl die Wissenschaft als auch einen Kernbestand des Empirismus beibehielt?

Einige meinten, der Zusammenbruch der Induktion habe die Wissenschaft zwar als Erkenntnis erledigt, nicht aber als gesellschaftlich nützliches Werkzeug. Das war einer der Ursprünge des modernen Instrumentalismus.

Andere schreckten vor dieser Erniedrigung der Wissenschaft auf das Niveau der 'verherrlichten Klempnerei' (Popper) zurück und machten sich daran, die Wissenschaft als Erkenntnis zu retten. Nicht als Erkenntnis im klassischen Sinne – die mußte auf Mathematik und Logik beschränkt bleiben; aber als Erkenntnis in einem schwächeren Sinne, als fehlbare, vermutungshafte Erkenntnis. Es hätte gar kein radikaleres Abrücken von der klassischen Erkenntnistheorie geben können: für diese war vermutungshafte Erkenntnis ein Widerspruch in sich selbst.[13])

Doch nun entstanden zwei neue Probleme. Das *erste* war die *Beurteilung vermutungshafter Erkenntnis*. Diese neue Beurteilung konnte auf keinen Fall eine Schwarz-weiß-Bewertung wie die klassische sein. Es war nicht einmal klar, ob sie überhaupt möglich war; ob sie selbst Vermutungscharakter haben müßte; ob eine quantitative Bewertung möglich sei; und so fort. Das *zweite* Problem war das der *Entwicklung der vermutungshaften Erkenntnis*. Die Theorien des induktiven Fortschritts der (sicheren) Erkenntnis (oder des 'induktiven Aufsteigens') – von Bacon und Newton bis Whewell – waren zusammengebrochen; es mußte dringend Ersatz geschaffen werden.

In dieser Situation *entstanden zwei theoretische Schulen*. Die eine – der *neoklassische Empirismus* – fing mit dem ersten Problem an und kam nie bis zum zweiten.[14]) Die andere – der *kritische Empirismus* – löste zunächst das zweite Problem und zeigte dann, daß damit auch die wichtigsten Aspekte des ersten gelöst werden.

---

[13]) Der Umschlag von der klassischen Erkenntnistheorie zum Fallibilismus war einer der großen Wendepunkte in Carnaps intellektueller Biographie. 1929 glaubte er noch, nur unzweifelhaft wahre Aussagen könnten in den Korpus der Wissenschaft aufgenommen werden; Reichenbachs Wahrscheinlichkeiten, Neuraths Dialektik, Poppers Vermutungen veranlaßten ihn zur Aufgabe seines ursprünglichen Gedankens, es gebe 'einen sicheren Felsgrund für die Erkenntnis ... der unbezweifelbar war. Jede andere Erkenntnis sollte fest auf dieser Grundlage ruhen und damit ebenfalls mit Gewißheit entscheidbar sein.' (Vgl. Carnaps Autobiographie in Schilpp [1963], insbes. S. 57. Vgl. auch Reichenbachs amüsante Erinnerungen in seiner Arbeit [1936].) Interessanterweise war derselbe Übergang auch einer der großen Wendepunkte in Russells intellektueller Biographie (vgl. Kap. 1 des vorliegenden Bandes, Abschn. 2).

[14]) Die meisten Neoklassiker waren – und einige sind es noch – bezüglich des zweiten Problems von einer gesegneten Naivität. Sie glaubten, wenn die Wissenschaft auch keine Gewißheit liefere, so doch Beinahe-Gewißheit. Sie mißachteten Duhems Grundargument gegen die Induktion und beharrten darauf, die Hauptform des wissenschaftlichen Fortschritts sei der 'nicht-stringente Schluß' von empirischen Voraussetzungen auf theoretische Folgerungen. Nach Broad war das ungelöste Problem der *Begründung der Induktion* ein 'Skandal der Philosophie', *weil* die induktive Methode das 'Ruhmesblatt der Wissenschaft' war: die Wissenschaftler schritten zügig von Wahrheiten zu noch reichhaltigeren Wahrheiten voran (oder mindestens zu sehr wahrscheinlichen Wahrheiten), während sich die Philosophen erfolglos mit der Rechtfertigung dieses Verfahrens abmühten (vgl. Broad [1952], S. 142 f.). Russell war der gleichen Auffassung. Andere Neoklassiker geben gelegentlich zu, daß wenigstens ein gewisser Teil der schöpferischen Wissen-

Die erste Schule – die in Carnaps neoklassischem Empirismus gipfelte – ging das Problem vom klassischen Standpunkt der Begründungslogik aus an. Da Theorien offenbar nicht als beweisbar wahr oder falsch eingestuft werden konnten, mußten sie (nach dieser Schule) wenigstens eingestuft werden als 'teilweise bewiesen' oder, mit anderen Worten, als '(durch die Tatsachen) in bestimmtem Grade bestätigt'. Man glaubte diesen 'Grad der empirischen Stützung' oder 'Bestätigungsgrad' irgendwie mit der Wahrscheinlichkeit im Sinne der Wahrscheinlichkeitsrechnung gleichsetzen zu sollen.[15] Daraus ergab sich ein weitgespanntes Programm;[16] es war eine – womöglich berechenbare – abzählbar additive Maßfunktion auf dem Feld der Sätze der vollständigen Wissenschaftssprache zu definieren, die noch einige weitere Adäquatheitsbedingungen erfüllte, die sich aus der intuitiven Vorstellung von der 'Bestätigung' ergaben. Ist einmal eine solche Funktion erklärt, so läßt sich der Grad der Bestätigung einer Theorie h aufgrund der Daten e einfach berechnen als $p(h, e) = p(h \& e) / p(e)$. Gibt es mehrere mögliche Funktionen, so mußte man den primären Kolmogorowschen Axiomen noch sekundäre hinzufügen, bis die Funktion eindeutig bestimmt war.

So machte sich Carnap – im Anschluß an die Cambridge Schule (Johnson, Broad, Keynes, Nicod, Ramsey, Jeffreys), an Reichenbach und andere – an die Lösung folgender Probleme: (1) die Begründung seiner Behauptung, daß der Bestätigungsgrad die Kolmogorowschen Axiome der Wahrscheinlichkeitsrechnung erfüllt; (2) die Auffindung und Begründung weiterer sekundärer Adäquatheitsbedingungen zur Bestimmung der gesuchten Maßfunktion; (3) die – stückweise – Konstruktion einer vollständigen und vollkommenen Wissenschaftssprache, in der sich alle wissenschaftlichen Aussagen formulieren lassen; und (4) die Aufstellung einer Maßfunktion, die die Bedingungen nach (1) und (2) erfüllt.

Carnap meinte, während die Wissenschaft Vermutungscharakter hatte, sei die Theorie der wahrscheinlichkeitstheoretischen Bestätigung a priori und unfehlbar: die Axiome, die primären wie die sekundären, würden sich im Lichte der *induktiven Intuition* als wahr erweisen, und die Sprache (die dritte Komponente) war ja ohnehin unwiderlegbar. (Anfänglich könnte er auch gehofft haben, daß die Maßfunktion berechenbar sei, d. h. daß eine Ma-

schaft aus nicht vernunftgeleiteten Sprüngen bestehen könne, denen freilich alsbald eine sehr genaue Bestimmung des Grades der empirischen Stützung folgen müsse. (Auf Carnaps Position gehen wir unten in Abschn. 4 ausführlich ein.) Doch ob nun für sie die Wissenschaft induktiv, durch vernunftunabhängige Erkenntnisse oder durch Vermutungen und Widerlegungen voranschreitet, sie nehmen es jedenfalls unreflektiert an; denn die meisten Neoklassiker haben eine ausgeprägte Abneigung dagegen, das Problem des Fortschritts der Wissenschaft ernst zu nehmen. Vgl. den letzten Teil des vorliegenden Abschnitts, ab Anm. 23.

[15] In der ganzen vorliegenden Arbeit werden die Ausdrücke 'Wahrscheinlichkeit', 'probabilistisch' u. ä. in diesem Sinne verwendet.

[16] Eigentlich war die probabilistische induktive Logik eine Cambridge Erfindung. Sie stammte von W. E. Johnson. Broad und Keynes besuchten seine Vorlesungen und entwickelten dann seine Ideen fort. Ihr Ansatz beruhte auf einem ganz simplen logischen Schnitzer (der auf Bernoulli und Laplace zurückgeht). Broad [1932], S. 81, drückte ihn so aus: 'Die Induktion kann nicht hoffen, mehr zu liefern als bloß wahrscheinliche Schlüsse, und *deshalb* müssen die logischen Grundsätze der Induktion die Gesetze der Wahrscheinlichkeit sein.' (Hervorhebung von mir.) In der Voraussetzung dieses Arguments ist von der intuitiven Wahrscheinlichkeit oder Wahrheitsnähe die Rede, in der Folgerung von der mathematischen Wahrscheinlichkeitsrechnung. (Interessanterweise hatte vor Poppers Kritik von 1934 an Keynes und Reichenbach niemand auf diese Vermengung hingewiesen.)

schine, die mit der vollkommenen Sprache und den Axiomen programmiert war, die Wahrscheinlichkeit jeder beliebigen Hypothese aufgrund der ihr eingegebenen Datenaussagen berechnen kann. Die Wissenschaft ist fehlbar, doch der Grad ihrer Fehlbarkeit wäre exakt und unfehlbar von einer Maschine zu ermitteln. Doch er erkannte natürlich, daß dies nach dem Satz von Church im allgemeinen unmöglich ist.[17]) Da nun nach dem logischen Empirismus – ich nenne ihn lieber neoklassischen Empirismus[18]) – nur analytische Aussagen unfehlbar sein können, sah Carnap seine induktive Logik als *analytisch* an.[19])

Er fand auch, daß die Konstruktion einer vollständigen Wissenschaftssprache nur Stück für Stück erfolgen konnte und möglicherweise nie enden würde; dann aber mußte dafür gesorgt werden, daß die allmähliche Konstruktion der Maßfunktion sich eng an die allmähliche Konstruktion dieser Sprache anschloß, und daß sich die schon festgelegten Werte der Funktion später nicht wieder änderten. Das scheint mir das Ideal gewesen zu sein, dem Carnap zuerst mit seiner *Forderung der* (relativen) *Vollständigkeit* der Sprache[20]) nahezukommen suchte, dann mit seinem *Axiom C6* in seinem System von 1952[21]) und später mit *Axiom 11* seines Systems von 1955.[22]) Das angezielte Ideal scheint ein Grundsatz zu sein, den man das *Prinzip der Minimalsprache* nennen könnte, nämlich daß der Bestätigungsgrad einer Aussage *nur von der beschränktesten Sprache abhängt, in der die Aussage formulierbar ist*. Der Bestätigungsgrad ändert sich demnach nicht, wenn die Sprache erweitert wird.

Es zeigte sich bald, daß die Schwierigkeiten der Konstruktion der Bestätigungsfunktion mit der Komplexität der Sprache steil ansteigen. Trotz der ungeheuren Arbeit, die Carnap und seine Mitarbeiter in den letzten 20 Jahren geleistet haben, hat das Forschungs-

---

[17]) Vgl. Carnap [1950], S. 196. Vgl. auch Hintikka [1965], S. 283, Anm. 22. *Doch die Funktion kann für endliche Sprachen oder Sprachen ohne universelle Aussagen berechenbar sein.*
[18]) Der Hauptzug des klassischen Empirismus war der Vorrang der Begründungs- vor der Entdeckungslogik. Dieser Zug blieb im logischen Empirismus im wesentlichen erhalten: die Teilbegründung oder die Beurteilung, nicht aber die Entdeckung von Theorien war sein Hauptinteresse. In Poppers grundlagenfreier Behandlung des Fortschritts dagegen spielt die Entdeckungslogik eine beherrschende Rolle; diesen Ansatz nenne ich 'kritischen Empirismus', doch die Bezeichnung 'kritischer Rationalismus' (oder 'rationaler Empirismus'?) könnte noch passender sein.
[19]) Das führte später zu philosophischen Schwierigkeiten; vgl. unten, Anm. 123 und Text ab Anm. 253. Streng genommen, sollte es im vorliegenden Absatz auch statt 'unfehlbar' immer 'praktisch unfehlbar' heißen; denn Carnap weist seit den Gödelschen Ergebnissen gelegentlich darauf hin, daß weder die deduktive noch die induktive Logik vollkommen unfehlbar sei. Doch er scheint immer noch zu glauben, die induktive Logik sei nicht *stärker* fehlbar als die deduktive Logik, zu der für ihn auch die Arithmetik gehört (vgl. Carnap [1968b], S. 266). Die Fehlbarkeit 'analytischer' Aussagen bringt natürlich einen wesentlichen Stützpfeiler des logischen Empirismus zu Fall (vgl. Kap. 2 des vorliegenden Bandes).
[20]) Diese besagt, das System der Prädikate solle 'so umfangreich sein, daß alle qualitativen Eigenschaften der Individuen in dem gegebenen Bereich ausdrückbar sind' (Carnap [1950], S. 75); es wird auch gefordert, daß 'zwei Individuen sich stets nur in endlich vielen Beziehungen unterscheiden' (S. 74).
[21]) 'Wir wollen voraussetzen, daß es sich nicht auf den Wert von c(h,e) auswirkt, ob es außer den in h und e erwähnten Individuen – Variablen sollen in h und e nicht vorkommen – in dem Sprachsystem noch andere Individuen gibt oder nicht.' (Carnap [1952], S. 13.)
[22]) 'Der Wert von c(h,e) bleibt unverändert, wenn weitere Prädikatenfamilien in die Sprache eingeführt werden.' Vgl. Schilpp [1963], S. 975, wie auch Carnap [1950], Vorwort zur zweiten Auflage von 1962, S. XXI f.

8 Wandlungen des Problems der induktiven Logik

programm der 'induktiven Logik' immer noch keine Maßfunktionen für Sprachen entwickelt, die die Analysis oder die physikalische Wahrscheinlichkeit enthalten – wie sie natürlich zur Formulierung der wichtigsten empirisch-wissenschaftlichen Theorien nötig sind. Doch die Arbeit geht weiter.[23])

Tief in dieses schwierige Programm verstrickt, hatten Carnap und seine Schule überhaupt kein Auge für die wissenschaftliche *Methode*. *Die beiden klassischen Induktionsprobleme waren die Begründung von Theorien und die Herleitung neuer Theorien aus den Tatsachen.* Carnaps neoklassische Lösung liefert bestenfalls eine Lösung des Problems der schwachen Begründung; das Problem der Entdeckung, des Erkenntnisfortschritts, bleibt unberührt. Die logischen Empiristen *beschnitten* also das empiristische Programm ganz wesentlich. Es kann wenig Zweifel geben, daß weder Carnap noch seine Mitarbeiter sich auch nur einigermaßen ernsthaft um wirkliche methodologische Probleme kümmerten. Ja, Carnap – und die Carnapianer – scheinen nicht einmal ein Wort für das zu haben, was 'Methodologie', ‚Heuristik' oder 'Entdeckungslogik' zu heißen pflegte, für die rationale Rekonstruktion der Entwicklungsmuster (oder, wie Bar-Hillel sagen würde, der 'Diachronie'). Carnap sagt, der Begriff der Bestätigung sei 'grundlegend in der *Methodologie* der empirischen Wissenschaft'.[24]) Diese Usurpation des Ausdrucks 'Methodologie' für die Methode der Begründung, für die Untersuchung vollentwickelter Theorien – und dazuhin der mittelbare oder unmittelbare Ausschluß ihrer Entwicklung aus der vernünftigen Untersuchung – ist weit verbreitet.[25])

Carnap bezeichnet mit 'Methodologie' in erster Linie die *Anwendung* der induktiven Logik. Die 'induktive Logik' befaßt sich also mit der Aufstellung der c-Funktion, die 'Methodologie' macht Vorschläge zur *Anwendung* der c-Funktion. Die 'Methodologie der Induktion' ist somit ein Kapitel der Begründungslogik.[26])

Ein interessantes Beispiel für die Usurpation der natürlichen Bezeichnungen für Entwicklungsbegriffe als Bezeichnungen für Bestätigungsbegriffe ist der Carnapsche Gebrauch des Ausdrucks 'Schließen'.[27])

---

[23]) Ich frage mich, ob die nächste interessante Entwicklung in der induktiven Logik vielleicht Unmöglichkeitssätze beweisen wird, des Inhalts, daß bestimmte elementare Adäquatheitsbedingungen für c-Funktionen in reichhaltigen – und auch weniger reichhaltigen? – Sprachen unerfüllbar sind. (Doch ich zweifle stark, daß solche Ergebnisse, wie die Gödelschen, der Entwicklung neue Wege weisen würden.)
[24]) Schilpp [1963], S. 72, Hervorhebung von mir.
[25]) Carnap sagt sehr charakteristisch im ersten Satz seiner Arbeit [1928]: 'Die Aufgabe der Erkenntnistheorie besteht in der Aufstellung einer Methode zur Rechtfertigung der Erkenntnisse.' Die Methode im Sinne der Entdeckungslogik verschwindet – es gibt nur eine 'Methode' der Begründung.
Eine ähnliche Situation ist in der Philosophie der Mathematik entstanden, wo die Ausdrücke 'Methodologie', 'Beweis' usw. alle von der Begründungslogik usurpiert werden. Vgl. Lakatos [1963/64] bzw. [1976c]. In dieser Arbeit entsteht durch den bewußten Gebrauch des Ausdrucks 'Beweis' im Begründungs- *und* im heuristischen Sinne ein – beabsichtigter – paradoxer Eindruck.
[26]) Vgl. Carnap [1950], § 44 A. 'Methodologische Probleme': den Ausdruck 'Methodologie' verwende er hier nur 'mangels eines besseren Ausdrucks'. Doch es läßt sich nicht bestreiten, daß dies nur dadurch möglich wird, daß er in seiner Philosophie den Ausdruck in seiner ursprünglichen Bedeutung gar nicht braucht. (Von Bar-Hillel höre ich, daß Carnap jetzt nicht mehr von 'induktiver Logik' und 'Methodologie der Induktion' spricht, sondern von *'reiner induktiver Logik'* und *'angewandter induktiver Logik'*.)
[27]) Ein weiteres Beispiel (nämlich Carnaps Usurpation des methodologischen Ausdrucks 'Verbesserung von Vermutungen') findet sich unten in Anm. 87; über seinen Gebrauch des Ausdrucks 'Universalschluß' s. unten, Anm. 60 und Text.

Zum Verständnis des Problems müssen wir auf den klassischen Empirismus zurückgehen. Nach dem *klassischen Empirismus* schreitet die Wissenschaft durch induktives Schließen voran: zunächst sammelt man einige Tatsachen, und dann 'schließt man induktiv' auf eine Theorie, die der Induktivist höchst naheliegenderweise eine 'Verallgemeinerung' nennt. Nach Poppers *kritischem Empirismus* geht man von spekulativen Theorien aus und prüft sie streng. Hier gibt es nur deduktive Schlüsse und keine 'Verallgemeinerungen'. Carnap scheint hier und da mit Popper darin übereinzustimmen, daß die Tatsachen nicht der notwendige Ausgangspunkt der Entdeckung seien. Wenn er von 'induktivem Schließen' spricht, so ist das für ihn ein Fachausdruck im Sinne der Begründungslogik und nicht der Entdeckungslogik. 'Schließen' heißt für ihn nichts anderes als einem geordneten Paar $\langle h, e \rangle$ eine bestimmte Wahrscheinlichkeit zuordnen. Das ist gewiß eine seltsame Ausdrucksweise, denn 'Schließen' ist der kennzeichnende Begriff der altmodischen induktiven Logik der *Entdeckung*.

Dieses Beispiel soll nicht so sehr die verzeihliche Usurpation der Ausdrücke der Entdeckungslogik für die Begründungslogik aufzeigen, sondern vor allem auch die spezifischen Gefahren einer *unbewußten* solchen Usurpation. Manchmal taucht schemenhaft ein Gedanke aus der Entdeckungslogik auf – und stiftet nur Verwirrung. So schreibt etwa Carnap in seiner jetzigen Arbeit: 'Ich finde es nicht gerade falsch, das Schließen als das Ziel zu betrachten. Doch von meinem Standpunkt aus erscheint es als *vorteilhafter,* als den *wesentlichen* Punkt in der induktiven Logik die Bestimmung von Wahrscheinlichkeiten zu nehmen'[28]) (Hervorhebungen von mir). Doch was ist das 'induktive Schließen' anderes als die 'Bestimmung von Wahrscheinlichkeiten'? Warum sagt Carnap eigentlich nicht: es *ist* falsch, das Schließen als das Ziel der Induktion zu betrachten, es sei denn, es wird aufgefaßt als die Bestimmung des Grades, in dem eine Hypothese aus einer Tatsachenaussage folgt?[29])

Warum interessierten sich die logischen Empiristen nicht für die Logik der Entdeckung? Der Geistesgeschichtler könnte das folgendermaßen erklären. Der neoklassische Empirismus ersetzte das alte Idol des klassischen Empirismus – die *Gewißheit* – durch das neue Idol der *Exaktheit*.[30]) Doch die Entwicklung der Erkenntnis, die Logik der Entdeckung,

---

[28]) Carnap [1968b], S. 258. Vgl. auch Carnap [1968c], S. 311: 'Nach meiner Auffassung besteht das probabilistische ('induktive') Denken *wesentlich* nicht im Schließen, sondern *vielmehr* in der Zuordnung von Wahrscheinlichkeiten.' (Hervorhebungen von mir.)

[29]) Ich habe wenig Zweifel, daß die Antwort mindestens zum Teil darin liegt, daß Carnap seinen Gegnern gegenüber häufig zu großzügig ist und sie fast stets ungeschoren läßt, wenn sie bereit sind, das umstrittene Feld mit ihm zu *teilen*. Er ist so von seinem eigenen System in Beschlag genommen, daß er den Gegner nie auf dessen Gebiet verfolgt. Während von Popper und den Popperianern mehrere kritische Arbeiten zur Geschichte der Carnapschen Ideen vorliegen, haben die Carnapianer kennzeichnenderweise Entsprechendes bezüglich der Popperschen Ideen nie auch nur versucht. (*'Leben und leben lassen'* ist keine gute Regel für die Dialektik des geistigen Fortschritts. Trägt man eine kritische Auseinandersetzung nicht bis zum bitteren Ende aus, so bleibt vielleicht nicht nur der Gegner, sondern auch man selbst unkritisiert; denn der beste Weg zum kritischen Verständnis der eigenen Auffassung ist die rücksichtslose Kritik entgegengesetzter Auffassungen.)

[30]) 'In unserem nachrationalistischen Zeitalter werden immer mehr Bücher in Symbolsprachen geschrieben, und es wird immer schwerer, zu verstehen, wozu: worum es überhaupt geht, und warum es nötig oder von Vorteil sein soll, sich durch Bände von in Symbolismen gehüllten Trivialitäten langweilen zu lassen. Es scheint fast, als würde der Symbolismus zu einem Wert an sich, der um seiner sublimen 'Exaktheit' willen verehrt werden muß: eine neue Ausdrucksform des alten Strebens nach Gewißheit, ein neues symbolisches Ritual, ein neuer Religionsersatz.' (Popper [1959], S. 394, dt. S. 346.)

kann man nicht 'exakt' beschreiben, man kann sie nicht auf Formeln bringen; daher wurde sie als ein weitgehend 'irrationaler' Vorgang abgestempelt; nur ihr abgeschlossenes (und 'formalisiertes') Ergebnis läßt sich vernünftig *beurteilen*. Jene 'irrationalen' Vorgänge sind ein Gegenstand für die Geschichte und die Psychologie; *es gibt keine 'wissenschaftliche' Logik der Entdeckung*. Oder, etwas anders gesagt: für die klassischen Empiristen gab es *Regeln der Entdeckung;* die neoklassischen Empiristen lernten (viele von Popper[31])), daß es keine solchen Regeln gibt; also, meinten sie, gibt es auf diesem Gebiet überhaupt nichts zu lernen. Doch es gibt nach Carnap *Bestätigungs*regeln; daher ist die Bestätigung ein geeigneter Gegenstand 'wissenschaftlicher Erforschung'.[32]) Das erklärt auch, warum man sich zur Usurpation der Ausdrücke der Entdeckungslogik berechtigt fühlte.

Das alles ist noch nie so deutlich formuliert worden; die meisten Carnapianer lassen sich zu dem Zugeständnis herbei, man könne das eine oder andere Informale (und daher weder sehr Ernstzunehmende noch sehr Bedeutungsvolle) über die Entdeckungslogik sagen, und das habe Popper getan. Bar-Hillel geht sogar großzügigerweise so weit, eine 'Arbeitsteilung' vorzuschlagen, 'bei der sich die Carnapianer in der Hauptsache auf eine 'synchrone' rationale Rekonstruktion der Wissenschaft konzentrieren und die Popperianer auf die 'diachrone' Entwicklung der Wissenschaft'.[33])

Diese Arbeitsteilung scheint zu bedeuten, daß die beiden Probleme irgendwie voneinander unabhängig seien. Doch das sind sie nicht. Ich halte die Verkennung dieser gegenseitigen Abhängigkeit für eine bedeutende Schwäche des logischen Empirismus im allgemeinen und der Carnapschen Bestätigungstheorie im besonderen.

Das Interessanteste bei dieser vorgeschlagenen 'Arbeitsteilung' ist die in Carnaps Arbeiten (mindestens in denen zwischen 1945 und 1956[34])) indirekt enthaltene These, daß Theorien zwar in der Entwicklung der Wissenschaft eine Rolle spielen, aber nicht in der Logik der Bestätigung. Deshalb ist der beste Zugang zu dem ganzen Problem eine Behandlung von

---

[31]) Vgl. Carnap [1950], S. 193.
[32]) Näheres dazu unten, Ende von 5(b).
[33]) Bar-Hillel [1968a], S. 66. Man wird seine Großzügigkeit noch besser zu schätzen wissen, wenn man daran denkt, daß für den orthodoxen logischen Empirismus sogar zweifelhaft sein könnte, ob die 'matschige' Poppersche Entdeckungslogik überhaupt sinnvoll sei. Sie ist keine Psychologie und keine Geschichte, also ist sie nicht empirisch. Doch wenn man sie unter den Begriff des Analytischen subsumieren wollte, so müßte man diesen doch etwas zu stark dehnen. Carnap freilich war dazu bereit, um Popper zu retten (wenn er auch anscheinend meinte, Poppers Gebrauch des Ausdrucks 'Methodologie' sei etwas eigenwillig): 'Popper bezeichnet das Gebiet seiner Überlegungen als *Methodologie*. Die Frage nach dem logischen Charakter der methodologischen Sätze und Regeln bleibt jedoch offen. Popper meint, daß es (im Gegensatz zur Meinung des Positivismus) neben der Logik mit ihren analytischen Sätzen und der Realwissenschaft mit ihren empirischen Sätzen noch ein drittes, nicht näher charakterisiertes Gebiet gebe (Abschn. 10), zu dem die methodologischen Sätze und Regeln gehören sollen. Diese Auffassung, die ich für sehr bedenklich halte, wird nicht näher begründet. Sie scheint mir auch kein wesentliches Element in Poppers Gesamtauffassung zu sein. Im Gegenteil; Popper selbst sagt, daß die Methodologie auf Festsetzungen beruht, und daß ihre Regeln und Sätze denen des Schachspiels zu vergleichen sind; daraus scheint mir deutlich hervorzugehen, daß sie analytisch sind.' (Carnap [1935], S. 293.) In der Tat sagt Popper selbst in Abschn. 82 seines Buches 'Logik der Forschung', seine Beurteilung von Theorien sei analytisch. Er hatte zwar wenig für das Dogma des logischen Empirismus übrig, alle sinnvollen Aussagen seien entweder analytisch oder synthetisch (Abschn. 10f.), doch er entwickelte nie eine Gegenauffassung.
[34]) Wegen Carnaps heutiger Auffassung s. unten, Anm. 55 und Abschn. 4(c), ferner auch Anm. 142.

Carnaps Ausschaltung der universellen Hypothesen in seiner Bestätigungstheorie von 1950 und von Poppers Kritik daran. Dabei wollen wir auch darzulegen versuchen, warum und wie das Hauptproblem des klassischen Empirismus, die (starke oder schwache) Begründung von *Theorien,* aus Carnaps Programm verschwunden ist.

3 Die schwache und die starke atheoretische These

a) Carnap gibt das Jeffreys-Keynessche Postulat auf. Einzelfallbestätigung*¹) und Bestätigung

Das ursprüngliche Problem der Bestätigung war zweifellos die Bestätigung von *Theorien* und nicht von *Einzelfallvoraussagen.* Das brennende erkenntnistheoretische Problem des Empirismus war, Theorien wenigstens partiell 'aufgrund der Tatsachen zu beweisen', um die theoretische Wissenschaft vor der Skepsis zu retten. Man war sich darin einig, daß eine entscheidende Adäquatheitsbedingung für die Bestätigungstheorie lautete, sie müsse Theorien *verschiedene Grade* der empirischen Stützung zuordnen können. Broad, Keynes, Jeffreys – eigentlich jedermann in Cambridge – sahen nun ganz klar: wenn Bestätigung Wahrscheinlichkeit ist, und wenn die apriori-Bestätigung einer Hypothese gleich null ist, dann kann keine endliche Menge von Beobachtungsdaten ihre Bestätigung auf einen höheren Wert bringen; deshalb schrieben sie die Wahrscheinlichkeit null nur logisch unmöglichen Aussagen zu. Nach Jeffreys und Wrinch gilt: 'Welche Zweifel man auch an der endgültigen Wahrheit eines bestimmten Gesetzes hegen mag, man sollte ihm eine von null verschiedene Wahrscheinlichkeit zuschreiben.' Das wollen wir das Jeffreys-Keynessche Postulat nennen.³⁵)

Aus Carnaps 'Testability and Meaning' geht hervor, daß er in den dreißiger Jahren ähnliche Vorstellungen vom Bestätigungsgrad hatte³⁶) (den er noch nicht eindeutig mit der Wahrscheinlichkeit gleichsetzte.³⁷)). Doch Anfang der vierziger Jahre entdeckte Carnap, daß in seiner neuentwickelten Theorie der Bestätigungsgrad aller *eigentlich* universellen Hypothesen (d.h. solcher, die sich auf unendlich viele Individuen beziehen) gleich null war. Das war eindeutig unvereinbar mit den Adäquatheitsbedingungen seiner beiden Hauptvorläufer, Jeffreys und Keynes, und auch mit seinen eigenen ursprünglichen Adäquatheitsbedingungen. Nun gab es für ihn mehrere mögliche Auswege:

(1) Man konnte $c(I) = 0$³⁸) als absurd ansehen, da es der Jeffreys-Keynesschen These widersprach. Doch da $c(I) = 0$ aus $p(I) = 0$ und $c = p$ folgt, so mußte mindestens eine

---

*¹) S. Üb.-Anm. nach Anm. 42.
³⁵) Siehe Jeffreys und Wrinch [1921], insbes. S. 381 f. Dies ist der Problemhintergrund der bekannten Einfachheitsordnung von Jeffreys und Wrinch; diese diente zur Lösung des Problems, wie man 'induktiv' etwas über Theorien lernen könne. (Eine kritische Diskussion findet sich bei Popper [1959], Anhang *VIII.)
³⁶) 'Statt von Verifikation können wir ... von der allmählich ansteigenden Bestätigung des Gesetzes sprechen.' (Carnap [1936], S. 425.)
³⁷) Ebenda, S. 426 f.
³⁸) Im Anschluß an Carnap schreibe ich von jetzt an in der vorliegenden Arbeit 'I' für universelle Aussagen, 'h' vorwiegend für partikuläre Aussagen. *(Unter 'partikulär' verstehe ich dasselbe wie er unter 'molekular').*

dieser beiden Thesen aufgegeben werden.[39]) Man muß entweder (1 a) eine Wahrscheinlichkeitsfunktion einführen, die für universelle Aussagen positive Werte annimmt, oder (1 b) c = p aufgeben.

(2) Man konnte c(I) = 0 als annehmbar betrachten und das Jeffreys-Keynessche Postulat aufgeben und damit den Gedanken, daß eine Theorie jemals auch nur wahrscheinlich werden kann. Doch das dürfte vielen als uneinleuchtend erscheinen, und auf jeden Fall zeigt es, daß man noch einen *anderen* Bestätigungsgrad braucht.

(3) Man konnte den Definitionsbereich der Bestätigungsfunktion auf partikuläre Aussagen beschränken und behaupten, diese Funktion löse alle Probleme der Bestätigungstheorie; Theorien seien für die Bestätigungstheorie entbehrlich. In einem etwas strapazierten Sinne könnte man von dieser Lösung sagen, sie lasse die Jeffreys-Keynessche These in dem eingeschränkten Bereich unangetastet.[40]) Doch auch hier müßte man erst sehr ernsthaft und überzeugend zu begründen versuchen, daß sich die gesamte Bestätigungstheorie eigentlich nur auf partikuläre Aussagen bezieht.

Carnap versuchte es mit den Möglichkeiten (1 a), (2) und (3), *niemals aber* mit (1 b); c = p aufzugeben, war für ihn undenkbar. Zuerst entschied er sich für (2) und brachte ein interessantes Argument dafür vor: seine Theorie der 'Einzelfallbestätigung'. Später schien er zur Lösung (3) zu neigen. Heute arbeitet er anscheinend an einer Lösung im Sinne von (1 a).

Popper dagegen hielt nichts von (1 a), (2) und (3); (1 b) *war die einzige Lösung.* (2) wie auch (3) waren für ihn undenkbar, weil für ihn eine brauchbare Bestätigungstheorie unbedingt erklären mußte, wie man etwas über Theorien lernen und ihnen verschiedene Grade der empirischen Stützung zuschreiben könne. Und (1 a) behauptete er ausgeschlossen zu haben aufgrund seines Beweises, daß für *alle* 'annehmbaren' Wahrscheinlichkeitsfunktionen p(I) = 0 gelte.[41]) Wenn aber c(I) *nicht* überall verschwinden darf und p(I) überall verschwindet, dann gilt c ≠ p.

---

[39]) Man vergesse nicht, daß 'p' in der ganzen vorliegenden Arbeit abzählbar additive Maßfunktionen bezeichnet (vgl. oben, Anm. 15).

[40]) In einem etwas strapazierten Sinne, denn die Jeffreys-Keynessche These bezieht sich in erster Linie oder sogar ausschließlich auf *eigentlich* universelle Hypothesen. (Man darf auch nicht vergessen, daß nicht nur universelle, sondern auch exakte quantitative partikuläre Voraussagen nach Carnaps System von 1950 das Maß null hätten; doch natürlich könnte man wiederum geltend machen, solche Voraussagen könnten nie im strengen Sinne bestätigt werden, und die Bestätigungstheorie sollte auch noch auf Voraussagen eingeschränkt werden, die mit einer Meßfehlerspanne versehen sind; exakte Voraussagen wären damit ebenfalls für die Bestätigungstheorie entbehrlich.) Für Popper (und für mich) kann es ohne *eigentlich universelle* Aussagen keine wissenschaftlichen Theorien geben. Postuliert man freilich, daß die Welt in einer endlichen Sprache beschreibbar sei, dann sind die Theorien selbst ('L-')äquivalent mit partikulären Aussagen. Zur Verteidigung von Carnaps Theorie von 1950 könnte man eine Wissenschaftstheorie aufbauen, die auf dem Gedanken einer solchen 'endlichen' Welt beruht. Kritisches dazu bei Nagel [1963], S. 799 f.

[41]) Vgl. Popper [1959], Anhänge *VII und *VIII. (Nach Popper ist eine Wahrscheinlichkeitsfunktion in diesem Zusammenhang 'annehmbar', wenn sie, grob gesprochen, (a) auf einer Sprache mit unendlich vielen Individuenkonstanten (z.B. Namen von Zeitpunkten) definiert ist und (b) für partikuläre wie auch universelle Aussagen definiert ist.) Good [1960], S. 1173, behauptete in seiner Besprechung von Poppers Buch, der Beweis stimme nicht, doch leider wurde dieses interessante Problem seither nicht diskutiert,

Ist nun aber c(I) = 0 so absurd? Carnap lieferte im Anschluß an einen Hinweis von Keynes und Ramsey eine energische Verteidigung.

Ihr Hauptgesichtspunkt besagt, daß die naive Intuition mit c(I) ≠ 0 schlecht beraten war. 'Bestätigungsgrad' sei ein unscharfer Begriff, doch wenn man stattdessen vom 'vernünftigen Wettquotienten' spreche, dann werde der Irrtum sofort deutlich.[42]) Denn – so Carnap – wenn ein Wissenschaftler oder Ingenieur sagt, eine bestimmte Theorie sei 'gut begründet' oder 'verläßlich', dann meine er damit nicht, er würde darauf wetten, daß die Theorie in allen Anwendungsfällen im ganzen Weltall und in alle Ewigkeit wahr sei. (Vielmehr würde er jederzeit *gegen* eine solche völlig überzogene Vermutung wetten, was genau c(I) = 0 entspricht.) Vielmehr meine er damit, er würde darauf wetten, daß der nächste Anwendungsfall der Theorie ihr entspricht. Diese Wette aber bezieht sich eigentlich auf eine partikuläre Aussage. Wenn der Wissenschaftler und noch mehr der Ingenieur von der 'Bestätigung eines Gesetzes' spricht, dann meint er nach Carnap den nächsten Anwendungsfall. Diese 'Bestätigung des nächsten Anwendungsfalls' nannte er die 'Einzelfallbestätigung'[*2]) des Gesetzes. Diese ist natürlich nicht gleich null; andererseits ist die Einzelfallbestätigung oder 'Verläßlichkeit' eines Gesetzes *nicht* seine Wahrscheinlichkeit.[43])

Carnaps Argument ist sehr interessant. Es war bereits von Keynes vorgeschlagen worden, der starke Zweifel hatte, ob sich irgendwelche vernünftigen Gründe für sein p(I) > 0 finden ließen. Das führte ihn zu der Nebenbemerkung: 'Vielleicht sollte unsere Verallgemeinerung immer lauten: 'Es ist wahrscheinlich, daß ein beliebiges gegebenes Φ f ist' und nicht: 'Es ist wahrscheinlich, daß alle Φ f sind'. Wovon man gewöhnlich überzeugt ist, ist ja gewiß dies, daß die Sonne *morgen* aufgehen wird, und nicht, daß sie *immer* aufgehen wird.'[44]) Auf Keynes' Zweifel an seinem Postulat folgte bald die Widerlegung des Postulats durch Ritchie, der bewies, daß die Wahrscheinlichkeit jeder induktiven Verallgemeinerung – als solcher, ohne *apriorische Gesichtspunkte* – gleich null ist.[45]) Das störte freilich weder Broad noch Keynes, die nichts gegen metaphysische Spekulationen hatten; es scheint aber Ramsey gestört zu haben. Er erwiderte auf Ritchie:

Forts. Fußn. 41
obwohl neuerdings einige Systeme mit positiven Wahrscheinlichkeiten für universelle Aussagen vorgeschlagen worden sind. Es ist hier auch darauf hinzuweisen, daß für Popper p(I) = 0 deshalb wichtig war, weil damit gezeigt werden sollte, wie hoffnungslos utopisch die neoklassische Regel *'Strebe nach hochwahrscheinlichen Theorien'* war – nicht anders als die klassische Regel *'Strebe nach unzweifelhaft wahren Theorien'*. (Wegen Poppers Vorwurf, Carnap mache sich diese neoklassische Regel zu eigen, s. unten, 3(c).) Vgl. auch Ritchies Beweis von 1926, daß induktive Verallgemeinerungen 'als solche' die Wahrscheinlichkeit null haben; s. unten, Text zu Anm. 45 u. 46.

[42]) Carnap drückt sich nicht so eindeutig aus. Doch sein Argument ist eine interessante Vorwegnahme seiner späteren Problemverschiebung vom Bestätigungsgrad zum Wettquotienten (vgl. unten, Abschn. 4).

[*2]) Eigentl. 'qualified-instance confirmation'; da aber der Unterschied zwischen dieser und der 'instance confirmation' in der ganzen Behandlung keine Rolle spielt, wurde stets mit 'Einzelfallbestätigung' übersetzt. (D. Üb.)

[43]) Das muß Carnap natürlich gesehen haben, doch er hielt es nicht für nötig, es zu sagen. Als erster verwies darauf Popper [1955/56], S. 160. Vgl. auch Popper [1968b], S. 289.

[44]) Keynes [1921], S. 259.

[45]) Ritchie [1926], insbes. S. 309f. und 318.

8 Wandlungen des Problems der induktiven Logik

'Man kann damit einverstanden sein, daß induktive Verallgemeinerungen keine positive Wahrscheinlichkeit zu haben brauchen; aber bestimmte auf induktiven Gründen beruhende Erwartungen haben ohne Zweifel für jeden von uns eine hohe numerische Wahrscheinlichkeit... Wenn die Induktion überhaupt einer logischen Rechtfertigung bedarf, dann im Zusammenhang mit [solchen Wahrscheinlichkeiten].'[46])

Doch der Gedanke der Einzelfallbestätigung führt zu einer sehr mißlichen Schwierigkeit. Er ruiniert das Programm einer *einheitlichen* Theorie der wahrscheinlichkeitstheoretischen Bestätigung von Gesetzen. Es sieht so aus, als gäbe es *zwei* wichtige und grundverschiedene Bestätigungsmaße mindestens für ('empirische') Gesetze (d. h. Theorien 'niedriger Ebene'):[47]) $c_1(I) = 0$ für *jede* Theorie – und ein nicht-wahrscheinlichkeitshaftes Bestätigungsmaß im Sinne der 'Verläßlichkeit' ($c_2(I) \approx 1$, wenn für I überwältigende bestätigende Daten vorliegen).

Poppers Hauptkritik an Carnaps Einzelfallbestätigung besagte, die Erklärung sei 'ad hoc', Carnap habe sie nur eingeführt, 'um einem unerwünschten Ergebnis zu entgehen', nämlich daß seine 'Theorie uns keine brauchbare Definition des 'Bestätigungsgrades' [für Theorien] geliefert hat'.[48]) Insbesondere zeigte er, daß nach Carnaps 'Verläßlichkeitsmaß' eine widerlegte Theorie ihre Verläßlichkeit kaum verliert; ja, es gibt keine Gewähr, daß ein *widerlegtes* Gesetz auch eine niedrigere Einzelfallbestätigung erhält als irgendein Gesetz, das seine Prüfungen bestanden hat:

'Allgemeiner gesprochen, wenn eine Theorie immer wieder falsifiziert wird, durchschnittlich in jedem n-ten Fall, dann nähert sich ihre 'Bestätigung durch den (qualifizierten) Einzelfall' dem Wert $1 - \frac{1}{n}$ statt 0, wie es sein sollte; das Gesetz 'Alle geworfenen Münzen zeigen stets Kopf' hat also die Einzelfallbestätigung $\frac{1}{2}$ statt 0. Bei der Besprechung einer Theorie Reichenbachs, die zu mathematisch äquivalenten Ergebnissen führt, nannte ich in meinem Buch 'Logik der Forschung' diese unerwünschte Konsequenz der Theorie 'vernichtend'. Heute, nach 20 Jahren, bin ich immer noch derselben Meinung.'[49])

Doch Poppers Argument würde nur dann ziehen, wenn Carnap behaupten würde – was Reichenbach in der Tat behauptete –, die 'Einzelfallbestätigung' habe irgendetwas mit der 'Bestätigung' zu tun. Doch nach Carnap war das *nicht* der Fall; er stimmt durchaus mit Popper darin überein, daß das Gesetz 'Alle geworfenen Münzen zeigen immer Kopf' – zwar die Verläßlichkeit $\frac{1}{2}$, aber – den Bestätigungsgrad *null* hat. Carnap führte sein 'Verläßlichkeitsmaß' nur ein, um zu erklären, warum die Ingenieure fälschlich $c(I) \neq 0$ annehmen, nämlich weil sie das Bestätigungsmaß mit dem Verläßlichkeitsmaß vermengen, weil sie die Wette auf ein Gesetz mit der auf den nächsten Anwendungsfall verwechseln.

---

[46]) Ramsey [1926], S. 183 f.
[47]) In Carnaps System von 1950 gab es als einzige Theorien 'empirische Verallgemeinerungen', die in seiner 'Beobachtungssprache' formuliert werden konnten und nur einstellige Prädikate enthielten. Die Verallgemeinerung des Begriffs der Einzelfallbestätigung auf Theorien überhaupt dürfte äußerst schwierig, wenn nicht unmöglich sein.
[48]) Popper [1963a], S. 282.
[49]) Ebenda, S. 283. Diese Feststellung wird wiederholt in Popper [1968b], S. 290.

b) Die schwache atheoretische These: Bestätigungstheorie ohne Theorien

Da der Ausdruck 'Einzelfallbestätigung von *Theorien*' nur eine *Redeweise* für die Bestätigung bestimmter partikulärer Aussagen (bezüglich des 'nächsten Anwendungsfalls') war, war er, streng genommen, überflüssig. 1950 sprach Carnap noch von der 'Einzelfallbestätigung' um derer willen, die sich nicht gut von der alten Vorstellung lösen konnten, das Hauptproblem der induktiven Logik sei die partielle Begründung von *Theorien* durch Daten; doch nach 1950 gab er die Einzelfallbestätigung, die 'Verläßlichkeit', völlig auf – er spricht weder in seinen 'Erwiderungen' im Schilpp-Band [1963] noch in seiner jetzigen Arbeit [1968*b*] davon. (Dieses Fallenlassen der Theorie der Verläßlichkeit löste auch das mißliche Problem, daß es *zwei* Bestätigungstheorien gab, von denen auch noch eine *nicht* mit der Wahrscheinlichkeit [[der betreffenden Aussage selbst]] arbeitete.) Außerdem entschloß er sich dazu, anstelle des 'unklaren' Ausdrucks 'Bestätigungsgrad' (und 'empirische Stützung') nur noch vom 'vernünftigen Wettquotienten' zu sprechen.[50]

Doch diese Entscheidung war mehr als eine bloß terminologische. Sie war zum Teil durch Poppers Kritik von 1954 veranlaßt, die zeigte, daß Carnaps intuitiver Gedanke der Bestätigung widerspruchsvoll sei,[51] und zum Teil durch die 1955 von Shimony geleistete Rekonstruktion und Verschärfung eines älteren Ergebnisses von Ramsey und De Finetti (die dann von Lehman und Kemeny aufgenommen wurde).[52]

Nach dem Satz von Ramsey und De Finetti ist ein Wettsystem 'strikt fair' – oder, wie Carnap es ausdrückt, ein System von Annahmen ist 'strikt kohärent' – genau dann, wenn es probabilistisch ist.[53] In dem Augenblick also, da Popper gezeigt hatte, daß etwas mit Carnaps Idee der empirischen Stützung nicht in Ordnung war, und als Carnap selbst den Eindruck hatte, daß seine ursprünglichen Argumente schon für die Gleichsetzung von vernünftigem Wettquotienten und logischer Wahrscheinlichkeit 'schwach' seien,[54] schien dieses Ergebnis feste Grundlagen für seine induktive Logik zu liefern: wenigstens die vernünftigen Wettquotienten und die Grade des vernünftigen Glaubens waren als wahrscheinlichkeitshaft nachgewiesen. Die endgültige Lösung des Problems der empirischen Stützung mit Hilfe vernünftiger Wettquotienten konnte dann aufgeschoben werden. Doch Carnap mußte für die Unterstützung durch den Satz von Ramsey und De Finetti einen Preis zahlen: er mußte aus seiner Theorie *jeden* Bezug auf universelle Aussagen ausklammern, denn der Beweis des Satzes stützt sich auf den Hilfssatz, daß für alle kontingenten Aussagen $p(h) \neq 0$.[55]

---

[50] Vgl. Carnaps 'Erwiderungen' in Schilpp [1963], S. 998 (verfaßt etwa 1957), sowie das Vorwort zur zweiten Auflage von 1962 von Carnap [1950], S. XV.
[51] Vgl. unten, 4(a).
[52] Vgl. Shimony [1955], Lehman [1955], Kemeny [1955].
[53] Eine klare Bestimmung der 'strikten Fairness' und 'strikten Kohärenz' findet sich bei Carnap [1968*b*], S. 260–262.
[54] Ebenda, S. 266.
[55] Carnap [1968*b*] baut die Theorie auf den Satz von Ramsey und De Finetti auf (S. 260), erwähnt aber nicht, daß dieser überhaupt nicht auf universelle Aussagen anwendbar ist, solange $p(I) = 0$. (Shimony verweist in seiner wichtigen Arbeit [1955], S. 18–20, darauf, daß man den Anwendungsbereich des Ramsey De Finettischen Satzes vielleicht überhaupt nicht auf abzählbar additive Felder ausdehnen könne, auch wenn man mit anderen Wahrscheinlichkeitsmetriken experimentiere.)

8 Wandlungen des Problems der induktiven Logik

Zunächst führte also p(I) = 0 zu einer gleichmäßigen, trivialen Beurteilung universeller Aussagen; und dann führte p(h) ≠ 0 als Bedingung für den Ramsey-De Finettischen Satz zu ihrem völligen Ausschluß. Es kam schließlich zu einer 'Bestätigungstheorie', die (1) *wesentlich auf das Wetten auf Einzelvoraussagen beschränkt* war. Doch sie hatte noch eine weitere wichtige Eigenschaft: (2) *der vernünftige Wettquotient für irgendeine Einzelvoraussage mußte unabhängig von den vorhandenen wissenschaftlichen Theorien sein.*[56])

Diese zwei Thesen zusammengenommen – die *Theorien in der Logik der Bestätigung entbehrlich machen* – nenne ich die *'schwache atheoretische These'*; die These, daß *Theorien sowohl in der Bestätigungstheorie als auch in der Entdeckungslogik entbehrlich seien*, nenne ich die *'starke atheoretische These'*.

Der Übergang von dem ursprünglichen Problem der Bestätigungsfähigkeit und Bestätigung von *Theorien* zur schwachen atheoretischen These ist kein geringfügiger. Carnap scheint lange dazu gebraucht zu haben. Darauf deutet sein anfängliches Schwanken zwischen drei Auffassungen im Hinblick auf die Bestätigungstheorie: sollte die Bestätigung von Theorien oder die von Voraussagen die Hauptrolle spielen, oder sollte beides gleichgeordnet sein?

'Einige meinen, unsere primären Urteile aufgrund der vorliegenden Daten hätten mit der Verläßlichkeit der Theorien zu tun, und Urteile über die Verläßlichkeit von Voraussagen von Einzelereignissen seien abgeleitet in dem Sinne, daß sie von der Verläßlichkeit der dabei verwendeten Theorien abhängen. *Andere halten Urteile über Voraussagen für primär und meinen, die Verläßlichkeit einer Theorie könne nichts anderes bedeuten als die Verläßlichkeit der Voraussagen, zu denen sie führt.* Und nach einer dritten Auffassung gibt es einen allgemeinen Begriff der Verläßlichkeit einer Hypothese irgendeiner Form aufgrund gegebener Daten. Theorien und molekulare Voraussagen werden in diesem Fall bloß als zwei Spezialfälle von Hypothesen betrachtet.'[57])

Dann entschied er sich für die zweite Auffassung.[58]) Doch man findet gewisse Spuren des Schwankens selbst noch in 'Logical Foundations of Probability': seine endgültige Entscheidung spricht er erst ganz am Ende des Buches ziemlich überraschend aus, wo er c(I) = p(I) = 0 und die weitreichende Konsequenzen davon einführt. Einige Formulierungsfeinheiten in dem Buch erscheinen nun rückblickend natürlich als bedeutsam.[59]) Doch nirgends vor S. 571 im Anhang wird gesagt, daß sich die wahrscheinlichkeitsorientierte Beurteilung nur auf Einzelvoraussagen und nicht auf Theorien bezieht. Doch er kannte das Ergebnis die ganze Zeit, er hatte es ja schon 1945 in seiner Arbeit 'On Inductive Logic' in *Philosophy of Science* veröffentlicht. Hier findet sich bereits die klarste Darstellung:

'Der universelle Induktionsschluß ist der Schluß von einer Aussage über eine beobachtete Stichprobe auf eine Hypothese von universeller Form. Manchmal wurde der Ausdruck 'Induktion' nur auf diese Schlußform angewandt; wir gebrauchen ihn aber in einem viel weiteren Sinne für alle nicht-de-

---

[56]) 'Wissenschaftlich' ist hier im Popperschen Sinne gemeint.
[57]) Carnap [1946], S. 520, Hervorhebung von mir.
[58]) Das sagt Carnap besonders klar in [1966], S. 252: 'Wenn man sich einmal darüber im klaren ist, welche Eigenschaften bei Voraussagen wünschenswert sind, dann kann man sagen, eine gegebene Theorie sei einer anderen vorzuziehen, wenn ihre Voraussagen durchschnittlich mehr von den wünschenswerten Eigenschaften besitzen als die der anderen.'
[59]) Zum Beispiel: 'Die *beiden* Argumente [der logischen Wahrscheinlichkeitsfunktion] bezeichnen im allgemeinen Tatsachen.' (Carnap [1950], S. 30; Hervorhebung von mir.)

duktiven Schlüsse.⁶⁰) Der Universalschluß ist nicht einmal der wichtigste; mir scheint jetzt, daß die Rolle universeller Sätze in den induktiven Verfahren der Wissenschaft im allgemeinen überschätzt worden ist ... Der Voraussageschluß ist der wichtigste Induktionsschluß.'⁶¹)

Carnap 'erweitert' also zunächst das klassische Problem der induktiven Begründung und läßt dann seinen ursprünglichen Teil fallen.

Man kann sich der Frage schwer entziehen, was Carnap eigentlich dazu brachte, sich auf diese radikale Problemverschiebung zurückzuziehen. Warum hat er nicht wenigstens *versucht*, vielleicht im Anschluß an den Gedanken einer Einfachheitsordnung (1921 von Jeffreys und Wrinch vorgelegt⁶²)) *unmittelbar* ein System mit positivem Maß für universelle Aussagen einzuführen? Als Grund könnte man natürlich annehmen, er hätte dann wesentlich mehr technische Schwierigkeiten vor sich gehabt und habe erst einmal einen etwas einfacheren Weg ausprobieren wollen. Dieser Gesichtspunkt wäre natürlich völlig berechtigt; es ist verständlich, daß man versucht, die technischen Schwierigkeiten seines Forschungsprogramms zu verringern. Doch man könnte dann immer noch etwas vorsichtig sein und seine philosophische Position angesichts dieser Versuchung nicht *allzu* rasch verändern.⁶³) (Das soll natürlich nicht heißen, Problem-Beschneidungen und -Verschiebungen – und Rückwirkungen von technischen Schwierigkeiten auf philosophische Grundannahmen – seien *keine* unvermeidlichen Begleiterscheinungen bei jedem größeren Forschungsprogramm.)

Wenn man, auch kritisch, den Finger auf eine Problemverschiebung legt, so heißt das nicht, daß das neue Problem nicht sehr interessant und die Lösung richtig sein könnte. Daher sollte die Kritik als nächstes Carnaps Lösung des Problems der vernünftigen Wettquotienten bei partikulären Aussagen unter die Lupe nehmen. Das wird in Abschn. 5 geschehen. Doch vorher möchte ich einige Bemerkungen zu den beiden Popperschen Hauptangriffslinien auf Carnaps Programm machen: (a) zu seiner Kritik an Carnaps angeblicher starker atheoretischer These (anschließend, im restlichen Teil von Abschn. 3) und (b) zu seiner Kritik an Carnaps Gleichsetzung von empirischer Stützung und logischer Wahrscheinlichkeit (in Abschn. 4).

c) Die Vermengung der schwachen und der starken atheoretischen These

Im Anhang zu seinem Buch 'Logical Foundations of Probability' schließt Carnap den Abschnitt 'Sind Gesetze für Voraussagen notwendig?' mit der Feststellung: 'Man erkennt, daß Gesetze für Voraussagen nicht unentbehrlich sind. Trotzdem ist es natürlich

---

⁶⁰ Das ist natürlich eine ziemlich irreführende Formulierung, denn Carnaps 'universeller Induktionsschluß' ist kein 'Schluß *von* einer Stichprobe *auf* eine universelle Hypothese', sondern eine metasprachliche Aussage von der Form $c(I,e) = q$. Vgl. oben, Text ab Anm. 27.

⁶¹) Vgl. auch Carnap [1950], S. 208: 'Der Ausdruck 'Induktion' wurde früher oft auf die universelle Induktion beschränkt. Unsere spätere Diskussion wird zeigen, daß in Wirklichkeit der Voraussageschluß nicht nur für praktische Entscheidungen, sondern auch für die theoretische Wissenschaft wichtiger ist.' Auch diese Problemverschiebung geht auf Keynes zurück: 'Unsere Schlüsse sollten die Form induktiver Korrelationen und nicht universeller Verallgemeinerungen haben.' (Keynes [1921], S. 259.)

⁶²) Vgl. oben, Anm. 35.

⁶³) Doch nach Popper war Carnaps 'antitheoretische Wendung' vielmehr eine *Rückwendung* zu seiner alten antitheoretischen Position der späten zwanziger Jahre. Vgl. unten, 3(c).

zweckmäßig, universelle Gesetze in Büchern über Physik, Biologie, Psychologie usw. zu formulieren.'

Das ist gewiß eine klare Formulierung eines ungewöhnlichen Standpunkts. Wie wir sehen werden, sollte sie nichts weiter als Carnaps 'schwache atheoretische These' ausdrükken. Doch die unglückliche Formulierung erweckte bei einigen Lesern den Eindruck, es handle sich um die 'starke These', daß Theorien *grundsätzlich* in der Wissenschaft entbehrlich seien. Sie sagten sich, wenn Carnap lediglich die schwache These gemeint hätte, so hätte er gesagt: 'Trotzdem sind universelle Gesetze unentbehrliche Bestandteile der Wissenschaftsentwicklung', statt nur von ihrer (didaktischen?) Zweckmäßigkeit in Lehrbüchern zu sprechen.[64] Und nur ganz wenige erkannten, daß für Carnap 'Voraussagen' nicht Voraussagen von unbekannten aus bekannten Tatsachen sind, sondern die Zuordnung von Wahrscheinlichkeiten zu bereits vorliegenden Voraussagen.[65]

Diese Stelle nun veranlaßte Popper zu seinem Angriff auf Carnaps angebliche starke atheoretische These und zur Vernachlässigung der Kritik der 'schwachen These'. Popper dachte natürlich an seine alten heroischen Wiener Tage, da er dem Wiener Kreis ausreden wollte, Theorien deshalb auszuschließen, weil sie nicht streng begründbar ('verifizierbar') waren. Er hielt die Schlacht für gewonnen. Nun glaubte er mit Schrecken erkennen zu müssen, daß Carnap wiederum die Theorien ausschließen wollte, weil sie nicht wenigstens wahrscheinlichkeitsmäßig begründbar ('bestätigungsfähig') waren:

'Mit dieser Auffassung, daß Gesetze in der Wissenschaft entbehrlich seien, kehrt Carnap faktisch zu einer ganz ähnlichen Position zurück, wie er sie in der Blütezeit des Verifikationismus vertreten hatte ... und in seinen Büchern 'Logische Syntax der Sprache' und 'Testability and Meaning' aufgegeben hatte. Wittgenstein und Schlieck schlossen aus der Nichtverifizierbarkeit der Naturgesetze, daß es sich nicht um wirkliche Sätze handle ... Ähnlich wie Mill erblickten sie in ihnen Regeln zur Ableitung eigentlicher (singulärer) Sätze – der *Beispielsfälle* des Gesetzes – aus anderen eigentlichen Sätzen (den Anfangsbedingungen). Diese Auffassung kritisierte ich in meinem Buch 'Logik der Forschung'; und als Carnap meine Kritik in 'Syntax' und 'Testability' anerkannte, hielt ich die Lehre für erledigt.'[66]

Leider überging Carnap in seiner Erwiderung Poppers verzweifelten Protest und klärte das Mißverständnis nicht auf. Doch bei vielen anderen Gelegenheiten *hat* Carnap jeden Eindruck zu vermeiden gesucht, als hätte er Theorien in der Entdeckungslogik für entbehrlich gehalten.

Spätestens nach dem Erscheinen der 'Logik der Forschung' stimmte Carnap mit Poppers Entdeckungslogik und mit seiner Betonung der zentralen Rolle von Theorien in der Wissenschaftsentwicklung überein. 1946 etwa schrieb er:

'Vom rein theoretischen Standpunkt aus ist die Aufstellung einer *Theorie* das eigentliche Ziel der Wissenschaft ... Die Theorie wird nicht durch ein völlig vernunftgeleitetes oder festgelegtes Verfahren *entdeckt;* außer Kenntnis der einschlägigen Tatsachen und Erfahrung im Umgang mit anderen Theorien spielen nichtrationale Faktoren wie Intuition oder geniale Eingebung eine entscheidende Rolle. Liegt freilich eine Theorie einmal vor, so kann es ein vernunftgeleitetes Verfahren zu ihrer *Prüfung* geben.

---

[64]) Selbst einige seiner engsten Mitarbeiter haben diese Stelle mißverstanden. Bar-Hillel – der ihrer Deutung durch Watkins zustimmt – sieht in ihr den Ausdruck einer 'übermäßig instrumentalistischen Einstellung'. (Bar-Hillel [1968c], S. 284.)
[65]) Vgl. oben, Text nach Anm. 27.
[66]) Popper [1963b], S. 283f. in [1963a].

Es wird also deutlich, daß die Beziehung zwischen einer Theorie und dem vorliegenden Beobachtungsmaterial, genau genommen, nicht darin besteht, daß eines aus dem anderen *abgeleitet* würde, sondern daß die Theorie aufgrund der Daten *beurteilt* wird, wenn beides vorliegt.'[67])

Carnap betonte ständig, daß er sich lediglich dafür interessiere, wie Theorien zu *beurteilen* und nicht wie sie zu *finden* seien, und daß auch dann, wenn die Beurteilung von Theorien auf die Beurteilung von Einzelvoraussagen zurückgeführt werden könne, die Entdeckung von Theorien nicht auf die Entdeckung von Einzelvoraussagen zurückgeführt werden könne:

'Die Aufgabe der induktiven Logik ist nicht die Auffindung eines Gesetzes zur Erklärung gegebener Erscheinungen. Diese Aufgabe läßt sich nicht mit einem mechanischen Verfahren oder nach festen Regeln lösen; sie wird durch die Intuition, die Eingebung und das Glück des Wissenschaftlers gelöst. Die Funktion der induktiven Logik beginnt erst, *nachdem* eine Hypothese zur Prüfung vorgelegt worden ist; sie besteht darin, die Stützung quantitativ zu bestimmen, die die gegebenen Daten der versuchsweise angenommenen Hypothese verleihen.'[68])

Eine Stelle in Carnaps kürzlich erschienenen intellektuellen Autobiographie zeigt in interessanter Weise Carnaps widerstrebende, eingeschränkte, aber unbestreitbare Anerkennung der Rolle von Theorien in der *Entwicklung* der Wissenschaft:

'Die Deutung theoretischer Ausdrücke ist immer unvollständig, und die theoretischen Sätze sind im allgemeinen nicht in die Beobachtungssprache übersetzbar. Diese Nachteile werden mehr als ausgeglichen durch die großen Vorzüge der theoretischen Sprache, nämlich die große Freiheit der Begriffs- und Theoriebildung und die Erklärungs- und Voraussagekraft einer Theorie. Diese Vorzüge sind bisher hauptsächlich auf dem Gebiet der Physik genutzt worden; die ungeheure Entwicklung der Physik seit dem letzten Jahrhundert beruhte wesentlich auf der Möglichkeit, mit unbeobachtbaren Gegenständen wie Atomen und Feldern zu arbeiten. In unserem Jahrhundert haben andere Wissenschaftszweige wie die Biologie, Psychologie und Wirtschaftswissenschaft damit begonnen, die Methode der theoretischen Begriffe in gewissem Umfang anzuwenden.'[69])

Warum dann aber Carnaps irreführende Formulierung im Anhang zu 'Logical Foundations of Probability'? *Die Erklärung scheint mir in der Vermengung der Begriffs- und Ausdruckssysteme der Begründungs- und der Entdeckungslogik zu liegen, hervorgerufen durch Carnaps Vernachlässigung der letzteren. Das führte dann zu der anschließenden – unbeabsichtigten – Vermengung der schwachen und der starken atheoretischen These.*

d) Der Zusammenhang zwischen der schwachen und der starken atheoretischen These

Warum aber ließ sich Popper durch Carnaps Lapsus irreführen? Mir scheint, weil er sich nicht vorstellen konnte, wie sich eine Poppersche Entdeckungslogik je mit der Carnapschen Begründungslogik verbinden lassen könnte. *Für ihn waren die schwache und die starke These untrennbar.* Er glaubte irrtümlich: 'Wer Bestätigung mit Wahrscheinlichkeit gleichsetzt, der muß eine hohe Wahrscheinlichkeit für wünschenswert halten. Er geht faktisch von

---

[67]) Carnap [1946], S. 520.
[68]) Carnap [1953], S. 195. Carnap weist den arglosen Leser nicht darauf hin, daß nach seiner Theorie (anno 1953) das Maß der Stützung, das irgendwelche Daten für eine vorläufig angenommene universelle Hypothese liefern können, gleich null ist.
[69]) Carnap [1963], S. 80.

der Regel aus: 'Wähle stets die wahrscheinlichste Hypothese'.'[70]) Warum *muß* er? Warum muß Carnap *faktisch* von derjenigen Regel *ausgehen*, die er *ausdrücklich ablehnt*? (Er sagt sogar – im Anschluß an Popper –, die Wissenschaftler stellten 'kühne Vermutungen aufgrund spärlichen Datenmaterials' auf.[71]))

Um Popper nicht unrecht zu tun, darf man nicht vergessen, daß seine Behauptung: 'Wer Bestätigung mit Wahrscheinlichkeit gleichsetzt …, der geht faktisch von der Regel aus: 'Wähle stets die wahrscheinlichste Hypothese' ' auf Jeffreys, Keynes, Russell und Reichenbach zugetroffen haben könnte – auf die, die er 1934 kritisierte. Und das ist kein Zufall: es gibt in der Tat einen tiefliegenden Zusammenhang zwischen Bestätigungstheorie und Heuristik. Trotz seines Irrtums bezüglich Carnaps tatsächlicher Auffassung *hat hier Popper eine grundlegende Schwäche der Carnapschen Philosophie berührt: den lockeren und geradezu paradoxen Zusammenhang zwischen seiner hochentwickelten Logik der Bestätigung (oder Verläßlichkeit) und der vernachlässigten Logik der Entdeckung.*

Was für einen Zusammenhang gibt es zwischen einer Theorie der Bestätigung und einer Logik der Entdeckung?

Eine Theorie der Bestätigung teilt – unmittelbar oder mittelbar[72]) – Zensuren an Theorien aus, sie liefert eine *Bewertung*, eine *Beurteilung* von Theorien. Nun muß die Beurteilung jedes fertigen Erzeugnisses entscheidende pragmatische Konsequenzen für die Methode seiner Herstellung haben. Moralische Maßstäbe, nach denen Menschen beurteilt werden, haben schwerwiegende pragmatische Konsequenzen für die Erziehung, das heißt, für die Methode der 'Herstellung' der Menschen. Eine wichtige Form der Kritik moralischer Maßstäbe zeigt, daß sie zu absurden pädagogischen Konsequenzen führen (so kann man etwa utopische moralische Maßstäbe mit dem Hinweis auf die Heuchelei kritisieren, zu der sie in der Erziehung führen). Eine entsprechende Form der Kritik muß es im Falle der Bestätigungstheorie geben.

Die methodologischen Konsequenzen der Popperschen Urteile sind verhältnismäßig leicht auszumachen.[73]) Popper möchte, daß der Wissenschaftler auf hochfalsifizierbare, kühne Theorien *hinarbeitet*[74]). Er soll auf sehr strenge Prüfungen seiner Theorien *hinarbeiten*. Würde aber Carnap dem Wissenschaftler empfehlen, auf Theorien mit, sagen wir, hoher Einzelfallbestätigung *hinzuarbeiten*? Oder sollte er nur ihnen *vertrauen,* aber nicht *auf sie hinarbeiten*? Man kann mit einem einfachen Beispiel zeigen, daß er nicht nur nicht auf sie hinarbeiten *sollte*, sondern es nicht *darf*.

Nehmen wir Carnaps Grundsatz der 'positiven Relevanz des Beispielsfalls', das heißt in der Sprache der Bestätigung durch den qualifizierten Einzelfall:

$$c_{qi}(I,e) < c_{qi}(I,e\&e')$$

---

[70]) Popper [1963a], S. 287.
[71]) Carnap [1953b], S. 128.
[72]) Mittelbar durch die Einzelfallbestätigung.
[73]) Vgl. unten, Abschn. 6.
[74]) Übrigens ist Poppers gelegentlich geäußerte Maxime, *immer die unwahrscheinlichste Hypothese zu wählen* (z. B. [1959], S. 419, dt. S. 373; oder [1963a], S. 218), eine ungenaue Formulierung, denn nach Popper haben ja *alle* universellen Hypothesen die gleiche Unwahrscheinlichkeit, nämlich 1, so daß keine für diese Wahl ausgezeichnet ist; dazu ist seine nichtquantitative Theorie der 'Feinstruktur des Gehalts' nötig: Popper [1959], Anhang *VII.

wo e' der 'nächste Beispielsfall' für I ist. Für die Carnapianer ist dieser Grundsatz eine genaue Formulierung eines Axioms der informalen induktiven Intuition.[75])

Für Nagel ist er das aber nicht:
'Nach den Formeln, die Carnap für sein System gewinnt, wird der Bestätigungsgrad einer Hypothese im allgemeinen erhöht, wenn die Zahl der bestätigenden Fälle zunimmt – selbst dann, wenn sich die in der Datenaussage erwähnten Individuen in keiner Eigenschaft unterscheiden, die sich in der Sprache formulieren ließe, für die die induktive Logik aufgestellt worden ist.'[76])

In der Tat, die Carnapsche Theorie der Verläßlichkeit honoriert die rein mechanische Wiederholung des gleichen Experiments – und zwar ganz entscheidend, denn solche mechanische Wiederholungen lassen die Einzelfallbestätigung jeder beliebigen Aussage von der Form 'Alle A sind B' nicht nur ständig steigen, sondern gegen 1 streben.[77])

Dieses induktive Urteil dürfte nun zu seltsamen pragmatischen Konsequenzen führen. Denken wir uns zwei konkurrierende Theorien, die beide in gewissen wohlbestimmten Experimenten 'funktionieren'. Wir programmieren zwei Maschinen, die jeweils die entsprechenden Experimente ausführen und aufzeichnen. Soll nun die Theorie gewinnen, deren Maschine schneller bestätigende Daten produziert?

Das hängt mit dem zusammen, was Keynes das Problem des 'Gewichts der Daten' nannte. Wir haben hier eine einfache *Paradoxie des Gewichts von Daten* vor uns. Keynes bemerkte (wie schon einige seiner Vorgänger), daß die *Verläßlichkeit* und die *Wahrscheinlichkeit* einer Hypothese auseinandergehen kann. Zu unserer Paradoxie hätte er ohne Zweifel einfach folgendes gesagt: 'Die *Wahrscheinlichkeiten* der beiden Hypothesen sind natürlich verschieden, doch das *Gewicht der* für sie sprechenden *Daten* ist dasselbe.' Keynes betonte: 'Das Gewicht kann also nicht anhand der Wahrscheinlichkeit erklärt werden',[78]) und: 'Das Ergebnis, daß das 'Gewicht' und die 'Wahrscheinlichkeit' eines Arguments unabhängige Eigenschaften sind, könnte für die Anwendung der Wahrscheinlichkeit in der Praxis eine Schwierigkeit mit sich bringen.'[79])

Diese Kritik trifft natürlich nicht Popper, der als empirisches Beweismaterial nur die Ergebnisse ernsthafter Widerlegungsversuche gelten läßt.[80]) Carnap aber kann dieser Kritik nur entgehen, indem er darauf besteht, daß seine Beurteilung von Theorien angesichts stützender Daten keine methodologischen Konsequenzen für die Gewinnung solcher Daten haben dürfe. *Doch wie kann man die Beurteilung von Theorien völlig von ihren methodologischen Konsequenzen trennen? Oder braucht man vielleicht mehrere verschiedene Beurteilungen für Theorien, unter methodologischen und unter Bestätigungsgesichtspunkten?*

---

[75]) Carnap und Stegmüller [1959], S. 244.
[76]) Nagel [1964], S. 807. Dieses Argument hatte Nagel schon gegen Reichenbach vorgebracht (Nagel [1939], Abschn. 8).
[77]) Vgl. Carnap [1950], S. 573, Formel 17.
[78]) Keynes [1921], S. 76.
[79]) Ebenda. Die intuitive Diskrepanz zwischen dem 'Gewicht von Daten' und der Wahrscheinlichkeit führt nicht zu einer bloßen 'Schwierigkeit', wie Keynes sich ausdrückt, sondern ist für sich allein so 'schwierig', daß sie die Grundlagen der induktiven Logik überhaupt zerstört. Wegen einer weiteren Paradoxie im Zusammenhang mit dem Gewicht von Daten s. unten, Anm. 134.
[80]) Vgl. z. B. Popper [1959], S. 414, dt. S. 368.

e) Eine Carnapsche Logik der Entdeckung

Gibt es also eine 'Carnapsche' Entdeckungslogik, die sich ebenso natürlich mit Carnaps induktiver Logik verbinden würde wie die Poppersche Entdeckungslogik mit seiner Theorie des empirischen Gehalts und der Bewährung (oder wie die klassischen Entdeckungslogiken mit den zugehörigen Begründungslogiken)?

Tatsächlich hat nun Kemeny eine solche Carnapsche Heuristik vorgelegt.

Kemenys Heuristik lautet nicht einfach: 'Strebe nach *Theorien* mit hohen Carnapschen Kriteriumswerten' – denn Theoriekonstruktion scheint er nicht als Aufgabe der Wissenschaft anzusehen. Nach Kemeny[81]) besteht die Aufgabe des theoretischen Wissenschaftlers in der Erklärung 'bestimmter durch sorgfältige Beobachtungen gewonnener Daten' mit Hilfe 'wissenschaftlich brauchbarer' Hypothesen. 'Bei der Auswahl solcher Hypothesen kann man drei Schritte unterscheiden: (1) die Wahl einer Sprache zur Formulierung der Hypothesen ... (2) Die Wahl einer Aussage dieser Sprache als Hypothese. (3) Die Entscheidung, ob die Annahme der Hypothese aufgrund der gegebenen Daten wissenschaftlich gerechtfertigt ist.' Dann fährt Kemeny fort: 'Carnap interessiert sich für den letzten Schritt' (und löst das Problem mit seinen c-Funktionen). Man erkennt, daß eine Lösung von (3) den Schritt (2) überflüssig macht:

'Ist die Sprache gegeben, so kann man jede sinnvolle Aussage in ihr als eine mögliche Theorie betrachten. Dann ist 'die bestbestätigte Hypothese angesichts der gegebenen Daten' wohlbestimmt und kann gewählt werden. (Wir nehmen die Eindeutigkeit nur der Bequemlichkeit halber an; das Argument läßt sich leicht auf den Fall mehrerer gleich gut bestätigter Hypothesen ausdehnen, von denen dann eine willkürlich auszuwählen wäre.)'

Nach Kemeny sind das die drei Schritte der 'Auswahl einer annehmbaren Hypothese'. Doch könnte das nicht eine *vollständige Darstellung der wissenschaftlichen Methode* sein? Dann gäbe es drei Stadien in der Entwicklung der Wissenschaft: (1') die Schaffung von Sprachen (und die Bestimmung von λ), (2') die Berechnung von c-Werten für nicht-universelle Hypothesen, und (3') die Anwendung (Deutung) dieser c-Funktionen.[82]) Der zweite Schritt wäre, da h und e keine universellen Aussagen sind, auf einer Induktionsmaschine programmierbar.[83]) Der dritte dürfte trivial sein. Doch das, so tröstet uns Kemeny, 'würde den Wissenschaftler nicht arbeitslos machen'; er hätte noch mit dem ersten Schritt zu tun, mit der Schaffung einer Sprache, die 'als der eigentlich schöpferische Schritt übrigbleiben würde'.

Betrachten wir nun Kemenys Methodologie genauer. Zuerst wird eine Sprache entworfen. Dann definiert man eine Wahrscheinlichkeitsverteilung auf der Booleschen Algebra ihrer (vielleicht nur der partikulären) Sätze. Dann führt man Experimente durch und berechnet nach der Bayesschen Formel $p(h,e^k)$, wo e^k die Konjunktion der Ergebnisse von k-Experimenten ist. Unsere 'verbesserte' Verteilung aufgrund des Bayesschen Lernens ist dann $p_k(h) = p(h,e^k)$. Man braucht also lediglich $p_k(h)$ in eine Maschine einzugeben, die mit einer Datenregistriereinrichtung versehen ist; dann kann man jeden Abend die 'verbesserten' Vermutungen ablesen. Dieses 'Lernen', diese 'Verbesserung unserer Vermutungen' heißt 'Bayesche Konditionalisierung'.

---

[81]) Kemeny [1963], S. 711 ff.
[82]) Nach Carnap muß man bei der Aufstellung von Sprachsystemen einen induktiven Weg gehen und bei der Beobachtungssprache anfangen. Vgl. Carnap [1960], S. 312.
[83]) Carnap [1950], S. 196.

Was ist nun an der 'Bayesschen Konditionalisierung' auszusetzen? Nicht nur, daß sie 'atheoretisch' ist; sie ist auch *unkritisch*. Es gibt keine Möglichkeit, über den anfänglichen Schöpfungsakt hinauszukommen; das Lernen ist absolut auf das Gefängnis der ursprünglichen Sprache beschränkt. Sprachüberschreitende Erklärung[84]) und Kritik[85]) sind in diesem Rahmen unmöglich. Und die stärkste Kritik *innerhalb* einer Sprache – die Widerlegung in dem harten Sinne, in dem man eine deterministische Theorie widerlegen kann – ist auch ausgeschlossen, denn bei diesem Ansatz wird die *Wissenschaft zur Statistik im Großmaßstab:* diese aber wird zur *Bayesschen Konditionalisierung im Großmaßstab,* denn die Widerlegung durch statistische Ablehnungsmethoden ist ebenfalls ausgeschlossen: Keine endliche Stichprobe kann jemals eine 'mögliche Welt' daran hindern, auf ewige Zeiten unsere Schätzungen zu beeinflussen.

In dieser Methode gibt es für *Theorien oder Gesetze* keinen Ehrenplatz mehr. Jeder Satz ist so gut wie jeder andere, und wenn es eine bevorzugte Klasse gibt, dann ist es – jedenfalls in Carnaps System – die der partikulären Aussagen. Der Begriff der Erklärung verschwindet (wiederum[86])); freilich kann man den Ausdruck als bloße Redeweise für solche Sätze beibehalten, deren Beispielsfälle hoch bestätigt sind. Auch die *Prüfbarkeit* verschwindet, es gibt keine möglichen Falsifikatoren. Kein Sachverhalt ist jemals ausgeschlossen. Das Rezept lautet: Vermutungen, mit verschiedenen und veränderlichen Wahrscheinlichkeiten, aber ohne Kritik. Das Schätzen tritt an die Stelle des Prüfens und Ablehnens. (Es ist merkwürdig, wie schwer es manchen Leuten fällt, zu begreifen, daß Poppers Idee vom Vermutungscharakter der Wissenschaft nicht nur ein – triviales – Eingeständnis der Fehlbarkeit bedeutet, sondern auch eine Forderung nach Kritisierbarkeit.[87]))

---

[84]) Die tiefsten Erklärungen sind gerade die 'tatsachenkorrigierenden', die das explanandum grundlegend umformulieren und umgestalten und seine 'naive' Sprache in eine 'theoretische' überführen. Vgl. oben, Anm. 12.
[85]) Ein Musterbeispiel für eine sprachüberschreitende Kritik ist die begriffsdehnende Widerlegung; vgl. Lakatos [1963/64] bzw. [1976c], dt. S. 91, 93.
[86]) Wie schon einmal in der Frühzeit des logischen Empirismus.
[87]) Carnap betont in einer neuen Arbeit [1966] wieder seine Übereinstimmung mit Popper darin, daß 'alle Erkenntnis im Grunde vermutungshaft ist' und das Ziel der induktiven Logik genau darin bestehe, 'unsere Vermutungen zu verbessern und ebenso, was von noch größerer grundsätzlicher Bedeutung ist, unsere allgemeinen Methoden zur Aufstellung von Vermutungen'. Hinter der täuschenden Ähnlichkeit der Ausdrucksweise verbergen sich aber ganz verschiedene Bedeutungen. *'Eine Vermutung verbessern'* heißt für Popper, eine Theorie widerlegen und durch eine unwiderlegte mit höherem empirischem Gehalt ersetzen, die möglichst auch ein neues Begriffssystem benutzt. Eine Poppersche Verbesserung einer Vermutung gehört also in seine Entdeckungslogik und ist im übrigen etwas Kritisches, Schöpferisches und rein Theoretisches. *'Eine Vermutung verbessern'* heißt für Carnap für alle 'Alternativen' zu einer partikulären Hypothese, die es in einer bestimmten Sprache L gibt, die Wahrscheinlichkeit angesichts der gesamten (oder der 'relevanten') Daten schätzen und dann diejenige von ihnen auswählen, die für den Handlungszweck als die vernünftigste erscheint. 'Verbesserung der allgemeinen *Methoden* zur Aufstellung von Vermutungen' ist dann eine Verbesserung der Methoden zur Wahl einer c-Funktion und möglicherweise auch der pragmatischen Regeln der Anwendung, wie sie bei Carnap [1950], § 50, sowie in der soeben zitierten Arbeit [1966] behandelt werden. Eine Carnapsche Verbesserung einer Vermutung ist also eine mechanische – oder fastmechanische – und eine wesentlich pragmatische Sache – das Schöpferische verlagert sich auf die 'Methoden' zur Aufstellung von Vermutungen, die dann natürlich 'von grundsätzliche-

Man kann schwerlich bestreiten, daß Kemenys induktive Methode (der Entdeckung) auf natürliche Weise mit Carnaps induktiver Methode (der Bestätigung) zusammenhängt. Carnaps 'schwache atheoretische These' – keine Theorien in der Bestätigungslogik – tendiert stark zu Kemenys 'starker atheoretischer These' – auch keine Theorien in der Entdeckungslogik. Doch Carnap selbst schloß sich dieser Tendenz nie an – selbst nicht um den Preis eines krassen Gegensatzes zwischen seinen gelegentlich geäußerten fast Popperianischen Auffassungen von der Methode der Entdeckung und seiner eigenen Methode der Bestätigung.[88])

Kemenys Heuristik bestätigt natürlich in gewissem Sinne Poppers Befürchtungen: Die 'schwache atheoretische These' legt die 'starke atheoretische These' sehr nahe. Nun muß zwar der Geistesgeschichtler auf die starke Verbindung zwischen beiden hinweisen, doch er darf die 'schwache These' nicht wegen 'Mittäterschaft' verurteilen. Poppers Vermengung der starken methodologischen These und der schwachen begründungsphilosophischen These führte bei vielen Gelegenheiten dazu, daß er auf den toten Gaul einschlug und den lebenden ungeschoren ließ. Doch die Kritik der schwachen These muß sich unmittelbar auf diese richten. Ehe ich aber auf diese Kritik (in Abschn. 5) zu sprechen komme, wollen wir zur Kenntnis nehmen, wie sich Carnaps Programm nicht nur von Theorien zu partikulären Aussagen verschob, sondern auch von der empirischen Stützung zu vernünftigen Wettquotienten.

4 Wahrscheinlichkeit, empirische Stützung, vernünftiger Glaube und Wettquotient

Carnaps Verschiebung des Problems der induktiven Logik von universellen zu partikulären Aussagen ging mit einer parallelen Verschiebung einher, nach der die induktive Logik nicht mehr in erster Linie Grade der empirischen Stützung lieferte, sondern in erster Linie vernünftige Wettquotienten. Zu ihrem besseren Verständnis möchte ich wieder eine komprimierte Geschichtsdarstellung geben.

Der neoklassische Empirismus hatte ein Hauptdogma, das von der *Identität von (1) Wahrscheinlichkeiten, (2) Graden der empirischen Stützung, (3) Graden des vernünftigen Glaubens und (4) vernünftigen Wettquotienten*.

Diese *'neoklassische Kette von Identitäten'* hat durchaus etwas Einleuchtendes. Für einen richtigen Empiristen ist die einzige Quelle vernünftigen Glaubens die empirische Stützung; er wird also den Grad der Vernünftigkeit eines Glaubens mit dem Grad seiner empirischen Stützung gleichsetzen. Doch der vernünftige Glaube wird einleuchtenderweise durch

---

rer Bedeutung' sind. Bei Poppers 'Verbesserung einer Vermutung' spielt die Widerlegung – das kritische Über-Bord-Werfen einer Theorie – eine entscheidende Rolle, bei Carnaps 'Verbesserung einer Vermutung' dagegen nicht. (Natürlich könnte man fragen, ob Carnaps 'Verbesserung einer Vermutung' zur Entdeckungs- oder zur Begründungslogik gehört. Jedenfalls paßt sie gut in Kemenys heuristisches System – mit einem zusätzlichen pragmatischen Beigeschmack.)

[88]) In der Tat lobte Carnap die Arbeit Kemenys, weil sie eine 'sehr gute Darstellung ... der Ziele und Methoden der induktiven Logik' sei (Carnap [1963], S. 979). Doch mir scheint, daß er jenen Teil der (übrigens in vieler Hinsicht ausgezeichneten) Arbeit Kemenys nicht gebührend beachtet hat, den ich analysiert habe. Ich möchte noch einmal betonen, daß Carnap Probleme der Entdeckungslogik *gar nicht sieht*.

vernünftige Wettquotienten gemessen. Und um solche zu bestimmen, wurde ja die Wahrscheinlichkeitsrechnung erfunden.

Diese Kette war die versteckte Grundannahme hinter dem gesamten Carnapschen Programm. Anfänglich interessierte sich Carnap, wie aus 'Testability and Meaning' hervorgeht, in erster Linie für die empirische Stützung. Doch 1941, als er sein Forschungsprogramm begann, war die Grundaufgabe für ihn in erster Linie eine befriedigende 'Explikation' des Begriffs der logischen Wahrscheinlichkeit. Er wollte das von Bernoulli, Laplace und Keynes begonnene Werk vollenden.

Doch Bernoulli, Laplace und Keynes entwickelten ihre Theorie der logischen Wahrscheinlichkeit nicht als Selbstzweck, sondern weil sie die logische Wahrscheinlichkeit gleichsetzten mit vernünftigen Wettquotienten, Graden der Vernünftigkeit des Glaubens und Graden der empirischen Stützung.

Das tat auch Carnap; es zeigt sich bei einem kurzen Blick auf die *Reihenfolge* seiner Probleme (Bestätigung, Induktion, Wahrscheinlichkeit) auf S. 1 von 'Logical Foundations of Probability'. Seine Theorie der Wahrscheinlichkeit sollte also das altehrwürdige Induktionsproblem lösen, und das hieß für Carnap: Gesetze und Theorien aufgrund von Daten beurteilen. Doch solange empirische Stützung = Wahrscheinlichkeit, gilt auch: *'Logische Grundlagen der Wahrscheinlichkeit'* = *logische Grundlagen der empirischen Stützung* = *logische Theorie der Bestätigung*. Nach einigem Zögern entschloß sich Carnap dazu, sein Explikat für die logische Wahrscheinlichkeit 'Bestätigungsgrad' zu nennen – was sich später als Quelle einiger Verwirrung erweisen sollte.

a) Sind Grade der empirischen Stützung Wahrscheinlichkeiten?

Schon früh hatte Carnap das *Gefühl,* die empirische Stützung sei das schwache Glied in der Kette des neoklassischen Empirismus. Ja, die Diskrepanz zwischen vernünftigen Wettquotienten und Graden der empirischen Stützung war im Falle der *Theorien* so eklatant, daß er beides bereits in seiner Darstellung von 1950 trennen mußte. Denn der vernünftige Wettquotient für jede Theorie ist gleich null, doch ihre 'Verläßlichkeit' (ihre empirische Stützung) ist verschieden. Daher spaltete er seinen Begriff der Bestätigung für Theorien auf: ihr 'Bestätigungsgrad', meinte er, war gleich null, doch ihr Bestätigungsgrad (d.h. die Einzelfallbestätigung) war positiv.[89]

Das wirft neues Licht auf Carnaps ersten Schritt bei seiner 'atheoretischen' Problemverschiebung: er beruhte auf dem ersten Bruch in der neoklassischen Kette.

Doch sehr bald mußte er feststellen, daß auch die Formulierung seiner Wissenschaftstheorie nur mit Hilfe von partikulären Aussagen weitere Brüche nicht verhindern konnte. Die Identität von Graden der empirischen Stützung und vernünftigen Wettquotienten ist auch für partikuläre Aussagen nicht evident: daß letztere etwas mit der Wahrscheinlichkeit zu tun haben, ist vielleicht klar, doch für die ersteren ist es alles andere als klar. Daran dachte er, als er schrieb: 'Diese Erklärung [nämlich der logischen Wahrscheinlichkeit als empirischer Stützung] könnte zwar als Skizze der ursprünglichen und einfachsten Bedeutung von Wahrscheinlichkeit$_1$ angesehen werden, doch für sich allein dürfte sie kaum zur Klärung von Wahr-

---

[89] Vgl. oben, Text nach Anm. 42.

8 Wandlungen des Problems der induktiven Logik

scheinlichkeit$_1$ als eines quantitativen Begriffs ausreichen.'[90]) Carnap hatte an diesem Punkt bereits erkannt, daß sein Argument, daß empirische Stützung = logische Wahrscheinlichkeit, auf 'völlig willkürlichen' Annahmen beruhte,[91]) und deshalb betonte er jetzt die Wettintuition. Eines aber erkannte er nicht: daß nicht nur sein Argument für die Identität von empirischer Stützung und logischer Wahrscheinlichkeit auf unbefriedigenden Annahmen beruhte, sondern daß die Identitätsthese überhaupt falsch sein könnte – auch im Falle partikulärer Aussagen.

Ohne dies zu erkennen, führte er in 'Logical Foundations of Probability' zwei verschiedene Begriffe für vernünftige Wettquotienten und für Grade der empirischen Stützung ein. Für den vernünftigen Wettquotienten benutzte er $p(h,e)$; für den Grad der empirischen Stützung benutzte er $p(h,e)-p(h)$. Doch er vermengte beides: Im größten Teil seines Buches (in seiner quantitativen und komparativen Theorie) behauptete er, *sowohl* vernünftige Wettquotienten *als auch* Grade der empirischen Stützung seien $p(h,e)$; in §§ 86–88 (in seiner klassifikatorischen Theorie) dagegen unterlief ihm die Behauptung, *beide* seien $p(h,e)-p(h)$.

Ironisch daran ist, daß Carnap in diesen Abschnitten Hempel kritisierte, weil ihm zwei verschiedene explicanda für die empirische Stützung vorschwebten[92]) und er sich in der Hauptsache für die falsche Auffassung als bedingte Wahrscheinlichkeit, für die Wettauffassung ausgesprochen habe.

Die beiden vermengten Begriffe sind natürlich grundlegend verschieden. Für den Carnapschen Wetter ist $p(h,e)$ am größten, wenn h eine Tautologie ist: deren Wahrscheinlichkeit aufgrund jeder Datenaussage ist gleich 1. Für den Carnapschen Wissenschaftler ist $p(h,e)-p(h)$ am *kleinsten*, wenn h eine Tautologie ist: die [[zusätzliche]] empirische Stützung einer Tautologie ist stets gleich null. Für $p(h,e)$ gilt folgende 'Konsequenzenbedingung': $p(h,e)$ kann nie sinken, wenn es durch deduktive Kanäle durchgeschickt wird, das heißt: wenn $h \rightarrow h'$, dann $p(h',e) \geq p(h,e)$. Doch für $p(h,e)-p(h)$ gilt diese Bedingung im allgemeinen nicht. Die Unterschiede kommen daher, daß zwei konkurrierende und miteinander unvereinbare Intuitionen im Spiele sind. Nach der *Wettintuition* ist jede Konjunktion von Hypothesen aufgrund jeder Datenaussage mindestens so riskant wie irgendeines der Konjunktionsglieder. (Das heißt: Für alle h, h', e gilt: $p(h,e) \geq p(h\&h',e)$.) Nach der *Intuition der empirischen Stützung* ist das nicht der Fall: Es wäre absurd, zu behaupten, die empirische Stützung für eine stärkere Theorie (die in der Carnapschen Projektion der Wissenschaft auf den Zerrspiegel der partikulären Hypothesen eine Konjunktion von Hypothesen ist) *dürfe nicht höher sein* als die empirische Stützung für eine schwächere Konsequenz daraus (also in der Carnapschen Projektion: für irgendeines der Konjunktionsglieder). Vielmehr besagt die Intuition der empirischen Stützung: Je mehr eine Aussage besagt, desto mehr empirische Stützung kann sie erlangen. (Im Carnapschen System müßte also gelten: Es gibt mindestens ein h, h', e derart, daß

---

[90]) Carnap [1950], S. 164. Es ist die erste Stelle in dem Buch, an der von diesem Nichtausreichen die Rede ist; vorher herrscht ausgeprägte Zuversicht im gegenteiligen Sinne. Doch große Bücher zeichnen sich gewöhnlich durch eine gewisse Widersprüchlichkeit aus – mindestens, was die Schwerpunktsetzungen betrifft. Man ändert selbstkritisch seinen Standpunkt, während man ihn entwickelt, doch nur selten schreibt man – und sei es auch nur aus Zeitmangel – an jedem solchen Punkt das ganze Buch neu.
[91]) Ebenda, S. 165.
[92]) Ebenda, S. 475.

$c(h,e) < c(h\&h',e)$.) Dann aber können Grade der empirischen Stützung keine Wahrscheinlichkeiten im Sinne der Wahrscheinlichkeitsrechnung sein.

Das alles wäre trivial, wenn es nicht das mächtige, altehrwürdige Dogma der, wie ich es nannte, 'neoklassischen Kette' gäbe, das unter anderem vernünftige Wettquotienten mit Graden der empirischen Stützung gleichsetzt. Dieses Dogma hat Generationen von Mathematikern und Philosophen verwirrt.[93])

Der erste Philosoph, der gegen das Dogma anging, war Popper.[94]) Er wollte die neoklassische Kette mit dem Beweis durchbrechen, daß Grade der empirischen Stützung auf keinen Fall Wahrscheinlichkeiten sein können – wie immer man letztere auch auffaßt. Er wollte also zeigen, daß die Funktion C(h,e), die empirische Stützung, Bestätigung oder Bewährung von h aufgrund der Daten e, nicht der formalen Wahrscheinlichkeitsrechnung entspricht.

Popper legte zwei kritische Argumente vor, eines 1934 und eines 1954. (1954 schlug er auch eine 'Konkurrenzformel' vor.)

Poppers Argument von 1934 lautete:

'Während wir die Bewährbarkeit einer Theorie und den Bewährungswert der bewährten Theorie ihrer logischen Wahrscheinlichkeit sozusagen verkehrt proportional setzen, ... geht die Wahrscheinlichkeitslogik gerade umgekehrt vor: Sie läßt den Wert der Wahrscheinlichkeit einer Hypothese, der offenbar dem entsprechen soll, was wir durch den Bewährungswert zu erfassen suchen, *proportional* mit ihrer logischen Wahrscheinlichkeit wachsen.'[95])

Das heißt also: *Der Grad der empirischen Stützung ist proportional nicht zur Wahrscheinlichkeit, sondern zur Unwahrscheinlichkeit.*

Nach der von Popper 1959 hinzugefügten Fußnote enthalten diese Zeilen 'den entscheidenden Gedanken [s]einer Kritik an der Wahrscheinlichkeitstheorie der Induktion'.[96])

Doch die Begründung ist wacklig. Sie stützt sich entscheidend auf zweierlei:

(1) Der erste entscheidende Gesichtspunkt des Arguments ist, daß die Bewährung mit steigender Wahrscheinlichkeit abnimmt, das heißt: wenn $p(h) \geq p(h')$, dann gilt für alle e: $C(h,e) \leq C(h',e)$. Doch diese uneingeschränkte Behauptung des monotonen Anstei-

---

[93]) Jetzt erkennt man, daß Hempel *derselben* Verwirrung zum Opfer fiel. Er erkannte, daß es in der Theorie der Bestätigung zwei konkurrierende Unterströmungen gab; die eine läßt sich hauptsächlich durch die Konsequenzbedingung kennzeichnen, die andere durch die Bedingung: wenn h von e bestätigt wird, dann auch jede Hypothese, aus der h folgt – die 'umgekehrte Konsequenzbedingung'. Er zeigte, daß unter einigen einfachen, allgemein anerkannten Voraussetzungen die beiden Bedingungen unverträglich sind. (Vgl. Hempel [1945], S. 104.) Nach einigem Zögern, ja einiger Verwirrung entschied er sich ziemlich willkürlich 1945 für die erste, 1965 für die zweite Bedingung. (Vgl. seine Nachschrift zu seiner Arbeit von 1945 in Hempel [1965], S. 50.) Übrigens sieht sein berühmtes 'Paradoxon der Bestätigung' völlig verschieden aus, je nachdem, von welcher Bedingung man ausgeht; das ist der Grundton der Diskussion des Paradoxons zwischen Popperianern und Carnapianern. (Dazu siehe Mackie [1962/63].)

[94]) Und der erste Statistiker, der gegen das Dogma anging, war Fisher. Er setzte den 'Grad des vernünftigen Glaubens' mit seiner nichtadditiven likelihood-Funktion gleich (vgl. Fisher [1922], S. 327, Anm.*). Doch er konnte seine Auffassung nicht klar genug begründen, weil ihm Poppers Gedanke des empirischen Gehalts und Poppers theoretische Orientierung fehlten.

[95]) Popper [1934], § 83.

[96]) Popper [1959], § 83, Anm. *3).

gens des Bewährungsgrades mit der Bewährbarkeit (d. h. des monotonen Fallens des Bewährungsgrades mit der Wahrscheinlichkeit) ist absurd,[97]) und zwar in solchem Maße, daß Popper selbst in seiner ausführlichen Liste von Adäquatheitsbedingungen von 1954 forderte: Mindestens wenn e aus h und aus h' folgt, muß der Bewährungsgrad mit der Anfangswahrscheinlichkeit *steigen, nicht fallen*, das heißt: wenn $p(h) \geq p(h')$, dann gilt für alle e: $C(h,e) \geq C(h',e)$.[98])

(2) Der zweite entscheidende Gesichtspunkt des Arguments ist, daß die 'Nachher-Wahrscheinlichkeit', im Unterschied zur Bewährung, mit der 'Anfangswahrscheinlichkeit' steigt, das heißt: wenn $p(h) \geq p(h')$, dann gilt für alle e: $p(h,e) \geq p(h',e)$.[99]) Das aber ist, wie Bar-Hillel mir mitteilt, falsch, und es lassen sich leicht Gegenbeispiele angeben.

Trotzdem ist das Poppersche Argument im Kern richtig und läßt sich im Lichte seiner späteren Arbeiten leicht berichtigen. So muß man zwar seine erste These von dem monotonen Steigen des Bewährungsgrades mit dem empirischen Gehalt aufgeben, doch die entsprechende schwächere These bezüglich des Bewähr*barkeits*grades läßt sich halten: Mit dem empirischen Gehalt einer Theorie steigt auch ihre Bewährbarkeit. Dem kann man etwa dadurch Rechnung tragen, daß man als Höchstwert für den Bewährungsgrad einer Hypothese ihren empirischen Gehalt festsetzt[100]) und die Möglichkeit schafft, daß die Daten den Bewährungswert der informationsreicheren Theorie über den Höchstwert für die Bewährung der informationsärmeren Theorie hinausheben können; das heißt: Wenn h' aus h folgt und der empirische Gehalt von h größer als der von h' ist, dann muß $C(h,e) > C(h',e)$ für mindestens ein e möglich sein. Das nun wird durch die Carnapsche induktive Logik ausgeschlossen, weil ja die Wahrscheinlichkeit beim Durchlaufen deduktiver Kanäle nicht kleiner werden kann: wenn h' aus h folgt, dann gilt für alle e: $p(h,e) \leq p(h',e)$. Dann aber kann die Bewährung (oder Bestätigung oder empirische Stützung) nicht die Wahrscheinlichkeit sein.

Poppers Argument von 1954 war ebenso wie sein Argument von 1934 ein wichtiges Argument. Doch ebenso wie im früheren Fall schien seine Formulierung eine stärkere These zu beinhalten, als er tatsächlich bewiesen hatte; und dadurch schwächte und verzögerte er, ebenso wie im früheren Fall, ihre Wirkung.

Was Popper geliefert zu haben behauptete, war 'eine mathematische Widerlegung aller Induktionstheorien, die den Grad, in dem ein Satz durch empirische Prüfungen bewährt wird, mit dem Grad seiner Wahrscheinlichkeit (im Sinne des, Wahrscheinlichkeitskalküls) gleichsetzen'.[101]) Tatsächlich aber hatte er bewiesen, daß Carnaps 'große Theorie'

---

[97]) Man fragt sich, ob vielleicht diese Behauptung bei Carnap den falschen Eindruck hervorrief, Popper gebrauche den Ausdruck 'Bewährbarkeitsgrad' im gleichen Sinne wie den Ausdruck 'Bewährungsgrad'. (Vgl. seine Antwort an Popper in Schilpp [1963], S. 996.)

[98]) Vgl. desideratum VIII(c) in Poppers 'Mitteilung' in *Brit. J. Phil. Sci.* 5 (1954), wieder abgedruckt in Popper [1959], Anhang *IX, S. 401, dt. S. 353. Übrigens pflegte Popper Carnap vorzuwerfen, er 'wähle' die wahrscheinlichste Theorie. Doch *dann* könnte man ihm selbst, wegen VIII(c), vorwerfen, er 'wähle' die wahrscheinlichste Theorie unter denjenigen, die ein gegebenes Datum erklären können.

[99]) Eine andere Formulierung desselben Gesichtspunkts findet sich bei Popper [1959], S. 363, dt. S. 313: 'Nach den Gesetzen des Wahrscheinlichkeitskalküls muß von zwei Hypothesen diejenige, die logisch stärker oder informativer oder besser prüfbar und daher *besser bewährbar* ist, stets *weniger wahrscheinlich* sein als die andere – und zwar in Hinsicht auf jede beliebige Tatsachenfeststellung.'

[100]) Vgl. das dritte Poppersche desideratum von 1954 *(Br. J. Ph. Sc.* 5) in Popper [1959], S. 400, dt. S. 351.

[101]) Popper [1959], S. 389f., dt. S. 342; vgl. auch S. 396–398, dt. S. 348–350.

von 1950 widerspruchsvoll war. Mit Carnaps 'großer Theorie' meine ich die Trinität des klassifikatorischen, des komparativen und des quantitativen Begriffs der Bestätigung, die zu einer einzigen 'großen Theorie' durch die Forderung zusammengeschweißt waren, daß sie sich zueinander wie die Begriffe 'warm', 'wärmer' und 'Temperatur' verhalten sollten.[102] Poppers Argument zeigte, daß die Widersprüchlichkeit daher rührte, daß Carnap versehentlich zwei verschiedene 'explicanda' im Sinne hatte, nämlich die empirische Stützung $[[p(h,e)-p(h)]]$ (die dem Popperschen Bewährungsgrad ähnelt) und die logische Wahrscheinlichkeit $[[p(h,e)]]$.[103] Popper behauptete, Carnap sei ein Opfer der historischen 'Tendenz geworden, Maße *für* das Steigen oder Fallen mit Maßen zu verwechseln, *die* steigen oder fallen (wie sie sich in der Geschichte der Begriffe der Geschwindigkeit, Beschleunigung und Kraft zeigt)'.[104]

Inzwischen haben Carnap und die meisten Carnapianer das Wesentliche an der Popperschen Kritik anerkannt. Im Vorwort zur zweiten Auflage von 'Logical Foundations of Probability' von 1962 trennte Carnap die beiden explicanda und entschloß sich dazu, $p(h,e)$ nicht mehr 'Bestätigungsgrad', sondern 'vernünftigen Wettquotienten' oder einfach 'Wahrscheinlichkeit' zu nennen. Doch mit dem *Ausdruck* 'Bestätigung' war auch seine *Theorie* der Bestätigung, d.h. seine Theorie der empirischen Stützung, abgetreten. Popper stellte 1955 richtig fest: 'Es gibt keine 'heutige Carnapsche Theorie der Bestätigung'.'[105] Bar-Hillel schlug als erster Carnapianer eine neue Theorie der Bestätigung mit einer, wie ich es nennen würde, 'vektoriellen' statt 'skalaren' Beurteilung von Hypothesen vor, nämlich dem geordneten Paar ⟨'anfänglicher Informationsgehalt', 'Bestätigungsgrad'⟩.[106] 1962 entschied sich Carnap für diese Empfehlung Bar-Hillels.[107] Doch jetzt scheint er seine Meinung wieder geändert und seinen alten Gedanken einer 'skalaren' statt 'vektoriellen' Bestätigungstheorie wieder aufgenommen zu haben: Er schlägt jetzt $p(h,e)(1-p(h))$ als Bestätigungsgrad vor. Bar-Hillel erblickt darin ein Anzeichen von Carnaps unheilbarem 'Akzeptier-Syndrom'.[108]

Doch Carnap – und seine Anhänger – versetzt dieses Hin und Her keineswegs in Panik. Für sie hat die induktive Logik in erster Linie mit der Explikation der logischen Wahrscheinlichkeit zu tun und nicht mit dem Problem der empirischen Stützung, das irgendwann mit deren Hilfe gelöst werden wird. Es war ein Fehler, so hört man von ihnen, aber nur ein geringfügiger und in erster Linie *terminologischer* Fehler, das Explikat 'logische Wahrscheinlichkeit' als 'Bestätigungsgrad' zu bezeichnen.

Zweifellos besaß Carnaps Forschungsprogramm der induktiven Logik genügend Standfestigkeit, um den schweren Schlag gegen seine *unmittelbare* Auffassung als Theorie der empirischen Stützung zu überstehen.[109] Er kann gewiß behaupten, seine 'Theorie der Bestä-

---

[102] Vgl. Carnap [1950], S. 16.
[103] Popper [1959], S. 393, dt. S. 345.
[104] Ebenda, S. 399, dt. S. 351.
[105] Popper [1955/56], S. 158.
[106] Bar-Hillel [1955/56].
[107] Carnap [1966].
[108] Vgl. Bar-Hillel [1968b], S. 153.
[109] Als Carnap schließlich einsah, daß Poppers Kritik etwas Richtiges enthält, rettete er sein *Programm*, wenn auch nicht seine *Theorie* von 1950, auf bloßen zwei Seiten des Vorworts zur 2. Auflage von 1962 seines Buches 'Logical Foundations of Probability'. Popper unterschätzte die Zählebigkeit von Forschungsprogrammen, wenn er meinte, 'der Widerspruch' in Carnaps Theorie von 1950 sei 'kein unbedeutender und leicht zu behebender' (Popper [1959], S. 393, dt. S. 345).

tigung' breche nicht gleichzeitig mit seiner ursprünglichen Theorie der Bestätigung zusammen (die fälschlich als 'Theorie der Bestätigung' bezeichnet worden war); und Bar-Hillel und er können auch von Popper und seinen Anhängern mit Recht verlangen, die induktive Logik in ihrer Deutung als Theorie vernünftiger Wettquotienten statt als Theorie der empirischen Stützung zu kritisieren;[110]) doch es hat nicht viel Sinn, auf Poppers Zerschlagung von Carnaps Theorie der Bestätigung zu erwidern, Poppers Deutung von 'Bestätigungsgrad' als Bestätigungsgrad sei eine 'Fehldeutung'.[111])

b) Sind 'Grade des vernünftigen Glaubens' Grade der empirischen Stützung, oder sind es vernünftige Wettquotienten?

Auch wenn die Carnapianer eine neue, befriedigende Theorie der empirischen Stützung finden würden, stünden sie vor einem neuen Problem. Popper zerbrach die Kette zwischen dem Grad der empirischen Stützung und der Wahrscheinlichkeit (und damit, nach Carnap, dem vernünftigen Wettquotienten); auf welche Seite, wenn überhaupt, gehört nun der 'Grad des vernünftigen Glaubens'? Oder sollte der vernünftige Glaube aufgespalten werden? Carnap scheint es für selbstverständlich zu halten, daß Grade des vernünftigen Glaubens Wettquotienten sind. Popper scheint es für selbstverständlich zu halten, daß Grade der Vernünftigkeit des Glaubens mit seinen Graden der empirischen Stützung gleichzusetzen sind.[112])

Es war ein Eckstein des Empirismus, daß die einzige totale oder partielle Begründung einer Hypothese – und somit der einzige vernünftige Grund für den totalen oder partiellen Glauben an sie – die empirische Stützung sei. Und es gibt auch ein altes Dogma über den Grad des Glaubens, nämlich daß sein bester Prüfstein der sei, wieviel man darauf zu wetten bereit ist. (Carnap schrieb diesen Gedanken Ramsey zu,[113]) doch Ramsey selbst bezeichnet ihn als eine 'seit langem anerkannte' These.[114])) Wenn nun aber die empirische Stützung für den Grad des Glaubens maßgebend sein sollte, und wenn sich dieser nach Wettquotienten bemaß, dann verschmolzen diese drei Begriffe naheliegenderweise zu einem. Jetzt aber war diese seit langem anerkannte Trinität aufgespalten. Und das war das Grabgeläut für den *einen* Begriff des 'vernünftigen Glaubens', der 'Glaubwürdigkeit' usw. in irgendeinem *objektiven* Sinne.

Mit der Zerbrechung der Kette des neoklassischen Empirismus war also auch der Zusammenbruch seiner Theorie des vernünftigen Glaubens verbunden. Schon 1953 unterschieden Kemeny und Oppenheim den 'Grad der induktiven Stützung' (der dasselbe war wie Carnaps vernünftiger Wettquotient oder Grad der 'Festigkeit') und den 'Grad der Stützung durch Tatsachen' (der Carnaps Grad der 'Festigkeitszunahme' ähnelte).[115]) Welcher sollte nun die Vernünftigkeit des Glaubens messen?

---

[110]) Bar-Hillel [1956/57], S. 248, sowie Carnaps Antwort an Popper in Schilpp [1963], S. 998.
[111]) Bar-Hillel, ebenda.
[112]) Vgl. Popper [1959], S. 414f., dt. S. 368f. Siehe jedoch unten, Anm. 256.
[113]) Vgl. Carnap [1968b], S. 259.
[114]) Vgl. Ramsey [1926], S. 172.
[115]) Vgl. Kemeny und Oppenheim [1953], S. 307–324.

Es gibt ein paar naheliegende Argumente für p(h,e). Doch jene Philosophen, die den logischen Empirismus noch ernst nehmen, aber zu der Überzeugung gekommen sind, daß die Carnapsche induktive Logik aprioristische metaphysische Annahmen enthalte,[116] können nicht umhin, zu fragen, ob nicht der wahre Empirismus verraten wird, wenn p(h,e) den vernünftigen Grad des Glaubens bestimmen soll. Für den echten Empiristen darf es ja gewiß keine andere Quelle des vernünftigen Glaubens geben als empirische Daten (und natürlich die wirklich tautologische Logik). Warum aber sollte der wahre Empirist p(h,e) als die empirische Stützung ansehen und nicht p(h,e)−p(h), wo doch offenbar ein erheblicher Anteil an dem Wert von p(h,e) in der rein mutmaßlichen Wahrscheinlichkeit von h im Lichte von keinerlei Daten besteht?

Die Produktion mehr oder weniger verschiedener Formeln mit mehr oder weniger verschiedenen Namen löst nicht das Problem. In einer Arbeit lesen wir:

'Das Ergebnis ist im wesentlichen folgendes: (A) Carnap möchte das Maß untersuchen, das in der Frage steckt: 'Wie sicher sind wir bezüglich p, wenn uns q als Datum vorliegt?' (B) Popper und Kemeny-Oppenheim behandeln die Frage: 'Wieviel sicherer sind wir bezüglich p, wenn q gegeben ist, als wenn es nicht gegeben ist?' (C) Das hier vorgelegte Maß der empirischen Relevanz soll die Frage beantworten: 'Um wieviel wird unser Vertrauen in die Wahrheit von p erhöht oder gesenkt, wenn q gegeben ist?' [117]

Doch es fehlt eine kritische Diskussion der Stärken oder Schwächen irgendeines dieser verschiedenen Maße; statt dessen hören wir, es sei 'unhöflich', zu bestreiten, daß jedes von ihnen *etwas* mißt.[118]

c) Sind vernünftige Wettquotienten Wahrscheinlichkeiten?

Das sicherste neoklassische Kettenglied schien das zwischen der Wahrscheinlichkeit und dem vernünftigen Wettquotienten zu sein, das durch den Satz von Ramsey und De Finetti gestützt wird. Doch diese Stützung wird durch mehrere Argumente unterminiert. So verwies Putnam darauf, daß man bei wissenschaftlichen Voraussagen 'nicht gegen einen intelligenten Gegner spielt, sondern gegen die Natur, die 'Inkohärenzen' nicht für sich ausnützt'.[119] Nehmen wir nämlich an dieser Stelle einmal an, daß Wettquotienten tatsächlich Grade des vernünftigen Glaubens messen, aber auch, daß die einzige vernünftige Quelle des Glaubens die empirische Stützung sei, und schließlich, daß diese keine Wahrscheinlichkeit sei — was ist dann die richtige Folgerung aus dem Satz von Ramsey und De Finetti? Die richtige Folgerung lautet, daß es unvernünftig wäre, unsere Theorie der Vernünftigkeit auf die manichäische Annahme aufzubauen, wenn wir unsere Wetten (oder Grade des Glaubens) nicht im Sinne der Wahrscheinlichkeit anordnen, dann würde uns eine böse Macht mit einem schlauen System von Wetten auf den Rücken legen. Ist diese wirklichkeitsfremde Annahme einmal aufgegeben, so kommen nicht-wahrscheinlichkeitshafte Theorien für vernünftige Wettquotienten durchaus wieder in Frage, etwa die Waldsche Minimax-Methode oder vielleicht sogar

---

[116] Vgl. unten, Anm. 123.
[117] Rescher [1958], S. 87.
[118] Ebenda, S. 94.
[119] Putnam [1967], S. 113.

Formeln ähnlich dem Popperschen Bewährungsgrad,[120] usw., die die Carnapianer heute allein aufgrund des Satzes von Ramsey und De Finetti als endgültig erledigt ansehen.

Das Argument Putnams genügt allein schon, um die Allgemeingültigkeit der Carnapschen Theorie des vernünftigen Glaubens und der vernünftigen Wettquotienten zu erschüttern. Doch ich möchte noch ein anderes, davon unabhängiges Argument vorlegen. Dieses Argument stellt nicht in Frage, daß vernünftige Wettquotienten Wahrscheinlichkeiten sein sollen; es stellt auch nicht in Frage, daß vernünftige Wettquotienten auf partikuläre Hypothesen beschränkt werden; es stellt aber den zweiten Teil der schwachen atheoretischen These in Frage, die der Carnapschen Theorie der vernünftigen Wettquotienten (oder Grade des vernünftigen Glaubens) für partikuläre Aussagen zugrunde liegt, also der These, die auch den Wertebereich des zweiten Arguments der c-Funktion auf partikuläre Aussagen einschränkt und die Berücksichtigung des Urteils über Theorien grundsätzlich verbietet.[121] Demgegenüber werde ich zeigen, daß man bei der Berechnung von vernünftigen Wettquotienten für partikuläre Hypothesen nicht umhin kann, (echt universelle) *Theorien* zu beurteilen. Nun kann die Carnapsche induktive Logik keine Theorien beurteilen, weil diese als Vehikel der Wissenschaftsentwicklung ohne eine Theorie des wissenschaftlichen Fortschritts nicht befriedigend beurteilt werden können. Dann aber versagt die Carnapsche induktive Logik nicht nur als Theorie der empirischen Stützung, sondern auch als Theorie der vernünftigen Wettquotienten.

(In seinen 'Erwiderungen' [1963b], S. 977, schreibt Carnap, er habe jetzt neue c-Funktionen aufgestellt, die Theorien ein positives Maß zuordnen können. Doch da diese neuen c-Funktionen, wenn ich recht sehe, immer noch Wahrscheinlichkeitscharakter haben und damit ausnahmslos die Konsequenzenbedingung erfüllen, dürften sie kaum zur Messung der empirischen Stützung taugen; und da sie universellen Hypothesen positive Werte zuordnen, können sie keinesfalls vernünftige Wettquotienten sein, da ja Keynes, Ramsey und Carnap argumentiert haben, nur ein Narr würde auf die universelle Wahrheit einer wissenschaftlichen Theorie wetten. (Kein Wunder, daß in Hintikkas neuesten Arbeiten, in denen er ebenfalls Metriken mit $c(I) > 0$ entwickelt, der Ausdruck 'Wette' nirgends vorkommt.) Doch dann kann eine merkwürdige Situation entstehen: Es könnte sein, daß Carnap die Definition *sowohl* der vernünftigen Wettquotienten *als auch* der Grade der empirischen Stützung (anhand seiner c-Funktionen) aufschieben und zunächst eine induktive Logik entwickeln müßte, die völlig in der Luft hinge. Natürlich, wie schon gesagt, es gibt keine *logische* Grenze für die Zählebigkeit eines Forschungsprogramms – doch man könnte doch Zweifel bekommen, ob diese Problemverschiebung eine 'voranschreitende' wäre).

---

[120] Poppers desideratum VIII (c) bringt einen entscheidenden Gesichtspunkt der Wettintuition in seine Theorie der empirischen Stützung ein (vgl. Popper [1959], S. 401, dt. S. 353).
[121] Vgl. oben, Ende von 3 (a).

5 Der Zusammenbruch der schwachen atheoretischen These

a) 'Adäquatheit der Sprache' und Bestätigungstheorie[122])

Carnaps atheoretische Bestätigungstheorie ruht auf einer Anzahl theoretischer Annahmen, von denen einige wiederum, wie wir zeigen werden, von den vorhandenen wissenschaftlichen Theorien abhängen. Die erkenntnistheoretische Stellung dieser theoretischen Annahmen – der Axiome für die c-Funktionen, L, des Wertes von λ – ist nicht genügend geklärt worden; Carnaps ursprüngliche Behauptung, sie seien 'analytisch', besteht vielleicht gar nicht mehr, doch es ist noch keine andere an ihre Stelle getreten. So kann man etwa λ entweder als ein Maß für den Komplexitätsgrad der Welt auffassen[123]) oder als die Schnelligkeit, mit der man seine apriorischen Annahmen angesichts empirischer Daten abzuändern bereit ist.[124]) Ich konzentriere mich aber auf L.

Die Wahl einer Sprache für die Wissenschaft enthält faktisch eine Vermutung darüber, was wofür ein relevantes Datum ist, oder was womit naturnotwendig verbunden ist. Zum Beispiel könnten in einer Sprache, die himmlische und irdische Erscheinungen voneinander trennt, Daten über irdische Wurfgeschosse als irrelevant für Hypothesen über die Planetenbewegung erscheinen. In der Sprache der Newtonschen Dynamik werden sie relevant und verändern unsere Wettquotienten für Voraussagen über die Planeten.

Wie könnte man nun die 'richtige' Sprache finden, die richtig ausdrückt, welche Daten für eine Hypothese relevant sind? Diese Frage hat Carnap zwar nie gestellt, aber mittelbar beantwortet: In seinen Systemen von 1950 und 1952 sollte 'die Beobachtungssprache'

---

[122]) In diesem Abschnitt ist mit 'Bestätigungstheorie' dasselbe gemeint wie mit dem Ausdruck 'induktive Logik' nach Carnaps *jetzigem* Verständnis als Theorie des vernünftigen Glaubens, der vernünftigen Wettquotienten. Sobald wir freilich einmal gezeigt haben, daß es keine atheoretische 'Bestätigungstheorie' geben kann, also keine atheoretische induktive Logik, so haben wir auch gezeigt, daß es keine atheoretische Bestätigungstheorie geben kann, also keine Definition des Grades der empirischen Stützung anhand atheoretischer Wettquotienten.

[123]) Vgl. die Beiträge von Popper und Nagel in Schilpp [1963], insbes. S. 224–226 und 816–825. Carnap nahm nicht zu ihnen Stellung; in seiner 'Autobiographie' freilich scheint er zu sagen, λ hänge von der 'Beschaffenheit der Welt' ab, die aber der 'Beobachter frei wählen kann' gemäß seinem Grad der 'Vorsicht' (ebenda, S. 75). Doch schon in einer früheren Arbeit hatte er gesagt: λ 'entspricht irgendwie der Komplexität der Welt' (Carnap [1953c], S. 376). In seinem jetzigen Beitrag sagt er: 'Für eine fruchtbare Arbeit auf einem neuen Gebiet braucht man keine wohlbegründete Erkenntnistheorie über die Erkenntnisquellen auf dem Gebiet' (Carnap [1968c], S. 258). Damit hat er zweifellos recht. Doch dann setzte das Programm der induktiven Logik, das ja ursprünglich tief in einem ganz strengen Empirismus verankert war, in Wirklichkeit, wenn Poppers und Nagels Argumente richtig sind, eine aprioristische Erkenntnistheorie voraus.

[124]) Kemeny scheint die zweite Auffassung zu bevorzugen. Er nennt λ einen 'Index der Zurückhaltung', der eine zu rasche Veränderung der Auffassungen angesichts empirischer Daten verhindert (vgl. Kemeny [1952/53], S. 373, und [1963], S. 728). Doch welcher Wert für den Index ist *vernünftig*? Bei unendlicher Zurückhaltung lernt man nie etwas, also ist diese unvernünftig. Völliger Mangel an Zurückhaltung könnte Kritik eintragen. Doch genauer scheint sich der induktive Gutachter nicht über λ äußern zu wollen – er überläßt die Entscheidung dem Fingerspitzengefühl des Wissenschaftlers.

diese Forderung erfüllen. Doch die Argumente von Putnam und Nagel zeigen, daß die 'Beobachtungssprache' nicht in meinem Sinne 'richtig' sein kann.[125])

Doch Putnam wie auch Nagel behandelten dieses Problem so, als gäbe es neben *der* Beobachtungssprache eine eindeutige theoretische Sprache, die dann die richtige Sprache wäre. Carnap trat diesem Einwand mit dem Versprechen entgegen, *die* theoretische Sprache in Betracht zu ziehen.[126]) Doch das löst nicht das allgemeine Problem, das des 'mittelbaren Beweismaterials' (ich nenne ein Ereignis *'mittelbares Beweismaterial bezüglich L in L*'*, wenn es die Wahrscheinlichkeit eines anderen Ereignisses nicht erhöht, wenn beide in L beschrieben werden, wohl aber, wenn beide in einer Sprache L* beschrieben werden). In den Beispielen von Putnam und Nagel war L die Carnapsche 'Beobachtungssprache' und L* die eigentlich maßgebende theoretische Sprache. Doch eine entsprechende Situation kann immer auftreten, wenn eine Theorie durch eine neue Theorie überrundet wird, die in einer neuen Sprache formuliert ist. Mittelbares Beweismaterial – eine häufige Erscheinung in der Entwicklung der Erkenntnis – macht den Bestätigungsgrad zu einer Funktion von L, und das wiederum ändert sich mit dem Fortschritt der Wissenschaft. Eine Zunahme des Datenmaterials *innerhalb* eines festen theoretischen Rahmens (der Sprache L) läßt zwar die gewählte c-Funktion unverändert, doch die Entwicklung des theoretischen Rahmens (die Einführung einer *neuen* Sprache L*) kann sie grundlegend verändern.

Carnap versuchte alles, um jede 'Sprachabhängigkeit' der induktiven Logik zu vermeiden. Er ging aber stets davon aus, daß der Fortschritt der Wissenschaft in gewissem Sinne kumulativ sei: Er glaubte festsetzen zu können, wenn einmal der Bestätigungsgrad von h aufgrund von e in einer geeigneten 'Minimalsprache' ermittelt sei, dann könne kein weiteres Argument seinen Wert ändern. Doch der Wissenschaftswandel ist oft mit einem Sprachwandel verbunden, und dieser verändert die entsprechenden c-Werte.[127])

Dieses einfache Argument zeigt, daß Carnaps (unformuliertes) 'Prinzip der Minimalsprache'[128]) nicht funktioniert. Dieser Grundsatz der schrittweisen Aufstellung der c-Funktion sollte das faszinierende Ideal einer ewigen, absolut gültigen, apriorischen induktiven Logik retten, das Ideal einer Induktionsmaschine, die, einmal programmiert, vielleicht eine *Erweiterung des ursprünglichen Programms* braucht, aber *kein neues Programm*. Doch dieses Ideal scheitert. Der Fortschritt der Wissenschaft kann jeder speziellen Bestätigungstheorie den Boden entziehen; die Induktionsmaschine könnte bei jedem größeren theoretischen Fortschritt neu programmiert werden müssen.

Vielleicht würden die Carnapianer erwidern, die revolutionäre Entwicklung der Wissenschaft würde zu einer revolutionären Entwicklung der induktiven Logik führen. Doch wie kann sich die induktive Logik entwickeln? Wie kann man seine gesamte Wettstrategie bezüglich in L formulierter Hypothesen jedesmal ändern, wenn eine neue Theorie, formuliert in der neuen Sprache L*, vorgeschlagen wird? Oder sollte man das nur dann tun, wenn die neue Theorie – im Popperschen Sinne – Bewährung erlangt hat?

---

[125]) Schilpp [1963], S. 779 und 804 ff.
[126]) Ebenda, S. 987–989.
[127]) Wo es Theorien gibt, da gibt es Fehlbarkeit. Wo es wissenschaftliche Fehlbarkeit gibt, da gibt es Widerlegbarkeit. Wo es Widerlegbarkeit gibt, da ist die Widerlegung nicht weit. Wo Widerlegung ist, da ist Wandel. Wieviele Philosophen gehen bis ans Ende dieser Kette?
[128]) Vgl. oben, Anm. 20–22 u. Text.

Offenbar möchte man seine c-Funktion nicht jedesmal ändern, wenn irgendeine modische neue Theorie (in einer modischen neuen Sprache) auftritt, die keine bessere empirische Stützung hat als die schon bestehenden Theorien. Und gewiß würde man sie ändern, wenn die neue Theorie strenge Prüfungen überstanden hätte, so daß man sagen könnte, daß 'die neue Sprache empirisch gestützt ist'.[129] Doch *in diesem Fall hätten wir das Carnapsche Problem der Bestätigung von Sprachen (oder, wenn man lieber will, der Wahl einer Sprache) auf das Poppersche Problem der Bewährung von Theorien zurückgeführt.*

Diese Überlegung zeigt, daß *der wesentliche Teil der 'Sprachplanung' keineswegs dem induktiven Logiker zufällt, sondern ein bloßes Nebenergebnis der wissenschaftlichen Theoriebildung ist.*[130] Der induktive Logiker kann dem Wissenschafter bestenfalls sagen: 'Wenn *du* dich für die Sprache L entscheidest, dann kann ich dir mitteilen, daß in L gilt: c(h,e) = q.' Das ist natürlich die völlige Aufgabe des ursprünglichen Standpunkts, daß der induktive Gutachter dem Wissenschaftler allein aufgrund von h und e sagen sollte, in welchem Maße h durch e bestätigt sei: zur Berechnung von c(h,e) 'braucht man nur eine logische Analyse der Bedeutung der beiden Sätze'.[131] Wenn aber der induktive Gutachter vom Wissenschaftler außer h und e auch die Sprache der fortgeschrittensten, bestbewährten Theorie geliefert bekommen muß, wozu ist er dem Wissenschaftler dann noch nütze?

Doch die Situation der Carnapschen induktiven Logik wird noch prekärer, wenn es mehrere konkurrierende Theorien gibt, die in völlig verschiedenen Sprachen formuliert sind. In diesem Fall scheint es nicht die geringste Hoffnung zu geben, daß der induktive Gutachter zwischen ihnen entscheiden könnte – es sei denn, er zöge einen Obergutachter heran, der eine c-Funktion zweiter Ordnung zur Beurteilung von Sprachen aufstellt. Doch wie könnte das geschehen?[132] Das 'Beste' wäre ja wohl – um nicht in einen unendlichen Regreß von Meta-Bestätigungsfunktionen zu geraten –, *den Wissenschaftler* nach den Graden des Glaubens zu fragen, die er vielleicht den konkurrierenden Theorien entgegenbringt, und die Werte der konkurrierenden Funktionen entsprechend zu gewichten.

Die induktive Begutachtung zeigt sich wohl von ihrer schwächsten Seite im vorwissenschaftlichen Stadium der 'empirischen Verallgemeinerungen' oder 'naiven Vermutungen'.[133] Hier können induktive Urteile nur sehr unzuverlässig sein, und die Sprache solcher Vermutungen wird in den meisten Fällen bald durch eine völlig andere Sprache ersetzt. Doch die heutige induktive Logik könnte sehr hohe c-Werte an Voraussagen vergeben, die in einer naiven Sprache formuliert sind und die der Wissenschaftler intuitiv sehr gering einschätzen

---

[129] In diesem Fall könnte man sogar von der 'Widerlegung einer Sprache' reden.
[130] Interessanterweise glauben einige induktive Logiker, die das noch nicht erkannt haben, die Planung einer Sprache sei lediglich 'Formalisierung' und damit bloße (wenn auch wohl mühsame) 'Routinearbeit' für den induktiven Logiker.
[131] Carnap [1950], S. 21.
[132] Bar-Hillel [1963], S. 536, stellt fest: 'Es gibt keine allgemein anerkannten Kriterien für den Vergleich zweier Sprachsysteme' und sieht hier 'eine wichtige Aufgabe für die heutige Methodologie'. Vgl. auch L. J. Cohen [1968], S. 247ff.
[133] Vgl. Lakatos [1976c], Kap. 1, Abschn. 7.

würde.¹³⁴) Der induktive Gutachter hat nur zwei Auswege: Entweder muß er sich an einen Obergutachter wenden, der die Sprachen beurteilen soll, oder er muß sich auf das intuitive Urteil des Wissenschaftlers berufen. Beides ist mit Schwierigkeiten verbunden.

Zusammenfassend ist festzustellen, daß vernünftige Wettquotienten bestenfalls solchen Abnehmern geliefert werden können, die – auf eigenes Risiko und mit eigenen Mitteln – die Sprache liefern, in der die Quotienten berechnet werden sollen.

Das alles zeigt, daß hier etwas im Spiele ist, das die induktive Logik auf spektakuläre Weise von der deduktiven Logik unterscheidet: Ist A eine Folgerung aus B, so bleibt es eine – wie sich auch unsere empirischen Kenntnisse entwickeln mögen; doch c(A,B) kann sich grundlegend ändern. Da eine neue Sprache gewöhnlich im Gefolge einer siegreichen Theorie eingeführt wird, *die durch empirische Tatsachen Bewährung erfahren hat,* wird Carnaps Behauptung unhaltbar, daß 'das Hauptmerkmal der Aussagen auf beiden Gebieten [d. h. in der deduktiven und der induktiven Logik] ihre Unabhängigkeit von den zufälligen Tatsachen ist',¹³⁵) und damit auch die Berechtigung dafür, beide Gebiete als 'Logik' zu bezeichnen.

Eine historische Betrachtung der notorischen 'Induktionsprinzipien' könnte diese Verhältnisse noch weiter erhellen. Das Hauptproblem der klassischen Erkenntnistheorie war der *Beweis* wissenschaftlicher Theorien; das Hauptproblem des neoklassischen Empirismus war der *Beweis* für Bestätigungsgrade wissenschaftlicher Hypothesen. Ein Lösungsversuch für das klassische Problem war die Zurückführung des Induktionsproblems auf die Deduktion, die Behauptung, induktive Schlüsse seien unvollständig und enthielten jeweils eine versteckte Voraussetzung, ein synthetisch-apriorisches '[*klassisches*] *Induktionsprinzip*'. Klassische Induktionsprinzipien würden dann wissenschaftliche Theorien aus bloßen Vermutungen zu bewiesenen Theoremen machen (vorausgesetzt natürlich, daß die andere Prämisse richtig ist, die die empirischen Daten ausdrückt). Diese Lösung wurde natürlich von den Empiristen einschneidend kritisiert. Doch der neoklassische Empirismus möchte Aussagen von der Form p(h,e) = q *beweisen;* daher braucht auch er eine unzweifelhaft wahre Voraussetzung (oder Voraussetzungen), also ein '[*neoklassisches*] *Induktionsprinzip.*' Dieses hat zum Beispiel Keynes im Auge, wenn er annimmt, es gebe 'ein gültiges Prinzip, das uns dunkel vorschwebt, wenn es sich auch den forschenden Augen der Philosophie noch entzieht'.¹³⁶) Bedauerlicherweise wurden diese beiden verschiedenen Arten von Induktionsprinzipien in der Literatur ständig vermengt.¹³⁷)

---

¹³⁴) Das ist übrigens eine weitere Paradoxie des 'Gewichts von Daten' (s. o., Anm. 79 u. Text). Merkwürdigerweise ist für die Carnapianer die induktive Logik gerade auf diesem vorwissenschaftlichen Gebiet mit dem größten Erfolg anwendbar. Dieser Irrtum rührt daher, daß Wahrscheinlichkeitsmaße nur für solche 'empirischen' (oder, wie ich lieber sagen möchte, 'naiven') Sprachen aufgestellt worden sind. Doch leider drücken diese nur sehr zufällige, oberflächliche Eigenschaften der Welt aus und liefern daher besonders uninteressante Schätzungen der Bestätigung.

¹³⁵) Carnap [1950], S. 200.

¹³⁶) Keynes [1921], S. 264.

¹³⁷) Ein interessantes Beispiel ist der Unterschied zwischen dem klassischen und dem neoklassischen Prinzip der beschränkten Vielfalt. Seine wichtigste klassische Form ist das Prinzip der eliminativen Induktion: 'Es gibt nur n verschiedene mögliche erklärende Theorien'; widerlegen die empirischen Daten n-1 davon, so ist die n-te *bewiesen.* Seine wichtigste neoklassische Form ist folgendes Prinzip von Keynes: 'Die Vielfalt in der Welt ist derart beschränkt, daß bei keinem Gegenstand die Eigenschaften in unendlich viele unabhängige Gruppen fallen' – ohne diese Annahme kann keine empirische Aussage jemals eine hohe

Daß sich die induktive Logik auf metaphysische Grundsätze stützen müsse, war für Broad und Keynes eine Selbstverständlichkeit; sie zweifelten nicht, daß sie zur Herleitung einer Wahrscheinlichkeitsmetrik solche Grundsätze brauchten. Doch als sie diese herauszuarbeiten versuchten, kamen ihnen starke Zweifel, ob sie sie finden könnten, und wenn ja, ob sie sie würden begründen können. Die letztere Hoffnung gaben dann beide auf, vor allem Broad, der glaubte, solche Grundsätze könnten eine Wahrscheinlichkeitsmetrik stets nur *erklären*, nachdem man sie schon angenommen habe, aber nicht *beweisen*.[138] Das freilich muß er für eine schmähliche Niederlage gehalten haben; man könnte vom neoklassischen Skandal der Induktion sprechen. Der *'klassische Skandal der Induktion'* bestand darin, daß die Induktionsprinzipien, die zum *Beweis* von Theorien (aus Tatsachen) notwendig waren, nicht begründet werden konnten.[139] Der *'neoklassische Skandal der Induktion'* besteht darin, daß auch die Induktionsprinzipien, die zum *Beweis* wenigstens des Bestätigungsgrades von Hypothesen notwendig waren, nicht begründet werden konnten.[140] Der neoklassische Skandal der Induktion bedeutete: Da die Induktionsprinzipien nicht als beweisende, sondern nur als erklärende Voraussetzungen dienen konnten, *konnte die Induktion nicht Teil der Logik, sondern nur der spekulativen Metaphysik sein.* Carnap freilich konnte *keinerlei* Metaphysik zulassen, sei es 'bewiesene' oder spekulative; daher löste er das Problem, indem er das klappernde metaphysische Skelett in dem Schrank der Carnapschen 'Analytizität' versteckte. So verwandelte sich die mißtrauische metaphysische Spekulation der Cambridger Schule in die zuversichtliche Carnapsche Sprachkonstruktion.

Nun bestehen Carnaps 'analytische' Induktionsprinzipien teils aus seinen expliziten Axiomen, teils aus seinen impliziten Meta-Axiomen über die Richtigkeit von L und λ. Von der Richtigkeit einer gewählten Sprache L zeigten wir, daß sie nicht nur eine unbeweisbare, sondern auch eine widerlegbare Voraussetzung ist. Doch damit ist die Bestätigungstheorie nicht weniger fehlbar als die Wissenschaft selbst.

b) Die Abdankung des induktiven Gutachters

Wir sahen, daß der induktive Gutachter, da er Sprachen nicht beurteilen kann, sein Gutachten überhaupt nur erstellen kann, indem er es vom Wissenschaftler selbst erstellen läßt. Doch bei genauerer Betrachtung zeigt sich, daß der Wissenschaftler noch stärker an der Ermittlung der Bestätigungsgrade teilzunehmen hat. Denn auch nachdem man sich auf eine Sprache (oder mehrere Sprachen und ihre jeweiligen Gewichte) geeinigt hat, kann es immer noch zu Schwierigkeiten kommen.

Forts. Fußn. 137
Wahrscheinlichkeit erlangen (Keynes [1921], S. 258). Ferner sind klassische Induktionsprinzipien in der Objektsprache formulierbar (etwa indem man die Disjunktion der 'beschränkt vielfältigen' Theorien postuliert), neoklassische aber *nur* in der Metasprache (vgl. unten, Anm. 206).
[138] Vgl. Broad [1959], S. 751.
[139] Vgl. oben, Anm. 10. Um den 'Skandal' richtig zu würdigen, sollte man nicht Broad, sondern Keynes (oder Russell) lesen. Bei der Aufstellung seines Programms hatte Keynes zwei unantastbare, absolute Grundforderungen: die Gewißheit der Daten und die logisch bewiesene Gewißheit von Aussagen der Form p(h,e) = q (Keynes [1921], S. 11). Sind diese nicht erfüllbar, so kann die induktive Logik ihre ursprüngliche Aufgabe nicht lösen, nämlich die wissenschaftliche Erkenntnis vor der Skepsis zu retten.
[140] Diese beiden 'Skandale' sind ebenfalls in der Literatur vermengt worden.

8 Wandlungen des Problems der induktiven Logik

Wie ist es, wenn es eine sehr attraktive, sehr einleuchtende Theorie auf dem betreffenden Gebiet gibt, die bisher auf nur wenig oder keine stützenden Daten verweisen kann? Wieviel sollte man auf ihren nächsten Anwendungsfall wetten? Die nüchterne Empfehlung des induktiven Gutachters lautet, keiner Theorie mehr zu vertrauen, als ihrer empirischen Stützung entspricht. Wird etwa die Balmer-Formel nach der Entdeckung von nur drei Linien des Wasserstoffspektrums vorgeschlagen, so würde uns der nüchterne induktive Gutachter davon abraten, allzu begeistert zu sein und auf die Übereinstimmung einer vierten Linie mit der Formel zu wetten – obwohl wir intuitiv sehr dazu neigen.

Der induktive Gutachter läßt sich also nicht von effektvollen Theorien beeindrucken, denen eine ausreichende Tatsachengrundlage fehlt. Doch er läßt sich manchmal auch von dramatischen Widerlegungen nicht beeindrucken. Das möchte ich an einem anderen Beispiel zeigen. Angenommen, wir hätten schon eine c-Funktion für hochkomplizierte Sprachen, in denen die gesamte Newtonsche und Einsteinsche Mechanik und Gravitationstheorie formulierbar ist. Bisher seien nun all die (Milliarden von) Voraussagen aufgrund beider Theorien bestätigt worden mit Ausnahme des Merkurperihels, bei dem nur die Einsteinsche Theorie bestätigt wurde und die Newtonsche versagte. Die quantitativen Voraussagen aufgrund der beiden Theorien sind im allgemeinen verschieden, doch wegen der Kleinheit der Unterschiede und der Ungenauigkeit unserer Meßgeräte war der Unterschied nur beim Merkurperihel meßbar. Nun seien neue Methoden entwickelt worden, die genau genug sind, um die Frage in einer Reihe von experimenta crucis zu entscheiden. Wieviel sollte man nun auf die Einsteinschen Voraussagen h_E^i gegenüber den entsprechenden Newtonschen Voraussagen h_N^i wetten? Ein Wissenschaftler würde berücksichtigen, daß die Newtonsche Theorie immerhin widerlegt worden ist (im Falle des Merkurperihels) und die Einsteinsche nicht, und er würde daher eine recht gewagte Wette eingehen. Doch ein Carnapianer kann bei seiner schwachen atheoretischen These die beiden Theorien (und die Widerlegung der einen) nicht berücksichtigen. Er würde also wenig Unterschied zwischen $c(h_N^i,e)$ und $c(h_E^i,e)$ finden und nur zu einer sehr vorsichtigen Wette bereit sein; eine hohe Wette auf die Einsteinsche gegen die Newtonsche Theorie würde er unter diesen Verhältnissen als eine Wette auf eine bloße vage Vermutung ansehen.

Das Interessante ist nun: Der Carnapianer könnte zwar durch die schwache atheoretische These davon abgehalten werden, Theorien (und ihre Widerlegungen) bei der Berechnung der c-Werte zu berücksichtigen; er könnte aber trotzdem der Meinung sein, es sei in solchen Fällen klüger, den berechneten 'vernünftigen Wettquotienten' zu vergessen und auf die 'vage Vermutung' zu wetten. Carnap selbst legt folgendes dar:

'Es ist richtig, daß viele nichtrationale Faktoren die Entscheidung des Wissenschaftlers beeinflussen, und ich glaube, daß das immer der Fall ist. Bei einigen dieser Faktoren mag das unerwünscht sein, etwa bei einer Voreingenommenheit für eine Hypothese, die der Betreffende vorher öffentlich vertreten hat, oder bei einer Voreingenommenheit bezüglich einer sozialwissenschaftlichen Hypothese aus moralischen oder politischen Gründen. Doch es gibt auch nichtrationale Faktoren mit wichtigen und fruchtbaren Auswirkungen, etwa das 'wissenschaftliche Fingerspitzengefühl'. *Solche* Faktoren möchte die induktive Logik nicht ausschalten; ihre Funktion besteht lediglich darin, dem Wissenschaftler ein klareres Bild von den Verhältnissen zu geben, indem sie darlegt, in welchem Grade die verschiedenen Hypothesen durch die Daten bestätigt werden. Dieses logische Bild, das die induktive Logik liefert, wird (oder sollte) den Wissenschaftler beeinflussen, doch es bestimmt nicht eindeutig seine Entscheidung für eine Hypothese. Er erfährt bei dieser Entscheidung eine ähnliche Hilfe wie ein Wanderer durch eine gute Karte. Bedient er sich der induktiven Logik, so bleibt die Entscheidung immer noch die seine; sie ist aber eine informierte und keine mehr oder weniger blinde.'[141])

Wenn aber die induktiven Logiker zugeben, daß 'Ahnungen' häufig den Vorrang vor den exakten Regeln der induktiven Logik haben können, ist es dann nicht in höchstem Maße irreführend, den regelhaften, exakten, quantitativen Charakter der induktiven Logik zu betonen?

Natürlich kann der induktive Richter*[3]) versuchen, seine Verantwortung nicht an den Wissenschaftler mit seinem Fingerspitzengefühl abzutreten, sondern statt dessen sein Gesetzbuch zu vervollständigen. Er könnte eine induktive Logik aufstellen, die die atheoretische These über Bord wirft und sein Urteil von den auf dem betreffenden Gebiet vorgeschlagenen Theorien abhängig macht. Doch dann müßte er diese Theorien nach ihrer Vertrauenswürdigkeit einstufen, ehe er seine Haupt-c-Funktion aufstellt.[142]) Gelingt das nicht, so hat er wiederum nur die Möglichkeit, den Wissenschaftler um die Einstufung der Theorien zu ersuchen. Wenn der induktive Gutachter außerdem noch erkennt, daß man nicht (wie Carnap vielleicht ursprünglich gehofft haben mochte) Datenaussagen als wenigstens praktisch gewiß ansehen kann,[143]) dann muß er vom Wissenschaftler noch mehr intuitive Urteile einholen, nämlich seine (sich verändernden) Grade des Glaubens bezüglich jeder Datenaussage.

Dieser weitere Schritt war in der Tat unvermeidlich. Nach Poppers Argument von 1934 hinsichtlich des theoretischen Charakters der 'Basissätze' konnte es keinen Zweifel geben, daß jede Datenaussage eine theoretische war.[144]) Es wäre irreführend, sich auf ihren

---

[141]) Carnap [1953a], S. 195f. Natürlich dürften manche Wissenschaftler nicht damit einverstanden sein, daß eine ungeprüfte Spekulation als ein 'nichtrationaler Faktor' bei der Beurteilung von Voraussagen bezeichnet wird; doch vielleicht hätten sie nichts dagegen, von einem 'nichtempirischen Faktor' zu sprechen.
*[3]) 'Judge' wurde und wird wieder mit 'Gutachter' wiedergegeben, doch hier paßt nur 'Richter'. (D. Üb.)
[142]) In der Tat hat Carnap in einem seiner neuen und noch nicht veröffentlichten Systeme einen ersten Schritt in dieser Richtung getan. Er spricht von diesem System in seiner Antwort an Putnam in Schilpp [1963], S. 998f.: 'In der induktiven Logik könnte man in Erwägung ziehen, die Postulate, obwohl sie im allgemeinen synthetisch sind, als 'fast-analytisch' zu behandeln ('Logical Foundations of Probability' [1950], D 58-1a), d.h. ihnen den m-Wert 1 zuzuordnen. In diesem Zusammenhang ist festzustellen, daß nur die Grundprinzipien der theoretischen Physik als Postulate genommen würden, nicht andere physikalische Gesetze, auch wenn sie 'gut fundiert' sind. Wie steht es mit den Gesetzen, die nicht logisch aus den Postulaten folgen, sondern im Sinne Putnams 'vorgeschlagen' werden? In meiner Form der induktiven Logik würde ich ihnen den m-Wert 0 zuordnen (wegen einer anderen Möglichkeit siehe meine Bemerkungen zu (10), § 26 III [zur Auflösung dieses Hinweises s. a.a.O., S. 977]; doch ihre Einzelfallbestätigung kann positiv sein. Wie schon erwähnt, könnte man hier auch in Erwägung ziehen, analog zu dem Gedanken Putnams die Regeln so zu gestalten, daß der Bestätigungsgrad einer singulären Voraussage nicht nur von der Form der Sprache abhinge und damit von den Postulaten, sondern auch von der Klasse der vorgeschlagenen Gesetze. Im Augenblick bin ich aber noch nicht sicher, ob das nötig wäre.'
[143]) Carnap wäre es aber lieber gewesen, wenn man mit ungewissen Daten arbeiten könnte: 'Viele Jahre lang habe ich vergeblich versucht, diesen Mangel des üblichen Verfahrens der induktiven Logik zu beheben.' (Vgl. Carnap [1968b], S. 146.)
[144]) Keynes glaubte noch, die induktive Logik *müsse* auf der *Gewißheit* der Aussagedaten ruhen; sind die Datenaussagen zwangsläufig ungewiß, so hat die induktive Logik keinen Sinn (vgl. Keynes [1921], S. 11). Daß man in der induktiven Logik die Ungewißheit der Datenaussagen berücksichtigen müsse, wurde zuerst von Hempel und Oppenheim [1945], S. 114f., angedeutet, doch erst Jeffrey [1968], S. 166–180, tat die ersten konkreten Schritte in dieser Richtung.

'molekularen' Charakter zu versteifen; in einer 'richtigen' Sprache erscheinen alle 'Beobachtungsaussagen' als logisch universelle Aussagen, deren 'Vertrauenswürdigkeit' anhand der 'Vertrauenswürdigkeit' der Hintergrundtheorien zu beurteilen wäre, denen sie angehören.[145] Und diese Vertrauenswürdigkeit kann gelegentlich sehr niedrig sein: Ganze Systeme anerkannter Datenaussagen können umgestürzt werden, wenn eine neue Theorie die Tatsachen in neues Licht rückt. Die Entwicklung des Korpus der 'Datenaussagen' ist auch nicht kumulativer und friedlicher als die Entwicklung erklärender Theorien.

Doch nun zeichnet sich im Lichte dieser Überlegungen folgendes Bild ab. Die schwache atheoretische These ist zusammengebrochen. Entweder (1) müssen die atheoretischen c-Funktionen in jedem Einzelfall durch die Intuition des Wissenschaftlers korrigiert werden, oder (2) es müssen neue, 'theoretische' c-Funktionen aufgestellt werden. Im zweiten Fall gibt es wieder zwei Möglichkeiten: Entweder (2a) findet sich eine Methode, die sowohl die 'Anfangs'-c-Funktion liefert (die die Vertrauenswürdigkeit der Theorien vor der Aufstellung der endgültigen Sprache angibt) als auch die 'eigentliche' c-Funktion zur Berechnung des Bestätigungsgrades der 'partikulären' Aussagen der endgültigen Sprache; oder (2b), wenn das nicht gelingt, so muß die neue, 'theoretische' c-Funktion von den Intuitionen des Wissenschaftlers bezüglich der Vertrauenswürdigkeit seiner Sprachen, Theorien, Daten und der richtigen Lerngeschwindigkeit abhängen. Doch in diesem Fall (2b) ist es nicht mehr an dem induktiven Gutachter, diese Intuitionen zu kritisieren, sondern sie sind für ihn Daten bezüglich der *Auffassungen* des Wissenschaftlers. Sein Gutachten lautet dann so: Wenn *deine* Auffassungen (seien sie vernunftgeleitet oder nicht) über die Sprachen, Theorien, Daten usw. die und die sind, dann liefert dir *meine* induktive Intuition einen Kalkül 'kohärenter' Auffassungen über alle übrigen Hypothesen in dem gegebenen Rahmen.

Es ist nun wahrlich keine sehr interessante Wahl zwischen einer 'atheoretischen' induktiven Logik, deren Urteile ohne weiteres durch die theoretischen Erwägungen des Wissenschaftlers (die nicht ihrem Urteil unterliegen) korrigiert werden können, und einer 'theoretischen' induktiven Logik, die sich auf theoretische Gesichtspunkte stützt, die von außen in sie eingeführt werden. In beiden Fällen ist der induktive Gutachter von seiner historischen Funktion zurückgetreten.[146] Als einziges kann er noch die Meinungen des Wissenschaftlers kohärent halten, so daß also der Wissenschaftler, würde er gegen einen klugen und seinen Vorteil gegen ihn wahrnehmenden göttlichen Buchmacher wetten, nicht lediglich wegen Inkohärenz seines Wettsystems verlieren würde. Die Abdankung des induktiven Gutachters ist eine vollständige. Ursprünglich wollte er über die Vernünftigkeit von Meinungen urteilen; jetzt versucht er nur noch, einen Kalkül kohärenter Meinungen zu liefern, über deren Vernünftigkeit er nichts sagen kann. Der induktive Gutachter kann nicht mehr für sich in Anspruch nehmen, in irgendeinem interessanten Sinne ein 'Lebensweiser' zu sein.

(Die Carnapianer würden vielleicht das Wesentliche an dieser Beurteilung anerkennen, aber darin gar kein Versagen erblicken. Sie würden vielleicht sagen, es sei hier genau dasselbe vor sich gegangen wie in der Geschichte der deduktiven Logik: Ursprünglich sollte sie zum *Beweisen* von Aussagen dienen, und erst später erkannte man, daß man sich auf die *Ableitung* von Aussagen aus anderen beschränken mußte. Die deduktive Logik sollte ursprünglich sowohl unanfechtbare Wahrheitswerte liefern als auch sichere Kanäle zu ihrer

---

[145] Näheres dazu bei Lakatos [1968c].
[146] Noch niemand hat (2a) ausprobiert; und ich wette, es wird nie geschehen.

Übertragung; daß sie das Beweisen aufgeben und sich auf das Ableiten konzentrieren mußte, setzte bei ihr eher Kräfte frei, als daß es ihr die Flügel beschnitt und sie zur Bedeutungslosigkeit verurteilte. Die induktive Logik sollte ursprünglich sowohl objektive, vernünftige Grade des Glaubens als auch ihre vernünftige Abstimmung aufeinander liefern; nachdem sie jetzt von der ersten Aufgabe Abstand genommen und sich völlig auf die 'vernünftige' Abstimmung subjektiver Meinungen aufeinander konzentriert hat, könne sie immer noch in Anspruch nehmen, *ein* Lebensweiser zu sein. – Ich halte nichts von diesem Argument, aber ich habe wenig Zweifel, daß es aufgegriffen und eifrig und scharfsinnig verteidigt werden wird.)

Mit der Abdankung des induktiven Gutachters sind auch die letzten dünnen Fäden zwischen der induktiven Logik und dem Induktionsproblem gerissen. Ein bloßer Kalkül kohärenter Meinungen kann für das Hauptproblem der Wissenschaftstheorie höchstens am Rande von Bedeutung sein. Im Verlaufe der Entwicklung des Forschungsprogramms der induktiven Logik ist also sein Problem viel weniger interessant geworden als das ursprüngliche: Der Geistesgeschichtler dürfte eine 'degenerierende Problemverschiebung' zu verzeichnen haben.

Das soll nicht heißen, es gebe keine interessanten Probleme, auf die Carnaps Kalkül anwendbar sein könnte. In manchen Wettsituationen könnten die Grundauffassungen als die 'Spielregeln' fungieren. So könnte man (1) eine Sprache L festlegen, die kraft Festsetzung 'richtig' ist: mittelbares Beweismaterial wird als regelwidrig ausgeschlossen; (2) jeder Einfluß auf die Ereignisse von nicht vorher anerkannter Seite wird als regelwidrig ausgeschlossen; (3) es gibt ein absolut mechanisches Entscheidungsverfahren für die Wahrheitswerte der Datenaussagen. Sind derartige Bedingungen erfüllt, so kann die induktive Logik Nützliches leisten. Und in einigen Standard-Wettsituationen sind diese drei Bedingungen in der Tat im wesentlichen erfüllt. Man könnte solche Wettsituationen *'geschlossene Spiele'* nennen. (Man überzeugt sich leicht davon, daß der Satz von Ramsey, de Finetti und Shimony nur für solche 'geschlossenen Spiele' gilt.) Wenn aber die Wissenschaft ein Spiel ist, dann ist sie ein *offenes Spiel*. Carnap hatte unrecht, wenn er behauptete, der Unterschied zwischen den üblichen (geschlossenen) Glücksspielen und der Wissenschaft sei nur einer des Kompliziertheitsgrades.[147])

Carnaps Theorie ist wohl auch auf 'geschlossene statistische Probleme' anwendbar, bei denen man für die Praxis sowohl die 'Richtigkeit' der Sprache als auch die Gewißheit der Daten als unproblematisch betrachten kann.

Das Programm der induktiven Logik war zu ehrgeizig. Die Kluft zwischen Vernunft und formaler Vernunft hat sich seit Leibniz nicht ganz so stark verringert, wie die Carnapianer anscheinend geglaubt hatten. Leibniz träumte von einer Maschine, die entscheiden konnte, ob eine Hypothese wahr oder falsch ist. Carnap wäre mit einer Maschine zufrieden gewesen, die entscheiden konnte, ob die Wahl einer Hypothese vernünftig oder unvernünftig war. Doch es gibt keine Turingmaschine, die über die Wahrheit unserer Vermutungen oder die Vernünftigkeit unserer Wahl entscheiden könnte.

Es gibt also ein dringendes Bedürfnis, jene Gebiete erneut zu betrachten, auf denen der induktive Gutachter seine Funktionen niedergelegt hat; in erster Linie geht es um die Beurteilung von Theorien. Lösungen dieser Probleme waren von Popper vorgelegt worden – noch ehe Carnap sein Programm anlaufen ließ. Diese Lösungen sind methodologischer Art

---

[147]) Vgl. Carnap [1950], S. 247.

und nicht formalisierbar. Doch wenn man nicht die Relevanz auf dem Altar der Exaktheit opfern will, dann ist es jetzt Zeit, sich mehr um sie zu kümmern.

Außerdem werden wir aufgrund des Popperschen Ansatzes zeigen, daß die Beurteilung von Theorien eine von Carnap nicht bemerkte Feinstruktur besitzt, mit der man sogar zu Carnaps Theorie der vernünftigen Wettquotienten für partikuläre Hypothesen eine Alternative schaffen kann. Doch der Unterschied zwischen Poppers und Carnaps Ansatz ist nicht lediglich der zwischen verschiedenen Lösungen für dasselbe Problem. Eine Lösung des Problems ist interessanterweise stets mit seiner Umformulierung verbunden, es erscheint in einem neuen Licht. Mit anderen Worten: eine interessante Lösung *verschiebt* stets das Problem. *Konkurrierende Lösungen eines Problems sind häufig mit konkurrierenden Problemverschiebungen verbunden.* Die Behandlung der konkurrierenden Popperschen Problemverschiebung wird auch Carnaps Problemverschiebung erneut beleuchten. Wenn Carnap und seine Schule den ursprünglichen Schwerpunkt des Induktionsproblems von der Informalität zur Formalität verschoben, von der Methodologie zur Begründung, von echten Theorien zu partikulären Aussagen, von der empirischen Stützung zu Wettquotienten, so verschoben es Popper und seine Schule gerade in der umgekehrten Richtung.

6 Das Hauptproblem des kritischen Empirismus: die Methode

Während der neoklassische Empirismus vom klassischen Empirismus nur das Problem einer einheitlichen, globalen Beurteilung von Hypothesen erbte, konzentrierte sich Poppers kritischer Empirismus auf das Problem ihrer Entdeckung. Der Poppersche Wissenschaftler nimmt *verschiedene* Beurteilungen entsprechend den verschiedenen Stadien der Entdeckung vor. Ich werde aus diesen methodologischen Beurteilungen ('Annehmbarkeit$_1$', 'Annehmbarkeit$_2$' usw.) eine Beurteilung sogar der *Vertrauenswürdigkeit* einer Theorie ('Annehmbarkeit$_3$') konstruieren; sie kommt dem Carnapschen Bestätigungsgrad am nächsten. Doch da sie auf Poppers *methodologischen Urteilen beruht, muß ich zunächst diese etwas eingehender behandeln.*

a) 'Annehmbarkeit$_1$'

Die erste Vorher-Beurteilung einer Theorie schließt sich unmittelbar an ihre Aufstellung an: sie betrifft ihre '*Kühnheit*'. Eine der wichtigsten Seiten der 'Kühnheit' läßt sich kennzeichnen als '*zusätzlicher empirischer Gehalt*'[148]) oder kurz '*Zusatzgehalt*' (oder '*Zusatzinformation*' oder '*zusätzliche Falsifizierbarkeit*'): eine kühne Theorie sollte neue mögliche Falsifikatoren besitzen, die keine der Theorien im bestehenden Korpus der Wissenschaft besaß; insbesondere sollte sie Zusatzgehalt gegenüber ihrer '*Hintergrundtheorie*' (oder '*Prüfstein-Theorie*') besitzen, der Theorie also, gegen die sie angetreten ist.

---

[148]) Wegen des grundwichtigen Begriffs des 'empirischen Gehalts' s. Popper [1934], Abschn. 35: der empirische Gehalt einer Theorie ist die Menge ihrer 'möglichen Falsifikatoren'. Übrigens ist Popper der Begründer der semantischen Informationstheorie mit seinen beiden Thesen von 1934, daß (1) die empirische Information, die ein Satz liefert, die Menge der von ihm ausgeschlossenen Sachverhalte sei, und daß (2) diese Information durch die Unwahrscheinlichkeit und nicht die Wahrscheinlichkeit zu messen sei.

Die Hintergrundtheorie ist vielleicht zur Zeit des Auftretens der neuen Theorie nicht formuliert, doch dann läßt sie sich jedenfalls leicht rekonstruieren. Auch kann die Hintergrundtheorie eine doppelte oder sogar vielfache in folgendem Sinne sein: besteht das einschlägige Hintergrundwissen aus einer Theorie T_1 und einer falsifizierenden Hypothese T'_1, dann ist eine konkurrierende Theorie T_2 nur dann kühn, *wenn aus ihr eine neue Tatsachenhypothese folgt*, die weder aus T_1 noch aus T'_1 folgt.[149])

Eine Theorie ist um so kühner, je stärker sie unser bisheriges Weltbild revolutioniert; auf je überraschendere Art sie beispielsweise Erkenntnisgebiete vereinigt, die bisher als weit voneinander entfernt und nicht miteinander zusammenhängend galten; und womöglich sogar, je 'unverträglicher' sie mit den 'Daten' oder den 'Gesetzen' ist, die sie erklären wollte (wenn z. B. die Newtonsche Theorie nicht mit den Keplerschen und Galileischen Gesetzen unverträglich gewesen wäre, die sie erklären wollte, so hätte ihr Popper eine schlechtere Zensur in Kühnheit gegeben[150])).

Wird eine Theorie als 'kühn' beurteilt, so 'akzeptieren$_1$' sie die Wissenschaftler als Bestandteil des aktuellen 'Korpus der Wissenschaft'. Darauf kann Verschiedenes geschehen: einige versuchen vielleicht, die Theorie zu kritisieren, zu prüfen; andere benützen sie vielleicht zur Bestimmung der Wahrheitswerte möglicher Falsifikatoren anderer Theorien; und auch Techniker könnte sie in Erwägung ziehen. Vor allem aber ist diese *Annahme*$_1$ eine Annahme zur ernsthaften Kritik und insbesondere zur Prüfung; sie ist eine Bescheinigung der Prüfungswürdigkeit. Wird eine 'prüfungswürdige' Theorie durch eine neue 'kühne' Theorie höherer Ebene erklärt, oder wird eine andere Theorie mit ihrer Hilfe falsifiziert, oder wird sie selbst vorläufig für technische Anwendung in Aussicht genommen, dann wird ihre Prüfung noch dringlicher.

Man könnte die Annahme$_1$ als '*Vorweg-Annahme*' bezeichnen, da sie der Prüfung *vorausgeht*. Doch *gewöhnlich geht sie nicht dem Vorliegen von Daten voraus;* die meisten wissenschaftlichen Theorien werden mindestens zum Teil zur Lösung eines Erklärungsproblems aufgestellt.

Man könnte versucht sein, die Kühnheit einer Theorie ausschließlich durch ihren 'Falsifizierbarkeitsgrad' oder 'empirischen Gehalt' zu kennzeichnen, also durch die Menge ihrer möglichen Falsifikatoren. Doch wenn eine neue Theorie T_2 vorliegende Daten erklärt, die bereits von einer vorhandenen Theorie T_1 erklärt werden, so wird die 'Kühnheit' von T_2 nicht einfach nach der Menge der möglichen Falsifikatoren von T_2 beurteilt, sondern nach derjenigen Teilmenge davon, die nicht auch mögliche Falsifikatoren von T_1 waren. Eine Theorie, die nicht mehr mögliche Falsifikatoren als ihre Hintergrundtheorie besitzt, hat also höchstens die 'zusätzliche Falsifizierbarkeit' null. Die Newtonsche Gravitationstheorie hat sehr hohe zu-

---

[149]) Meine 'Hintergrundtheorie' und mein 'Hintergrundwissen' ist nicht mit Poppers 'Hintergrundwissen' zu verwechseln. Poppers 'Hintergrundwissen' ist 'alles, was (vorläufig) als *unproblematisch* zugrundegelegt wird, wenn man die Theorie prüft', also Anfangsbedingungen, Hilfstheorien usw. usw. (Popper [1963a], S. 390, Hervorhebung von mir.) Meine 'Hintergrundtheorie' ist *unverträglich* mit der geprüften Theorie, die Poppersche ist mit ihr *verträglich*.

[150]) Popper nennt solche 'tatsachenkorrigierende' Erklärungen '*tief*' – was soviel bedeutet wie eine bestimmte Art großer Kühnheit (vgl. Popper [1972], dt. S. 220). Es versteht sich von selbst, daß es unmöglich ist, 'Grade' der 'Tiefe' überhaupt, geschweige denn zahlenmäßig, zu vergleichen.

8 Wandlungen des Problems der induktiven Logik

sätzliche Falsifizierbarkeit gegenüber ihren Hintergrundtheorien (der Galileischen Theorie der irdischen Wurfbahnen und der Keplerschen Theorie der Planetenbewegung); deshalb war sie kühn, war sie wissenschaftlich. Doch eine Theorie, die der Newtonschen entspräche, aber nur auf alle Gravitationserscheinungen außer der Merkurbahn anwendbar wäre, hätte negativen zusätzlichen empirischen Gehalt gegenüber der ursprünglichen, uneingeschränkten Newtonschen Theorie und wäre somit, wenn nach der Widerlegung der Newtonschen Theorie vorgeschlagen, nicht kühn, nicht wissenschaftlich. *Die Kühnheit einer Theorie bemißt sich nach dem zusätzlichen empirischen Gehalt, also dem Zuwachs an empirischem Gehalt, und nicht nach dem empirischen Gehalt selbst.* Offenbar kann man also die Kühnheit einer Theorie nicht bestimmen, wenn man sie isoliert betrachtet, sondern nur in ihrem historisch-methodologischen Zusammenhang, im Vergleich zu ihren vorhandenen Konkurrenten.

Popper stellte 1957 die Forderung auf, Theorien sollten nicht nur 'prüfbar' (d. h. falsifizierbar) sein, sondern auch 'unabhängig prüfbar', das heißt, sie sollten 'prüfbare Folgerungen' liefern, 'die von dem explicandum ganz verschieden sind'.[151] Diese Forderung entspricht natürlich der hier definierten 'Kühnheit'; nach ihr soll bei der Vorweg-Beurteilung von Theorien neben der Falsifizierbarkeit auch die zusätzliche Falsifizierbarkeit berücksichtigt werden.

Doch schon aus Poppers 'Logik der Forschung' von 1934 geht hervor, daß Falsifizierbarkeit ohne zusätzliche Falsifizierbarkeit von geringem Wert ist. Sein Abgrenzungskriterium unterscheidet zwischen 'widerlegbaren' (wissenschaftlichen) und 'nicht widerlegbaren' (metaphysischen) Theorien. Doch er gebraucht 'widerlegbar' in einem ganz speziellen Sinne; eine Theorie T heißt bei ihm 'widerlegbar', wenn *zwei* Bedingungen erfüllt sind: (1) sie besitzt 'mögliche Falsifikatoren', das heißt, man kann ihr widersprechende Aussagen angeben, deren Wahrheitswert mit derzeit allgemein anerkannten experimentellen Methoden ermittelt werden kann;[152] und (2) die Diskussionspartner einigen sich darauf, keine 'konventionalistischen Strategien' anzuwenden,[153] das heißt, T nach einer Widerlegung nicht durch eine gehaltärmere Theorie T' zu ersetzen. Dieser Sprachgebrauch wird zwar in mehreren Abschnitten von Poppers 'Logik der Forschung' sehr deutlich erklärt, hat aber trotzdem zu vielen Mißverständnissen geführt.[154]

Meine Ausdrucksweise ist anders und der Umgangssprache näher. Ich nenne eine Theorie 'widerlegbar', wenn sie die *erste* Poppersche Bedingung erfüllt. Und ich nenne eine Theorie *annehmbar$_1$, wenn sie zusätzliche Widerlegbarkeit gegenüber ihrer Hintergrundtheorie aufweist.* Dieses Kriterium betont den Popperschen Gedanken, daß der Fortschritt das entscheidende Kennzeichen der Wissenschaft ist. *Die entscheidenden Eigenschaften der voranschreitenden Wissenschaft sind Zusatzgehalt und nicht Gehalt, ferner, wie sich zeigen wird, zusätzliche Bewährung und nicht Bewährung.*

Man muß sorgfältig unterscheiden zwischen dem Begriff der Kühnheit, der auf Poppers Begriff der unabhängigen Prüfbarkeit von 1957 beruht, und Poppers Begriff der Prüfbarkeit oder Wissenschaftlichkeit von 1934. Nach seinem Kriterium von 1934 kann eine

---

[151] Popper [1972], dt. S. 215; vgl. auch Popper [1963a], S. 241.
[152] Näheres zu dieser Bedingung bei Lakatos [1968c].
[153] Vgl. Popper [1934], Abschn. 19 u. 20.
[154] Die klarste Diskussion von Poppers Abgrenzungskriterium findet sich bei Musgrave [1968], S. 78 ff.

Theorie, die nach Widerlegung ihrer Hintergrundtheorie durch eine 'gehaltvermindernde Strategie'[155]) entstanden ist, immer noch 'wissenschaftlich' sein, wenn man sich darauf einigt, dieses Verfahren nicht zu wiederholen. Doch eine solche Theorie ist nicht unabhängig prüfbar, nicht kühn; nach meinem Modell kann sie nicht in den Korpus der Wissenschaft aufgenommen (angenommen$_1$) werden.

Es sollte nicht unerwähnt bleiben, daß Poppers eigenwilliger Gebrauch von 'widerlegbar' zu einigen merkwürdigen Formulierungen führt. So gilt nach Popper: 'Sobald eine Theorie widerlegt ist, liegt ihr empirischer Charakter klar und untadelig zutage.'[156]) Doch wie steht es mit dem Marxismus? Popper sagt richtig, er sei *widerlegt*.[157]) Doch er sagt auch – in seiner Ausdrucksweise richtig –, er sei *unwiderlegbar*,[158]) er habe seinen empirischen Charakter verloren, weil seine Verfechter nach jeder Widerlegung eine neue Version mit *vermindertem empirischen Gehalt* vorlegten. In Poppers Sprachgebrauch können also unwiderlegbare Theorien widerlegt werden. Aber gehaltvermindernde Strategien machen natürlich im gewöhnlichen Sinne des Wortes nicht eine Theorie 'unwiderlegbar', sondern eine *Abfolge von Theorien* (ein 'Forschungsprogramm'). Diese besteht dann natürlich aus nicht-kühnen Theorien und bildet eine degenerierende Problemverschiebung; doch sie enthält immer noch *Vermutungen und Widerlegungen* – im 'logischen' Sinne von 'Widerlegung'.

Schließlich möchte ich noch erwähnen, daß ich auch versucht habe, den möglicherweise irreführenden Ausdruck 'Grad' der Falsifizierbarkeit oder zusätzlichen Falsifizierbarkeit zu vermeiden. Im allgemeinen sind, wie Popper häufig betont, die (absoluten) empirischen Gehalte zweier Theorien nicht vergleichbar. Im Falle konkurrierender Theorien kann man sagen, die eine habe Zusatzgehalt gegenüber der anderen, doch auch hier ist der Überschuß in keinem Sinne meßbar. Ist man mit Popper der Auffassung, daß alle Theorien die gleiche logische Wahrscheinlichkeit haben, nämlich null, dann kann die logische Wahrscheinlichkeit nicht den Unterschied zwischen den empirischen Gehalten von Theorien wiedergeben. Außerdem kann natürlich eine Theorie T_2 gegenüber T_1 zusätzlichen Gehalt haben, während ihr (absoluter) Gehalt viel kleiner als der von T_1 ist; auch kann T_2 kühn gegenüber T_1 und gleichzeitig T_1 kühn gegenüber T_2 sein. Kühnheit ist also eine zweistellige, transitive, aber nicht antisymmetrische Beziehung (eine 'Vorordnung') zwischen Theorien. Doch man könnte die Aussage 'T_2 hat höheren empirischen Gehalt als T_1' auf den Fall beschränken, daß T_2 zusätzlichen empirischen Gehalt gegenüber T_1 hat, aber nicht umgekehrt. Dann ist *'besitzt höheren empirischen Gehalt als'* eine partielle Ordnung, nicht aber *'kühn'*.

b) 'Annehmbarkeit$_2$'

Kühne Theorien werden *streng geprüft*. Die 'Strenge' einer Prüfung bemißt sich nach der Differenz zwischen der Wahrscheinlichkeit eines positiven Ausgangs der Prüfung im Lichte der Theorie und im Lichte einer konkurrierenden 'Prüfsteintheorie' (die bereits im aktuellen Korpus der Wissenschaft formuliert ist oder auch erst nach der Aufstellung der neuen Theorie ausformuliert wurde). Es gibt nur zwei Arten von 'strengen' Prüfungen: (1) solche,

---

[155]) Diesen Ausdruck ziehe ich Poppers Ausdruck 'konventionalistische Strategie' vor.
[156]) Popper [1963a], S. 240.
[157]) Ebenda, S. 37 und 333.
[158]) Ebenda, S. 34f. und 333.

8 Wandlungen des Problems der induktiven Logik

die die geprüfte Theorie dadurch widerlegen, daß sie einer sie falsifizierenden Hypothese 'Bewährung' verleihen,[159]) und (2) solche, die der Theorie Bewährung verleihen und die falsifizierende Hypothese widerlegen. Wären die Hunderte von Millionen Raben auf der Erde alle beobachtet worden und alle schwarz gewesen, so wäre das noch keine einzige strenge Prüfung der Theorie A: 'Alle Raben sind schwarz'; der 'Bewährungsgrad' von A wäre immer noch gleich null. Um A streng zu prüfen, muß man eine 'kühne' (und noch besser eine schon bewährte) Prüfsteintheorie heranziehen, etwa A': 'Eine bestimmte Substanz a, wenn Vögeln in die Leber injiziert, macht immer ihre Federn weiß, ohne irgendeine andere erbliche Eigenschaft zu verändern.' Wenn nun a Raben eingespritzt wird und sie weiß macht, so ist A widerlegt (und A' hat Bewährung erfahren); werden sie nicht weiß, so hat A Bewährung erfahren (und A' ist widerlegt).[160]) In Poppers unbarmherziger Gesellschaft von Theorien, deren Gesetz das (nur kurzfristige) Überleben der Tüchtigsten ist, kann ja eine Theorie nur durch Mord zum Helden werden. Eine Theorie wird prüfungswürdig, indem sie für eine vorhandene Theorie eine Gefahr bildet; sie wird zur 'gut geprüften' Theorie, wenn sie ihre Drohung wahr gemacht und eine neue Tatsache zutage gefördert hat, die den Rivalen erledigt.

Dieser Poppersche Dschungel steht in krassem Gegensatz zu Carnaps zivilisierter Gesellschaft von Theorien, einem friedlichen Wohlfahrtsstaat für fehlbare, aber in Ehren alternde Theorien, die (gemäß ihrer Einzelfallbestätigung) in verschiedenem, aber immer positivem Grade verläßlich sind und in dieser Beziehung täglich mit pedantischer Genauigkeit in der Amtsstube des induktiven Richters registriert werden. Morde sind unbekannt – Theorien können unterminiert, aber nie widerlegt werden.[161])

Kühne Theorien erfahren nach ihrer strengen Prüfung eine zweite, eine 'Nachher-Beurteilung'. Eine Theorie ist *'bewährt'*, wenn sie *irgendeine* falsifizierende Hypothese geschlagen hat, wenn also *irgendeine* Folgerung aus der Theorie eine strenge Prüfung bestanden hat. Sie gilt dann im Korpus der Wissenschaft als 'angenommen$_2$'. Eine Theorie ist *'strikt bewährt zur Zeit t'*, wenn sie streng geprüft wurde und dabei bis zur Zeit t nie widerlegt wurde.[162])

Eine strenge Prüfung einer Theorie T relativ zu einer Prüfsteintheorie T' prüft definitionsgemäß den *zusätzlichen* Gehalt von T gegenüber T'. Dann aber ist *eine Theorie T bewährt relativ zu T'*, wenn ihr Zusatzgehalt gegenüber T' bewährt ist, oder wenn sie 'zusätzliche Bewährung' gegenüber ihrer Prüfsteintheorie aufweist. Wir können auch sagen, *eine Theorie sei bewährt oder akzeptiert$_2$*, wenn sich gezeigt hat, daß aus ihr neue Tatsachen folgen.[163]) So, wie 'Annehmbarkeit$_1$' mit Zusatzgehalt zusammenhängt, so hängt 'Annehmbarkeit$_2$' mit Zusatzbewährung zusammen. Das entspricht natürlich dem (Popperschen) Gedanken, daß die Wis-

---

[159]) Die Definition von 'Bewährung' folgt ein paar Absätze weiter unten.
[160]) Damit ist klar, daß 'Strenge' nichts Psychologistisches an sich hat.
[161]) Ein weiteres kennzeichnendes Beispiel für den 'dramatischen' Charakter der Popperschen Theorie ist dies: Popper würde zwar die erste Beobachtung der relativistischen Lichtablenkung im Jahre 1919 als eine strenge Prüfung der Einsteinschen Theorie ansehen, nicht aber Wiederholungen 'derselben' Prüfung (denn das erste Ergebnis ist jetzt ins Hintergrundwissen eingegangen); diese erhöhen die Bewährung aufgrund der ersten Prüfung nicht mehr (vgl. Popper [1934], Abschn. 83). Popper verwirft das langsame induktive 'Lernen$_{ind}$', das sich auf lange Datenketten stützt; vielmehr vollzieht sich das dramatische 'Lernen$_{popp}$' blitzartig.
[162]) Die beiden Begriffe sind etwas verschieden. Poppers 'gut geprüft' entspricht eher meinem 'strikt bewährt'. Vgl. unten, Anm. 171.

senschaft durch ihre voranschreitende problematische Frontlinie der Erkenntnis ihre Wissenschaftlichkeit gewinnt und nicht durch ihren verhältnismäßig gefestigten Kern; für den Justifikationismus ist es genau umgekehrt.

Genau wie T_2 Zusatzgehalt gegenüber T_1 und gleichzeitig T_1 gegenüber T_2 haben kann, so kann T_2 Zusatzbewährung gegenüber T_1 und gleichzeitig T_1 gegenüber T_2 aufweisen. Zusatzbewährung ist wie Kühnheit eine transitive, aber nicht antisymmetrische Beziehung. Doch genau wie wir aufgrund der Vorordnung eine *Halb*ordnung 'hat höheren Gehalt als' definierten, so können wir aufgrund der Vorordnung 'hat zusätzliche Bewährung gegenüber' folgende *Halb*ordnung definieren: 'T_2 *hat einen höheren Bewährungsgrad als T_1*', wenn T_2 zusätzliche Bewährung gegenüber T_1 aufweist, aber nicht umgekehrt.[164]

Poppers Begriff der Strenge einer Prüfung von 1934 hatte zu tun mit dem Begriff des ernsthaften Versuchs, T zu stürzen. 1959 sagte er noch: 'Die Forderung nach Ernsthaftigkeit ... ist nicht formalisierbar.'[165] Doch 1963 sagte er: 'Die Strenge unserer Prüfungen ist objektiv vergleichbar; und wenn man will, kann man ein Maß für die Strenge definieren.'[166] Er definierte die Strenge als die Differenz zwischen der Wahrscheinlichkeit des vorausgesagten Effekts im Lichte der zu prüfenden Theorie in Verbindung mit dem Hintergrundwissen und der Wahrscheinlichkeit im Lichte des Hintergrundwissens allein, wobei das Poppersche 'Hintergrundwissen' im Unterschied zu dem meinigen das bei der Prüfung zugrundegelegte *unproblematische* Wissen ist.[167] Man könnte also meinen Grad der Strenge eines Prüfdatums e für eine Theorie T relativ zu einer Prüfsteintheorie T' als $p(e,T) - p(e,T')$ schreiben, Poppers Grad der Strenge von e für T relativ zum unproblematischen Hintergrundwissen b als $p(e,T\&b) - p(e,b)$. In meiner Auffassung sind die Anfangsbedingungen *Bestandteil* einer Theorie; Poppers b gehört bei mir sowohl zu T als auch zu T'. Der Unterschied ist nur ganz geringfügig; meine Definition scheint mir den Popperschen Gedanken noch stärker zu betonen, daß methodologische Begriffe mit der konkurrierenden Entwicklung zu tun haben sollten. Für Popper kann etwa eine neue Prüfung *der Einsteinschen Theorie* auch dann 'streng' sein, wenn ihr Ergebnis auch die Newtonsche Theorie bewährt. In meinem System wäre das eine 'strenge' Prüfung *der Newtonschen* und nicht der Einsteinschen Theorie. Doch in beiden Fällen hängt der Grad der Strenge einer Prüfung vom bestehenden Korpus der Wissenschaft ab, von irgendeiner Vorstellung vom vorhandenen Hintergrundwissen.

Der Wissenschaftler '*akzeptiert*$_2$' eine Theorie zu den *gleichen* Zwecken, wie er die kühne Theorie vor den Prüfungen *akzeptierte*$_1$. Doch das *Akzeptieren*$_2$ verleiht der Theorie ein weiteres Qualitätsmerkmal. Eine *akzeptierte*$_2$ Theorie gilt nun als eine hochkarätige Herausforderung an den kritischen Erfindungsgeist der besten Wissenschaftler; Poppers Ausgangspunkt und sein Musterbeispiel für eine wissenschaftliche Leistung war der Sturz der Newtonschen durch die moderne Physik. (Ja, es entspräche sehr dem Geist der Popperschen

---

[163] Oder genauer: neue empirische Hypothesen, die strengen Prüfungen standhalten.
[164] Nach diesen Definitionen kann T_2 'einen höheren Bewährungsgrad haben als' T_1 *und* T_1 'kühn' bezüglich T_2 sein – obwohl T_1 jedenfalls keinen 'höheren Gehalt als' T_2 haben kann. Ich breite das so pedantisch aus, weil es jedenfalls zeigt, wie absurd es ist, von einer eindimensionalen Globalbeurteilung von Theorien zu träumen.
[165] Popper [1959], S. 418, dt. S. 372.
[166] Popper [1963a], S. 388.
[167] Vgl. oben, Anm. 149.

Philosophie, wenn man das Akzeptieren zeitlich begrenzen würde: ist eine Theorie akzeptiert$_1$, wird aber nicht innerhalb von n Jahren akzeptiert$_2$, so wird sie ausgemustert; ist eine Theorie akzeptiert$_2$, hat aber m Jahre lang kein tödliches Duell ausgefochten, so wird sie ebenfalls ausgemustert.)

Es folgt auch aus den Definitionen des Akzeptierens$_1$ und Akzeptierens$_2$, daß eine Theorie akzeptiert$_1$ sein kann, während sie bereits als falsch bekannt ist. Ferner kann eine Theorie akzeptiert$_2$ sein, aber bei *einigen* strengen Prüfungen versagt haben. Das heißt, man sollte kühne Theorien in den Korpus der Wissenschaft aufnehmen, gleichgültig, ob sie widerlegt worden sind oder nicht. Man sollte sie mindestens *so lange* akzeptieren, um sie weiter zu kritisieren, zu prüfen, zu erklären usw., *wie* es keine neue kühne Theorie gibt, von der sie überrundet ist. Nach dieser Methodologie kann der 'Korpus der Wissenschaft' widerspruchsvoll sein, denn es können Theorien zusammen mit sie falsifizierenden Hypothesen 'akzeptiert$_1$' sein. Die Widerspruchsfreiheit (und, im Hinblick auf das 'Akzeptieren$_0$', die Widerlegbarkeit[168]) sollte also als regulatives Prinzip genommen werden und nicht als Vorbedingung für das Akzeptieren. (Eine wichtige Folgerung daraus ist: da der Korpus der Wissenschaft widersprüchlich sein kann, kann er nicht vernünftigerweise für wahr gehalten werden. Das ist ein weiteres Argument für Poppers These, daß die 'Philosophie des Glaubens' nichts mit der Wissenschaftstheorie zu tun hat.)

Die entsprechende Regel – 'auch eine widerlegte Theorie soll weiter geprüft und erklärt werden, bis sie von einer besseren überrundet worden ist' – legt ein Gegenstück zu unseren Kriterien für Annehmbarkeit nahe: Eine Theorie T_1 ist *'überrundet' und aus dem Korpus der Wissenschaft ausgeschieden ('abgelehnt$_1$'),* wenn eine neue Theorie T_2 vorliegt, die bewährten Zusatzgehalt gegenüber T_1 hat, ohne daß T_1 solchen gegenüber T_2 hat.[169]

Eine kühne Theorie fordert immer irgendeine Theorie im augenblicklichen Korpus der Wissenschaft heraus; doch die *Spitzenleistung* auf diesem Gebiet liegt vor, wenn die neue Theorie nicht nur die Falschheit der alten behauptet, sondern auch, daß sie deren gesamten Wahrheitsgehalt erklären könne. Somit ist *Widerlegung allein kein ausreichender Grund zur Ausscheidung der betreffenden Theorie.*

Wegen tiefsitzender justifikationistischer Vorurteile gegen widerlegte Theorien bagatellisieren die Wissenschaftler oft die widerlegenden Fälle und nehmen eine falsifizierende Hypothese erst dann ernst, wenn sie in eine konkurrierende Theorie höherer Ordnung eingebaut wird, die auch den Teilerfolg der widerlegten Theorie erklärt. Bis dahin pflegt man falsifizierende Hypothesen nicht in den *öffentlichen* Korpus der Wissenschaft hineinzulassen. Doch es kommt auch vor, daß eine Theorie öffentlich widerlegt, aber noch nicht ausgeschieden ist: man weiß, daß sie falsch ist, doch man erklärt und prüft sie weiter. In solchen Fällen

---

[168] Theorien wie die Erhaltungssätze, die nicht 'kühn' in unserem speziellen Sinne und womöglich nicht einmal prüfbar sind, können aber als regulative Prinzipien oder wissenschaftliche Forschungsprogramme in den Korpus der Wissenschaft aufgenommen *('akzeptiert$_0$')* werden. Eine eingehende Behandlung und Literaturangaben zu dieser 'Annahme$_0$' finden sich in Bd. 1, Kap. 1. (Drei ähnliche Begriffe des Akzeptierens werden behandelt bei Giedymin [1968], S. 70 ff.)

[169] Die 'Ausscheidungsregeln' können verschiedenartig sein; ihre genaue Form ist nicht sehr wichtig. Doch *es ist von entscheidender Bedeutung, daß es überhaupt Verfahren zur Ausscheidung von Theorien aus dem Korpus der Wissenschaft gibt,* damit man nicht zu lange auf einem Weg bleibt, der vielleicht nirgends hinführt.

wird die Theorie offiziell als in ihrer gegenwärtigen Form nur auf 'Idealfälle', 'Normalfälle' o. ä. zutreffend geführt, und die falsifizierenden Hypothesen – sofern sie erwähnt werden – als 'Anomalien'.[170]

Doch solche 'Ideal-' oder 'Normalfälle' gibt es natürlich oft gar nicht. So wußte man etwa schon immer, daß 'ideale' Wasserstoff-'Modelle' wie die der ersten Bohrschen Theorie in der Wirklichkeit nicht zutreffen – ganz zu schweigen von den 'Modellen' in wirtschaftswissenschaftlichen Theorien. Doch das zeigt, daß Theorien strenge Prüfungen ihres neuen Gehalts nur selten mit wehender Flagge überstehen; auch manche der besten Theorien bringen es vielleicht nie dazu, 'strikt bewährt' zu sein.[171] Doch auch wenn solche Theorien, streng genommen, bei allen Prüfungen versagen, so kann doch ein Teil ihres zusätzlichen empirischen Gehalts – einige schwächere, aber doch interessante Konsequenzen – Bewährung erfahren; sie können damit immer noch neue Tatsachen implizieren und somit akzeptiert$_2$ werden. Beispielsweise wurden Bohrs erste Theorien des Wasserstoffatoms sofort dadurch falsifiziert, daß die Spektrallinien mehrfach waren;[172] doch die anschließende Entdeckung der Lyman-, Brackett- und Pfund-Serie schuf – sogar strikte – Bewährung für die schwächere, aber doch neue, vorher ungeahnte Konsequenz der Bohrschen Theorie, daß es Spektrallinien in unmittelbarer Nähe der vorausgesagten Wellenlängen gebe. Theorien, die bei allen ihren Prüfungen quantitativ versagen, bestehen doch häufig einige davon 'qualitativ'; und wenn sie auf neue Tatsachen führen, dann können sie nach unserer Definition immer noch 'akzeptiert$_2$' werden.

(Nach Poppers Definition der Bewährung ist eine Theorie *entweder* bewährt *oder* widerlegt. Doch auch einige der besten Theorien brachten es nicht zu einer Bewährung nach Poppers strengen Maßstäben – in der hier eingeführten Ausdrucksweise: zur 'strikten' Bewährung –; die meisten Theorien werden vielmehr schon widerlegt geboren.)

Diese Überlegungen führen uns zu einer Abänderung unseres Kriteriums für die *Ausscheidung* einer Theorie aus dem Korpus der Wissenschaft.[173] Die Widerlegung ist eindeutig nicht *hinreichend* für die Ausscheidung einer Theorie – doch es ist auch nicht *notwen-*

---

[170] Eine eingehende heuristische Analyse solcher Situationen findet sich bei Lakatos [1976c] sowie in Bd. 1, Kap. 1. Eines der Leitmotive meiner erstgenannten Arbeit ist, daß eine widerlegte Hypothese nicht aus dem Korpus der Wissenschaft ausgeschieden zu werden braucht; man kann beispielsweise *eine als falsch bekannte Hypothese tapfer – und mit Vorteil – weiter 'erklären'*. Meine ursprüngliche Falluntersuchung stammte aus dem Gebiet der informalen Mathematik, doch damit wollte ich lediglich zeigen, daß solche Verhältnisse nicht nur für die Entwicklung der empirischen Wissenschaft, sondern auch der Mathematik kennzeichnend sind.

Man könnte unter 'T_1 mit Hilfe von T_2 erklären' dies verstehen: 'mit Hilfe von T_2 das erklären, was im Lichte von T_2 wie der Wahrheitsgehalt von T_1 aussieht'. Die Semantik der Umgangssprache taugt nicht zur Behandlung dieser Fragen, weil sie auf falschen Theorien von der Wissenschaftsentwicklung beruht, nach denen man nur angebliche wahre Tatsachenaussagen erklärt. Dieses Problem wird auch bei Agassi [1966] behandelt.

[171] Eine Theorie ist 'strikt bewährt', wenn sie bewährt und nicht widerlegt ist (vgl. oben, Text zu Anm. 162).

[172] Die 'Feinstruktur' des Wasserstoffspektrums – die eine Widerlegung sowohl der Balmer-Serie als auch der ersten Bohrschen Modelle bedeutet – wurde von Michelson 1891 entdeckt, zwanzig Jahre vor der Veröffentlichung der Bohrschen Theorie.

[173] Vgl. oben, Text zu Anm. 169.

dig, daß sie von einer leistungsfähigeren Theorie 'überrundet' ist. Hat nämlich eine Theorie, so kühn sie auch sei, keine Zusatzbewährung, das heißt, folgen aus ihr keine neuen *Tatsachen*,[174]) so kann man sie aus dem Korpus der Wissenschaft ausscheiden, ohne daß sie von einem Herausforderer überrundet worden ist. Natürlich kann es aber sehr viel schwieriger auszumachen sein, daß eine Theorie in diesem Sinne 'vollständig widerlegt' ist (in dem Sinne, daß *alle* ihre neuen Konsequenzen widerlegt sind), als daß sie bewährt ist, das heißt, daß wenigstens *eine* ihrer neuen Konsequenzen Bewährung erfahren hat. Zur Annahme$_2$ kann man leichter kommen als zu dieser (vollständigen) Ablehnung$_2$.

Die Annahme$_2$ führt eine methodologisch wichtige Unterscheidung zwischen kühnen Theorien ein: während eine erstklassige (akzeptierte$_2$) Theorie aus dem Korpus der Wissenschaft nur dann ausgeschieden wird, wenn sie von einer kühnen neuen Theorie überrundet worden ist, geschieht das bei einer zweitklassigen Theorie (ohne Zusatzbewährung) schon bei bloßer Widerlegung, denn sie enthält ja nichts, was nicht schon vorher erklärt gewesen wäre; der (mutmaßliche) Wahrheitsgehalt des Korpus der Wissenschaft wird durch solche 'Ablehnungen$_2$' ebensowenig verringert wie durch 'Ablehnungen$_1$'. Eine Theorie ohne Zusatzbewährung hat auch keine zusätzliche Erklärungskraft.[175])

All das ist eine gute Veranschaulichung der Popperschen Problemverschiebung: *der entscheidende Unterschied zwischen der Bewährung und der Widerlegung einer Theorie ist in erster Linie eine Sache der Entdeckungs- und nicht der Begründungslogik. Man kann also Theorien akzeptieren$_1$ und akzeptieren$_2$, auch wenn sie bekanntermaßen falsch sind, und man kann Theorien ablehnen (ablehnen$_1$), auch wenn keine Daten gegen sie sprechen.*[176]) Diese Vorstellung vom Annehmen und Ablehnen ist der klassischen Sichtweise völlig fremd. Wir akzeptieren Theorien, wenn sie auf eine *Zunahme* des Wahrheitsgehalts hindeuten ('voranschreitende Problemverschiebung'); anderenfalls ('degenerierende Problemverschiebung') lehnen wir sie ab. Das liefert uns Regeln für Annahme und Ablehnung auch dann, wenn man davon ausgeht, daß alle Theorien, die wir je aufstellen werden, falsch sind.

---

[174]) Es ist wieder zu betonen, daß man niemals *weiß*, daß aus einer Theorie neue Tatsachen folgen; man kann höchstens wissen, daß aus ihr neue bewährte Hypothesen folgen. Bewährte Hypothesen sind die fehlbaren (erkenntnistheoretisch-methodologischen) Gegenstücke zu den ontologischen Tatsachen; bewährte Hypothesen brauchen nicht 'wahrhaft bewährt' zu sein.

[175]) Übrigens ist es interessant, daß für universelle Aussagen Poppers Formel für die Erklärungskraft und die für den Bewährungsgrad identisch werden: letztere geht aus ersterer durch Multiplikation mit $(1+p(h)p(h,e))$ hervor, und für universelle Aussagen gilt nach Popper $p(h)=0$. Wird also unter e die Gesamtheit der *Prüf*daten verstanden, so werden Erklärungskraft und Bewährungsgrad identisch. (Vgl. Popper [1959], S. 401, dt. S. 353.)

[176]) Vielleicht sollten wir an diesem Punkt sagen, daß der 'Korpus der Wissenschaft' als ein System deduktiv perfekt aufgebauter Theorien mit glasklaren Regeln für die Annahme$_1$, Annahme$_2$, Ablehnung$_1$ und Ablehnung$_2$ eine *Abstraktion* ist. Ich gehe weder davon aus, daß ein solcher 'Korpus der Wissenschaft' jemals existiert hat, noch halte ich ihn auch nur als Abstraktion für *alle* Zwecke für nützlich. Für viele Zwecke faßt man die Wissenschaft besser – wie Popper nachdrücklich in seiner späteren Philosophie – als einen *Korpus von Problemen* und nicht von Theorien auf.

Einer der wichtigsten Züge der beiden methodologischen Beurteilungen von Theorien ist ihr 'historischer Charakter'.[177] Sie hängen vom Stand des Hintergrundwissens ab; die Vorweg-Beurteilung von dem Hintergrundwissen zur Zeit des Auftretens der Theorie und die Nachher-Beurteilung auch vom Hintergrundwissen zur Zeit der jeweiligen Prüfung.

Der 'historische Charakter' dieser Beurteilungen hat interessante Konsequenzen. So hätte eine Theorie, die drei bisher scheinbar unverbundene gut bewährte Theorien niedrigerer Ebene erklärt, aber sonst nichts, keinen zusätzlichen empirischen Gehalt gegenüber der Konjunktion ihrer Vorgänger, und daher könnte ihre Vorweg- wie auch ihre Nachher-Beurteilung ungünstig sein. Wäre aber die Theorie auf die beiden ersten Theorien niedrigerer Ebene gefolgt, aber der dritten vorausgegangen, so hätte sie 'zusätzliche Falsifizierbarkeit' aufgewiesen wie auch zusätzliche Bewährung; sie hätte also bei beiden Beurteilungen gut abgeschnitten. Die Theorie von Bohr, Kramers und Slater hatte eine gute Vorwegbeurteilung, doch sie versagte bei ihrer ersten Prüfung und erlangte nie Bewährung. Wäre sie aber früher vorgeschlagen worden, so hätte sie vielleicht ein paar erste Prüfungen bestanden und damit auch gute Nachher-Beurteilungen erlangt, ehe sie unterging.[178] Nach Agassi zeigen solche Beispiele, daß das Nachher-Urteil – wenigstens in einigen Fällen – einen 'Vorweg'-Vorzug der Theorie honorieren kann, nämlich daß sie kühn und *rasch* aufgestellt wurde, noch ehe ihr gesamter wahrer 'empirischer' Gehalt auch ohne den Anstoß durch sie entdeckt war.[179] Man hätte vielleicht denken mögen, eine positive Vorwegbeurteilung stelle mittelbar dem Erfinder der Theorie ein gutes Zeugnis aus, während eine positive Nachher-Beurteilung lediglich zeigen könne, daß er Glück gehabt habe; man könne auf kühne Theorien, aber nicht auf gut bewährte *hinarbeiten*. Es liege bei uns, kühne Theorien aufzustellen; doch es liege bei der Natur, ob sie Bewährung erfahren oder widerlegt werden. Doch die Analyse Agassis zeigt, daß das nicht *ganz* richtig ist: je kühner die Theorie, desto mehr Aussicht hat sie auf Zusatzbewährung. *Das Vorweg- und das Nachher-Urteil bewerten also gemeinsam den durch die Theorien bewirkten Fortschritt unserer Erkenntnis und nicht die Theorien als solche.*

Popper hat die Forderung der 'Annehmbarkeit$_2$' nie tatsächlich eingeführt; trotzdem ist sie nur eine verbesserte Form seiner neuen *'dritten Forderung'*, daß eine befriedi-

---

[177] Nachdem ich die Vorweg- und Nachher-Beurteilung als bloße Nebeneffekte der Methodologie gekennzeichnet habe, sollte das nicht überraschen. Die Methodologie hängt ganz eng mit der Geschichte zusammen, sie ist nichts als eine rationale Rekonstruktion der Geschichte, des Erkenntnisfortschritts. Wegen der Unvollkommenheit der Wissenschaftler ist die wirkliche Geschichte zum Teil eine Karikatur ihrer rationalen Rekonstruktion; wegen der Unvollkommenheit der Methodologen sind manche Methodologien Karikaturen der wirklichen Geschichte. (Und, so könnte man hinzufügen, wegen der Unvollkommenheit der Historiker ist manche Wissenschaftsgeschichte eine Karikatur der wirklichen Geschichte wie auch ihrer rationalen Rekonstruktion.)

[178] Ähnlich ist die Theorie T_0, daß in der Dämmerung fliegende Untertassen über Hampstead Heath fliegen, wie ich meine, 'vollständig widerlegt', wenn sie 1967 vorgebracht wird. Doch angenommen, wir hätten noch nie einen Flugkörper gesehen – keinen lebenden und keinen unbelebten; und nach unseren Theorien sei es *unmöglich*, daß etwas fliegen kann. Wird nun T_0 unter diesen historischen Verhältnissen vorgebracht und sorgfältig geprüft, so könnte die Beobachtung fliegender Eulen Bewährung bringen. Die Theorie hätte dann zur Entdeckung einer revolutionären neuen Tatsache geführt: daß es (genau angebbare) fliegende Gegenstände gibt. Die fliegenden Untertassen wären dann auf ähnliche Weise in die Wissenschaftsgeschichte eingegangen wie die Newtonschen Fernwirkungskräfte.

[179] Vgl. die hochinteressante Arbeit von Agassi [1961], S. 87f.

gende Theorie einige unabhängige Prüfungen bestehen *und* nicht gleich bei der *ersten* versagen sollte.[180]) Es war aber nicht das Richtige, daß er besonderen Wert auf die *erste* Prüfung legte.

Auch Poppers Begründungen können meiner Ansicht nach verbessert werden. Dazu möchte ich zunächst *zwei Modelle des Wissenschaftsfortschritts* gegenüberstellen.

Im *'Popperschen Modell'* wird die Entwicklung der Wissenschaft durch die oben skizzierten Annahme- und Anlehnungsregeln gesteuert. Das *'Agassische Modell'* unterscheidet sich davon nur in einer einzigen Hinsicht: völliges Fehlen von Zusatzbewährung ist kein Grund für Ablehnung$_2$, und wenn eine Theorie den gesamten Wahrheitsgehalt ihres Vorgängers erklärt, so kann sie diesen auch ohne Zusatzbewährung 'überrunden'.

Betrachten wir nun folgende Abfolge von Theorien und Widerlegungen:

(1) Eine Haupttheorie T_0, die akzeptiert$_2$ ist, wird durch eine kleinere falsifizierende Hypothese f_1 widerlegt, die ebenfalls akzeptiert$_2$ ist.[181]) Der (einschlägige Teil des) Korpus der Wissenschaft besteht in beiden Modellen aus T_0 und f_1.

(2) Nun wird T_1 aufgestellt; T_1 ist kühn, es erklärt den gesamten Wahrheitsgehalt von T_0 wie auch von f_1; sein Zusatzgehalt sei e_1. Doch e_1 wird 'vollständig widerlegt', T_1 wird abgelehnt$_2$. Die widerlegende Hypothese, f_2, wird angenommen$_2$.

Im Popperschen Modell besteht der Korpus der Wissenschaft nun aus T_0, f_1 und f_2, im Agassischen Modell aus T_1 und f_2.

(3) Nun wird T_2 aufgestellt; T_2 ist kühn, es erklärt den gesamten Wahrheitsgehalt von T_1 wie auch von f_2; sein Zusatzgehalt sei e_2. Doch e_2 wird 'vollständig widerlegt', T_2 wird abgelehnt$_2$. Die widerlegende Hypothese, f_3, wird angenommen$_2$.

Im Popperschen Modell besteht der Korpus der Wissenschaft jetzt aus T_0, f_1, f_2, f_3, im Agassischen Modell aus T_2 und f_3. Und so weiter.

Darin spiegelt sich wider, daß Popper die Theorien T_1 und T_2 als ad hoc ablehnt,[182]) Agassi dagegen nicht. Für Popper ist ein solcher Fortschritt *Pseudo-Fortschritt*, der dem *Ideal des Fortschritts* nicht entspricht. Er würde anerkennen, daß T_1 und T_2 heuristisch anregend seien, da sie zu f_2 und f_3 'führten'; aber solche theoretische Entwicklungsstadien sind für ihn bloße Anreger, 'bloße Erkundungswerkzeuge'.[183]) Für Popper gibt es keinen 'Erkenntnisfortschritt' ohne wenigstens eine Aussicht auf eine Zunahme der Wahrheitsnähe;[184]) im Agassischen Modell scheint die Wahrheitsnähe von T_0 über T_1 bis T_2 gleichzubleiben oder sogar abzunehmen, so daß für Popper eine degenerierende Problemverschiebung vorliegt. Die Wahrheitsnähe der Gesamtheit der zunehmenden Zahl falsifizierender Hypothesen kann natürlich zunehmen; doch für Popper ist das ein 'induktives' Auseinanderfallen der Wissenschaft in eine Sammlung isolierter Erscheinungen.

---

[180]) Popper [1963a], S. 240–248.
[181]) 'Haupt-' bedeutet umfassend, gehaltreich; 'kleiner' bedeutet: auf niedriger, auf Tatsachenebene.
[182]) Popper verwendet den negativ wertenden Ausdruck 'ad hoc' auf zweierlei deutlich unterscheidbare Weise. Eine Theorie ohne Zusatzgehalt ist 'ad hoc' (oder besser 'ad hoc$_1$'): vgl. Popper [1934], Abschn. 19, sowie Popper [1963a], S. 241. Doch seit 1963 nennt er auch eine Theorie ohne Zusatzbewährung 'ad hoc' (oder besser 'ad hoc$_2$'): vgl. Popper [1963a], S. 244.
[183]) Vgl. Popper [1963a], S. 248, Anm. 31.
[184]) In Poppers Philosophie bedeutet 'Wahrheitsnähe' ('verisimilitude') die Differenz zwischen dem Wahrheitsgehalt und dem Falschheitsgehalt einer Theorie. Vgl. Popper [1963a], Kap. 10.

Doch stellen wir uns nun nach Agassi vor, nach T_0 und f_1 werde sofort T_2 aufgestellt. T_2 wird dann angenommen$_1$ und auch angenommen$_2$, denn f_2 gehört zu seinem Zusatzgehalt. Warum sollte nun die Abfolge T_0, T_1, T_2 eine degenerierende Problemverschiebung sein, wenn T_0, T_2 eine voranschreitende ist?

Das ist ein interessantes Argument. Doch es ist kein Argument *gegen* das Poppersche Modell, sondern ein letzter Pinselstrich zu seiner Klärung. Nach Popper ist das Wesentliche an der Wissenschaft der Fortschritt: *rascher möglicher Fortschritt* (Annehmbarkeit$_1$) und *rascher wirklicher Fortschritt* (Annehmbarkeit$_2$). Langsamer Fortschritt ist nicht gut genug, um Poppers Idealbild der Wissenschaft zu erfüllen. Eilt die Phantasie nicht rasch genug der Entdeckung von Tatsachen voraus, so degeneriert die Wissenschaft.[185] Das Poppersche Modell stellt diese Degeneration heraus, das Agassische verdeckt sie.

Ob es der Wissenschaft gelingt, diesen herrlichen Maßstäben gerecht zu werden, ist natürlich eine andere Frage. Ist es der Fall, dann ist sie nicht einfach durch Vermutungen und Widerlegungen vorangeschritten, sondern durch (kühne) *Vermutungen, Verifikationen und Widerlegungen*.[186]

c) 'Annehmbarkeit$_3$'

Poppers methodologische Urteile stehen in scharfem Gegensatz zur klassischen und neoklassischen Tradition. Da das 'gewöhnliche' Denken und die Umgangssprache von dieser Tradition durchtränkt ist, sind Poppers Ideen für den Laien (und auch für 'gewöhnliche' Philosophen und Wissenschaftler) schwer zu verdauen. Zweifellos werden es diese besonders ausgefallen finden, wie ich den Ausdruck 'Akzeptieren' verwende; für die meisten ist der dahinterstehende Gedanke höchst ungewöhnlich, man könne eine Aussage in den Korpus der Wissenschaft 'aufnehmen', ehe man das empirische Beweismaterial überhaupt betrachtet hat, und der Grad, in dem sie über die anerkannten Daten hinausgeht (oder gar ihnen widerspricht!), solle zu ihren Gunsten und nicht zu ihren Ungunsten zählen. Dieses Annehmen$_1$ läuft dem klassischen Dogma 'entdecken heißt beweisen' zuwider, ebenso dem neoklassischen Dogma, der Grad der wissenschaftlichen 'Akzeptiertheit' einer Hypothese werde um so größer, je mehr sich der Abstand zwischen Hypothese und Daten verringert. Und gar noch der Gedanke, falsche und sogar bekanntermaßen falsche Hypothesen könnten unter bestimmten merkwürdigen Bedingungen 'akzeptiert' werden, ist für den herkömmlichen Empiristen etwas völlig Abwegiges. Auch bringt er vielleicht nur wenig Verständnis dafür auf, daß für die Annahme$_2$ die Tatsachen, die die Theorie erklären sollte (die also vor Beginn der Prüfung be-

---

[185] Mary Hesse irrte also, als sie behauptete, Poppers 'dritte Adäquatheitsbedingung' stehe 'im Widerspruch zu den Hauptpunkten von Poppers anti-induktivistischer Position' (Hesse [1964], S. 118). Gleiches gelt in dieser Beziehung von Agassi, der, wie Popper mitteilt, Poppers dritte Adäquatheitsbedingung als 'einen Überrest verifikationistischer Denkweisen' betrachtete; es gilt aber auch von Popper selbst, der im Gegensatz zu seinem richtigen Instinkt 'zugab', daß 'hier ein Hauch Verifikationismus vorliegen mag' (Popper [1963a], S. 248, Anm. 31). In Wirklichkeit kann man in dieser Bedingung einen wesentlichen Punkt seiner anti-induktivistischen Position erblicken, denn ohne sie würde die Wissenschaft nach Poppers Maßstäben zu einer Faktensammlung herabsinken. Außerdem ist dies eines der typischsten Beispiele dafür, wie unabhängig Poppers Methodologie von 'induktivistischen' Gesichtspunkten ist.
[186] 'Verifikation' bedeutet hier 'Zusatzbewährung'.

kannt waren), irrelevant sind; und das gilt auch für alle weiteren Beobachtungen, die nicht strenge Prüfungen der Theorie gegen einen Konkurrenten sind. Das alles läuft dem klassischen und neoklassischen Dogma zuwider, nach dem jeder bestätigende Fall zählt, und sei es auch nur ganz geringfügig.[187])

Doch auch abgesehen von diesen Einzelheiten ist Poppers Spektrum von Beurteilungen für die 'Justifikationisten' verwirrend. Für sie – ob orthodox oder revisionistisch – gibt es nur ein einziges globales *'wissenschaftliches Akzeptieren'* einer Theorie in den Korpus der Wissenschaft, nämlich *in dem Maße, wie sie bewiesen ist*.[188])

Einen solchen Gedanken hat Popper stets abgelehnt. Trotzdem würden viele Philosophen, auch wenn sie zugeben, daß Popper eine Fülle wichtiger Bewertungen eingeführt habe, immer noch behaupten, es gebe ganz wichtige Probleme, zu deren Lösung auch er *irgendeinen* Begriff der *'Annehmbarkeit$_3$'* brauche ('induktive Annehmbarkeit', 'Vertrauenswürdigkeit', 'Verläßlichkeit', 'empirische Stützung', 'Glaubwürdigkeit' usw.). Diese 'Annehmbarkeit$_3$' – in welcher speziellen Form auch immer – sei für eine Beurteilung des *künftigen Abschneidens* der Theorie notwendig, und man geht davon aus, daß dieses nicht ohne *irgendein* Induktionsprinzip abschätzbar sei.

Die Annehmbarkeit$_3$ war ursprünglich der vorherrschende Aspekt der klassischen wie der neoklassischen Globalbeurteilung. Eine Theorie wurde in erster Linie dann 'angenommen', wenn man von ihr verläßliche Voraussagen erwarten zu können glaubte.

Der Grund für den paradoxen Anschein der Popperschen methodologischen Beurteilungen ist der, daß es vor ihm nur einen einzigen Begriff der Annehmbarkeit gegeben hatte, die Annehmbarkeit$_3$. Doch für Popper gab es im wesentlichen nur Annehmbarkeit$_1$ und/oder Annehmbarkeit$_2$.

Ein Beispiel für diese Verwirrung ist die verbreitete Argumentation, die zeigen soll, daß Poppers wissenschaftliche Methode auf induktiven Gesichtspunkten im Hinblick auf die Annehmbarkeit$_3$ beruhe. Sie verläuft folgendermaßen:

(1) Eine Theorie T_1 sei 1967 falsifiziert. Das würde niemand als Anzeichen guter Zukunftsaussichten für eine Theorie nehmen, als eine Art Kinderkrankheit, die auch die gesündesten Hypothesen regelmäßig befalle und sie dann aber für die Zukunft immun mache. Daher lehnen wir die 'induktionswidrige Strategie' ab, eine 1967 widerlegte Theorie T_1 durch eine Version T_2 zu ersetzen, die einfach ihren Geltungsbereich auf die Zeit nach 1967 einschränkt.

(2) Doch der *einzige* mögliche Grund zur Ablehnung einer solchen 'induktionswidrigen Strategie' ist das stillschweigende induktive Prinzip, daß Theorien, die bisher widerlegt wurden, auch in Zukunft widerlegt würden, daß also T_2 nicht vertrauenswürdig, nicht *annehmbar$_3$* ist.

---

[187]) Neuerdings stellte Hintikka unter dem Einfluß von Poppers Argumenten eine induktive Logik auf, die in dieser – und auch in mancher anderen – Beziehung vom neoklassischen Dogma abweicht. (Vgl. Hintikka [1968], S. 191 ff.)

[188]) Das ist die historische Erklärung für das, was Bar-Hillel sehr treffend das *'Akzeptier-Syndrom'* nennt; es entspringt aus der Annahme, ''akzeptieren' habe in allen Zusammenhängen ein und dieselbe Bedeutung'. Der Gedanke eines Grades der Bewiesenheit ist vielleicht von vielen Philosophen stillschweigend fallen gelassen worden, doch das Syndrom des Global-Akzeptierens – 'von wahrhaft erstaunlicher Primitivität' – geht immer noch um. (Vgl. Bar-Hillel [1968b], S. 150 ff.)

(3) Da auch Popper T_2 ablehnen würde, *muß* er dieses induktive Prinzip anwenden: er muß T_2 als *nicht annehmbar$_3$* betrachten. Dann aber beruht seine Methodologie, entgegen seinen Behauptungen, auf einem induktiven Prinzip, q. e. d.[189])

Doch (2) ist falsch und damit auch der Schlußteil von (3). Popper lehnt T_2 nicht wegen Nicht-Annehmbarkeit$_3$ ab, sondern weil T_2 keinen zusätzlichen empirischen Gehalt gegenüber T_1 hat, weil es also nicht annehmbar$_1$ ist. Zur Formulierung der Popperschen Methodologie braucht man keine Annehmbarkeit$_3$.

1. Die 'Gesamtbewährung' als ein Maß für die Annehmbarkeit$_3$ von Theorien. Es scheint mir auf der Hand zu liegen, daß die *Grundlage* für eine Definition (oder 'Explikation', wie Carnap sagen würde) des intuitiven Gedankens der Annehmbarkeit$_3$ die Poppersche 'Wahrheitsnähe' sein sollte: die Differenz zwischen dem Wahrheitsgehalt und dem Falschheitsgehalt einer Theorie.[190]) Denn sicher ist eine Theorie um so annehmbarer$_3$, je näher sie der Wahrheit kommt.

Die Wahrheitsnähe ist Poppers Rekonstruktion einer nicht-probabilistischen 'Wahrscheinlichkeit';[191]) doch während Carnap *seine* Wahrscheinlichkeit unfehlbar berechnen zu können behauptet, kann man die Poppersche 'Wahrscheinlichkeit' – die Wahrheitsnähe – nicht unfehlbar kennen, denn in Poppers Philosophie gibt es keine Möglichkeit, die Wahrheitswerte von Aussagen mit Gewißheit zu ermitteln.

Doch welche Theorien haben die größte Wahrheitsnähe? Mir scheint, man kann sie (vorläufig) folgendermaßen kennzeichnen: Man nimmt den augenblicklichen 'Korpus der Wissenschaft' und ersetzt jede widerlegte Theorie durch eine schwächere, nicht widerlegte Form. So erhöht man die mutmaßliche Wahrheitsnähe jeder Theorie und verwandelt den widerspruchsvollen Korpus der (angenommenen$_1$ und angenommenen$_2$) wissenschaftlichen Theorien in einen widerspruchsfreien Korpus angenommener$_3$ Theorien, den wir, da sich diese Theorien für technische Anwendungen empfehlen, den 'Korpus der technologischen Theorien' nennen wollen.[192]) Einige annehmbare$_3$ Theorien werden freilich nicht annehmbar$_1$ oder annehmbar$_2$ sein, da sie durch gehaltvermindernde Strategien entstanden sind; doch jetzt geht es uns nicht um wissenschaftlichen Fortschritt, sondern um Verläßlichkeit.

Dieses einfache Modell ist eine rationale Rekonstruktion der tatsächlichen Praxis bei der Auswahl der verläßlichsten Theorie. Die technologische Entscheidung folgt auf die wissenschaftliche: annehmbare$_3$ Theorien sind abgeänderte Formen von annehmbaren$_1$ und annehmbaren$_2$ Theorien; der Weg zu annehmbaren$_3$ Theorien führt über annehmbare$_1$ und annehmbare$_2$ Theorien. *Zur Beurteilung der Vertrauenswürdigkeit sind die methodologischen Urteile unentbehrlich.*

---

[189]) Vgl. Ayer [1956], S. 73f. Vgl. auch Wisdom [1952], S. 225.

[190]) Popper [1963a], Kap. 10, insbes. S. 233f.; vgl. auch Watkins [1968], S. 271ff. *Siehe aber Miller [1974] und Tichý [1974]. (D. Hrsgg.)

[191]) Popper [1963a], insbes. S. 236f. sowie 2. Aufl. 1965, S. 399–401.

[192]) Befinden sich im Korpus der Wissenschaft zwei konkurrierende, unverträgliche Theorien, von denen keine die andere überrundet hat, dann können ihre 'zurechtgestutzten', 'technologischen' Formen immer noch unverträglich sein. In einem solchen Falle kann man entweder vorsichtigerweise die größte widerspruchsfreie Teilmenge der Aussagen beider Theorien wählen, oder kühnerweise die Theorie mit dem größeren empirischen Gehalt.

Man kann die Annehmbarkeit$_3$ auch anhand des 'Bewährungsgrades' zu bestimmen versuchen. Strenge und Bewährung (oder vielmehr 'Zusatzbewährung'), wie wir sie definiert haben, sind zweistellige Beziehungen zwischen der geprüften Theorie T und einer Prüfsteintheorie T' (oder sogar dreistellige Beziehungen zwischen T, T' und Prüfdaten e). Deshalb erwies sich die Bewährung als etwas 'Historisches'. Doch man könnte meinen, die Wahrheitsnähe einer Theorie im Lichte von Daten müsse von ihrer Vorgeschichte unabhängig sein. Es ist ja ein tiefsitzendes Dogma der Begründungslogik, daß die empirische Stützung nur von der Theorie und den Daten abhänge und gewiß nicht von dem Fortschritt, den sie gegenüber einem früheren Kenntnisstand bilden.[193] So sagt Keynes: 'Die eigentümliche Tugend der Voraussage ... ist völlig imaginär ... Die Frage, ob eine bestimmte Hypothese zufällig vor oder nach [der] Untersuchung [ihrer Beispielsfälle] aufgestellt wurde, ist völlig bedeutungslos.'[194] Oder ein neuerer Kritiker Poppers: Für Untersuchungen über die empirische Stützung 'ist es völlig bedeutungslos, ob die Wissenschaftler ihre Beobachtungen tatsächlich immer oder gewöhnlich oder niemals vor oder nach der Aufstellung ihrer Theorien machen'.[195] Doch das Dogma von der Unabhängigkeit der empirischen Stützung von der Vorgeschichte ist falsch, denn das Problem des *Gewichts der Daten* läßt sich nicht ohne historisch-methodologische Kriterien für die 'Beschaffung' von Theorien und Daten lösen.[196] Sowohl der Wahrheits- als auch der Falschheitsgehalt einer Theorie enthält unendlich viele Aussagen. Wie kann man die Einseitigkeit der Auswahl möglichst gering halten? Die meisten von denen, die dieses Problem erkannten, empfahlen die tabula-rasa-Lösung: die Daten müssen ohne theoretische Voreingenommenheit gesammelt werden. Diese Lösung wurde endgültig durch Popper als unhaltbar erwiesen. *Seine* Lösung lautete, daß nur Daten zählen sollten, die sich aus strengen Prüfungen ergaben, sogenannte 'Prüfdaten'; das einzige zulässige positive Beweismaterial für eine Theorie sind die Leichen ihrer Rivalen. Empirische Stützung *ist* ein historisch-methodologischer Begriff.

Doch hier muß man vorsichtig sein. Die empirische Stützung einer Theorie hängt offenbar nicht nur von der *Zahl* ihrer erledigten Rivalen ab, sondern auch von deren *Stärke*. Die empirische Stützung ist also gewissermaßen ein erblicher Begriff: sie hängt von der Gesamtzahl der konkurrierenden Theorien ab, die die erledigten Konkurrenten ihrerseits erledigt hatten. Diese Gesamtmenge bestimmt die *'Gesamtbewährung'* einer Theorie.[197] Bei der Beurteilung der Verläßlichkeit einer Theorie sind *alle* Leichen am Rande des langen Weges von den naivsten Erwartungen bis zu der Theorie zu berücksichtigen.[198] Die Vermengung der Zusatzbewährung (der vorläufigen Schätzung des Fortschritts) und der Gesamtbewäh-

---

[193] Es gibt bemerkenswerte Ausnahmen, z. B. Whewell; s. Agassi [1961], S. 84 u. 87. Poppers Forderung der 'unabhängigen Prüfbarkeit' hat eine lange – und interessante – Vorgeschichte.
[194] Keynes [1921], S. 305.
[195] Vgl. Stove [1960], S. 179.
[196] Vgl. auch oben, Ende von 3(d).
[197] *Im verbleibenden Teil dieser Arbeit verstehe ich unter 'Bewährung' die 'Gesamtbewährung'; 'bestbewährt' bedeutet 'mit höchster Gesamtbewährung'.*
[198] Andererseits kann man auch eine 'höchst naive Erwartung' als Prüfsteintheorie aufstellen und die Strenge der Prüfungen gegenüber dieser rekonstruierten Theorie beurteilen. Ist die zu prüfende Theorie eine statistische, so kann man irgendeine Laplacesche Anfangsverteilung als Prüfsteintheorie nehmen. Doch das kann irreführende Ergebnisse zeitigen. (Vgl. unten, letzte Absätze der Arbeit.)

rung (der vorläufigen Schätzung der Verläßlichkeit) stört bei Poppers – und Agassis – Darstellung.[199])

Dieses Argument zeigt, daß Poppers 'bestbewährte' Theorien (im Sinne der 'Gesamtbewährung') fast genau unseren angenommenen$_3$ Theorien entsprechen.

Doch welches Kriterium für die Annehmbarkeit$_3$ man auch wählt, es hat *zwei schwerwiegende Mängel.* Der erste besteht darin, daß es nur *sehr beschränkte Anleitungen liefert.* Es liefert uns zwar einen Korpus 'verläßlichster' Theorien, doch innerhalb dieses Korpus kann man mit ihm nicht die Verläßlichkeit irgend zweier Theorien vergleichen. Man kann Poppers (Gesamt-)'Bewährungsgrad' nicht für zwei unwiderlegte Theorien vergleichen, die strenge Prüfungen bestanden haben. Man kann nur dies wissen, daß die Theorien im neuesten Korpus angenommener$_3$ Theorien höhere Bewährungsgrade haben als ihre 'Vorgänger' in irgendeinem früheren, ad acta gelegten Korpus angenommener$_3$ Theorien. Eine Theorie T_2, die T_1 überrundet, erbt von T_1 die Menge der von T_1 besiegten Theorien; damit ist die Bewährung von T_2 jedenfalls höher als die von T_1. Doch die Bewährung zweier Theorien T_1 und T_2 ist nur dann vergleichbar, wenn die Menge der besiegten Theorien in der Vergangenheit von T_1 eine Teilmenge derer in der Vergangenheit von T_2 ist, wenn also T_1 und T_2 verschiedene Stadien desselben Forschungsprogramms sind. Dadurch wird die praktische, technische Verwendbarkeit der Bewährung als Abschätzung der Verläßlichkeit konkurrierender technischer Entwürfe sehr stark verringert; denn jeder von diesen kann auf einer Theorie beruhen, die auf ihrem Gebiet die fortgeschrittenste ist und somit zum 'Korpus der technisch empfehlenswerten Theorien' gehört, der angenommenen$_3$ Theorien; und damit wären die Bewährungsgrade nicht vergleichbar. Es gibt keine *Metrik* für den 'Bewährungsgrad' und kann auch keine geben – der Ausdruck 'Bewährungsgrad' ist irreführend, sofern er auf die Existenz einer solchen Metrik zu verweisen scheint.[200])

Sind aber die Bewährungen zweier bestimmter Theorien unvergleichbar, so sind es auch ihre Verläßlichkeiten. Das leuchtet völlig ein. Man kann nur die Verläßlichkeit ausgeschiedener Theorien vom Standpunkt der heutigen Theorien aus beurteilen. So kann man eine differenzierte Abschätzung der Verläßlichkeit oder Wahrheitsnähe der Newtonschen Theorie vom Standpunkt der Einsteinschen Theorie aus geben: sie ist besonders wenig verläßlich für hohe Geschwindigkeiten, usw. Doch auch diese Abschätzung ist fehlbar, denn die Einsteinsche Theorie ist fehlbar. Doch man kann nicht einmal eine fehlbare absolute Einschätzung der Einsteinschen Theorie selbst geben, ehe sie ihrerseits von einer anderen Theorie überrundet worden ist. *Wir können also unsere besten vorliegenden Theorien nicht einmal vorläufig nach ihrer Verläßlichkeit einschätzen, denn sie sind unsere augenblicklichen letzten Maßstäbe.* Nur Gott könnte uns eine richtige, differenzierte Einschätzung der absoluten Verläßlichkeit *aller* Theorien geben, indem er sie mit *seinem* Weltplan vergliche. Die induktiven Logiker freilich liefern eine solche Einschätzung, doch sie hängt von überwissenschaftlicher apriorischer induktiver Erkenntnis ab.[201])

---

[199]) Das hängt übrigens damit zusammen, daß Popper nicht scharf genug zwischen den Vorzügen des Zusatzgehalts und des Gehalts unterscheidet; s. oben, Text zu Anm. 152 ff.
[200]) Wegen einer Kritik von Poppers Metrik für den Bewährungsgrad statistischer Theorien siehe unten, Text ab Anm. 258.
[201]) S. unten, Text zu Anm. 206.

Die *zweite ernste Schwäche* unseres Verläßlichkeitskriteriums ist seine Nicht-Verläßlichkeit. Auch wo Vergleiche möglich sind, kann man sich leicht Verhältnisse vorstellen, unter denen die Abschätzung der Wahrheitsnähe durch die Bewährung falsch wäre. Die aufeinanderfolgenden wissenschaftlichen Theorien können so beschaffen sein, daß jede Zunahme an Wahrheitsgehalt mit einer noch größeren Zunahme an verstecktem Falschheitsgehalt verbunden wäre, so daß die Entwicklung der Wissenschaft durch zunehmende Bewährung und abnehmende Wahrheitsnähe gekennzeichnet wäre. Stellen wir uns vor, wir stießen auf eine wahre (oder sehr wahrheitsnahe) Theorie T_1, brächten es aber trotzdem fertig, sie mittels einer bewährten falsifizierenden Hypothese f zu 'widerlegen',[202] ersetzen sie durch eine kühne neue Theorie T_2, die wiederum Bewährung erlangt, usw. usw. Hier würde man unwissentlich die Windungen einer verderblichen Problemverschiebung mitmachen, die immer weiter von der Wahrheit wegführt – und dabei meinen, man sei mit vollen Segeln auf Kurs auf sie zu. Jede Theorie in einer solchen Kette hat höhere Bewährung und niedrigere Wahrheitsnähe als ihr Vorgänger; so kommt es, wenn eine wahre Theorie 'abgeschossen' worden ist.

Stellen wir uns andererseits vor, jemand habe im Jahre 1800 ein stochastisches Gesetz aufgestellt, nach dem die Entropie bei Naturvorgängen abnimmt. Es habe durch ein paar interessante Tatsachen Bewährung erfahren. Dann habe ein anderer entdeckt, daß diese Tatsachen nur auf Fluktuationen beruhten, die jeweils die Wahrscheinlichkeit null hatten, und habe den zweiten Hauptsatz der Thermodynamik aufgestellt. Wie aber, wenn die Entropieabnahme wirklich ein Naturgesetz wäre und lediglich unsere kleine raumzeitliche Ecke des Weltalls durch eine große, sehr unwahrscheinliche Fluktuation gekennzeichnet wäre?[203] Die genaueste Beachtung der Popperschen Methode kann uns von der Wahrheit wegführen, zur Annahme falscher und zur Widerlegung wahrer Gesetze.

Die Abschätzungen der Verläßlichkeit oder Wahrheitsnähe durch Poppers 'Bewährungsgrad' können also falsch sein – und damit sind sie natürlich auch unbeweisbar. Gewiß, *wenn der Fortschritt der Wissenschaft auf die Wahrheit zuführen würde* (in dem Sinne, daß die Wahrheitsnähe mit der Bewährung anstiege), *dann wären unsere Abschätzungen richtig*. Und so erhebt sich sofort die Frage: ist *das* vielleicht das induktive Prinzip, auf dem unsere Philosophie der technischen Anwendung beruht? Doch in meinen Augen kommt es dafür, ob

---

[202] Eine widerlegte Theorie ist nicht unbedingt falsch. Wenn Gott eine Theorie widerlegt, dann ist sie 'wahrhaft widerlegt'; wenn ein Mensch eine Theorie widerlegt, so ist sie nicht notwendig 'wahrhaft widerlegt'. Die Umgangssprache unterscheidet nicht genügend zwischen Wahrheit und angenommener Wahrheit, zwischen methodologischen Begriffen und ihren metaphysischen Gegenstücken. Die Zeit ist reif, sie von solchem blasphemischem Gebrauch zu reinigen.
Bewährte falsifizierende Hypothesen (oder 'falsifizierende Tatsachen') gelten weithin als besonders harte Tatsachen; nichtsdestoweniger fallen auch sie häufig dem Fortschritt der Wissenschaft zum Opfer. Doch es fügt sich so, daß eine bewährte T falsifizierende Hypothese, auch wenn sie widerlegt wird, immer noch genügend Kraft behält, um T weiter zu widerlegen. Ohne diese unbegreifliche Eigenschaft des Erkenntnisfortschritts hätte Popper nicht verkünden können, die Falsifikation sei (methodologisch) 'endgültig', 'ein historisch späteres Bewährungsurteil ... kann zwar an Stelle eines positiven Bewährungswertes einen negativen setzen, aber nie umgekehrt'. (Popper [1934], Abschn. 82, zweitletzter Abs.)
[203] Auch das könnte vielen als sehr unwahrscheinlich vorkommen. Boltzmann dagegen hielt es für wahrscheinlich, wie aus seiner Arbeit [1896–98], § 90, hervorgeht. (Diesen Hinweis verdanke ich Popper.)

eine Aussage ein 'induktives Prinzip' ist, nicht nur auf die Aussage selbst an, sondern auch auf ihre erkenntnistheoretische Stellung und Funktion: Die Wahrheit eines Induktionsprinzips muß a priori festgestellt werden, denn es soll ja als Voraussetzung in einem *Beweis* oder einer Begründung dienen. Es ist gewiß interessant, sich zu überlegen, welche metaphysischen Verhältnisse unsere Abschätzungen der Wahrheitsnähe richtig machen würden. Doch die metaphysischen Aussagen *(nicht: induktiven Prinzipien),* die diese Bedingungen angäben, würden nicht die These *beweisen,* daß die durch den Bewährungsgrad gestiftete Ordnung notwendig mit der durch die Wahrheitsnähe gestifteten übereinstimmt; vielmehr würden sie auf die Möglichkeit verweisen, daß sie selbst nicht erfüllt sein könnten, und damit die Allgemeingültigkeit der These *unterminieren. Nichts gegen fehlbare spekulative Metaphysik; aber man kann derartige metaphysische Aussagen nicht als unfehlbare Induktionsprinzipien ausgeben.* [204])

So ist zum Beispiel nichts gegen die Spekulationen darüber einzuwenden, unter welchen Bedingungen ein Korpus – und insbesondere ein sich entwickelnder Korpus – wissenschaftlicher (oder technologischer) Theorien zustande kommt und bestehen bleibt (eine der vielen Bedingungen wäre, daß es Naturgesetze gibt), oder über die notwendigen Bedingungen für unser Überleben, wenn wir gemäß unseren besten Theorien handeln. Eine Möglichkeit ist folgende: *Unsere bestbewährten Theorien haben zufällig verhältnismäßig große Wahrheitsnähe bei denjenigen ihrer Konsequenzen, die mit 'unserer' kleinen raumzeitlichen Ecke des Weltalls zu tun haben, und ihre Wahrheitsnähe nimmt mit dem Fortschritt der Wissenschaft zu.* Diese einfache, aber entscheidende metaphysische Annahme würde die technischen Erfolge der Menschheit erklären, doch sie könnte falsch sein. Da sie aber unwiderlegbar ist, können wir nie herausfinden, *daß* sie falsch ist, wenn sie es ist; die größten Katastrophen können sie nicht widerlegen (ebenso, wie die größten Erfolge sie nicht beweisen können). Wir können diese Annahme in unseren Korpus 'einflußreicher' metaphysischer Theorien[205]) 'aufnehmen$_0$', *ohne sie für wahr zu halten,* ganz wie wir ständig falsche und sogar miteinander unverträgliche Theorien in unseren Korpus der Wissenschaft aufnehmen$_1$ und aufnehmen$_2$.

Diese Betrachtungen zeigen, daß selbst die Technik ohne 'induktive Prinzipien' auskommen kann oder *vielmehr muß;* doch sie 'stützt sich' vielleicht auf eine (technisch) einflußreiche Metaphysik.

Doch es ist ein ungeheurer Unterschied zwischen der gewöhnlichen (klassischen) und der wahrscheinlichkeitshaften (neoklassischen) Auffassung der Verläßlichkeit einerseits und unserer Popperschen Auffassung der 'Verläßlichkeit' andererseits.

Nach der *klassischen Auffassung* ist eine Theorie verläßlich, wenn sie wahr ist, und nicht verläßlich, wenn sie falsch ist. Das vernünftige Handeln stützt sich auf wahre Theorien und wird durch nie ausbleibenden Erfolg belohnt. Der ultra-dogmatische Flügel des klassischen Empirismus behauptet, man könne – wie Gott – die Wahrheit oder Falschheit von Theorien erkennen; der ultra-skeptische Flügel behauptet, Erkenntnis und damit vernünftiges Handeln sei unmöglich.

---

[204]) Es ist zu betonen, daß ich den Ausdruck 'Induktionsprinzip' nicht auf Prinzipien beschränke, aus denen sich eine *probabilistische* Bestätigungsfunktion ergibt; es kann jedes als a priori wahr behauptete Prinzip sein, aus dem sich eine Bestätigungsfunktion ergibt – sei es eine probabilistische oder andere.
[205]) Zum Gedanken der (wissenschaftlich) 'einflußreichen Metaphysik' s. die wichtige Arbeit von Watkins [1958].

Nach der *neoklassischen Auffassung* ist eine Theorie in bestimmtem Grade verläßlich – nach Carnaps Auffassung von 1950 nach Maßgabe ihrer 'Einzelfallbestätigung'. Jeder Theorie ist zu jeder Zeit eine Zahl zwischen 0 und 1 zugeordnet, die mit logischer Gewißheit ihre Verläßlichkeit angibt. *Die Verläßlichkeit besitzt also eine exakte und absolut verläßliche bewiesene Metrik.* Freilich kann man auch mit der verläßlichsten Theorie Schiffbruch erleiden: die Kluft zwischen vernünftigem Handeln und Erfolg ist größer als in der klassischen Vorstellung. Doch man kann immer noch wissen, welches Risiko man eingeht, und *die möglichen Arten von Mißerfolgen* und ihre Wahrscheinlichkeiten *voraussehen*. Jede Aussage hat ein genaues quantitatives Maß der Verläßlichkeit. In Carnaps System stammt das überwissenschaftliche induktive Wissen, das man zur Bestimmung dieser Metrik braucht, von der (versteckten und geradezu von ihm selbst negierten) Behauptung her, er kenne die Wahrscheinlichkeitsverteilung der möglichen Welten, ehe der Schöpfer mit verbundenen Augen eine davon ausgewählt und zur wirklichen Welt gemacht habe.[206]

Die *Poppersche Auffassung* von der 'Verläßlichkeit', wie sie hier dargelegt wurde, unterscheidet sich dadurch, daß diese Verläßlichkeit selbst nicht verläßlich ist. Nach ihr wird unterschieden zwischen *'wahrer Verläßlichkeit'* – die wir nicht kennen – und *'geschätzter Verläßlichkeit'*. Das ergibt sich unmittelbar daraus, daß dieser Ansatz nicht mit induktiven Prinzipien arbeitet.

Offensichtlich hat auch nach diesem Popperschen Ansatz die Verläßlichkeit nichts mit 'vernünftigem Glauben' zu tun: warum sollte es 'vernünftig' sein, zu glauben, das Weltall erfülle alle jene Bedingungen, die die Bewährung zu einer richtigen Schätzung der Wahrheitsnähe machen würden?

Der Poppersche Ansatz liefert keine Metrik, keine absoluten Verläßlichkeitsgrade, sondern höchstens eine sehr schwache (und außerdem natürlich noch unverläßliche) partielle Ordnung der Theorien. Das einstellige Prädikat 'verläßlich' wird durch das zweistellige 'verläßlicher als' ersetzt.

Außerdem kann man nicht nur mit der verläßlichsten Theorie Schiffbruch erleiden, sondern die Theorie der Verläßlichkeit ist selbst nicht verläßlich. *Man kann nicht wissen, welches Risiko man eingeht, und man kann die möglichen Formen des Mißerfolgs nicht voraussehen und noch weniger ihre genaue Wahrscheinlichkeit.* Nach Carnap gilt zum Beispiel: auch wenn man vernünftig voraussagt, man werde eine blaue Kugel aus einer bestimmten Urne ziehen, muß man (in wohlbestimmbarem Maße) damit rechnen, eine weiße oder eine rote zu erwischen (und zwar nach seiner metaphysischen Theorie der möglichen Welten, wie sie sich in seiner Sprache widerspiegelt). Doch für Popper ist die mögliche Vielfalt der Welt unbegrenzt: man könnte ebensogut ein Kaninchen herausziehen, oder man könnte sich mit seiner Hand in der Urne verfangen, oder die Urne könnte explodieren, oder, noch wichtiger, man könnte et-

---

[206] Übrigens weist Carnaps Programm mindestens *eine* oberflächliche Ähnlichkeit mit dem Hilbertschen Programm auf: beide gaben die den Aussagen der Objektsprache eigene Gewißheit auf, und beide wollten die Gewißheit bei den Aussagen der Metasprache wiederherstellen. Hilbert wollte mit einer unbezweifelbaren Metamathematik – gewissermaßen per Rückkopplung – wenigstens die Widerspruchsfreiheit der Mathematik beweisen. Carnap wollte mit einer unbezweifelbaren Metawissenschaft (der induktiven Logik) wenigstens die Verläßlichkeitsmetrik der Wissenschaft unverrückbar begründen. (Vgl. auch Kap. 1 des vorliegenden Bandes.)

was absolut Unerwartetes herausziehen, das man überhaupt nicht verstehen oder auch nur beschreiben kann. Urnenziehungen sind schlechte Modelle der Wissenschaft.

Die Kluft zwischen Vernünftigkeit und 'Erfolg' ist also nach dem Popperschen Ansatz viel breiter als nach den vorgenannten Ansätzen, und zwar so breit, daß man die Poppersche 'Verläßlichkeit' stets in Anführungszeichen setzen sollte.

2. *Poppers Abneigung gegen die 'Annehmbarkeit$_3$'*. Popper hat sich nie viel um das Problem der Annehmbarkeit$_3$ gekümmert. Er betrachtet das Problem als 'vergleichsweise unwichtig'.[207]) Und er hatte recht: man kann darüber nicht sehr viel sagen. Doch seine gelegentlichen Bemerkungen zu dieser Sache sind verwirrend.

Einerseits betonte er immer wieder: 'Was wir von einer Hypothese im besten Fall sagen können, ist, daß sie ... sich *bis heute* gut bewährt hat.'[208]) Man könne nicht vom 'Bewährungsgrad' auf die Vertrauenswürdigkeit schließen. Jede Deutung seines 'Bewährungsgrades' im Sinne eines Bewährungsgrades im gewöhnlichen Verständnis wäre somit ein Mißverständnis. Watkins drückte es so aus: 'Ein Poppersches Bewährungsurteil *ist* analytisch und liefert *keinerlei* Voraussagen.'[209]) Die Poppersche Theorie der Bewährung hüllt sich demnach bezüglich der Zukunftsaussichten einer Theorie in eisiges Schweigen. Wären aber alle noch nicht geprüften Sachverhalte, sagen wir, gleich möglich, so wäre der Grad der Vernünftigkeit des Für-richtig-Haltens irgendeiner noch nicht geprüften Aussage gleich null. Man fragt sich manchmal wirklich, ob Popper und Watkins *jede* Erwägung der Annehmbarkeit$_3$ als eine strafbare 'Induktion' ansehen würden.

Salmon bemerkt zu Recht, wenn Poppers Urteile über wissenschaftliche Theorien analytisch seien, dann könne Popper nicht erklären, wie die Wissenschaft ein Lebensweiser sein kann.[210]) Dient der Bewährungsgrad nicht als, wenn auch noch so fehlbare, Abschätzung der Wahrheitsnähe, so kann Popper nicht die Vernünftigkeit unseres praktischen Handelns erklären, es kann keine praktische Philosophie und insbesondere keine Philosophie der Technik geben, die *auf der Wissenschaft beruhte*.

Eine Reaktion Poppers und einiger seiner Kollegen läuft auf eine seltsame Lehre hinaus, daß nämlich die praktische Vernünftigkeit unabhängig von der wissenschaftlichen sei. Popper betont, für praktische Zwecke seien 'falsche Theorien oft durchaus brauchbar; die meisten Formeln, die in der Technik oder in der Navigation verwendet werden, sind bekanntermaßen falsch'.[211]) Und Watkins: 'Unsere Methode der Hypothesenwahl im praktischen Leben sollte auf unsere praktischen Ziele abgestimmt sein, genau wie sie in der theoretischen Wissenschaft auf unsere theoretischen Ziele abgestimmt sein sollte; und die beiden Arten von Methoden können durchaus verschiedene Antworten liefern.'[212]) Darüber hinaus behauptet Watkins, eine Theorie könne 'ohne weiteres gleichzeitig aufgrund früherer Prüfungen *besser* bewährt sein und doch *weniger* Aussicht haben, zukünftige Prüfungen zu bestehen'.[213]) Die

---

[207]) Popper [1968a], S.139.
[208]) Aus einer Bemerkung in *Erkenntnis* 1935, wieder abgedruckt in Popper [1959], S.315, dt. S.257. Hervorhebung von mir.
[209]) Watkins [1968a], S.63.
[210]) Vgl. Salmon [1968], S.95–97.
[211]) Popper [1963a], S.57.
[212]) Watkins [1968a], S.65.
[213]) Ebenda, S.63.

8 Wandlungen des Problems der induktiven Logik

Verläßlichkeit kann also geradezu gegenläufig mit der Bewährung zusammenhängen! Schluß mit der angewandten Wissenschaft? Andererseits finden sich auch deutliche Hinweise, daß auch für Popperianer die Wissenschaft ein Lebensweiser *ist*. So schreibt etwa Popper: 'Es ist zugegebenermaßen völlig vernünftig, zu glauben, daß ... gut geprüfte Gesetze weiter gelten werden (wir haben ja keine bessere Annahme, nach der wir handeln könnten); doch es ist auch vernünftig, zu glauben, daß eine solche Handlungsweise gelegentlich zu großen Schwierigkeiten führt.'[214]) Darüber hinaus scheint er sogar anzudeuten, daß der Bewährungsgrad eine brauchbare Schätzung für die Wahrheitsnähe sein könnte.[215]) Und ich erwähnte schon, daß er an *einer* Stelle sagte, der 'Grad der Bewährung' lasse sich als Grad der 'Rationalität unseres Fürwahrhaltens' auffassen.[216])

Wo steht nun Popper eigentlich? Ist *jede* Art von Annehmbarkeit$_3$ ein 'induktiver Begriff' oder nicht? Leider definiert Popper den (heutigen) '*Induktivismus*' nicht klar genug. Soweit ich sehe, versteht er darunter eine Verbindung von *drei Doktrinen*.

Die erste Doktrin des Induktivismus ist *die Doktrin der induktiven Methode;* sie postuliert den Vorrang der 'Tatsachen' in der Entdeckungslogik. Die zweite Doktrin des (heutigen 'neoklassischen') Induktivismus ist *die Doktrin der Möglichkeit der induktiven Logik;* sie postuliert die Möglichkeit, jedem Paar von Aussagen – mit logischer Gewißheit – einen 'Bestätigungsgrad' zuzuordnen, der die empirische Stützung der ersten Aussage durch die zweite wiedergibt. Die dritte Doktrin besagt, daß *diese 'Bestätigungsfunktion' der Wahrscheinlichkeitsrechnung gehorcht.*[217])

Popper verwirft die induktive Logik und setzt an ihre Stelle seine theorienorientierte Entdeckungslogik. Er bestreitet die Möglichkeit der induktiven Logik, da sie auf einem synthetisch-apriorischen Grundsatz ruhen müßte. Schließlich beweist er, daß die Behauptung, die Bestätigungsfunktion sei eine Wahrscheinlichkeit, nicht nur unbeweisbar, sondern sogar falsch ist.[218])

Nach dieser Auffassung der Popperschen Position wäre eine Theorie der Annehmbarkeit$_3$ nur dann induktivistisch, wenn sie behauptete, a priori wahr zu sein, und/oder wenn sie probabilistisch wäre; und es wäre nichts einzuwenden gegen eine vermutungshafte, nichtprobabilistische Abschätzung der Annehmbarkeit$_3$ von Theorien oder gegen die nichtinduktiven metaphysischen Spekulationen, die einer solchen Abschätzung zugrunde liegen könnten. Doch wenn Popper darauf besteht, daß sein Bewährungsgrad – im Unterschied zu

---

[214]) Popper [1963a], S. 56. Vgl. auch die ähnliche Aussage zum Schluß von Watkins [1968a], S. 66.
[215]) Popper [1963a], S. 235.
[216]) Vgl. Popper [1959], S. 414f. und 418, dt. S. 368f. und 371f. [[Vgl. oben, Anm. 112.]]
[217]) Man könnte fragen: war der dreiköpfige induktivistische Drache Empirist oder Rationalist? Die hohe methodologische Einschätzung der Tatsachen im ersten Kopf würde auf einen Empiristen hindeuten; die synthetisch-apriorischen Induktionsprinzipien im zweiten Kopf lassen auf einen Rationalisten schließen. Doch im Lichte der Popperschen Philosophie kann man die vorher paradoxe Tatsache erklären, daß extreme Aprioristen häufig extreme Empiristen sind und umgekehrt (z. B. Descartes, Russell, Carnap): die meisten Arten des Empirismus und Rationalismus sind nur verschiedene Spielarten (oder Bestandteile) des Justifikationismus.
[218]) Diese drei Punkte werden bereits im ersten Abschnitt von Popper [1934] zusammengefaßt.

Reichenbachs oder Carnaps Bestätigungsgrad – analytisch sei und nicht als synthetisch aufgefaßt werden dürfe,[219]) so läuft das auf eine Absage an *jede* Annehmbarkeit$_3$ hinaus. Daraus ergibt sich eine scharfe Trennung zwischen wissenschaftlicher und praktischer Vernünftigkeit, wie sie in der Tat sowohl Popper als auch Watkins zu vertreten scheinen. Eine solche Trennung dürfte nun wirklich 'anrüchig und heuchlerisch'[220]) sein, und sie führt zu einer falschen Sicht dessen, was in der Technik wirklich geschieht.[221])

Eine Übersteigerung des anti-induktivistischen Kreuzzugs, die sich gegen *jeden* Begriff der Annehmbarkeit$_3$ richtet, könnte seine Wirkung nur schmälern. Man sollte sich von ihr ausdrücklich distanzieren und zugeben, daß die Wissenschaft zumindest *ein* Lebensweiser sein kann.[222])

(Die Verwirrung im Carnapschen Lager ist in dieser Hinsicht noch viel schlimmer. Carnaps aprioristische Metaphysik verbirgt sich unter einem analytischen Gewande.[223]) Die Carnapianer müssen entweder tapfer an der Analytizität ihrer induktiven Logik festhalten, doch dann kann ihre Wahrscheinlichkeit kein Lebensweiser sein, wie Salmon und Kneale ihnen ständig vorhalten;[224]) oder sie entscheiden sich dafür, daß die induktive Logik doch ein Lebensweiser ist, aber dann müssen sie zugeben, daß ihre induktive Logik ein hochentwickeltes System spekulativer Metaphysik ist.[225]))

Damit ist die Diskussion unserer drei Beurteilungen für Theorien abgeschlossen. Die ersten beiden richten sich auf den Fortschritt, den eine Theorie gegenüber einer Prüfsteintheorie bringt. Sind die beiden Theorien gegeben, so ist die erste Beurteilung, die auf dem zusätzlichen empirischen Gehalt beruht, eine Sache der Logik, und man kann sie als tautologisch bezeichnen. Die zweite Beurteilung läßt sich auf zwei Arten auffassen: als 'tautologisches' Urteil stellt sie fest, daß die neue Theorie eine Prüfung *bestanden* hat, bei der die Prüfsteintheorie gescheitert ist; das allein kann als ein Urteil über den Fortschritt dienen. Als synthetisches Urteil aufgefaßt (in Verbindung mit dem fehlbaren metaphysischen Hilfssatz, daß zusätzliche Bewährung zusätzlichen Wahrheitsgehalt bedeute), hofft und vermutet sie, daß der Fortschritt ein realer ist, daß die neue Theorie, wenigstens auf dem 'Anwendungsgebiet'[226]) der Prüfung, der Wahrheit näher kommt als die Prüfsteintheorie.

---

[219]) Ebenda, Abschn. 82.
[220]) Vgl. Watkins [1968a], S. 65.
[221]) In den meisten Fällen, in denen nach Popper und Watkins angeblich falsche Theorien angewandt werden, kann man zeigen, daß in Wirklichkeit die bestbewährten Theorien angewandt werden. Ihr Argument sieht nur deshalb einleuchtend aus, weil es in diesen bestimmten Beispielen zufällig keinen Unterschied zwischen der *Anwendung* der besten und der überrundeten zweitbesten Theorie gibt.
[222]) Man darf nicht vergessen, daß wegen der Unmöglichkeit eines Vergleichs der Bewährungsgrade unserer fortgeschrittensten Theorien bei vielen technischen Entscheidungen rein erkenntnistheoretische Gesichtspunkte eine sehr geringe Rolle spielen. Daß Theorien bezüglich ihrer Verläßlichkeit häufig nicht vergleichbar sind, macht die praktische Vernünftigkeit von der wissenschaftlichen Vernünftigkeit *unabhängiger*, als es die überoptimistische induktive Logik haben will.
[223]) Vgl. oben, Beginn sowie Schluß von 5(a).
[224]) Vgl. Salmon [1968a], insbes. S. 40ff., sowie Kneale [1968], S. 59–61.
[225]) Bar-Hillel [1968a], S. 66ff., macht, wie mir scheint, leider nicht klar, wo er steht.
[226]) Wegen des 'Anwendungsgebiets' vgl. Popper [1959], passim (s. Stichwortverzeichnis).

Die dritte Beurteilung vergleicht die empirische Gesamtstützung von Theorien. Faßt man sie als 'tautologisches' Urteil auf, so liefert sie einfach eine Bilanz der Siege und Niederlagen der Forschungsprogramme, die zu den verglichenen Theorien hinführten. Doch dann dürfte es irreführend sein, von einer Beurteilung der 'empirischen Stützung' zu sprechen, denn warum sollten auch die größten früheren Siege ohne eine zusätzliche metaphysische Annahme der Theorie irgendeine wirkliche 'Stützung' verleihen? Das tun sie nur vermittels der durchaus problematischen metaphysischen Annahme, daß zunehmende Bewährung ein Zeichen für zunehmende Wahrheitsnähe sei. Wir haben also zwei Begriffe der 'empirischen Stützung': der eine beurteilt 'tautologisch' die Prüfungen, die die Theorie in ihrer Vorgeschichte (oder das zu ihr führende 'Forschungsprogramm') *bestanden hat;* der andere beurteilt mittels metaphysischer Hilfssätze synthetisch die Überlebens*tüchtigkeit* (in dem Sinne, daß von einer Theorie mit größerer Wahrheitsnähe auch ein größerer Teil 'überleben' wird).[227])

7 Theoretische Stützung für Voraussagen oder empirische Stützung (durch Prüfungen) für Theorien[228])

Unsere Überlegungen legen folgende praktische Regel nahe: *'Handle aufgrund der unwiderlegten Theorien, die im augenblicklichen Korpus der Wissenschaft 'enthalten' sind, und nicht aufgrund anderer Theorien.'*

Doch diese Regel bietet eine – begrenzte – Anleitung nur für die Wahl der 'verläßlichsten' Theorie. Wie steht es aber mit einzelnen Voraussagen? Hier entscheiden wir uns für die einschlägige Voraussage der gewählten Theorie.

Die 'Verläßlichkeit' partikulärer Aussagen läßt sich also in Form zweier getrennter Schritte kennzeichnen: Als *erstes* entscheidet man, falls möglich, welche unter den einschlägigen Theorien die 'verläßlichste' ist, und als *zweites* entscheidet man anhand dieser ausgewählten Theorie, was die 'verläßlichste' Voraussage für das gegebene praktische Problem ist. Man kann also sagen, Theorien würden durch Daten gestützt, 'Voraussagen' aber durch Theorien.

Erinnern wir uns an Carnaps wichtige Unterscheidung zwischen drei möglichen Ansätzen zur Definition des Bestätigungsgrades oder der Verläßlichkeit. Der erste geht von einer Definition der Verläßlichkeit von Theorien aus; die Verläßlichkeit von 'Voraussagen' ist etwas Abgeleitetes. Wir wollen ihn den *'theoretischen Ansatz'* nennen. Der zweite geht umgekehrt vor: er geht von einer Definition der Verläßlichkeit von Voraussagen aus, die Verläßlichkeit von Theorien ist etwas Abgeleitetes. Wir wollen ihn den *'nichttheoretischen Ansatz'* nennen. Der dritte schließlich definiert die Verläßlichkeit von Theorien wie auch von Voraussagen in einer einzigen Formel.[229]) Wir nennen ihn den *'gemischten Ansatz'*. Carnap

---

[227]) Nach Poppers Auffassung folgt aus dem Überleben natürlich nicht die *Überlebenstüchtigkeit*. Doch irreführenderweise verwendet er die beiden Ausdrücke in seinem ganzen Buch [1959] in gleicher Bedeutung (s. z. B. engl. S. 108 und 251 [[der dt. Text – S. 73, 198 – ist anders formuliert]]).

[228]) 'Voraussage' ist hier nur eine Abkürzung für 'partikuläre Hypothese'.

[229]) Vgl. oben, Text zu Anm. 57. Carnap sah damals natürlich nicht eine vierte Möglichkeit voraus, nämlich die Verläßlichkeit *überhaupt nur* für Voraussagen zu definieren.

schwankte zwischen dem zweiten und dem dritten.[230]) Ich befürworte den ersten, den theoretischen Ansatz. Dieser wurde von den induktiven Logikern konsequent vernachlässigt – obwohl er in der Praxis allgemein angewandt wird. Der Ingenieur arbeitet lieber mit den Voraussagen der fortgeschrittensten verfügbaren Theorie als mit Voraussagen aufgrund von c-Werten, die sich nach einer komplizierten atheoretischen Methode aus irgendeiner formalen Sprache ergeben.[231])

Ist die ausgewählte Theorie eine statistische, so kann man den 'Verläßlichkeitsgrad' oder 'vernünftigen Wettquotienten' für jede partikuläre Hypothese aus ihrem Anwendungsgebiet mit Hilfe der Wahrscheinlichkeitstheorie berechnen; die vernünftige Wette auf h beträgt p(h,T), wo p die logische Wahrscheinlichkeit ist, h die Voraussage und T die ausgewählte Theorie, gewöhnlich von der Form P(h,s) = q (wo h das vorausgesagte Ereignis ist, s die stochastische Konstellation und P die physikalische Wahrscheinlichkeit).[232])

Ist die ausgewählte Theorie deterministisch, so kann man alles-oder-nichts auf das von ihr vorausgesagte Ereignis wetten – mit einem angemessenen Risikoabschlag.

Diese Bestimmung der vernünftigen Wettquotienten ist natürlich nicht möglich, wenn keine wissenschaftliche Theorie zur Verfügung steht. In solchen Fällen kann man das Carnapsche Bayes-Verfahren anwenden; doch wegen der Willkürlichkeit der gewählten Sprache und der Anfangs-Wahrscheinlichkeitsverteilung und wegen des zweifelhaften Gewichts der spärlichen Daten kommt es nur zu einem exakten, aber sinnlosen Ritual. Stehen wissenschaftliche Theorien zur Verfügung, so liefert der theoretische Ansatz intuitiv einleuchtende Wettquotienten, wo es der Carnapsche nichttheoretische Ansatz nicht tut; das erkennt man leicht, wenn man unsere Gegenargumente gegen Carnaps Werte für die vernünftigen Wettquotienten aus Abschnitt 5 eines nach dem anderen durchgeht.

Natürlich sind meine 'theoretischen Wettquotienten' relativ auf die Theorie, auf der sie beruhen. Der *absolute* vernünftige Wettquotient auf jede Aussage, sei es eine universelle oder partikuläre, ist gleich null.[233]) 'Theoretische Wettquotienten' sind vernünftig, aber fehlbar: sie hängen von unseren augenblicklichen Theorien ab – und fallen mit ihnen. (Man könnte natürlich vernünftige Wettquotienten für Theorien und Voraussagen unter Voraussetzung einer Sprache berechnen; doch diese hingen von der Sprache ab – und würden mit ihr

---

[230]) Carnaps 'Einzelfallbestätigung von Theorien' gehört zum zweiten Ansatz. Sie ist aber nur für Theorien von sehr einfacher logischer Form definierbar. Daher war Carnaps zweiter Ansatz nicht durchführbar.

[231]) Deshalb glaube ich, daß Carnap nicht recht hat, wenn er betont: 'Die induktive Logik schlägt keine *neuen* Denkweisen vor, sondern expliziert nur *alte*. Sie versucht, bestimmte Denkformen herauszuarbeiten, die wir stillschweigend oder gefühlsmäßig schon immer im Alltagsleben wie in der Wissenschaft anwenden.' (Carnap [1953a], S. 189.) Doch schon mit seinem 'nichttheoretischen Ansatz' war Carnap von den Denkweisen abgewichen, die wir 'schon immer ... in der Wissenschaft anwenden'. (Natürlich gibt es keine Denkform, von der nicht irgend jemand irgendwann einmal abgewichen wäre.)

[232]) In 'geschlossenen Spielen' (vgl. oben, Text zu Anm. 147) ist T als 'Spielregel' festgelegt.

[233]) Es sollte hier nicht unerwähnt bleiben, daß *alle* empirischen Aussagen universelle sind, weil in ihnen unvermeidlich universelle Namen vorkommen (vgl. Popper [1934], Abschn. 13, und Popper [1963a], S. 277). Nur im Rahmen einer gegebenen Theorie kann man zwischen universellen und partikulären Aussagen unterscheiden.

fallen.²³⁴) Außerdem brauchte man dann eine Theorie der – empirischen oder theoretischen – Stützung für Sprachen.²³⁵))

Anhang: Zu Poppers drei 'Mitteilungen' zum Bewährungsgrad

Einer der Hauptgesichtspunkte des, wie ich ihn nannte, Popperschen Ansatzes war der, daß exakte zahlenmäßige Schätzungen für den Grad der 'Verläßlichkeit' so wenig verläßlich sind, daß eine solche Schätzung grundsätzlich utopisch ist. Darüber hinaus sind auch nichtnumerische formale Ausdrücke irreführend, wenn sie den Anschein erwecken, sie könnten zu *allgemeinen* Vergleichen von irgendwelchem wirklichem Wert führen.

Betrachtet man nun Poppers Arbeiten über seinen 'Bewährungsgrad', die zwischen 1954 und 1959 erschienen, so könnte man sich freilich fragen, ob Popper in diesem Sinne eigentlich selbst ein 'Popperianer' ist. Stellt er nicht *Formeln* für seinen Bewährungsgrad auf? Führt er nicht eine exakte, ja unfehlbare *logische Metrik* für den wichtigen Fall statistischer Theorien ein? Angesichts dessen wissen die induktiven Logiker nicht, ob sie Popper als jemanden betrachten sollen, der mit ihnen bei der Aufstellung apriorischer Metriken wetteifert, oder als jemanden, der gegen *jede* solche Formel ist. Viele Carnapianer nehmen Poppers Formeln einfach als neue Beiträge zu der rasch wachsenden Literatur über die induktive Logik. So führt Kyburg in seinem Sammelreferat 'Recent Work in Inductive Logic' Poppers Formeln zusammen mit denen Carnaps, Kemenys und anderer in einer Tabelle auf und meint, diese zeige, 'in welchem [hohen] Maße die Intuitionen dieser Autoren übereinstimmen'.²³⁶) An einer Stelle zählt er Popper zu den induktiven Logikern: 'Weder Barker, Popper, Jeffrey noch irgendein anderer induktiver Logiker ...'²³⁷) Doch an einer anderen Stelle stellt er fest: 'Es gibt Autoren (so etwa Popper), für die es überhaupt keine induktive Logik gibt.'²³⁸)

Um diese Frage zu klären, möchte ich zunächst Poppers Ziele bei der Aufstellung seiner Formel für den Bewährungsgrad skizzieren.

Popper wollte mit einem formalen und schlüssigen Argument folgendes zeigen: Auch *wenn* man zugesteht, daß es eine quantitative Bestätigungsfunktion geben kann, die für alle Aussagen einer Sprache definiert ist, und auch *wenn* man zugesteht, daß sich eine solche Funktion mittels der logischen Wahrscheinlichkeit ausdrücken läßt, auch dann kann sie selbst unter keinen Umständen eine Wahrscheinlichkeit sein, d. h. der Wahrscheinlichkeitsrechnung gehorchen. Von der Wichtigkeit eines solchen Arguments überzeugte ihn ein Gespräch mit Janina Hosiasson im Jahre 1934 in Prag (als sein Buch 'Logik der Forschung' bereits im Druck war).²³⁹) Das war der Ausgangspunkt von Poppers mehrfach unterbrochener Arbeit in den späten dreißiger Jahren an der Axiomatisierung der Wahrscheinlichkeitstheorie.²⁴⁰)

---

²³⁴) Zum 'Sturz' einer Sprache s. oben, Anm. 129.
²³⁵) Vgl. oben, Text zu Anm. 130–132.
²³⁶) Kyburg [1964], S. 258.
²³⁷) Ebenda, S. 269.
²³⁸) Ebenda, S. 249.
²³⁹) Popper [1934], Abschn. 81, Anm. 1.
²⁴⁰) Dazu war das Kolmogorowsche axiomatische System nicht geeignet; Popper mußte die Wahrscheinlichkeitstheorie auf die bedingte Wahrscheinlichkeit aufbauen, um $p(x,y)$ auch für den Fall $p(y)=0$ definieren zu können, so daß er mit universellen Aussagen als zweitem Argument arbeiten konnte. (Vgl. Popper [1959], Anhang *IV.)

In seiner ersten 'Mitteilung'[241] argumentiert Popper in drei Stufen: (a) Er schlägt zehn Adäquatheitsbedingungen oder desiderata vor, von denen jedes mit starken Argumenten gestützt wird; (b) er zeigt ihre Verträglichkeit, indem er eine Formel angibt, die sie erfüllt (und die von logischen Wahrscheinlichkeiten abhängt, aber selbst keine logische Wahrscheinlichkeit darstellt); (c) er zeigt, daß p(h,e) einige der Adäquatheitsbedingungen (und sogar einige der Carnapschen) nicht erfüllt. Was (b) betrifft, so mußte Popper eine Formel allein schon zu dem Zweck aufstellen, die Verträglichkeit seiner eigenen desiderata zu zeigen, denn er hatte behauptet, die Carnapschen Adäquatheitsbedingungen seien widerspruchsvoll, und hatte dem große Bedeutung beigemessen.

Doch Popper macht deutlich, daß *seine desiderata nicht vollständig seien:* 'Einige intuitive desiderata können durch keine formale Definition erfüllt werden. ... Vollständig formalisieren kann man ... den Gedanken eines ernstgemeinten und gut ausgedachten Widerlegungsversuchs nicht.'[242] Übrigens hätte er eine elfte Forderung hinzufügen können, nämlich daß es mindestens zwei *Theorien* mit verschiedenen Graden der Bewährbarkeit geben solle, und daß es mögliche Daten geben solle, angesichts derer die bewährbarere Theorie einen höheren Bewährungsgrad erlangen kann als die weniger bewährbare. Das ist natürlich eine ganz entscheidende Bedingung im Sinne der Popperschen Philosophie. Wird aber die Bewährbarkeit durch die logische Unwahrscheinlichkeit gemessen, so muß das *Maß* der Bewährbarkeit *jeder* universellen Aussage gleich 1 sein, und dann schlagen sich *Unterschiede der Bewährbarkeit* von Theorien nicht in *Unterschieden der Bewährbarkeitsmaße* nieder, und in diesem Sinne erfüllt Poppers numerische Formel dieses zusätzliche desideratum nicht. Deshalb erfüllt seine Formel einige seiner wichtigsten desiderata für echte Theorien nur trivialerweise, weil deren 'Bewährungsgrad' zu ihrem 'Erklärungsvermögen' entartet.[243] *Das mindert zwar nicht den Wert der Formel als Beweis für die Verträglichkeit der desiderata, doch es macht sie für die Einführung einer wirklichen Metrik völlig wertlos.*

---

[241] Popper in *Brit. J. Phil. Sci.* 5 (1954/55), wieder abgedruckt in Popper [1959], S. 395–402, dt. S. 348–354.
[242] Popper [1959], S. 401 f., dt. S. 354.
[243] Poppers Formel für den Bewährungsgrad lautet

$$C(h,e) = \frac{p(e,h) - p(e)}{p(e,h) + p(e)} (1 + p(h) p(h,e)).$$

Ist aber h eine universelle Aussage, so gilt p(h)p(h,e) = 0 und somit

$$C(h,e) = \frac{p(e,h) - p(e)}{p(e,h) + p(e)}$$

was er als 'Erklärungsvermögen' E(h,e) auffaßt. Wie Popper selbst sagt, hat dieser Ausdruck als Bewährungsgrad 'Mängel': er 'erfüllt die wichtigsten unserer desiderata, aber nicht alle' (Popper [1959], S. 400, dt. S. 352).
Faßt man freilich p nicht als die 'gewöhnliche' logische Wahrscheinlichkeit auf, sondern als eine nichtnumerische Funktion, die Poppers 'Feinstruktur der Wahrscheinlichkeit' ausdrückt, dann braucht p(h)p(h,e) nicht gleich null zu sein. Ja, wir könnten hier mit unserer 'elften Adäquatheitsbedingung' zeigen, daß man den Bestätigungsgrad nicht mit Hilfe der logischen Wahrscheinlichkeit mit reellen Zahlen als Werten definieren kann. (Wegen der 'Feinstruktur der Wahrscheinlichkeit' siehe Popper [1959], S. 375–377, dt. S. 326–328.)

Doch Popper wollte 1954 mit seiner Formel keine Metrik für die Bewährung einführen. Es gibt in seiner ersten 'Mitteilung' nicht den geringsten Hinweis darauf, daß er seine Auffassung von 1934 geändert hätte, nach der man 'den Vergleich des Bewährungsgrades zweier Sätze bei weitem nicht in allen Fällen wird durchführen können: wir können keinen numerischen Bewährungsgrad definieren'.[244]) Und drei Jahre später, in seiner zweiten 'Mitteilung' von 1957,[245]) heißt es: *'Es kann keine völlig befriedigende Metrik von p geben, das heißt, es kann keine Metrik der logischen Wahrscheinlichkeit geben, die auf rein logischen Erwägungen beruht.'*[246])

Popper sah also in seinen ersten beiden 'Mitteilungen' zum Bewährungsgrad seine Formeln nur in einem polemischen Zusammenhang, gewissermaßen als ironische Konkurrenzformel im Kampf gegen die induktive Logik.

Doch in seiner dritten 'Mitteilung' von 1958 gibt es eine interessante Veränderung.[247]) Hier entwickelt Popper tatsächlich eine Metrik für die Bewährungsgrade statistischer Theorien angesichts statistisch aufgefaßter Daten, eine 'logische (absolute) Metrik'[248]) auf rein logischer Grundlage, und er fand sie 'völlig gerechtfertigt'.[249])

Das war natürlich mehr, als Popper ursprünglich vorgehabt hatte. Es war ein unbeabsichtigtes Nebenergebnis, das sein negatives, kritisches, ironisch konkurrierendes Programm zu einem positiven Konkurrenzprogramm zu machen schien. Es schien Popper, als könne Carnap niemals Grade der Vernünftigkeit des Glaubens 'wie Temperaturgrade auf einer eindimensionalen Skala messen'.[250]) Doch in *seinem* neuen Programm, so meinte er, 'verschwinden alle diese Schwierigkeiten'[251]) – mindestens in dem wichtigen Spezialfall, daß die Theorien statistische Theorien sind und die Datenaussagen als statistische Protokolle aufgefaßt werden –, und *seine* Methode 'gestattet es, numerische Resultate – d. h. numerische Bewährungsgrade – in allen Fällen zu errechnen, die Laplace und jene modernen Logiker in Betracht ziehen, die künstliche Sprachsysteme einführen, weil sie – vergeblich – hoffen, auf diese Weise zu [einer] apriorischen Metrik der Wahrscheinlichkeit ihrer Prädikate zu kommen'.[252])

Damit hatte sich aber Popper ein ganz schönes Problem aufgeladen. Er sagt selbst in der Nachschrift von 1959 zu seinen drei 'Mitteilungen':

'Am Ende all dieser Gedankengänge könnte man nun fragen, ob ich nicht, ohne es zu merken, meine Überzeugung geändert habe. Es könnte nämlich der Anschein entstehen, als hindere uns nichts daran, C(h,e) 'die induktive Wahrscheinlichkeit von h in bezug auf e' zu nennen, oder – wenn uns diese Formulierung angesichts der Tatsache, daß C den Gesetzen des Wahrscheinlichkeitskalküls nicht genügt, irreführend erscheint – 'den Grad der Rationalität unseres Fürwahrhaltens von h auf Grund von e'.'[253])

---

[244]) Popper [1934], Abschn. 82.
[245]) Popper in *Br. J. Phil. Sci.* 7 (1956/57), wieder abgedruckt in Popper [1959], S. 402–406, dt. S. 355–358.
[246]) Popper [1959], S. 404, dt. S. 356. Hervorhebung von Popper.
[247]) Popper in *Br. J. Ph. Sc.* 8 (1957/58), wieder abgedruckt in Popper [1959], S. 406–415, dt. S. 359–369.
[248]) Popper [1959], S. 417, dt. S. 371.
[249]) Ebenda.
[250]) Ebenda, S. 408, dt. S. 361.
[251]) Ebenda.
[252]) Ebenda, S. 412, Anm. *3), dt. S. 365 f., Anm. *3).
[253]) Ebenda, S. 418, dt. S. 371 f.

Die Antwort hängt natürlich davon ab, wie Popper seinen Bewährungsgrad deutet. Hätte er ihn als tautologisches Maß des Fortschritts gedeutet und jede synthetische Deutung als 'induktivistisch' verurteilt, dann jedenfalls hätte er eine klare Antwort gegeben. Doch *Popper scheint das als ein offenes Problem anzusehen.* In einem Satz sagt er, wenn eine Theorie einen hohen Bewährungsgrad habe, dann ''akzeptieren' wir diese Theorie vorläufig – aber nur in dem Sinne, daß wir sie für würdig erachten, weiterer Kritik und den strengsten denkbaren Prüfungen unterworfen zu werden'.[254] Nach dieser Bemerkung scheint er eine tautologische Auffassung im Sinne zu haben, die nur methodologische Konsequenzen hat: hohe Bewährung bedeutet hohe Prüfwürdigkeit, aber nicht hohe Vertrauenswürdigkeit. Doch der nächste, abschließende Satz bringt einen Zusatzgesichtspunkt: 'Als positives Ergebnis könnte uns dieses Verfahren dann dazu berechtigen, zu sagen, daß die überlebende Theorie die beste – und die am besten überprüfte – ist, die wir kennen.'[255] Doch was ist die 'beste Theorie', *außer* daß sie die 'bestgeprüfte' ist? Die 'vertrauenswürdigste'? Wir bekommen keine Antwort.[256]

Natürlich könnte er, auch wenn er sich endgültig zur Deutung seines 'Bewährungsgrades' als Schätzung der Wahrheitsnähe entschlossen hätte, immer noch behaupten, wegen einer *fehlbaren* Schätzung der 'Verläßlichkeit' werde er noch nicht zum Induktivisten. Doch er scheint unentschieden zu sein, und er betont lediglich den – zweifellos wichtigen – Unterschied zwischen der induktivistischen und der Popperschen *Deutung* von e in solchen Formeln: nach der Popperschen Deutung 'kann C(h,e) nur dann als Grad der Bewährung interpretiert werden, wenn *e ein Bericht über die strengsten Prüfungen ist, die wir ausdenken konnten'.*[257] Doch damit bleibt das Problem völlig offen, welche philosophische Bedeutung sein C(h,e) haben soll, insbesondere, wenn es eine *Metrik* für statistische Hypothesen h liefert.

Doch ob nun Popper sein C(h,e) – in der neuen, positiven, nichtpolemischen Deutung – als Maß der empirischen Stützung im 'tautologischen' oder im 'synthetischen' Sinne auffaßte, es scheint meiner These entgegenzustehen, daß 'Bewährungsgrade' *nur* dann vergleichbar sind, wenn die eine Theorie die andere überrundet.[258] Poppers Metrik scheint *allen* statistischen Hypothesen angesichts statistisch aufgefaßter Datenaussagen genaue Zahlenwerde zuzuordnen.

---

[254] Ebenda, S. 419, dt. S. 373.
[255] Ebenda.
[256] Übrigens erklärt sich Popper eben hier in der dritten 'Mitteilung über den Grad der Bewährung' und in dieser Nachschrift damit einverstanden, daß sein Bewährungsgrad als 'ein Maß für die Rationalität unseres Fürwahrhaltens' aufgefaßt werden könne (Popper [1959], S. 414f., dt. S. 368f.). Doch diese Aussage ist sicherlich ein Ausrutscher; sie läuft dem allgemeinen Tenor seiner Philosophie zuwider, nach dem subjektives Fürwahrhalten, sei es induktiv oder nichtinduktiv, 'vernünftig' oder unvernünftig, keinen Platz in der Theorie der Vernünftigkeit hat. *Die Theorie der Vernünftigkeit muß sich auf das vernünftige Handeln beziehen, nicht auf den 'vernünftigen Glauben'.* (Einen ähnlichen Ausrutscher gibt es bei Watkins [1968b], S. 281, wo es heißt, es wäre mindestens in einigen Fällen 'pervers', zu meinen, die besser bewährte Theorie habe weniger Wahrheitsnähe.) Vgl. die Auffassung Boltzmanns, s. o., Anm. 203.
[257] Popper [1959], S. 418, dt. S. 372. Kyburg [1964] hat das übersehen: seine Behauptung, Poppers Intuitionen stimmten weitgehend mit denen Carnaps oder Kemenys überein (vgl. oben, Anm. 236), ist nicht weniger absurd, als wenn jemand behaupten wollte, zwei Wissenschaftler stimmten in einer Streitfrage weitgehend überein, weil sie ähnliche Formeln aufstellen, obwohl die *Deutung* der Symbole eine völlig verschiedene ist.
[258] Vgl. oben, Text vor Anm. 200.

8 Wandlungen des Problems der induktiven Logik

Die einfache Lösung des scheinbaren Konflikts ist die, daß Poppers Metrik nur einen beschränkten Aspekt der Bewährung statistischer Theorien mißt.

(1) Als erstes braucht man nur daran zu denken, daß in Poppers Formeln das Maß der Bewährbarkeit für jede echt universelle Theorie dasselbe ist, so daß eine Theorie mit wesentlich weniger empirischem Gehalt als eine andere nach dieser Analyse immer noch den gleichen zahlenmäßigen Bewährungsgrad wie diese erreichen kann.[259] Doch dann ist es so, daß Poppers zahlenmäßige Beurteilung der Bewährung statistischer Theorien nicht 'den Prüfbarkeitsgrad der Theorie berücksichtigt'[260] – also unbefriedigend ist. Will man ihn berücksichtigen, so könnte man an eine 'vektorielle Beurteilungsgröße' denken, die sich aus Poppers Gehalt *und* seinem 'Bewährungsgrad' zusammensetzt; doch dann ist die lineare Ordnung dahin, nicht zu reden von der Metrik.

(2) Poppers *Metrik* versagt aus einem zweiten, davon unabhängigen Grund. Seine Formel lautet ja

$$C(h, e) = \frac{p(e, h) - p(e)}{p(e, h) + p(e)}$$

Diese Formel liefert nach Popper eine Metrik, wenn h eine echt universelle statistische Theorie von der Form P(a,b) = r ist, wobei P seine 'propensity' (Verwirklichungstendenz) oder irgendeine andere objektive, physikalische Wahrscheinlichkeit ist, wobei ferner a Ereignisse (Ergebnisse eines Experiments) als Werte annimmt und b die Versuchsanordnung, den stochastischen Mechanismus oder die 'Population' der möglichen Ergebnisse bedeutet. Sein e ist eine 'statistisch aufgefaßte Formulierung von h' oder kurz 'ein statistisches Kondensat von h', das heißt, eine Aussage von folgender Form: 'In einer Stichprobe [von a's] der Größe n, die die Bedingung b erfüllt (die das Ergebnis einer Zufallsauswahl aus der Grundgesamtheit b ist), ist a in n(r±δ) der Fälle erfüllt.'[261] Das Experiment muß so angelegt werden, daß |p(e,h)−p(e)| durch das Ergebnis einen großen Wert erhält (das ist Poppers Forderung der Strenge).

Doch ich behauptete vorhin, es gebe gar keine *unbedingte* Wahrscheinlichkeit einer Hypothese (die von Null verschieden wäre); man könne nur *bedingte* Wahrscheinlichkeiten für partikuläre Hypothesen, gegeben eine Theorie, berechnen.[262] Wenn das richtig ist, dann ist die unbedingte Wahrscheinlichkeit von e gleich null, und C(h,e) = 1. Doch nach Popper gilt p(e) = 2δ ≠ 0.[263] Doch was Popper die 'unbedingte Wahrscheinlichkeit von e' nennt, ist in Wirklichkeit die bedingte Wahrscheinlichkeit von e, gegeben die Theorie h*, daß alle statistischen Kondensate von h mit derselben logischen Weite gleichwahrscheinlich seien. Poppers Ausdruck 'unbedingte Wahrscheinlichkeit' ist also irreführend; seine Formel sollte lauten:

$$C(h, e) = \frac{p(e, h) - p(e, h^*)}{p(e, h) + p(e, h^*)}$$

---

[259] Vgl. oben, Text vor Anm. 243.
[260] Popper [1934], Abschn. 82.
[261] Popper [1959], S. 410, dt. S. 363 f. Im Rahmen der jetzigen Diskussion stelle ich diese Theorie der Deutung statistischer Daten nicht in Frage.
[262] Vgl. oben, Abschn. 7, letzter Abs.
[263] Popper [1959], S. 410 f. und insbes. Anm. *4) auf S. 413, dt. S. 363 ff. u. insbes. Anm. *4) auf S. 366.

(Popper nennt auch irreführend $1-2\delta$ ein Maß für den Gehalt oder die Genauigkeit von e. Sei nämlich e die Aussage: 'In 1000 zufällig aus der Population b ausgewählten Fällen lautet das Ergebnis a in 500 ± 30 Fällen.' Nun sind Aussagen folgender Art lauter mögliche Falsifikatoren von e, und ihr Gesamtmaß ist gleich 1: (1) 'Die Population war b_1 (und nicht b)'; (2) 'Das Ergebnis war a_1 (und nicht a)'; (3) 'Die Auswahl war nicht zufällig'; (4) 'Unter 1000 zufällig ausgewählten Fällen aus b lautete in 328 Fällen das Ergebnis a'. Beschränkt man sich jedoch auf die 'rein statistischen möglichen Falsifikatoren' von der Art (4), wie es Popper in *dieser* 'Mitteilung' zu tun scheint, so kann man dieser kleineren Menge in der Tat das Maß $1-2\delta$ zuordnen; doch dann sollte man es lieber als ein 'Maß des rein statistischen Gehalts' von e bezeichnen.

Poppers Formel ist nun ein Spezialfall der allgemeinen Formel

$$C(h, e, h') = \frac{p(e, h) - p(e, h')}{p(e, h) + p(e, h')}$$

wo h' eine Prüfsteintheorie ist und e die Daten aus einer strengen Prüfung von h gegenüber h' sein müssen, das heißt, es muß möglich sein, daß $|p(e,h)-p(e,h')|$ einen Wert nahe bei 1 annimmt. *Doch ich werde zu zeigen versuchen, daß diese verallgemeinerte Form der Popperschen Formel nur dann von Interesse ist, wenn h' eine echte Konkurrenztheorie von wissenschaftlichem Gewicht ist und nicht bloß eine Laplacesche Rekonstruktion eines Zustands der Unkenntnis.*

Außerdem kann uns $C(h,e,h')$ lediglich sagen, h erkläre e besser als h', oder umgekehrt. Doch um das zu erfahren, braucht man nicht die Formel, sondern man braucht nur $p(e,h)$ und $p(e,h')$ zu betrachten: Man zieht von h und h' diejenige Hypothese vor, die ein gegebenes Datum e aus einer strengen Prüfung besser erklärt. Das ist im Grunde Fishers Methode des likelihood-Quotienten in Verbindung mit einer Popperischen Anlage der Experimente. Diese Methode soll keine absolute Metrik für alle h's, gegeben e, liefern, sondern nur die beste aus einer wohlbestimmten Klasse konkurrierender Hypothesen auswählen.[264] Man wird statistische Theorien höher schätzen, wenn sie mehrere *wirkliche* Konkurrenten von wissenschaftlichem Interesse besiegt haben; doch die zusammengefaßte Wirkung dieser Siege kann keine lineare Ordnung für *alle* statistischen Hypothesen abgeben, ganz zu schweigen von einer Metrik auf einer absoluten Skala.

Man darf nicht verkennen, daß jede absolute, universelle Metrik für die Bewährung von der willkürlichen Wahl *einer* ausgezeichneten Prüfsteintheorie für h abhängt. In Poppers dritter 'Mitteilung' scheint eine Gleichverteilung über die Stichproben zu h die Rolle dieser ausgezeichneten Prüfsteintheorie zu spielen; in den Arbeiten Kemenys und Oppenheims zum Beispiel spielt h eine ähnliche Rolle.[265]

Sobald man verschiedene Prüfsteintheorien (von wirklichem wissenschaftlichem Interesse) betrachtet, verschwindet die absolute universelle Metrik und macht einer bloß partiellen Ordnung Platz, die eine komparativ-qualitative Beurteilung konkurrierender Theorien liefert. Und genau das ist der entscheidende Unterschied zwischen der induktiven Logik und modernen statistischen Methoden. *Das Programm der induktiven Logik oder Bestätigungstheorie möchte eine universelle logische Bestätigungsfunktion mit einer absoluten Metrik aufstellen, die ihrerseits auf einer eindeutigen ausgezeichneten Prüfsteintheorie beruht. Diese hat*

---

[264] Vgl. z. B. die Ausführungen von Barnard in Savage u. a. [1962], S. 82 u. 84.
[265] Vgl. Kemeny und Oppenheim [1952], Theorem 18.

gewöhnlich die Form einer Laplaceschen Anfangsverteilung über die Sätze einer universellen formalen Sprache. Doch dieser atheoretische (oder, wenn man will, monotheoretische) Ansatz ist unbrauchbar, und das Programm einer absoluten, universellen Bestätigungsfunktion ist utopisch. *Moderne statistische Methoden versuchen bestenfalls einen Vergleich der empirischen Stützung wissenschaftlich miteinander konkurrierender Theorien.* Es ist schade, daß Popper, der 1934 viel von der Entwicklung der modernen Statistik vorwegnahm, 1957/58 eine universelle, absolute logische Metrik für statistische Theorien vorschlug – ein Gedanke, der dem allgemeinen Geist seiner Philosophie völlig fremd ist.

Beispiel. Wir wollen den Bewährungsgrad der Hypothese h berechnen, daß die 'propensity' (Wahrscheinlichkeit), daß die Größe der Kinder (eines bestimmten Alters) in indischen Familien mit steigender Kinderzahl in der Familie stark abnimmt, nahe bei 1 liegt.

Prüfsteintheorie sei die Hypothese h*, daß es keine derartige Korrelation gibt, sondern daß die Körpergröße unabhängig von der Familiengröße statistisch gleich ist. Nehmen wir weiter an, in Wirklichkeit sei die Größe der Kinder in allen existierenden Fällen umgekehrt proportional zur Größe der (indischen) Familien. Dann ist für jede hinreichend große Stichprobe $p(e,h)$ nahe bei 1 und $p(e,h^*)$ nahe bei 0, so daß jede größere Stichprobe eine strenge Prüfung von h gegenüber h* ist. Würden wir h* als *absolute* Prüfsteintheorie anerkennen, so müßten wir sagen, h sei sehr hoch bewährt: $C(h,e) \approx 1$.

Doch angenommen, es werde eine konkurrierende Theorie h' aufgestellt, nach der die Größe der Kinder – mit 'propensity' 1 – proportional zum mittleren täglichen Kalorienverzehr ist. Wie müßte eine strenge Prüfung von h gegenüber h' aussehen? Bezüglich unseres früheren e gälte $p(e,h) = p(e,h')$. Damit aber sind die Daten, die gegenüber der Prüfsteintheorie h* entscheidend waren, gegenüber der Prüfsteintheorie h' irrelevant geworden. Jetzt müssen wir als Prüfdaten Ereignisse e' nehmen, für die $|p(e',h)-p(e',h')|$ hoch wird. Solche Prüfdaten ergäben sich aus einer Menge gutgenährter und großer Familien, denn wenn h wahr und h' falsch ist oder umgekehrt, dann kann $|p(e',h)-p(e',h')|$ nahe bei 1 liegen. Dieses Experiment kann eine ganze Generation lang dauern, denn man müßte gutgenährte und große indische Familien heranziehen, die es nach unserer ursprünglichen Annahme heute nicht gibt. Doch nach dem Experiment könnte man $C(h,e',h') \approx 1$ erhalten, so daß h relativ zu h' entscheidend unterminiert wäre.[266])

Unser Beispiel zeigt, daß die Strenge von Prüfungen und der Bewährungsgrad von Hypothesen von der Prüfsteintheorie abhängen. Dieselbe Prüfung kann streng gegenüber einer Prüfsteintheorie und irrelevant gegenüber einer anderen sein; der Bewährungsgrad einer Hypothese kann hoch sein, wenn sie eine Prüfsteintheorie besiegt, und niedrig, wenn sie von einer anderen besiegt wird. Das Beispiel zeigt auch, daß große Mengen vorhandener Daten im Lichte bestimmter Konkurrenztheorien irrelevant sein können; doch eine kleine Menge gut geplanter strenger Prüfdaten kann entscheidend sein. Schließlich zeigt das Beispiel, wie hoffnungslos es ist, *absolute* Zahlenwerte für den Bewährungsgrad von h aufgrund von e gewinnen zu wollen.

Das alles ist eine Selbstverständlichkeit für den Popperianischen Philosophen und für den praktischen Statistiker; doch für den atheoretischen induktiven Logiker muß es ganz abwegig klingen.

---

[266]) So können strenge Prüfdaten einen 'Mangel an Identifizierbarkeit' aufheben. Vgl. Kendall und Stuart [1967], Bd. 2, S. 42.

9 Zur Popperianischen Geschichtsschreibung*¹)

Ist eine Theorie der wissenschaftlichen Vernunft zu eng, das heißt, sind ihre Maßstäbe zu hoch, dann erscheint in ihrem Lichte *zuviel* von der tatsächlichen Geschichte der Wissenschaft als unvernünftig – als Karikatur ihrer rationalen Rekonstruktion. Historiker, für die der wissenschaftliche Fortschritt das Musterbeispiel der Vernünftigkeit ist, neigen, wenn sie sich von einer zu engen Theorie der Vernünftigkeit leiten lassen, *entweder* dazu, die Geschichte abgemagert und verkürzt darzustellen, *oder* dazu, geschichtliche Tatsachen zu verdrehen, um die wirkliche Entwicklung der Wissenschaft besser mit ihrer Vorstellung von der Vernünftigkeit in Einklang zu bringen.¹) [Popper war gegen diese Versuchung nicht völlig gefeit.] Insbesondere wollte er zwei [historische] Tatsachen nicht zur Kenntnis nehmen: (1) 'Experimenta crucis' werden häufig zunächst als harmlose Anomalien eingestuft und nicht als 'Widerlegungen' (als 'entscheidend' werden sie gewöhnlich erst dann anerkannt, wenn sie die Unterstützung eines neuen Forschungsprogramms in einem siegreichen Kampf gegen das alte Programm erhalten haben); und (2) Alle wichtigen Theorien werden 'widerlegt' geboren. Die erste Tatsache nun ist im Lichte von Poppers Logik der Forschung unvernünftig: die *erste* bewährte Widerlegung muß methodologisch bereits entscheidend sein. Und die zweite Tatsache würde ebenfalls die – wenn auch noch so vorläufige – Anerkennung von Theorien zu etwas Irrationalem machen. [Es ist also kein Wunder, daß diese beiden Tatsachen bei Poppers rationaler Rekonstruktion der Wissenschaftsgeschichte eher in den Hintergrund treten.]

Popper macht Anomalien zu 'entscheidenden Experimenten' und übertreibt ihre Sofortwirkung auf die Wissenschaftsentwicklung. In seiner Darstellung erkennen die großen Wissenschaftler Widerlegungen bereitwillig an, und das ist die Hauptquelle ihrer Probleme. So behauptet er zum Beispiel – und übergeht damit Lorentz' Arbeiten nach 1905 –, das Michelson-Morley-Experiment habe die klassische Äthertheorie endgültig gestürzt, und er übertreibt auch seine Rolle bei der Entstehung der Einsteinschen Relativitätstheorie.²) (Frei-

---

*¹) Diese Arbeit entstand wahrscheinlich Mitte der sechziger Jahre und scheint ursprünglich Teil einer größeren Arbeit gewesen zu sein. Wir veröffentlichen hier die spätere von zwei verschiedenen Fassungen, die sich unter Lakatos' Manuskripten fanden. Wir haben aber einiges Material aus der anderen Fassung als Anhang beigefügt. Lakatos hielt bei dieser Arbeit umfangreiche Änderungen und Ergänzungen für nötig und hatte keine Pläne, sie in der jetzigen Form zu veröffentlichen. (D. Hrsgg.)
¹) Eine ähnliche Situation kann in der *Ethik* entstehen. Ein Historiker mit viktorianischen Moralvorstellungen wird entweder an der Rolle der Moral in der Geschichte verzweifeln oder von ihr eine der Heuchelei verfallene Rekonstruktion liefern.
²) Vgl. Popper [1934], Abschn. 30, und Popper [1945], Bd. 2, 15.3, Abs. 2. Er betonte, Einstein sei es nicht darum gegangen, Experimente zu erklären, die die klassische Physik 'widerlegten', und er 'hatte sich nicht ... vorgenommen, unsere Vorstellungen von Raum und Zeit zu kritisieren'. Aber das hatte er sehr wohl. Seine machistische Kritik unserer Vorstellungen von Raum und Zeit und insbesondere eine operationalistische Kritik des Begriffs der Gleichzeitigkeit spielten in seinem Denken eine wichtige Rolle.
* Vgl. aber Zahar [1973] und [1977]. (D. Hrsgg.)

lich hat Popper die Geschichte nie so stark entstellt wie Beveridge, der den Wirtschaftswissenschaftlern eine empirische Arbeitsweise dadurch nahezubringen versuchte, daß er ihnen Einstein als Beispiel vorhielt. Nach Beveridges falsifikationistischer Rekonstruktion ging Einstein bei seinen Arbeiten über die Gravitation 'von den Tatsachen aus [die nämlich die Newtonsche Theorie widerlegten], von der Bewegung des Planeten Merkur, von den unerklärten Aberrationen des Mondes'.³) In Wirklichkeit entstand natürlich die Einsteinsche Theorie der Gravitation (die 'allgemeine Relativitätstheorie') aus einem 'schöpferischen Wandel' in der positiven Heuristik seines Programms der speziellen Relativitätstheorie und ganz gewiß nicht aus Überlegungen zur Anomalie des Merkurperihels oder zu den Mondaberrationen.) Es braucht schon die vereinfachende Brille des naiven Falsifikationisten, um, mit Popper, zu behaupten, Lavoisiers klassische Experimente hätten die Phlogistontheorie widerlegt (oder dazu 'tendiert'), oder die Theorie von Bohr, Kramers und Slater sei durch die Comptonschen Experimente ausgeschaltet worden. Popper vereinfacht auch zu sehr die Widerlegung des Paritätsprinzips.⁴)

Außerdem ignoriert Popper die historische Tatsache, daß Theorien widerlegt geboren werden, und daß manche Gesetze trotz bekannter Gegenbeispiele weiter erklärt und nicht abgelehnt werden. Daher hat er kein Auge für Anomalien, die schon vor derjenigen bekannt waren, die später zum 'entscheidenden Gegendatum' gekrönt wurde. So meint er etwa, unrichtigerweise, 'weder Galileis noch Keplers Theorien waren vor Newton widerlegt'.⁵) Der Zusammenhang ist bezeichnend. Für Popper ist ein ganz wichtiges Verlaufsmuster des wissenschaftlichen Fortschritts die Situation, daß ein experimentum crucis eine Theorie unwiderlegt läßt und eine konkurrierende widerlegt. Doch in Wirklichkeit leiden bei den meisten, wenn nicht allen konkurrierenden Theorienpaaren beide Konkurrenten gleichzeitig bekanntermaßen unter Anomalien. Da Poppers Methodologie in solchen Situationen keine vernunftorientierte Anleitung zu bieten hat, erliegt er der Versuchung, die Verhältnisse so zu vereinfachen, daß seine Methodologie anwendbar wird.

Eine katastrophale Folge einer zu engen Methodologie ist die, daß sie, neben der Verkürzung der tatsächlichen Problemsituationen, *außerwissenschaftliche* – psychologische, soziologische – Erklärungen heranzieht, weil ihr System *innerwissenschaftlicher*, vernunftorientierter Erklärung zu früh versagt. Agassi zeigte in einer hochinteressanten Diskussion, wie die induktivistisch orientierte Geschichtsschreibung den hemmungslosen Spekulationen der Vulgärmarxisten Tür und Tor öffnet.⁶) Doch die von ihm befürwortete falsifikationistisch orientierte Geschichtsschreibung ist nur eine ungenügende Abhilfe. So öffnet etwa der Poppersche Grundsatz, eine Theorie nach dem 'entscheidenden Experiment' aufzugeben,⁷) jenen

---

³) Beveridge [1937]. Beveridge wollte mit dieser Geschichte der empirischen Wirtschaftswissenschaft ein Beispiel geben. Lipset wählte in seiner naiv falsifikationistischen Periode dieses Zitat von Beveridge als Motto seiner Arbeit [1963]. (Ironischerweise behielt er es in der 2. Auflage von 1966 bei, in der er erklärte, er habe sich vom Falsifikationismus abgewandt.)
⁴) Popper [1963a], S. 220, 239, 242f.
⁵) Ebenda, S. 246.
⁶) Agassi [1963], S. 23.
⁷) Wegen Poppers gelegentlichen Schwankens in diesem Punkt siehe Bd. 1, Kap. 1, Anhang, 3. Absatz, 1. Anm.

tendenziösen 'Wissenssoziologen' Tür und Tor, die die trotzdem weitergehende – und möglicherweise nicht erfolgreiche – Entwicklung des Programms als die unvernünftige, böswillige, reaktionäre Halsstarrigkeit der etablierten Autorität gegen die aufgeklärte revolutionäre Neuerung erklären wollen. Doch wie ich gezeigt habe, sind solche Rückzugsgefechte aus der Sicht meiner Methodologie der wissenschaftlichen Forschungsprogramme ohne weiteres *innerwissenschaftlich* erklärbar.

Von den Nachfolgern Poppers war es Agassi, der die große Aufgabe in Angriff nahm, die Konsequenzen der Popperschen Wissenschaftstheorie für die Geschichtsschreibung zu entwickeln. Das Ergebnis ist sein bekanntes Buch 'Towards an Historiography of Science' [1963]. Agassi liefert eine glänzende Kritik der induktivistisch orientierten Geschichtsschreibung, doch seine kritische Darstellung der konventionalistischen Geschichtsschreibung ist unbefriedigend, und der positive Teil seines Buches ist in Wirklichkeit ein vernichtendes Zeugnis für die falsifikationistisch orientierte Geschichtsschreibung.

Popper hat sich nie über Agassis Buch geäußert, das von den meisten Historikern als das maßgebende Popperianische Werk über die Geschichtsschreibung angesehen wird. Ich hoffe, er wird meine jetzige Kritik zum Anlaß nehmen, es entweder zu verteidigen oder sich davon zu distanzieren.

Für Agassi ist das wichtigste Problem der Geschichtsschreibung, 'wie Tatsachen entdeckt werden'.[8] Er behauptet, die Antwort hänge davon ab, wie man das Verhältnis zwischen der bestehenden Theorie und der zur Entdeckung führenden Beobachtung sieht. Nach den Baconisten ist dieses Verhältnis die Unabhängigkeit: zu der Entdeckung kommt es, wenn die Theorie (d. h. die Voreingenommenheit) ausgeschaltet ist. Entdeckungen sind die Abdrücke der Natur auf der tabula rasa des wissenschaftlichen Bewußtseins. Für die Whewellianer ist das Verhältnis die *Ableitbarkeit;* die Entdeckung kommt zustande, wenn eine neue Theorie auftaucht, die eine neue Tatsache voraussagt. Entdeckungen sind Verifikationen neuer Ideen. Nach den Popperianern ist das Verhältnis die *Unverträglichkeit:* die Entdeckung kommt zustande, wenn eine alte Theorie geprüft und widerlegt wird. Entdeckungen kann es nicht *vor* den Theorien geben, die von ihnen widerlegt werden: 'Alle Entdeckungen ... sind Widerlegungen früherer Theorien ... Nach Popper ist dies der Kernpunkt der ganzen Sache: ob nun eine Beobachtung aufgrund eines neuen Gedankens vorausgesagt worden ist (Whewell) oder nicht (Bacon), ihr Neuheits- und Überraschungswert hängt davon ab, daß sie einer vernünftigen wissenschaftlichen Theorie widerspricht.'[9]

Agassi behauptet, Bacon und Whewell hätten unrecht und Popper recht. 'Wenn die Poppersche Theorie falsch sein sollte, könnte sie durch die ... Auffindung eines Falles kritisiert werden, in dem eine wichtige Entdeckung nicht im Gegensatz zu einem ihr unmittelbar vorausgehenden wichtigen Gedanken steht.'[10] Das ist natürlich die Ankündigung eines historischen Forschungsprogramms, in das sich Agassi sodann mit großem Elan hineinstürzt. Er

---

[8] So der Titel seiner Arbeit [1959]; doch es scheint ihm eigentlich darum zu gehen, wie *wichtige* Tatsachen entdeckt werden. Agassis ganze Behandlung leidet etwas unter einer Vermengung von Faktischem und Normativem. 'Entdeckung' ist ein normativer, nicht bloß ein faktischer Begriff. Man kann eine Tatsache beobachten und sogar beschreiben, ohne eine 'Entdeckung' zu machen; 'Entdeckung' bedeutet, daß die Tatsache auch wichtig ist.
[9] Agassi [1963], S. 64.
[10] Ebenda.

nimmt sich einige Tatsachenentdeckungen vor und rekonstruiert die Theorien, die von ihnen geprüft wurden und denen sie widersprachen, die aber durch die Baconsche Tradition in den Hintergrund gedrängt worden waren. Doch er bemerkt nicht, daß die Poppersche Auffassung, wie er sie versteht, auch anders kritisiert werden könnte: aufgrund der Häufigkeit von Anomalien, das heißt, von Beobachtungen, die in seinem Sinne einer Theorie widersprachen und trotzdem *keine* 'echte Entdeckung'[11]) abgaben. Um diese Kritik richtig zu würdigen, muß man zwei Gesichtspunkte beachten.

Erstens muß das Normative an dem Begriff der [Tatsachen-]Entdeckung herausgestellt werden; man kann es nicht in der metaphysischen Dunkelheit von Qualifikationen wie 'echt' lassen. Eine Tatsachenentdeckung ist eine *echte* oder *wichtige* – so möchte ich sagen –, wenn sie zu einer erheblichen Veränderung der allgemeinen Problemsituation führt, wenn sie die vernünftige Problemwahl verändert, wenn sie das Kräfteverhältnis zwischen zwei konkurrierenden Forschungsprogrammen verändert. Dann wäre zum Beispiel weder die Entdeckung der Anomalie des Merkurperihels im Jahre 1831 noch das Michelson-Morley-Experiment von 1887 eine *echte* Entdeckung. *Zweitens* ist zu beachten, daß unsere Beurteilung einer Entdeckung als *echt* eine vernünftige ist; ruft eine Tatsachenentdeckung eine Massenbekehrung hervor, so hat sie deswegen noch kein *vernünftiges* Gewicht. Man muß abwarten, ob die spektakuläre Wirkung vernünftig war – und das ist nur im langfristigen Rückblick möglich.[12])

Ich habe gezeigt, daß Agassi die gewichtigste Form der Kritik seiner Auffassung der Geschichtsschreibung übersehen hat;[13]) jetzt wollen wir seine historischen Falluntersuchungen betrachten und werden sehen, wie er das geschichtliche Material zurechtknetet, um es seiner Theorie anzupassen.

(1) Agassis erstes Beispiel ist 'der Irrtum von Hertz [im Jahre 1887], der seine eigene Entdeckung des photoelektrischen Effekts unterbewertete'.[14]) Agassis Problem ist, warum nach der Entdeckung und Beschreibung des Effekts durch Hertz bis zu der Arbeit Einsteins aus dem Jahre 1905 niemand sich dafür interessierte. Seine Lösung: Hertz 'beging einen logischen Fehler: er glaubte, der Effekt sei mittels der Maxwellschen Theorie als Resonanzeffekt erklärbar'.[15]) Erst Einstein 'zeigte, daß [der Effekt zur] Maxwellschen Theorie im Gegensatz stand'.[16])

Doch einen logischen Fehler hat nicht Hertz, sondern Agassi begangen. Daß ein Effekt im Rahmen eines Programms erklärbar sei, ist ein methodologisches Ermessensurteil und kein harter logischer Tatbestand. Und wenn man unter dem photoelektrischen Effekt das Herausschlagen von Elektronen durch Photonen versteht, dann war die Entdeckung dieser 'Tatsache' vor Millikan und Einstein gar nicht möglich. Hertz beobachtete lediglich durch Zufall einen unerklärlichen elektrischen Strom. Ein solcher kann nicht mit dem Maxwellschen Programm logisch unverträglich sein; das war erst das Einsteinsche Programm mit seiner

---

[11]) Agassi [1959], S. 2.
[12]) Vgl. Bd. 1, Kap. 1, 3(d4).
[13]) Diese Form wird natürlich erst im Lichte der Methodologie der wissenschaftlichen Forschungsprogramme deutlich.
[14]) Agassi [1963], S. 64.
[15]) Agassis Behauptung, Hertz habe den Effekt für einen Resonanzeffekt gehalten, ist falsch. Die Resonanztheorie entstand erst nach Millikan: vgl. Richtmeyer u. a. [1955], S. 98.
[16]) Agassi [1963], S. 64.

Theorie der Photonen und ihrer Wechselwirkungen mit Elektronen. Zu Hertz' Zeit bestand einfach keine Unverträglichkeit, sondern er beobachtete eine bloße Anomalie.[17]) Die *Entdeckung* kam auf Whewellsche Art zustande: als eine *Bestätigung* für ein neues Forschungsprogramm, das das Maxwellsche ablöste (und ihm widersprach). Wenn Agassi die Nichtbeachtung der Hertzschen Beobachtung mit Hertzens Mangel an logischer Genauigkeit erklärt, so ist das einfach falsch. Meine Erklärung lautet so: eine unbedeutende Anomalie wurde zu einer wichtigen Entdeckung, als sie im Lichte eines neuen theoretischen Systems als eine Tatsache über Photonen und Elektronen neu verstanden wurde.

(2) Nach Agassi wurde das Michelsonsche Experiment sofort als eine wichtige Entdeckung begrüßt. Doch es *widerlegte* lediglich die Äthertheorie, *verifizierte* aber damals nichts. '*Damit*', behauptet Agassi, '*brach die gesamte Philosophie der Verifikation zusammen.*'[18]) Man fragt sich, ob Agassi jemals Michelson gelesen hat. Michelson sagte, er habe die Theorie von Stokes bewiesen. Außerdem war er jahrelang darüber bedrückt, daß seine Experimente und seine Folgerungen unbeachtet blieben; wenn Agassi behauptet, das Experiment habe von sich aus eine 'ungeheure Wirkung'[19]) als Falsifikation gehabt, so ist das Unsinn.

(3) An anderer Stelle erwähnt Agassi auch die Entdeckung der Kernspaltung durch Hahn und *Meitner* als eine Entdeckung, die eine Theorie widerlegt habe, ohne eine andere zu verifizieren: ein 'spektakulärer Fall von Erwartungswidrigkeit'. (Ich nehme an, er meint das Experiment von Hahn und *Strassmann*.) Doch in Wirklichkeit war alles ganz anders. Hahn und Strassmann entdeckten nicht 'die Kernspaltung', sondern daß sich durch Beschuß von Radium unerklärlicherweise Barium zu bilden schien. Erst Meitner und Frisch deuteten die Hahn-Strassmann-Anomalie als Kernspaltung, und diese Deutung wurde von Bohr und Kalckar zu einer unabhängig prüfbaren Hypothese entwickelt. Diese wiederum wurde von Frisch und vielen anderen bestätigt.[20])

Agassi ist von dem Problem fasziniert, warum Tatsachenentdeckungen den Entdecker *überraschen;* er hält das für eine Widerlegung des Whewellschen Gedankens, daß große Tatsachenentdeckungen Verifikationen seien. Doch abgesehen von der beschränkten Bedeutung der psychologischen Reaktionen der Wissenschaftler auf Vernünftigkeitserwägungen, beschreiben Agassis Überraschungsbeispiele in meinen Augen zufällig entdeckte Anomalien, wie sie jeden Tag auftreten; erst spätere Neudeutungen erheben einige von ihnen – darunter die von Agassi angeführten – zu entscheidenden Experimenten. Doch der Ausdruck '*Tatsachenentdeckung*' mit seinem normativen Gehalt muß auf die 'Neuinszenierung' des Experiments im Lichte eines neuen, konkurrierenden Programms beschränkt bleiben, wenn man nicht in der Wissenschaftsgeschichte die tausende geringfügiger Anomalien ver-

---

[17]) Eine Definition von 'Anomalie' findet sich in Bd. 1, Kap. 1, 3(d), vorletzte Anm. vor (d1).
[18]) Agassi [1959], S. 3; vgl. auch Agassi [1963], S. 64.
[19]) Agassi [1959], S. 4.
[20]) Die Geschichte wird richtig erzählt bei Richtmyer u. a. [1955], S. 539–541, und vor allem bei Wehr und Richards [1960], S. 305. *) Lakatos ist hier nicht ganz deutlich; vielleicht möchte er darauf hinaus, daß die Bedeutung einer Entdeckung unter Umständen erst einige Zeit nach der ersten Durchführung des Experiments erkannt wird, mit dem dann die Entdeckung verbunden wird; und wenn das richtig ist, dann dürfte es die Behauptung unterminieren, daß die Bedeutung von Entdeckungen davon abhängt, daß sie bereits bestehende Theorien widerlegen. (S. auch die Bemerkungen zu Oersted in der Herausgeberanmerkung unten, nach Anm. 24.) (D. Hrsgg.)

ewigen will, die ihre Entdecker in hysterische Begeisterung versetzten – und anschließend völlig vergessen wurden.

(4) Agassis Lieblings-Falluntersuchung ist Oersteds Entdeckung des Elektromagnetismus. Das ist verständlich – sie pflegt als eine der großen *Zufalls*entdeckungen angeführt zu werden.[21]) Erst in neuester Zeit wurde behauptet, sie sei vielmehr eine große Whewellsche Entdeckung, und zwar von jemandem, der sich sein Leben lang um den Nachweis der wesentlichen Einheit der elektrischen und magnetischen Kräfte bemühte.[22]) Agassi möchte zeigen, daß beide Darstellungen falsch seien: Oersteds Entdeckung entsprang aus seinem plötzlichen Entschluß, die Newtonsche Theorie zu prüfen, daß alle Kräfte Zentralkräfte seien, von deren Richtigkeit er bis dahin fest überzeugt gewesen war,[23]) Und dieser Entschluß ward auf der Stelle durch eine unsterbliche Entdeckung belohnt – daß diese Theorie Newtons falsch war. Die Entdeckung war für ihn 'so erschreckend, daß er sie einige Monate lang nicht veröffentlichte; er war völlig verwirrt'.[24]) Leider ist Agassis Geschichtsdeutung, streng genommen, unprüfbar. Man wird nie herausfinden, was in Oersteds Kopfe vor sich ging, als er im letzten Augenblick jene berühmte Änderung seiner Schaltung vornahm. Doch es gibt mehrere Gesichtspunkte, die Agassis Deutung unterminieren.

Erstens: Wenn sich Oersted so klar darüber war, daß er den Newtonschen Panzentrismus widerlegt hatte, warum hat er das in keiner seiner sehr genauen Darstellungen der Sache gesagt? Warum hat er nie die Newtonianische Deutung des Effekts durch Ampère kritisiert? Und schließlich: Agassis Behauptung, Oersted sei verwirrt gewesen und habe sein Ergebnis monatelang nicht veröffentlicht, ist ein Produkt von Agassis Phantasie. Nach dem vorliegenden klaren Material war er hocherfreut und machte sofort eine Kurzmitteilung.*[2]) Und auch Agassis Behauptung, Oersted sei Newtonianer und fest davon überzeugt gewesen, daß

---

[21]) Z. B. Lenard [1933], S. 186.
[22]) Z. B. Stauffer [1957].
[23]) Nach Agassi [1963], S. 72, war 'Oersted eine Art Newtonianer'.
[24]) Agassi [1959], S. 4.
*[2]) Um Agassi nicht Unrecht zu tun, sollte nicht unerwähnt bleiben, daß sich die hier von Lakatos angegriffene Behauptung nur in seiner kurzen (und 'populären') Arbeit [1959] findet. In seiner Monographie [1963] (siehe z. B. S. 74) vertritt er eine völlig andere Auffassung, nämlich daß Oersted seine Entdeckung in Wirklichkeit erst im Juli 1820 gemacht habe (und nicht einige Monate früher, wie gewöhnlich angenommen wird). Da Oersted kurz danach veröffentlichte, gibt es keine 'monatelange Verzögerung' mehr. Oersteds eigene Darstellung (in seiner 'Autobiographie', zit. bei Stauffer [1957], S. 49 f.) ist völlig eindeutig. Er unterscheidet zwischen seiner Entdeckung, daß der elektrische Strom *irgendeine* Wirkung auf die Magnetnadel hat, und seiner Entdeckung des 'Gesetzes für die Wirkung'. Die erste Entdeckung soll im Rahmen der berühmten Vorlesung Anfang 1820 gemacht worden sein. Zwischen *dieser* Entdeckung und der Veröffentlichung im Juli 1820 gab es eben eine mehrmonatige Verzögerung. Doch genau im Juli 1820 hatte Oersted nach seiner eigenen Darstellung die Überzeugung gewonnen, er habe das 'Gesetz für die Wirkung' entdeckt. (Oersted sagt ausdrücklich, er habe sich 'beeilt', zu veröffentlichen, nachdem er das Gesetz entdeckt hatte.) Oersted erklärt die Verzögerung damit, daß er die Experimente wiederholt habe, die Anfang 1820 'nur eine schwache Wirkung' zeigten. Das wiederum erklärt er damit, daß er 'mehrere Monate lang mit täglichen Routinearbeiten belastet' gewesen sei und 'eine gewisse Neigung hatte, langsam zu tun und seine freien Augenblicke in der Welt der Gedanken zu verbringen' (ebenda). (D. Hrsgg.)

alle Kräfte Zentralkräfte seien – ein unentbehrlicher Bestandteil von Agassis Erklärung für Oersteds angebliche Überraschung –, dürfte reine Phantasie sein.[25])

(5) Als letztes möchte ich Agassis Behandlung der Entdeckungen Galvanis und Röntgens erwähnen. In diesen Fällen hat er keine Ahnung, wie die widerlegte Theorie zu rekonstruieren wäre. Im Falle Galvanis begnügt er sich mit Empfehlungen: 'Der Versuch dürfte interessant sein, Galvanis tiefe Gedanken zu rekonstruieren und zu zeigen, daß sie zu einer enttäuschten Erwartung bezüglich des Froschschenkels führten, so daß also die Entdeckung die Widerlegung dieser tiefen Gedanken war, deren Inhalt er nicht mitgeteilt hat.'[26]) Im Falle Röntgens behauptet er selbstsicher: 'Röntgen *hat irgendwelche* Hypothesen über die Eigenschaften der *verschiedenen* Ausstrahlungen der Kathodenröhren geprüft.'[27]) Hier wird die Geschichtsschreibung zur falsifikationistischen Metaphysik!

Nach meiner Auffassung freilich hatte weder Galvanis noch Röntgens 'Entdeckung' *unmittelbare* Bedeutung. Röntgen selbst glaubte Längsschwingungen des Äthers 'entdeckt' zu haben.[28]) Erst in der *Rückschau kann* eine 'Entdeckung' zu einer wirklichen Entdeckung werden, nämlich wenn sie in einem voranschreitenden Forschungsprogramm einen Ort gewinnt. Wenn nicht, so kann sie, womöglich für immer, im Kuriositätenkabinett der Wissenschaftsgeschichte stehen bleiben. Wenn Agassi seinen Ansatz völlig ernst nähme, so hätte er jenen Astronomen aus der Anonymität heraus und zu wissenschaftlichem Ruhm verhelfen müssen, die zuerst Abweichungen von den Keplerschen Ellipsen und später von den Newtonschen Bahnen beobachteten; oder all jenen, die Hunderte von Zufallsbeobachtungen über Strahlung, Fluoreszenz, außersinnliche Wahrnehmung usw. veröffentlichten, die alle 'vernünftigen' wissenschaftlichen Theorien widersprachen. Für Agassi ist es einer der Hauptvorzüge des (naiven) Falsifikationismus, daß man auf der Stelle weiß, daß man etwas gelernt hat. Er verachtet diejenigen sehr, die 'hinterher klug sind'.[29]) In meinen Augen ist er hier ein Utopist.

Das alles zeigt, so hoffe ich, die Hinfälligkeit von Agassis falsifikationistischer Deutung der Tatsachenentdeckungen oder des Lernens aus der Erfahrung. Agassi läßt nicht den geringsten Zweifel daran, daß sich sein historisches Interesse deshalb auf Tatsachenentdeckungen konzentriert, weil er glaubt, daß die Wissenschaft aus der Erfahrung lerne, und daß dies dadurch geschehe, daß man mit Hilfe der Erfahrung bisherige Theorien widerlegt. Diese Auffassung führt zu einem radikalen Um-Schreiben der Geschichte im Namen eines abwegigen Vernünftigkeitsgrundsatzes, nämlich daß Theorien bei Entdeckung widriger Tatsachen aufzugeben seien, und daß die Wissenschaftsgeschichte die Geschichte des einfachen

---

[25]) Ich finde es ironisch, daß Pearce Williams, ein Fachhistoriker, in seiner Besprechung sagt, Agassis 'Analyse der Oerstedschen Entdeckung des Elektromagnetismus hat zwar nur Vermutungscharakter, erhellt aber dieses epochemachende Ereignis wesentlich'. In meinen Augen ist Agassis Analyse ein Rückschritt gegenüber Stauffer.
[26]) Agassi [1963], S. 66.
[27]) Ebenda, S. 67; Hervorhebungen von mir.
[28]) Röntgen [1895]. Röntgen war nur ein mittelmäßiger Physiker; seine glückliche Entdeckung erhielt durch die umfangreiche technische Anwendung der Röntgenstrahlen viel zuviel Gewicht. Da in Agassis Geschichtsdarstellung Zufallsentdeckungen als kritische Geniestreiche rekonstruiert werden, werden mittelmäßige Glückspilze zu ganz großen Entdeckern.
[29]) Vgl. z. B. Agassi [1963], S. 48–51.

Versuchs und Irrtums sei, der Theorie und des widerlegenden Experiments. Diese Theorie der Vernünftigkeit – und des Lernens – ist zweifellos ein großer Fortschritt gegenüber einigen älteren Theorien, die ich in meinen früheren Arbeiten 'Popper$_1$' zuschrieb, dem naiven Falsifikationisten. Doch Popper enthält auch Elemente eines noch fortgeschritteneren, Whewellianischen 'Popper$_2$', und das wird von Agassi übersehen.[30])

Anhang: Über den 'Ultra-Falsifikationismus'

Nach den 'Ultra-Falsifikationisten' (zu denen Popper gewiß nie gehört hat) ist der einzige vernünftige Grund, eine Theorie abzusetzen, ihre experimentelle Niederlage; und ein negatives experimentelles Ergebnis, das eine Theorie widerlegt, mündet gewissermaßen in *den* Nachfolger. Diese Auffassung ist ein Nachhutgefecht der antispekulativen Konservativen. Für die Ultra-Falsifikationisten ist es unvernünftig, sich auf eine Theorienvielfalt einzulassen, ehe die herrschende Theorie durch ein entscheidendes Experiment auf den Rücken gelegt worden ist. Und auch dann, so meinen sie, darf man keine freischwebenden, phantastischen Quixoterien in die Welt setzen; die Spekulation des wahren Wissenschaftlers ist *orientierte* Vermutung, und woran sonst könnte sich eine Vermutung orientieren als an dem entscheidenden Experiment selber? Die Entwicklung der Wissenschaft folgt nicht einem einfachen Darwinschen Schema blinder Mutationen und natürlicher Auslese. Die 'Mutationen' dürfen nicht blind sein, sondern müssen auf die Erklärung des Wahrheitsgehalts der widerlegten Theorien *und* der widerlegenden Daten zielen. Es muß also eine *ständige und sofortige* Wechselwirkung zwischen Experiment und Theorie geben. So haben für den antispekulativen Ultrafalsifikationisten die Rutherfordschen Experimente zur Streuung von Alphastrahlen das Thomsonsche homogene Atommodell 'widerlegt' und buchstäblich *gezeigt* – beinahe sozusagen experimentell bewiesen –, daß die Atome weitgehend leer sind, ja daß sie winzige Planetensysteme sind. Der Ultrafalsifikationist gibt vielleicht zu, daß auch die Balmer-Formeln, womöglich ohne die Rutherfordschen Experimente, zum Bohrschen Programm 'geführt' haben könnten; doch er würde darauf bestehen, daß ohne die Rutherfordschen oder Balmerschen 'Tatsachen' die ganze theoretische Entwicklung einfach undenkbar gewesen wäre.

Man sollte nicht vergessen, daß gedeutete Tatsachen in der Entwicklung der Wissenschaft zwei sehr verschiedene Funktionen haben. Sie können zur Prüfung bereits vorhandener Theorien dienen und ihnen Bewährung verschaffen oder sie unterminieren; diese Funktion gehört zur Logik der Forschung. Oder sie können neue Theorien anregen; diese Funktion gehört zur Psychologie der Forschung. Doch auch Visionen und Träume können Anregungen liefern. In der Logik der Forschung – der Beurteilung von Theorien – spielt die Herkunft der Theorien keine Rolle; und in der Psychologie der Forschung und der Heuristik spielen Experimente eine viel geringere Rolle, als die meisten glauben.

Der antispekulative Falsifikationismus hat eine erhebliche Rolle bei der historischen Mißdeutung von entscheidenden Experimenten gespielt. Kommen wir auf die Entstehung von Einsteins spezieller Relativitätstheorie zurück. Nach der gemeinen Meinung hat Mi-

---

[30]) Agassi erkannte später, daß das Lernen gelegentlich zur Annullierung der 'Beobachtung' statt der Theorie führt. Doch mit dieser Erscheinung konnte er einfach nichts anfangen. Vgl. Agassi [1966].

chelson die Äthertheorie endgültig widerlegt und Einstein sozusagen bei der Hand genommen und geradewegs zur Relativitätstheorie geführt: 'Daß Michelson die Bewegung der Erde durch einen lichtfortpflanzenden Äther nicht finden konnte, *führte* Einstein zur Relativitätstheorie.'[31] Nach Planck hat das Michelsonsche Experiment der modernen Physik die Relativitätstheorie 'nahegelegt oder sogar aufgezwungen'.[32] Doch in Wirklichkeit kannte Einstein weder das Michelson-Morley-Experiment noch seine Erklärung durch Lorentz. Diese neuerdings überzeugend belegte Tatsache[33] ist den antispekulativen Falsifikationisten höchst fatal, und es gibt einen langwierigen Streit über die Verläßlichkeit von Einsteins autobiographischen Aussagen.

Ein hochinteressantes Dokument in diesem Streit ist die Arbeit von Grünbaum [1961]. Grünbaum stützt seine Behauptung auf eine Stelle in der berühmten Arbeit von Einstein [1905], die von 'erfolglosen Versuchen, irgendeine Bewegung der Erde relativ zu dem 'Lichtmedium' (Äther) zu finden' spricht. Grünbaum meint:

'Es ist gewiß die Beweislast aller jener Historiker der Relativitätstheorie, die die heuristische Rolle des Michelson-Morley-Experiments *bestreiten*, uns *konkret* zu sagen, an welche *anderen* 'erfolglosen Versuche, irgendeine Bewegung der Erde relativ zu dem 'Lichtmedium' zu finden', Einstein hier gedacht haben soll. Dieser Pflicht hätte sich auch der reife *sich erinnernde* Einstein selbst stellen sollen, als er die Aussage Polanyis autorisierte [daß Einstein 1905 das Michelson-Morley-Experiment nicht kannte].'

Doch die Stelle in Einsteins Arbeit könnte sich auf die lange Reihe von Experimenten beziehen, die die Auswirkungen der Bahngeschwindigkeit der Erde auf irdische optische Erscheinungen prüfen sollten, nämlich von Fizeau, Respighi, Hoek, Airy und Maskart, zwischen 1850 und 1872.[34]

Grünbaum interessiert sich nicht bloß für die historischen Einzelheiten. Er findet es absurd, zu meinen, 'wirkliche experimentelle Ergebnisse hätten überhaupt keine Rolle gespielt, als sich [Einstein] zum Relativitätsprinzip durcharbeitete'. 'Dann' – meint Grünbaum – 'erhöbe sich ernstlich die Frage, ob die theoretischen Vermutungen Einsteins als wirklich besser orientiert – statt bloß glücklicher – angesehen werden können als die abwegigen Phantasien jener donquixotischen Wissenschaftler, deren Namen vergessen sind.'

Diese antispekulative Auffassung hat erheiternde Auswirkungen. 1960 schrieb Bernard Jaffe ein Büchlein über Michelson, den er sehr als den Mann bewunderte, dessen 'Ätherwindexperimente den Ätherbegriff aus der Physik verbannten'.[35] Er schrieb an Einstein und fragte ihn, was er Michelson verdanke. Einsteins Antwort lautete:

'Es besteht kein Zweifel, daß das Michelsonsche Experiment insofern erheblichen Einfluß auf meine Arbeit gehabt hat, als es meine Überzeugung von der *Gültigkeit* des speziellen Relativitätsprinzips bestärkte. Freilich war ich davon schon ziemlich überzeugt, *ehe* ich dieses Experiment und sein Ergebnis kannte. Auf jeden Fall hat das Michelsonsche Experiment *praktisch jeden Zweifel* über die Geltung des Prinzips in der Optik *beseitigt* und gezeigt, daß eine tiefgehende Veränderung der Grundbegriffe der Physik unvermeidlich war.'[36]

---

[31] Gamow [1966], S. 37; Hervorhebung von mir.
[32] Planck [1929], S. 207.
[33] Vgl. Holton [1960].
[34] Vgl. Whittaker [1951].
[35] Jaffe [1960], S. 1.
[36] Ebenda, S. 100 f.; Hervorhebungen von mir.

Jaffe fand auch den Text einer kleinen Bankettansprache Einsteins aus dem Jahre 1931 in Pasadena, in der er sich an – den damals 80jährigen – Michelson mit folgenden Worten wandte:

'Sie haben die Physiker auf neue Wege geführt, und mit Ihren großartigen experimentellen Arbeiten haben Sie der Entwicklung der Relativitätstheorie den Weg geebnet. Sie haben einen tückischen Fehler in der damaligen Form der Äthertheorie des Lichts entdeckt und die Ideen von H. A. Lorentz und FitzGerald angeregt, aus denen sich die spezielle Relativitätstheorie entwickelte. Ohne Ihre Arbeit wäre diese Theorie heute kaum mehr als eine interessante Spekulation; erst Ihre *Verifikationen* haben die Theorie auf eine reale Grundlage gestellt.'[37])

Jaffe kommt zu dem Ergebnis: 'Einstein hat seine Theorie öffentlich auf das Michelsonsche Experiment zurückgeführt.'[38]) Doch Jaffe hat die von ihm zitierten Texte mißverstanden. Einstein läßt nicht den geringsten Zweifel, daß er die Arbeiten Michelsons als eine Bewährung seines Programms ansah und somit als eine wichtige Bestärkung seiner Arbeit *nach* 1905, daß sie aber mit seiner Arbeit *vor* 1905 in seinen Augen nicht das geringste zu tun hatte.

Es stimmt also nicht, daß Einstein durch die Michelsonschen Experimente zu seiner speziellen Relativitätstheorie 'geführt' wurde. Auch seine Theorie der Gravitation (die 'allgemeine Relativitätstheorie') erwuchs aus der positiven Heuristik seines Programms der speziellen Relativitätstheorie und nicht aus der Widerlegung der Newtonschen Gravitationstheorie durch die Anomalie des Merkurperihels!

Der Grund für meine Kritik des konservativen 'Ultra-Falsifikationismus' in dieser Arbeit ist nicht, daß ich Popper für einen Vertreter des 'Ultrafalsifikationismus' hielte, sondern daß seine Auffassung keine genügende Grundlage für dessen Kritik bietet, denn auch er überschätzt die Rolle empirischer Widerlegungen in der vernünftigen Entwicklung der Wissenschaft als eine zu unmittelbare.

---

[37]) Ebenda, S. 167f.; Hervorhebung von mir.
[38]) Ebenda, S. 101. Grünbaum [1963], S. 381, zitiert diese Aussage zustimmend und mißdeutet (S. 380) auf ähnliche Weise Einstein [1915].

10 Anomalien oder 'entscheidende Experimente'
(Eine Erwiderung an Adolf Grünbaum)*)

Einleitung

Ich danke Adolf Grünbaum für seine Kritik der 'antifalsifikationistischen' Züge meiner Methodologie der wissenschaftlichen Forschungsprogramme, und ich bin froh über die Gelegenheit zu einer Erwiderung. Als erstes muß ich versuchen, ein grundlegendes Mißverständnis aufzuklären. Meine Arbeit begann mit der Frage: 'Wie und was lernen wir des genaueren über wissenschaftliche Theorien aus dem Experiment?'[1]) Später kommt dann meine, wie Grünbaum sie nennt, 'provozierende Behauptung': 'Man kann nicht aus der Erfahrung die Falschheit irgendeiner [wissenschaftlichen] Theorie entnehmen.'[2]) Versteht man nun unter 'Theorie' eine 'Aussage, die (fehlbar) eine Tatsache widerspiegelt', dann ist meine Behauptung wegen der (erkenntnistheoretisch unüberbrückbaren) Kluft zwischen Tatsache und Aussage alles andere als provozierend, sondern eine orthodoxe Binsenwahrheit. Sie besagt: Wenn experimenta crucis eine experimentelle *Widerlegung* liefern sollen, dann kann es keine experimenta crucis geben. Wenn ich eine provozierende Behauptung aufgestellt habe, dann ist es eine stärkere, nämlich daß kein experimentelles Ergebnis, für sich allein genommen, jemals eine 'Theorie' *zum Erliegen bringen* kann, sei es in meinem Sinne (daß es unvernünftig wäre, weiter an ihr zu arbeiten) oder im Sinne Grünbaums (daß das Experiment unser vernünftiges Für-richtig-Halten in ein vernünftiges Für-unrichtig-Halten verwandeln sollte). Das heißt, es gibt auch in keinem dieser beiden schwächeren Sinne 'entscheidende Experimente'.

1 Es hat in der Wissenschaft keine entscheidenden Experimente gegeben

Ich habe meine negative Auffassung bezüglich der 'experimenta crucis' in verschiedenen Arbeiten zwischen 1968 und 1971 dargelegt und ausgebaut, und ich habe auf unserem Penn-Symposion versucht, sie (freilich mit Dutzenden von Rückverweisen) auf eine

---

*) Diese Arbeit ist ein Beitrag zu einer Diskussion zwischen Lakatos und Grünbaum über das experimentum crucis. 1973 hielt Lakatos einen Vortrag an der Pennsylvania State University (veröffentlicht als Lakatos [1974d]), auf den Grünbaum erwiderte. Die vorliegende Arbeit ist Lakatos' Antwort darauf. Grünbaums Erwiderung, die Teil einer größeren Arbeit mit dem Titel 'Falsifiability and Rationality' ist, blieb unveröffentlicht, doch er hat freundlicherweise genehmigt, daß hier Lakatos' Zitate aus dieser Arbeit wiedergegeben werden (die Stellenangaben sind Seitenzahlen des Schreibmaschinenmanuskripts Grünbaums [1973]). Sie geben aber nicht unbedingt Grünbaums jetzige Auffassungen wieder. Lakatos betrachtete die hier veröffentlichte Arbeit als einen Rohentwurf. Seine einleitende Fußnote lautet: 'Ich möchte für die konstruktive Kritik an *früheren* Fassungen danken, die mir von Peter Clark, Colin Howson, John Watkins, John Worrall sowie auch von Adolf Grünbaum zuteil wurde.' (D. Hrsgg.)

[1]) Lakatos [1974d], S. 309.
[2]) Ebenda, S. 310.

Formel zu bringen.³) Nach meiner Auffassung lernt die Wissenschaft nicht einfach aus Vermutungen und Widerlegungen. *Die reife Wissenschaft ist kein Verfahren des Versuchs und Irrtums, bestehend aus isolierten Hypothesen und ihren Bestätigungen oder Widerlegungen.*⁴) *Die großen Leistungen, die großen 'Theorien' sind keine isolierten Hypothesen oder Tatsachenentdeckungen, sondern Forschungsprogramme. Die Geschichte der großen Wissenschaft ist eine Geschichte der Forschungsprogramme und nicht des Versuchs und Irrtums oder der 'naiven Vermutungen'.*⁵) Kein einzelnes Experiment kann eine besonders gewichtige oder gar 'entscheidende' Rolle für das Verhältnis zwischen konkurrierenden Forschungsprogrammen spielen. Natürlich bestreite ich nicht, daß die Wissenschaftler gelegentlich, meist aus der Rückschau, den Ehrentitel 'experimentum crucis' gewissen Experimenten verleihen, die in einem Programm befriedigend erklärt werden konnten und in einem anderen weniger befriedigend (d. h. nur ad hoc).⁶) Ich bestreite auch nicht, daß einige Experimente eine entscheidende psychologische Wirkung in dem Zermürbungskrieg zwischen zwei Programmen haben und den Zusammenbruch des einen und den Sieg des anderen *herbeiführen* können.⁷) Eine Anomalie kann durchaus lähmend auf die Phantasie und die Entschlossenheit der Wissenschaftler wirken, die in dem von ihr betroffenen Forschungsprogramm arbeiten;⁸) ich habe aber behauptet, daß keine dieser Anomalien, ob sie nun 'experimentum crucis' heißen oder nicht, objektiv entscheidend sind. Wo der Falsifikationist ein entscheidendes negatives Experiment sieht, da 'sage' ich 'voraus', daß es keines gab. Ich sage voraus, daß man hinter jedem angeblichen schicksalhaften Einzelduell zwischen Theorie und Experiment als historische Tatsache einen komplizierten Zermürbungskrieg zwischen zwei Forschungsprogrammen⁹) finden wird, in dessen Verlauf man für jeden gegebenen Zeitpunkt das Stärkeverhältnis der beiden Armeen (d. h. den Vorrat an theoretischen Vorstellungen und den empirischen Erfolg)

---

³) Es handelt sich um meine Arbeiten [1968c], [1971c] sowie Bd. 1, Kap. 1, 2 u. 3. Smart [1972] hat mir, ich fürchte mit Recht, meine Vorliebe für alle möglichen Verweise auf eigene Arbeiten vorgehalten, die die Lektüre erschweren. Diese Darstellungsweise möchte ich alles andere als verteidigen, den jeweiligen Inhalt aber sehr wohl.
⁴) Würden isolierte Hypothesen wissenschaftliche *Leistungen* ausmachen, so müßte man zum Beispiel Hegel als großen Naturwissenschaftler und Vorläufer von Einstein ansehen, weil er irgendetwas über die Wechselbeziehung von Raum und Zeit gemunkelt hat.
⁵) Vgl. Lakatos [1976c], insbes. Kap. 1, Abschn. 7.1–3. Diese Behandlung der informalen Mathematik hat klare Konsequenzen für die wissenschaftliche Erklärung.
⁶) Eine Behandlung von drei verschiedenen Arten der Ad-hoc-haftigkeit findet sich bei Lakatos [1968c], S. 375–390, insbes. S. 389, Anm. 1, sowie in Bd. 1, Kap. 1, 3(d4), Abs. 3, letzte beide Anmerkungen, und Abs. 5, Anmerkung.
⁷) Vgl. die Unterscheidung – und die damit verbundene Arbeitsteilung – zwischen inner- und außerwissenschaftlicher Geschichte nach Bd. 1, Kap. 2, sowie Kap. 6 des vorliegenden Bandes, Mitte von Abschn. 2(a).
⁸) Vgl. meine Behandlung des Merkurperihels, des Michelson-Morley-Experiments, des Experiments von Lummer und Pringsheim und der angeblichen experimenta crucis für einige Theorien des Beta-Zerfalls in Bd. 1, Kap. 1. Die interessante Arbeit von Holton [1969], die erschien, während meine Arbeit [1970a] im Druck war, stützt ebenfalls meine Schlußfolgerungen (nicht aber, wie ich fürchte, Holtons eigene): vgl. Zahar [1973].
⁹) Vgl. z. B. Bd. 1, Kap. 1, 2(a), viertletzter Abs.

angeben kann. Ich habe auch ein historisches Forschungsprogramm vorgeschlagen (und begonnen), das all dies prüfen soll.[10])

Meine Auffassung hat klare Konsequenzen für eine Theorie des *wissenschaftlichen* Lernens.[11]) Das alte Problem – wie und was lernen wir wissenschaftlich aus der Erfahrung? – wird auf neue Art gelöst: *In der Wissenschaft* lernen wir aus der Erfahrung nicht etwas über die Wahrheit (oder Wahrscheinlichkeit) und auch nicht über die Falschheit (oder Unwahrscheinlichkeit) von 'Theorien', sondern Vergleichendes über das empirische Voranschreiten oder Degenerieren wissenschaftlicher Forschungsprogramme.

Diese Lösung bedeutet eine methodologische und erkenntnistheoretische Problemverschiebung: Das Problem der Beurteilung und des Lernens selbst wird neu aufgefaßt, 'verschoben', und der Ausdruck 'wissenschaftliche Theorie' wird neu gedeutet ('expliziert') als 'wissenschaftliches Forschungsprogramm'.[12])

Grünbaum setzt in seiner Arbeit meiner These so gut wie nichts entgegen. Hätte er sie auch nur einigermaßen ernsthaft in Frage stellen wollen, so hätte er mindestens ein *konkretes geschichtliches Beispiel* eines sogenannten entscheidenden Experiments heranziehen und zeigen müssen, daß es die in seinem Schema beschriebene Rolle spielt. Doch das versucht er nicht einmal. Ja, im letzten Abschnitt seiner Arbeit kann er gar nicht genug betonen, er habe das Michelson-Morley-Experiment nie als ein 'entscheidendes' betrachtet. Im ersten Teil seiner Arbeit erwähnt er auch, diejenigen hätten sich geirrt, die die Experimente Pasteurs von 1862 für 'entscheidend' hielten und die endgültige Niederlage des Gedankens der Entstehung von Leben aus Unbelebtem verkündeten. Meine früheren Arbeiten enthalten viele weitere solche Beispiele. Aber weshalb ist dann Grünbaum mit meiner Auffassung *nicht einverstanden?*

Das zeigt sich erst im zweiten Teil seiner Arbeit, vor allem in dem Abschnitt '*Kritik des universellen falsifikationistischen Agnostizismus*'.[13]) Er hätte es '*Eine Verteidigung des Gelegenheits-Falsifikationismus*' nennen können, denn er behauptet, *mindestens in gewissen Ausnahmefällen könnten Anomalien entscheidende negative Experimente bilden* und Theorien zu Fall bringen.[14]) Ich möchte zunächst seine *speziellen* angeblichen Gegenbeispiele gegen meine These von der Nichtexistenz von entscheidenden Experimenten untersuchen und anschließend seine *allgemeine* Kennzeichnung dieser Ausnahmen.

---

[10]) Eine allgemeine Behandlung dieses historischen Forschungsprogramms findet sich in Bd. 1, Kap. 2.
* Einige Beiträge zu dem Programm finden sich bei Howson [1976]. (D. Hrsgg.)
[11]) Vgl. z. B. Bd. 1, Kap. 1, 2(c), Anm. 128.
[12]) Zu der Beziehung zwischen methodologischen und erkenntnistheoretischen Seiten des Problems vgl. insbes. Bd. 1, Kap. 3.
[13]) Ich muß den Leser immer wieder daran erinnern, daß ich neben meiner negativen These bezüglich der 'entscheidenden' Experimente auch eine neue Theorie der wissenschaftlichen Beurteilung vorgelegt habe und Poppers Totalvernichtung des Induktivismus kritisiere. Daher finde ich es irreführend, *meine* Auffassung als 'universellen Agnostizismus' zu bezeichnen.
[14]) Da der *universelle* Falsifikationismus ins Wanken geraten ist, pflegen sich die Falsifikationisten auf den Gelegenheits-Falsifikationismus zurückzuziehen: Sie versuchen, unbedeutende Anomalien von entscheidenden negativen Experimenten abzugrenzen. So versuchte kürzlich Noretta Koertge, eine besondere Klasse 'akuter Anomalien' zu definieren. (Vgl. Koertge [1971]; s. aber Lakatos [1971c], S. 177f.) Popper beginnt jetzt zwischen 'eigentlichen' und 'gewöhnlichen Nichtübereinstimmungen' zu unterschei-

10 Anomalien oder ‚entscheidende Experimente'

Grünbaums spezielles Gegenbeispiel ist folgendes:
'Angenommen, ein oder mehrere schon erfolgreich gewesene Theoretiker entwickelten eine Theorie, in der eine Aerodynamik mit einer reichen Palette kühner, noch nicht geprüfter Voraussagen enthalten ist. Aus dieser Theorie T möge folgen, daß jede Art von Flugkörper in der Erdatmosphäre *physikalisch unmöglich* ist, insbesondere auch von Menschen gesteuerte Flugkörper. Dann dürfte doch folgen: AUSSER WENN WIR ALLE STÄNDIG HALLUZINIEREN, können diejenigen von uns, die zu gewissen Zeiten nicht halluzinieren, zu diesen Zeiten weder von der Erde aus Flugzeuge, Luftschiffe, Ballons, Hubschrauber u. ä. in der Luft beobachten, noch können sie sich selbst zu diesen Zeiten als durch die Luft fliegend beobachten. Unsere zentrale Hypothese H ist hier die aerodynamische Unmöglichkeit von Flugkörpern, und der einschlägige Teil des Hintergrundwissens oder der Hilfsinformation A besagt, daß mindestens zu gewisser Zeit einige von uns *nicht* halluzinieren und dieses jeweils feststellbar ist. Schließlich besagt die einschlägige widrige Beobachtungsaussage oder sogenannte Basis-Tatsachenaussage, daß einige nicht halluzinierende Beobachter doch funktionierende Flugkörper sehen, oder, wenn man so will, daß es doch Flugkörper gibt. Man beachte: Indem so aufgrund der Beobachtung die Existenz von Flugkörpern behauptet wird, obliegt dieser Basis-Tatsachenaussage *nicht* die komplizierte theoretische Aufgabe, anzugeben, ob dieser oder jener der besagten Flugkörper schwerer als Luft oder leichter als Luft ist.

Ich meine, daß dieses Beispiel die beiden Aufforderungen von Lakatos an mich erfüllt. Seine Basis- oder Beobachtungsaussage ist verläßlich mindestens in dem Sinne, daß sie *sehr* viel eher wahr als falsch ist, und sie behauptet eine widrige Tatsache. Lakatos selbst kam zu dem Kongreß, auf dem wir unsere Referate hielten, in mindestens einem Flugzeug von London, genau so gewiß – jedenfalls qualitativ gesprochen –, wie ich *nicht* Napoleon bin. Und die Hilfsinformation, daß *einige* von uns mindestens zeitweise *nicht* halluzinieren, erfüllt doch wohl die Forderung, jedenfalls im qualitativen Sinne so wahrscheinlich zu sein, daß es keinen vernünftigen Zweifel an ihr geben kann. Übrigens geht man davon aus, daß diese Forderung in Gerichtsverhandlungen erfüllbar ist. Doch in Verbindung mit der sehr wahrscheinlichen Hilfsinformation folgt aus der zentralen Hypothese H von der aerodynamischen Unmöglichkeit der Flugkörper eben dies, daß kein wirklicher nicht halluzinierender Beobachter jemals einen funktionierenden Flugkörper sehen kann – welcher Aussage unsere verläßliche Basis-Beobachtungsaussage widerspricht.

den. 'Die erste eigentliche Nichtübereinstimmung kann [eine Theorie] widerlegen.' Doch nach seiner Auffassung widerlegt zwar ein schwarzer Schwan die Aussage 'alle Schwäne sind weiß', doch das Merkurperihel ist eine 'äußerst geringe Abweichung' von der Newtonschen Theorie und widerlegt sie *nicht*. Aber was für ein *allgemeines Kriterium* soll es für 'eigentliche' und widerlegende gegenüber 'äußerst geringen' und nicht widerlegenden Abweichungen geben? (Vgl. Popper [1971a], S. 9.) In demselben Interview sagt er: 'Eine Theorie gehört zur empirischen Wissenschaft, wenn angegeben wird, was für Ereignisse man als Widerlegung anerkennen würde.' Doch dann muß er *entweder* mit einem *allgemeinen Kriterium* eigentliche Abweichungen von scheinbaren abgrenzen *oder* 'eigentliche Abweichungen' für jede einzelne Theorie ad hoc angeben. Doch letzteres Vorgehen dürfte kaum dem Polanyismus entgehen können, denn woher sollte diese Stückwerk-Abgrenzung kommen als aus der Autorität des Fachwissenschaftlers? (Vgl. Bd. 1, Kap. 2, (2(c).) Musgrave [1973] erkennt das Problem und definiert den Falsifikationismus so um, daß nun Anomalien *eine* der vielen Ursachen von Problemen sind. Ich kenne keinen einzigen Wissenschaftstheoretiker (selbst Polanyi eingeschlossen), der das bestritten hätte. Wenn das alles ist, was vom naiven Falsifikationismus übrigbleibt, dann kann man ihn getrost ad acta legen. (Popper [1972], Kap. 2, Abschn. 5, Anm. 5, beantwortet meine Kritik auf eine Art, die durchblicken läßt, daß er *jetzt sein allgemeingültiges Abgrenzungskriterium aufgegeben hat* und vom Wissenschaftler nur noch verlangt, daß er für seine Theorie stets ad hoc wenigstens einen möglichen Falsifikator nach eigener Wahl angeben soll. Er scheint behaupten zu wollen, das sei für psychoanalytische Theorien *nicht möglich*. Warum eigentlich nicht?)

Zweitens meine ich, daß dieses Beispiel gerade wegen seiner Hergeholtheit ein besonders gutes Gegenbeispiel gegen Lakatos' sehr starke Behauptungen ist. Denn man beachte doch, daß die Theorie T, die die Existenz von Flugkörpern negiert, vernünftigerweise mit zumindest qualitativ überwältigender Wahrscheinlichkeit als falsch abgestempelt werden kann, und zwar *ohne daß man warten müßte*, bis das Forschungsprogramm, zu dem T gehört, zu degenerieren oder Rückschritte zu machen beginnt, wie Lakatos fordert.'[15])

Die erste interessante Eigenschaft von Grünbaums 'Gegenbeispiel' gegen meine These ist, daß es *einen völlig imaginären Fall beschreibt*. Heißt das, daß er in der vorliegenden Wissenschaftsgeschichte kein experimentum crucis gefunden hat? Die Wissenschaftsgeschichte ist ja so reichhaltig, daß die Tatsache, daß Grünbaum kein *wirkliches* Beispiel vorgelegt hat, den historisch orientierten Philosophen bereits verdächtig stimmen sollte.[16])

Trotzdem *können* imaginäre Beispiele wichtig sein. Doch leider sagt Grünbaum sehr wenig über seine Theorie T. Wir wissen von ihr lediglich, daß sie zu einem *theoretisch voranschreitenden* Forschungsprogramm R gehört; daß sie auf eine 'reiche Palette kühner Voraussagen' verweisen kann; daß sie aber auch eine 'absurde' Konsequenz hat, nämlich daß es keine Flugkörper geben kann.[17]) Doch wenn das Grund genug zur Ablehnung von T sein soll, dann hätte man die Kopernikanische Theorie ablehnen müssen, denn sie hatte die ebenso absurde Konsequenz, daß unsere friedliche, feste Erde nichts anderes als ein fliegender, sich drehender Apparat war, der wild um die Sonne kreiste; und die Newtonsche Theorie hätte abgelehnt werden müssen, als nämlich gezeigt war, daß nach ihr das Planetensystem in einem Menschenalter in die Sonne hineinstürzen mußte. (Wenn Grünbaum meint, Theorien wie T könnten 'in Gerichtsverhandlungen' für falsifiziert erklärt werden,[18]) dann sollte er daran denken, daß die Kopernikanische Theorie vom Gerichtshof der Heiligen Inquisition aufgrund eben dieses Kriteriums für falsifiziert erklärt wurde.)

Grünbaums 'Gegenbeispiel' hat also nicht die geringste Beweiskraft gegen meine Behauptung der Nichtexistenz entscheidender Experimente. Die besten Forschungsprogramme sind dadurch gekennzeichnet, daß bei ihrer Entstehung ihr harter Kern mit gewissen 'Tatsachenaussagen' und Hilfshypothesen, die damals anerkannt waren, unverträglich war. Das heißt, *alle* großen Forschungsprogramme ähnelten dem Grünbaumschen Beispiel: Bei ihrer Entstehung 'vergewaltigten sie die Sinne', sie schlugen dem damaligen 'Tatsachenwissen' und der bewährten theoretischen Erkenntnis ins Gesicht. Trotzdem gerieten sie nicht ins Abseits. Auch Grünbaums T braucht nicht ausgemustert zu werden. Wäre Grünbaums

---

[15]) Grünbaum [1973], S. 62 f.

[16]) Ich habe stets in Anlehnung an Kant behauptet: (1) *Wissenschaftsgeschichte ohne Wissenschaftstheorie ist blind*, und (2) *Wissenschaftstheorie ohne Wissenschaftsgeschichte ist leer*. (Vgl. Crombie [1963], S. 458, wo mich Hanson dahingehend zitiert; sodann Lakatos [1963/64], S. 3 [[entspr. [1976c], Einleitung, dt. S. IX]], sowie Bd. 1, Kap. 2, erster Satz.) Grünbaum scheint mit dem ersten Punkt einverstanden zu sein, nicht aber mit dem zweiten.

[17]) Daß R voranschreitend *und* mit Anomalien belastet ist, läßt sich – entgegen Grünbaums Behauptung – auf der Stelle ('ohne daß man warten müßte') sagen. Eines aber kann man nicht sofort wissen: wann, *wenn überhaupt*, die Wissenschaftler die Anomalie als 'experimentum crucis' zu bezeichnen beginnen. Doch das ist sicher eine Frage der außerwissenschaftlichen Geschichte, die für die rein normative Diskussion zwischen Grünbaum und mir ohne Bedeutung ist.

[18]) Vgl. Grünbaum [1973], S. 63.

Quasi-Falsifikationismus[19]) befolgt worden, so hätte es keinen wissenschaftlichen Fortschritt gegeben. Und wenn Grünbaum behaupten sollte, es habe zwar noch nie experimenta crucis gegeben, doch es werde welche geben, dann ist sein Standpunkt gewiß provozierender als der meinige.

2 Die Unmöglichkeit von Grünbaumschen entscheidenden Experimenten und die Möglichkeit, den Fortschritt der Wissenschaft ohne sie zu beurteilen

Grünbaum fordert mich auf, einen *allgemeinen Beweis* vorzulegen, daß entscheidende Experimente grundsätzlich unmöglich seien. Er schreibt:

'Lakatos' universeller falsifikationistischer Agnostizismus scheint mir *zumindest nichtssagend* zu sein, weil er keinen allgemeinen Beweis geliefert hat, der die Existenz *jedweden* Tripels zusammen unverträglicher Aussagen H, A und O' mit folgenden Eigenschaften *ausschlösse*: (I) Mindestens im qualitativen, komparativen Sinne der Mehr oder Weniger, der *nicht* unbedingt verlangt, daß *jedem* Mitglied des Tripels im quantitativen Sinne ein genauer zahlenmäßiger Bewährungsgrad zugeordnet wird, ist die *anfängliche Bewährung* von H sehr viel niedriger als die anfängliche Bewährung von A und die sich daraus ergebende Bewährung von O'; und (II) A und O' sind beide mindestens in dem Maße bewährt, daß beide *so außerordentlich viel eher wahr als falsch sein dürften, daß an ihnen kein vernünftiger Zweifel möglich ist.* Ich behaupte: Gibt es solche zusammen unverträgliche Tripel, dann ist es wenigstens im allgemeinen *vernünftig,* stark zu vermuten, daß das entsprechende H falsch ist, und es wäre *unvernünftig,* A zu negieren, um H aufrechtzuerhalten.'[20])

Nach Grünbaum gilt also: (1) Es gibt Tripel H, A und O', die seine beiden Bedingungen erfüllen; und (2) *Wenn es sie gibt, dann* 'ist es wenigstens im allgemeinen *vernünftig,* stark zu vermuten, daß das entsprechende H falsch ist, und es wäre *unvernünftig,* A zu negieren, um H aufrechtzuerhalten'.

Nun bestreite ich Grünbaums Voraussetzung (1), und auch seine Folgerung (2) *in jedem interessanten Sinne.*

(1) Ich habe an anderer Stelle eingehend zu zeigen versucht, daß Vergleiche der Bewährung nur in (sehr seltenen) Fällen möglich sind, in denen eine Theorie eine andere überrundet hat – in denen also die beteiligten Theorien *Konkurrenten* sind.[21]) Wenn das richtig ist, dann sind die Bewährungsgrade von Grünbaums H, A und O' nicht vergleichbar, da keine Konkurrenz besteht.[22]) Dann aber gibt es keine Grünbaumschen Tripel.

---

[19]) Mir ist unklar, warum Grünbaum unbedingt den treffenden Kuhnschen Ausdruck 'naiver Falsifikationismus' durch 'Quasi-Falsifikationismus' ersetzen möchte. Doch wie dieser Falsifikationismus auch heißen mag, er bleibt naiv und utopisch.

[20]) Grünbaum [1973], S. 59; Hervorhebungen z. T. von mir. (H ist die zu prüfende Hypothese, A die Menge der einschlägigen Hilfstheorien und O' die Beschreibung eines auf den ersten Blick widerlegenden Experiments.)

[21]) Vgl. Kap. 8 des vorliegenden Bandes, insbes. 6(c), (1), Text nach Anm. 199. Wie kann man vernünftigerweise z. B. behaupten, die Mendelsche Genetik sei besser oder schlechter bewährt als die Theorie des Beta-Zerfalls?

[22]) Natürlich ist mir klar, daß die induktiven Logiker versuchen, Maßfunktionen zu konstruieren, die solche Vergleiche auch zwischen Theorien auf sehr verschiedenen Gebieten ermöglichen sollen; doch mittlerweile sollte die Degeneration dieser Programme der Konstruktion induktiver Logiken offensichtlich geworden sein.

(2) Nehmen wir nun einmal rein hypothetisch an, es gebe eine brauchbare induktive Logik, die den Aussagen H, A und O' Bewährungswerte auf Grünbaumsche Art zuordnet.[23])

Stellen wir uns, wieder rein hypothetisch, vor, die Bewährungsgrade der drei Hypothesen seien folgende: $c(H,e) \approx 0$, $c(A,e) \approx 1$ und $c(O',e) \approx 1$, wo e die Gesamtheit der verfügbaren Daten ist. (Ist H der harte Kern eines Programms und A die Hilfszone, so wäre O' eine 'Anomalie' für das Programm.) Stellen wir uns nun vor, ein Wissenschaftler ersetze A durch A', wobei A ein Grenzfall des allgemeineren A' sei (A und A' seien unverträglich[24])), und H und A' sollen einige neue Tatsachen richtig voraussagen. In meinen Augen ist *diese Ersetzung ein Fortschritt* (eine 'fortschrittliche Problemverschiebung'), auch wenn H und A' und O' wiederum unverträglich sind. Grünbaum wird gewiß zugeben, daß dann der Fortschritt dadurch erzielt wurde, daß unvernünftigerweise H 'aufrechterhalten' und A 'negiert' wurde. Dann aber ist das 'vernünftige Für-richtig-Halten' für den Wissenschaftler bedeutungslos!

Meine Argumente bilden nicht den von Grünbaum geforderten logisch fugendichten 'allgemeinen Beweis'. Ein solcher *Beweis* läßt sich natürlich niemals liefern. Erstens kann man, was (1) betrifft, jeder endlichen Menge von Aussagen immer auf widerspruchsfreie Weise Bestätigungswerte zuordnen. Mein Argument, daß alle Programme der induktiven Logik, die sich dieses Ziel gesetzt haben, degeneriert seien, ist kein streng logischer *Beweis*, daß keine induktive Logik jemals Erfolg haben wird. Was (2) betrifft, so könnte Grünbaum mein Argument durchaus anerkennen, aber meine Deutung seiner Ausdrücke 'vernünftige Vermutung der Falschheit' und 'unvernünftiges Aufrechterhalten' ablehnen. *Er kann sich auf den Standpunkt stellen, wenn der Wissenschaftler 'stark die Falschheit von H vermutet', sollte er sich dadurch nicht allzustark stören lassen und sein (auf H beruhendes) Programm trotzdem entwickeln.* Er kann sagen, er würde den Wissenschaftler nie davon abbringen wollen, an einem diskreditierten H zu arbeiten. Und in der Tat schreibt er später in seiner Arbeit: 'Laurens Laudan und Philip Quinn haben mich unabhängig voneinander darauf hingewiesen, daß man hier den Unterschied zwischen der Vernünftigkeit oder Unvernünftigkeit des *Für-richtig-Haltens* einer Hypothese einerseits und der Vernünftigkeit oder Unvernünftigkeit der *Ausführung* irgendwelcher vorläufiger Forschungsarbeiten über sie andererseits beachten muß.'[25]) Ganz gewiß. Aber der 'Unterschied' wird dann zwischen zwei überflüssigen, irrelevanten Dingen gemacht. Denn (1) *spielen Für-richtig-Halten und Für-unrichtig-Halten, ob vernünftig oder unvernünftig, bei der vernünftigen Beurteilung der Wissenschaft nicht die geringste Rolle, und die umfangreichen Arbeiten von Grünbaum (und anderen), die Grade des vernünftigen Glaubens (oder*

---

[23]) Grünbaum behauptet, man könne Werte so zuordnen, daß in ihrem Lichte 'A und O' beide mindestens in solchem Maße bewährt sind, daß beide so viel eher wahr als falsch sind, daß sie nicht mehr vernünftig angezweifelt werden können'. Selbst induktive Logiker haben starke Zweifel, ob die induktive Logik die Lösung des Humeschen Problems auch nur annähernd so weit bringen kann. (Vgl. z. B. Salmon [1966], S. 132.)
[24]) Das heißt, der Grenzfall ist gewöhnlich ein 'idealer', *den Tatsachen widersprechender,* wie das 'ideale' Gas.
[25]) Grünbaum [1973], S. 87.
[26]) Für den einzelnen ist es gewöhnlich *klug*, alle seine Forschungs-Eier in *einen* Korb zu packen, in dem Sinne, daß es unklug wäre, ein Programm zu schnell aufzugeben; die Methoden eines ernsthaften Forschungsprogramms zu erlernen, kostet einen viele seiner besten Jahre.

vielmehr vernünftige Grade des Glaubens) an wissenschaftliche Theorien definieren wollen, sind völlig zwecklos; und (2) hat noch niemand eine Theorie der Vernünftigkeit für den einzelnen Wissenschaftler aufgestellt, die ihm sagte, an welchem von verschiedenen konkurrierenden Forschungsprogrammen er arbeiten sollte, oder ob und wann er ein eigenes beginnen sollte. Dazu hat Grünbaum nur zu sagen, es 'wäre unklug, alle seine Forschungs-Eier in einen Korb zu packen'.[26] Aber daß das Monopol eines Paradigmas nicht wünschenswert sei, das war natürlich schon die Popperianische Hauptkritik an Kuhns Ansatz von 1962;[27] und diese triviale Aussage hilft dem einzelnen Wissenschaftler bei seinen Entscheidungen *nicht im geringsten*. Wenn Grünbaum – wie jetzt der Fall – bereit ist, vernünftiges Für-richtig-Halten und vernünftige Beurteilung zu trennen, dann ist der *zweite* Teil seiner Argumentation, nämlich (2), richtig, aber in einem uninteressanten Sinne. Und die Logik allein kann nicht *beweisen*, daß ein (widerspruchsfreies) philosophisches Unternehmen uninteressant sei. Doch man kann *argumentieren* – wenn auch nicht mit unerbittlicher deduktiver Logik –, das Unternehmen sei bedeutungslos oder vielleicht sogar schädlich. Ehe ich das etwas ausführlicher tue,[28] möchte ich kurz meine Auffassungen über *praktische Empfehlungen* klarlegen.

Anmerkung. Ein weiterer Gesichtspunkt: Ich gebe durchaus die Existenz von Tripeln H, A und O' zu, derart, daß A und O' besser bewährt sind als irgendeiner ihrer jeweiligen Konkurrenten, und daß keines überrundet worden ist – aber natürlich ist bei keinem 'vernünftiger Zweifel unmöglich'. Ich gebe zu, daß die Unverträglichkeit von H, A und O' ein Problem ist, da ich die deduktive Logik respektiere und die Widerspruchsfreiheit als regulatives Prinzip anerkenne. Es fragt sich dann, *welche* der drei Aussagen weichen soll, damit die Widerspruchsfreiheit wiederhergestellt wird. Da ich den Vergleich der Bewährungsgrade von H, A und O' für unmöglich halte, ist für mich *keine der drei Aussagen bevorzugter Anwärter auf 'voranschreitende' (nicht-ad-hoc-hafte) Ersetzung.*

3 Über praktische Empfehlungen

Grünbaum legt mir anhand eines anderen imaginären Beispiels ein Problem des praktischen Handelns vor. Da sei ein keimendes Forschungsprogramm, das eine neue, verläßlichere Unterscheidungsmethode zwischen akuter Leukämie und Mononukleose entwickeln soll.[29] Es gebe ein altes, einigermaßen erfolgreiches Programm und ein neues, aussichtsreiches, das aber keine 'nennenswerte Bewährung [seiner] Spekulation' enthält, also nach meinen Kriterien degeneriert.[30] Grünbaum fragt: Angenommen, aus den beiden konkurrierenden Forschungsprogrammen ergeben sich entgegengesetzte Empfehlungen, welcher soll man in der medizinischen Praxis folgen? Er ist 'gespannt, wie Lakatos' Auffassung der wissenschaftlichen Vernünftigkeit in einem solchen Falle urteilt'.[31] Nun, ich habe das Problem der

---

[27] Vgl. in erster Linie Watkins [1970], S. 34 ff. Daß der theoretische Pluralismus wünschenswert ist, folgt auch unmittelbar aus Feyerabends 'erkenntnistheoretischem Anarchismus' wie auch aus meiner 'Methodologie der wissenschaftlichen Forschungsprogramme'.
[28] Vgl. unten, Abschn. 4.
[29] Vgl. Grünbaum [1973], S. 64.
[30] Es könnte befremden, daß nach meinen Definitionen ein 'keimendes' Programm 'degenerieren' kann. Doch leider ähneln sich jugendliches und greisenhaftes Verhalten erheblich, wofür viele heutige Jugendbewegungen reiches Anschauungsmaterial liefern.
[31] Grünbaum [1973], S. 65.

praktischen Empfehlung in mehreren Arbeiten einigermaßen ausführlich behandelt. Meine praktische Empfehlung ist: Man sollte jeweils nach den 'vertrauenswürdigsten' oder 'verläßlichsten' Theorien auf dem betreffenden Gebiet handeln.[32]) Wir gewinnen das System des 'verläßlichsten' Wissens *aus dem System der wissenschaftlichen Erkenntnis*. Dieses aber ist aufgrund von Anomalien stets widerspruchsvoll: Jeder Wissenschaftler akzeptiert ('akzeptiert$_1$' und 'akzeptiert$_2$') eine *widerspruchsvolle* Aussagenmenge, mit der er arbeitet: Er 'eliminiert' weder den harten Kern noch die Hilfstheorien oder die falsifizierbaren Formen des Programms oder die Anomalien. Das '*System des [verläßlichsten oder] technischen Wissens*' hingegen ist *widerspruchsfrei*, denn es entsteht jeweils aus dem 'System der wissenschaftlichen Erkenntis' durch ad-hoc-Beschneidung der Forschungsprogramme; jeder angewandte Wissenschaftler im Jahre 1900 akzeptierte ('akzeptierte$_3$') die Newtonsche Astronomie nur zum Teil, nämlich dann nicht, wenn sie auf Fälle wie das Merkurperihel angewandt wurde. Der angewandte Wissenschaftler (z. B. der medizinische Praktiker) 'arbeitet' also 'mit' einem widerspruchsfreien System wissenschaftlicher Erkenntnisse.[33])

Grünbaum scheint meine Unterscheidung zwischen wissenschaftlich-methodologischem 'Akzeptieren$_1$' und 'Akzeptieren$_2$' einerseits und praktischem 'Akzeptieren$_3$' andererseits übersehen zu haben.[34]) An diesem Punkt muß ich mit allem Nachdruck feststellen, daß Grünbaum meine Auffassung auf höchst seltsame Weise mißversteht. Er schreibt mir einen 'erkenntnistheoretischen Asketizismus' zu,[35]) als hielte ich nicht das Einsteinsche Programm für erkenntnistheoretisch besser als das Newtonsche, oder als stellte ich die griechische Mythologie und die Quantenphysik erkenntnistheoretisch auf eine Stufe. Das ist natürlich das *genaue Gegenteil* meiner Auffassung. Nachdem ich die Schwäche von Poppers reinem Wissenschaftsspiel aufzuzeigen versucht hatte,[36]) liefert meine Methodologie der wissenschaftlichen

---

[32]) Zum Begriff der 'Vertrauenswürdigkeit' oder 'Verläßlichkeit' (oder 'Annehmbarkeit$_3$') s. Kap. 8 des vorliegenden Bandes, Abschn. 6c.

[33]) S. ebendort wegen der Begriffe 'Akzeptieren$_1$', 'Akzeptieren$_2$', 'Akzeptieren$_3$' und der Entgegensetzung 'wissenschaftlicher' und 'technischer' Erkenntnissysteme. Doch der Leser möge nicht vergessen, daß das 'System des technischen Wissens' aus dem 'System der wissenschaftlichen Erkenntnisse' mittels ad-hoc-hafter (gehaltvermindernder) Strategien hergestellt wird. Kein Zweifel, je weniger man behauptet, desto ungefährlicher. Doch dann hat die *praktische* Vernünftigkeit bei der Herstellung des 'Systems des technischen Wissens' nichts mit der wissenschaftlichen Vernünftigkeit bei der Herstellung des 'Systems der wissenschaftlichen Erkenntnisse' zu tun. Auch ist es 'das Wahrscheinlichere', daß alles technische Wissen, das jemals vom Menschen hergestellt worden ist und werden wird, falsch ist, auch wenn es 'funktioniert'.

[34]) Der Abschnitt über 'Handeln und vernünftige Mutmaßungen der Erkenntnis' in Grünbaums Arbeit zeigt, daß er meine Verteidigung eines 'Induktionsprinzips' als Grundlage des Handelns nicht kennt. Vgl. Kap. 8 des vorliegenden Bandes, Abschn. 1 u. 3, sowie auch Bd. 1, Kap. 3, Abschn. 2(b), wo ich 'Forschungsprogramm' statt 'Theorie' sage.

[35]) Vgl. Grünbaum [1973], S. 68.

[36]) Grünbaum nennt meine Auffassung 'Ablehnungsphilosophie' – als betrachtete ich die Wissenschaft *lediglich* als ein Spiel ohne erkenntnistheoretische Relevanz. Doch in Wirklichkeit überlagere ich dem Wissenschaftsspiel ein vermutungshaftes Induktionsprinzip, so daß der strenge Agnostizismus verschwindet. In diesem Sinne äußerte ich mich in Kap. 8 des vorliegenden Bandes und in Bd. 1, Kap. 3. Grünbaums Aufforderung, praktische Empfehlungen zu geben, zeigt, daß er glaubte, ich teilte *Poppers* erkenntnistheoretischen Agnostizismus von 1934. Aber das ist nicht der Fall.

Forschungsprogramme eine neue positive Lösung[37]) des 'Duhem-Quineschen Problems', die Grünbaum völlig übersieht, während er andere Lösungen kritisiert.

4 Das Kennzeichen der Wissenschaft ist nicht vernünftiges Für-richtig-Halten, sondern vernünftige Ersetzung von Aussagen

Ein wichtiger Schlüssel zu Grünbaums Mißverstehen meiner Absichten könnte durchaus in seiner Gleichsetzung der Wissenschaft mit der Menge der 'vernünftigerweise für richtig gehaltenen Aussagen' liegen. Grünbaum bezeichnet das 'Für-richtig-oder-unrichtig-Halten' lediglich als eine Art 'Redeweise'[38]) und definiert es nicht. Aber da er mit meinem Popperianischen 'Nicht-für-richtig-Halten des Für-richtig-Haltens' nicht einig ist, wenn es um die Beurteilung der wissenschaftlichen Erkenntnis geht, und sich darüber mehrere Seiten lang ausläßt, muß es doch zwischen uns eine philosophische und nicht bloß semantische Meinungsverschiedenheit geben. Aber worin unterscheidet sich sein 'vernünftiges Für-richtig-Halten' von meinem 'Akzeptieren' ('Akzeptieren$_1$', 'Akzeptieren$_2$', 'Akzeptieren$_3$') oder 'Vorziehen'?

Die Poppersche Auffassung, die wissenschaftliche Vernünftigkeit habe nichts mit 'vernünftigem Glauben' zu tun, ist bekannt.[39]) Ich möchte aber ein weiteres Argument für sie anführen. Die Wissenschaft schreitet vermittels der Konkurrenz von Forschungsprogrammen voran, nicht einfach durch Vermutungen und Widerlegungen. Doch ein Programm ist ein kompliziertes Gebilde, ein Spezialfall einer Problemverschiebung (nämlich einer *Abfolge* von Aussagen) in Verbindung mit mathematischen und Beobachtungs-Theorien sowie heuristischen Methoden, die die Werkzeuge liefern, mit denen man sich voranarbeitet. Ein Forschungsprogramm als Ganzes kann nicht wahr oder falsch sein. Wie kann man 'vernünftig glauben', ein *Programm* sei 'wahrscheinlich wahr'? Grünbaum könnte erwidern, der Wissenschaftler *könnte* den *harten Kern* des Programms vernünftigerweise für wahr oder falsch halten. Doch es ist nicht nötig, an den harten Kern des Programms, an dem man arbeitet, zu glauben (sei es vernünftiger- oder unvernünftigerweise). Newton glaubte nicht an sein eigenes Programm der Fernwirkung in seiner realistischen Deutung; Maxwell entwickelte die kinetische Theorie und Planck die Quantentheorie, ohne an sie zu glauben.[40])

Könnte man aber nicht die Zeitquerschnitte eines Programms vernünftigerweise für wahr halten, das 'System der wissenschaftlichen Erkenntnisse'? Leider ist dieses System jederzeit *widerspruchsvoll* gewesen.[41]) Wie könnte man eine widerspruchsvolle Aussagenmenge vernünftigerweise für wahr halten?

---

[37]) Das muß man natürlich – um einen schon einmal vorgebrachten Gesichtspunkt zu wiederholen – vor dem Hintergrund meiner Kritik an Poppers Totalvernichtung des Induktivismus sehen, vor dem Hintergrund des 'Plädoyers für einen Hauch von Induktivismus' in Bd. 1, Kap. 3.
[38]) Vgl. Grünbaum [1973], S. 86.
[39]) Popper wollte, wie der frühe Carnap, den Ausdruck 'Glaube' und sogar 'vernünftiger Glaube' verbannen, weil er ursprünglich mit dem Psychologismus verbunden war. Vgl. z. B. Carnap [1950], S. 37–51, und Popper [1972], passim.
[40]) Vgl. Bd. 1, Kap. 1, 2(c), S. 42.
[41]) Vgl. Kap. 8 des vorliegenden Bandes, 6(b), Text zu Anm. 168.

Der Verfechter der Wissenschaft als vernünftigen Glaubens könnte immer noch erwidern: 'Wie steht es mit deinem eigenen zugegebenermaßen widerspruchsfreien 'System des technischen Wissens'? Nennst du es nicht selbst 'verläßlich' und 'vertrauenswürdig'? Warum verdient nicht *dieses* 'vernünftigen Glauben'?' Als Antwort kann ich nur darauf verweisen, daß die Wissenschaft aus den griechischen Mythen durch schrittweise Ersetzungen entstanden ist. Sie hätte ohne weiteres auch aus mittelalterlichen oder meinetwegen aus Zande-Vorstellungen entstehen können. Die Aussagen in dem 'System des technischen Wissens' sind bestenfalls die neuesten Ergebnisse solcher fortschrittlicher Problemverschiebungen. Doch warum sollten wir das letzte Glied in einer fortschrittlichen Problemverschiebungskette für richtig halten, deren erste Aussagen schließlich auf rein animalischem Glauben beruhten? *An welchem Punkt einer Problemverschiebungskette erfolgt der plötzliche Sprung vom animalischen zum vernünftigen Glauben?* Nirgends. Man kann behaupten, fortschrittliche Problemverschiebungen führten uns in der Tat 'wahrscheinlich eher' an die Wahrheit näher heran als von ihr weg. Doch dieses Induktionsprinzip, das unserem *Beschluß*, wie Problemverschiebungen zu beurteilen seien, einen Erkenntnisrang verleiht, stützt sich selbst auf bloßen animalischen Glauben. Problemverschiebungen erhalten also ihre erkenntnistheoretische Vernünftigkeit durch animalischen Glauben (oder, wenn man will, durch ein bloßes Postulat – einen geistigen Diebstahl, wie Russell solche 'Setzungen' zu kennzeichnen pflegte**)). *(Anmerkung.* Das Induktionsprinzip ist nie 'voranschreitend' ersetzt worden.)

Damit ist meine – Humesche – Argumentation gegen den 'vernünftigen Glauben' in der Wissenschaft abgeschlossen. Ich 'akzeptiere' das System des technischen Wissens, aber ich 'halte' es nicht 'vernünftigerweise für wahr'.

Wenn Grünbaum dieser Argumentation zustimmt, aber immer noch eine Verwendung für den Ausdruck 'vernünftiger Glaube' finden möchte, dann habe ich nichts mehr dagegen; Worte sind ja bloße Festsetzungen.[42])

Da nun dies gesagt ist, möchte ich noch ein paar weitere Gedanken über die wissenschaftliche Vernünftigkeit äußern.

Die Vernünftigkeit (und hier folge ich Popper) hat nicht mit einzelnen Aussagen zu tun (ob es nun 'Basissätze', 'wissenschaftliche' oder 'metaphysische' Aussagen sind), sondern mit ihrer Abänderung und damit auch mit der ihrer Beziehung zu anderen Aussagen.[43]) Das ist eine von Poppers größten Neuerungen. Doch in Poppers Werk, wie in dem vieler großer Denker, wird das Neue durch die Überbleibsel des Alten etwas verdunkelt. Sein Abgrenzungskriterium beruht auf der Falsifizierbarkeit oder Nichtfalsifizierbarkeit von *Aussagen* und nicht dem voranschreitenden oder degenerierenden Charakter von *Problemverschiebungen* (d. h.

**) Gemeint ist nicht, daß geistiges Eigentum weggenommen würde, sondern daß ohne geistige Arbeit, durch bloßes Postulieren, ein 'Einkommen' erzielt wird. (D. Üb.)
[42]) Freilich fände ich die Redeweise 'vernünftiger Glaube an einen harten Kern' doch *allzu* irreführend – ich möchte sie, auch in dem eingeschränkten Sinne, nur auf unser 'System des technischen Wissens' anwenden.
[43]) Vgl. Popper [1934], Abschn. 30: 'Es [ist] unmöglich, unser Abgrenzungskriterium ohne weiteres auf *Systeme von Sätzen* anzuwenden ... *Nur mit Rücksicht auf die Methode* kann man von [Wissenschaft oder Pseudowissenschaft] sprechen.' Bennet sagt es prägnant: Nach Popper 'hängt, ob sich jemand 'wissenschaftlich' verhält, nicht davon ab, wo er seine Hypothesen herbekommt, sondern was er mit ihnen macht.' Vgl. Bennet [1964], S. 35, sowie Latsis [1972], S. 240.

Abfolgen von Sätzen, die sich durch fortschrittliche bzw. ad-hoc-Veränderungen ergeben). Doch bei sorgfältiger Lektüre seines Textes kann man den mächtigen neuen Gedankenansatz herauspräparieren, trotz der altmodischen Ausdrucksweise und der häufigen Rückfälle in die Gedankenwelt der Vergangenheit.[44])

Diese Verlegung des *Ansatzpunktes* der wissenschaftlichen Beurteilung von Aussagen auf Problemverschiebungen hat eine historische Dimension in die wissenschaftliche Beurteilung hineingebracht. (Die Frage, wann eine *Ersetzung* einer Hypothese 'ad hoc' ist, d. h. unvernünftig, degenerierend, schlecht, diese Frage ist nie aufmerksamer und eingehender untersucht worden als von Popper und mir.)

Der vernünftige Mensch kann natürlich nicht umhin, einen animalischen Glauben an Sätze (wie 'Napoleon ist tot' oder 'Alle Menschen sind sterblich') zu hegen, die noch einer voranschreitenden Ersetzung harren; vom unvernünftigen Menschen unterscheidet er sich nur darin, daß er diesen seinen Glauben nicht zu ernst nimmt, ihn nicht als vernünftig ansieht. Insbesondere – ich wiederhole es – besteht für den Wissenschaftler, der an einem Forschungsprogramm arbeitet, nicht die geringste Notwendigkeit, dessen 'harten Kern' für wahr zu halten. Und auch wenn man sich entschließt, den Ehrentitel 'vernünftigerweise glaubwürdig' einer Aussage an letzter Stelle einer Problemverschiebungskette zu verleihen, sollte man doch weder von der Aussage *noch auch nur von dem Fortschritt* sagen, es könne daran 'keinen vernünftigen Zweifel' geben.

Wir sollten noch eine andere typisch Poppersche Warnung beachten und bescheidener und vorsichtiger bezüglich des Ausmaßes wie auch der Sicherheit des wissenschaftlichen Fortschritts sein. Betrachten wir zum Beispiel den durchschnittlichen elizabethanischen Engländer. Er kannte überhaupt keine Wissenschaft: vor dem 17. Jahrhundert gab es einfach keine.[45]) Obwohl also der mittelalterliche Mensch keine Wissenschaft kannte, hatte er sicherlich Vorstellungen von beträchtlichem Wahrheitsgehalt. Einige davon (etwa 'Gott existiert' oder sogar 'Alle Schwäne sind weiß'[46])) könnten sogar der Wahrheit näher gewesen sein als die heutige Quantentheorie. Er hatte viele solche Vorstellungen über das Wetter, den Boden, über die Macht der Fürsten und Bischöfe, und er hatte Vorstellungen von der Astrologie und dem Hexenwesen. Natürlich sind manche elizabethanischen Vorstellungen durch neue ersetzt worden, etwa durch die animalischen Vorstellungen des durchschnittlichen amerikanischen Liberalen. Einige dieser neuen Vorstellungen, etwa von Geisteskrankheit statt Hexerei oder von Kapitalismus und Sozialismus statt König und Kirche, traten auf nichtwissenschaftlichem Wege an die Stelle von animalischen Vorstellungen.

---

[44]) Vgl. Kap. 8 des vorliegenden Bandes, 6(b), Text ab Anm. 175; Lakatos [1968c]; Bd. 1, Kap. 1, 3(d4), zweite Hälfte. Um das Neue bei Popper vom Alten zu trennen, unterschied ich in meiner Arbeit [1968c] Popper$_1$ und Popper$_2$. (Der Gedanke der 'Problemverschiebung' steckt in Popper$_2$. Forschungsprogramme dagegen sind spezielle Problemverschiebungen, die über Poppers eigene Ideen hinausgehen.)

[45]) Die 'mittelalterliche Wissenschaft' ist eine Erfindung Duhems, der damit die katholische Kirche rehabilitieren wollte, und fand auch bei Vulgärmarxisten Anklang. Diese erklären die sozialistische Wissenschaft für besser als die bürgerliche, diese für besser als die mittelalterliche feudalistische und diese für besser als die antike Wissenschaft der Sklavenhaltergesellschaft. Dann mußten sie freilich eine Wissenschaft des Feudalismus erfinden, die zwischen Archimedes und Galilei eine Brücke bilden würde, und das taten sie auch, indem sie dem Handwerk den Titel 'Wissenschaft' verliehen.

[46]) Man beachte, daß keine dieser Aussagen zu einem voranschreitenden Forschungsprogramm gehört; somit sind sie in meinem Sinne nicht wissenschaftlich.

Doch nicht alle Vorstellungsänderungen seit der elizabethanischen Zeit waren reine Veränderungen der Mode. Da gab es die wissenschaftliche Revolution. *Doch die wissenschaftliche Revolution war nicht dadurch gekennzeichnet, daß plötzlich wahre oder der Wahrheit sehr nahe Vorstellungen an die Stelle falscher oder unwahrscheinlicher getreten wären. Die Newtonsche Wissenschaft und die heutige Relativitätstheorie könnten durchaus geringere Wahrheitsnähe haben als manche 'Weisheit' des elizabethanischen Zeitalters. Die wissenschaftliche Revolution war gekennzeichnet – und ich möchte wissen, ob Grünbaum zustimmt – durch das Auftreten wissenschaftlicher Forschungsprogramme und ihre wissenschaftliche Beurteilung. Das Kennzeichnende der Wissenschaft ist nicht eine bestimmte Menge von Aussagen – seien sie nun bewiesenermaßen wahr, sehr wahrscheinlich, einfach, falsifizierbar oder vernünftigerweise glaubwürdig –, sondern eine bestimmte Art der Ersetzung einer Aussagenmenge – oder eines Forschungsprogramms – durch ein anderes.*

Es gibt keinen letztgültigen Beweis, daß man der Wahrheit wenigstens da näher gekommen ist, wo elizabethanische Vorstellungen im Zuge fortschrittlicher Problemverschiebungen ersetzt worden sind (etwa die Vorstellungen über Wärme oder Magnetismus). Man kann es nur (nicht-vernünftigerweise) glauben oder vielmehr hoffen. Sofern nicht Hoffnung eine 'Lösung' ist, gibt es keine Lösung für das Humesche Problem.[47])

---

[47]) Ich möchte erwähnen, daß Popper [1971*b*], von Grünbaum so vernichtend kritisiert, eigentlich der Versuch einer Erwiderung auf Lakatos [1968*a*] (Kap. 8 des vorliegenden Bandes) und [1971*a*] (Bd. 1, Kap. 3) gewesen ist; vgl. meine Bemerkungen am Ende der letztgenannten Arbeit.

11 Toulmin erkennen*)

Einleitung

'Menschliches Erkennen [[Bd. 1: Kritik der kollektiven Vernunft]]' ist Toulmins fünftes Buch in der Tradition der Wittgensteinschen Spätphilosophie. Diese hatte er zunächst 1950 auf die Ethik angewandt,[1]) dann 1953 und 1958 auf die Wissenschaftstheorie und Logik.[2])[3]) Das Hauptthema seines jetzigen dreibändigen magnum opus, von dem dies der erste Band ist, hatte sich schon 1961 in seinem Büchlein 'Foresight and Understanding'[4]) angekündigt.

Offen gesagt, ich mochte seine früheren Bücher viel lieber als das jetzige. J.O. Wisdom schrieb einmal über Wittgensteins Philosophie: 'Man hat das Gefühl, in den Gängen eines Labyrinths herumzuwandern; und das Labyrinth hat keinen bestimmten Mittelpunkt. Diese Darstellungsweise, die einen durch ein Labyrinth führt, dessen 'Mittelpunkt' die Entdeckung ist, daß es keinen Mittelpunkt gibt, hat selbst philosophisch etwas zu bedeuten.'[5]) Eben dieses Etwas spürt man auch, wenn man Toulmin liest, und bei 'Menschliches Erkennen' ist das Labyrinth natürlich größer und komplizierter als bei seinen früheren Büchern. Ich fürchte, das Etwas läßt sich nicht kurz 'zusammenfassen' und dann bündig kritisieren; bei einem Werk aus der Wittgensteinschen Tradition *kann* das gar nicht gelingen. Statt dessen möchte ich ein einzelnes Hauptproblem formulieren, mit dem sich die Wissenschaftstheorie herkömmlicherweise beschäftigt, und dann zu klären versuchen, wo Toulmin im Hinblick auf dieses Problem steht.

Dieses Hauptproblem ist das der (normativen) Beurteilung jener Theorien, die Anspruch auf 'Wissenschaftlichkeit' erheben. Es scheint mir *das* Hauptproblem der Wissenschaftstheorie zu sein. Übergeht man es, oder weist man ihm auch nur eine zweitrangige Be-

---

*) Als Lakatos starb, war er mit einer Besprechung von Stephen Toulmins Buch 'Human Understanding', dt. 'Menschliches Erkennen, Bd. 1: Kritik der kollektiven Vernunft', beschäftigt. Er hatte schon drei immer ausführlichere Fassungen geschrieben und wieder verworfen, und im Sommer 1973 begann er an einer vierten zu arbeiten. Diese letzte und längste Fassung wurde nie ganz abgeschlossen, und Lakatos war immer noch mit einigem an ihr unzufrieden. Er wollte Toulmins Werk in den Zusammenhang einiger allgemeiner erkenntnistheoretischer Probleme und Traditionen hineinstellen. Diese nehmen in der Tat den größten Teil des vierten Lakatosschen Manuskripts ein, und er hatte das Gefühl, daß das für eine Besprechung von 'Human Understanding' nicht das Richtige sei. Wir haben den größten Teil dieses allgemeinen Materials gestrichen und in eine andere Arbeit eingebaut, die im vorliegenden Band das Kapitel 6 bildet. Dabei ließen sich gewisse Überschneidungen nicht vermeiden. Das vorliegende Kapitel beruht auf dem dritten Lakatosschen Manuskript, das aber an vielen Punkten durch Material aus den anderen Fassungen, insbesondere der vierten, abgeändert und erweitert wurde. Es erschien als Besprechung des Toulminschen Buches in *Minerva* 14 (1976), S. 126–143. (D. Hrsgg.)

[1]) Toulmin [1950].
[2]) Toulmin [1953*a*] und [1953*b*].
[3]) Toulmin [1958].
[4]) Toulmin [1961].
[5]) Wisdom [1959], S. 338.

deutung zu, so hat man philosophisch kapituliert und sich auf den Boden einer rein deskriptiven Soziologie und Geschichte der Wissenschaft begeben.

Zuerst möchte ich die drei philosophischen Haupttraditionen bezüglich dieses Problems skizzieren. Ich werde zu zeigen versuchen, daß Toulmins Grundposition, bei allen ihren Fragezeichen, Vieldeutigkeiten und Widersprüchen, deutlich von einer dieser drei Traditionen herkommt, der 'Elitetheorie'. Doch seine Elitetheorie ist mit der Wittgensteinschen Version des Pragmatismus belastet. Ich werde zeigen, daß Toulmins Rückkehr zu der herkömmlicheren darwinistischen Form der Elitetheorie in 'Menschliches Erkennen' eine naheliegende Flucht vor einer der unschönsten Ideen in Wittgensteins Philosophie ist, nämlich daß die Philosophen eine 'Gedankenpolizei' bilden sollten. Jedoch besteht, so werde ich zu zeigen versuchen, die einzige Funktion der darwinistischen Metaphern darin, der Hegelschen List der Vernunft ein modisches wissenschaftliches Mäntelchen umzuhängen. Toulmins Metaphern bleiben bloße Metaphern: sie haben keine Erklärungskraft. Ich werde durchweg diejenigen Züge von Toulmins Standpunkt herauszuarbeiten versuchen, die ihn in meinen Augen unhaltbar machen.

1 Drei Schulen im Hinblick auf das normative Problem der Beurteilung wissenschaftlicher Theorien

Die Skepsis. Eine der philosophischen Schulen im Hinblick auf das Problem der Beurteilung läßt sich bis auf die griechische Tradition der Pyrrhonischen Skepsis zurückverfolgen und heißt heute 'Kulturrelativismus'. Die Skepsis sieht in den wissenschaftlichen Theorien lediglich eine Familie von Meinungen, die erkenntnistheoretisch auf der gleichen Stufe steht wie die Tausende anderer Familien von Vorstellungen. Kein solches System ist 'richtiger' als irgendein anderes; manche freilich sind *mächtiger* als andere. Es kann Veränderungen bei den Vorstellungssystemen geben, aber keinen Fortschritt. Diese philosophische Schule, die eine zeitlang durch den erstaunlichen Erfolg der Newtonschen Wissenschaft zum Schweigen gebracht war, gewinnt heute wieder an Boden, vor allem in den wissenschaftsfeindlichen Kreisen der neuen Linken; ihre einflußreichste Form ist Feyerabends 'erkenntnistheoretischer Anarchismus'. Nach Feyerabend ist die Wissenschaftstheorie ein völlig berechtigtes Tätigkeitsfeld; sie darf sogar die Wissenschaft beeinflussen. Man beachte, daß diese Auffassung etwas anderes ist als Maos 'Laßt hundert Blumen blühen'. Feyerabend möchte niemandem eine 'subjektive' Unterscheidung zwischen Blumen und Unkraut aufoktroyieren. *Alle* Glaubenssysteme – auch die der Gegner – dürfen sich entwickeln und jedes andere beeinflussen; doch keines steht erkenntnistheoretisch höher.[6]

Die Abgrenzungstheorie. Der zweiten Schule, der Hauptrivalin der Skepsis, geht es vor allem um *positive* Lösungen des *Abgrenzungsproblems*.[7] Diese Schule entstand in

---

[6] Ich meine hier den Feyerabend des Jahrgangs 1970, wie er sich am besten in seinen Arbeiten [1970], [1972] und [1975] ausdrückt.

[7] Ich gebrauche hier den Ausdruck 'Abgrenzungsproblem' nicht im strengen Popperschen Sinne einer Schwarz-weiß-Unterscheidung zwischen Wissenschaft und Pseudowissenschaft, sondern in einem allgemeinen Sinne der Beurteilung konkurrierender Theorien. (Natürlich hat Popper eine *kontinuierliche* Beurteilungsskala für Theorien nach ihrem Grad des empirischen Gehalts, der Bewährung und der Wahrheitsnähe vorgeschlagen; doch sein *Haupt*interesse war seine Gleichsetzung der (weißen) Wissenschaft mit 'Falsifizierbarkeit' und der (schwarzen) Pseudowissenschaft – oder Nichtwissenschaft – mit 'Nichtfalsifizierbarkeit'.)

Form des griechischen 'Dogmatismus' (so nannten die Pyrrhoniker spöttisch die Stoa; ich meine damit die Auffassung, daß objektive *Erkenntnis* – fehlbare oder unfehlbare – möglich sei). Es ist eine aprioristische Tradition. Leibniz, Bolzano und Frege gehörten ihr an und in unserem Jahrhundert Russell und Popper. Auch Carnaps Frühwerk gehört zu dieser 'abgrenzungstheoretischen' Linie, ebenso meine Methodologie der wissenschaftlichen Forschungsprogramme. In der abgrenzungstheoretischen Tradition ist die Wissenschaftstheorie der Wachhund für die wissenschaftlichen Maßstäbe. Die Abgrenzungstheoretiker rekonstruieren *allgemeingültige* Kriterien zur Erklärung der Urteile, die große Wissenschaftler über *bestimmte* Theorien oder Forschungsprogramme gefällt haben. Doch es könnte sich herausstellen, daß die mittelalterliche 'Wissenschaft', die heutige Physik der Elementarteilchen oder Umwelttheorien der Intelligenz diese Kriterien nicht erfüllen. In solchen Fällen versucht die Wissenschaftstheorie die apologetischen Bemühungen degenerierender Programme zu überwinden.[8])

Die Abgrenzungstheoretiker haben unterschiedliche Auffassungen davon, wie die allgemeingültigen Kriterien des wissenschaftlichen Fortschritts genau lauten, doch in mehreren wichtigen Punkten stimmen sie überein. Erstens glauben sie alle an Freges und Poppers drei Welten. Die 'erste Welt' ist die materielle Welt; die 'zweite Welt' ist die Welt des Bewußtseins, der Geisteszustände und insbesondere des Für-zutreffend-Haltens; die 'dritte Welt' ist die Platonische Welt des objektiven Geistes, die Welt der Ideen.[9]) Die Abgrenzungstheoretiker beurteilen die *Erzeugnisse* der Erkenntnis: Aussagen, Theorien, Probleme, Forschungsprogramme, die alle in der 'dritten Welt' leben und sich entwickeln[10]) (während die Erzeuger von Erkenntnis in der ersten und zweiten Welt leben). In Übereinstimmung damit haben alle Abgrenzungstheoretiker auch eine kritische Achtung vor dem Artikulierten. Sie erkennen ohne weiteres an, daß die artikulierte Erkenntnis nur die Spitze eines Eisbergs ist; doch genau in dieser kleinen Spitze der menschlichen Tätigkeit ist die Vernunft angesiedelt. Schließlich haben alle Abgrenzungstheoretiker eine demokratische Achtung vor dem Laien. Sie legen *'Rechtsnormen'* für die vernünftige Beurteilung fest, nach denen Laienrichter urteilen können. Natürlich ist kein Gesetzestext unfehlbar oder eindeutig auslegbar. Man kann sowohl gegen ein spezielles Urteil als auch gegen das Gesetz selber Einwände erheben. Doch es gibt eben ein vom 'Abgrenzungstheoretiker' geschriebenes Gesetzbuch, an dem der Außenstehende sein Urteil ausrichten kann.[11])

---

[8]) Eine solche militante Abgrenzungstendenz findet man bei Popper [1963a], S. 37 f., bezüglich der Psychoanalyse, sowie bei Urbach [1974]. Ein Versuch, einen nichtempirischen Erkenntniszweig als degenerierende Scholastik zu entlarven, ist meine Behandlung der induktiven Logik im vorliegenden Band, Kap. 8.

[9]) Eine Darstellung dieser hochwichtigen Unterscheidung findet sich bei Popper [1972], Kap. 3 u. 4, und insbesondere in der bedeutenden unveröffentlichten Dissertation von Musgrave [1969].

[10]) Die meisten Abgrenzungstheoretiker sind sich darin einig, daß Aussagen wahr sind, wenn sie mit den Tatsachen übereinstimmen, vertreten also die Übereinstimmungstheorie der Wahrheit. Die meisten von ihnen unterscheiden sorgfältig zwischen der Wahrheit und ihren fehlbaren Anzeichen: ob eine Aussage mit den Tatsachen übereinstimmt oder nicht, ist eine völlig andere Frage als die, ob man Grund hat, sie für richtig zu halten. (Siehe Popper [1934], Abschn. 84, und Carnap [1950], S. 37–51.) Einer von Toulmins Grundfehlern ist die Vernachlässigung dieser besonders wichtigen Unterscheidung.

[11]) Wegen Toulmins scharfer Ablehnung von Abgrenzungskriterien siehe das besprochene Buch [1972], S. 254–260, dt. S. 298–305, sowie auch Toulmin [1974].

Die Elitetheorie. Toulmin gehört keiner dieser beiden Schulen an, sondern einer dritten, die heute vielleicht einflußreicher ist als die beiden anderen. Diese Schule – die Elitetheorie – ist, wie die Abgrenzungstheorie, eine Form des 'Dogmatismus', aber eine undemokratische, autoritäre. Im Unterschied zu den Skeptikern – und wie die meisten Abgrenzungstheoretiker – sind für ihre Vertreter die Leistungen Newtons, Maxwells, Einsteins, Diracs der Astrologie, den Theorien Velikovskys und aller möglichen Pseudowissenschaft haushoch überlegen. Aber sie behaupten im Unterschied zu den Abgrenzungstheoretikern, daß es keine 'Rechtsnormen' gebe und geben könne, die als explizites allgemeingültiges Kriterium zur Unterscheidung von Fortschritt und Degeneration, von Wissenschaft und Pseudowissenschaft dienen könnten. In ihren Augen kann Wissenschaft nur kasuistisch beurteilt werden, und die einzigen Richter sind die Wissenschaftler selbst. In dieser autoritären Sicht ist die akademische Freiheit unantastbar, und der Laie, der Außenseiter darf sich kein Urteil über die akademische Elite erlauben; die (normative) Wissenschaftstheorie ist Hybris und sollte abgeschafft werden. Polanyi hat solche Auffassungen vertreten – ebenso Kuhn.[12] Oakeshotts konservative Politikauffassung fällt ebenfalls in diese dritte Kategorie. Nach Oakeshott kann man Politik *treiben,* aber es hat keinen Sinn, darüber zu philosophieren.[13] Nach Polanyi kann man Wissenschaft *treiben,* aber es hat keinen Sinn, darüber zu philosophieren. Nur eine privilegierte Elite ist zur Wissenschaft befähigt, genau wie nach Oakeshott nur eine privilegierte Elite zur Politik befähigt ist. Alle Elitetheoretiker legen großen Wert auf das nicht Artikulierbare, auf die 'stumme Dimension' der Wissenschaft. Doch wenn diese 'stumme Dimension' eine Rolle bei der normativen Beurteilung spielt, dann kann der Laie offenbar nicht mitreden. Denn die stumme Dimension ist nur der Elite gegeben und wird nur von ihr verstanden.[14] Nur sie kann ihre eigene Tätigkeit beurteilen. In dieser Tradition hat man also eine Verbindung der Elitetheorie mit einem Kult des Unartikulierten, ja Unartikulierbaren vor sich.

Ist aber eine Theorie dann besser als eine andere, wenn sie von der wissenschaftlichen Elite vorgezogen wird, dann muß man unbedingt wissen, wer zur wissenschaftlichen Elite gehört. Die Elitetheoretiker behaupten zwar, es gebe keine brauchbaren allgemeingültigen Kriterien zur Beurteilung der drittweltlichen *Erzeugnisse* der wissenschaftlichen Tätigkeit, doch sie können (und tun es auch) allgemeingültige Kriterien zur Beurteilung der *Erzeuger* der Wissenschaft (in erster Linie ihrer 'zweitweltlichen' Bewußtseinszustände) anbieten – Regeln zur Entscheidung der Frage, ob bestimmte Personen oder Gemeinschaften zur Elite gehören. Während also für den Abgrenzungstheoretiker die Wissenschaftstheorie der Wachhund für die wissenschaftlichen Maßstäbe war, ist es für den Elitetheoretiker die Psychologie, Sozialpsychologie oder Soziologie der Wissenschaft.

---

[12] Polanyis ursprüngliches Problem waren Argumente zum Schutz der akademischen Freiheit vor den Kommunisten in den dreißiger bis fünfziger Jahren; s. Polanyi [1964], S. 7–9. Kuhns Problem war ein ganz anderes, nämlich der Zusammenbruch der herkömmlichen induktivistischen und falsifikationistischen Analysen des Wissenschaftsfortschritts. Siehe Kuhn [1962], Einleitung.
[13] Eine kritische Behandlung der Philosophie Oakeshotts findet sich bei Watkins [1952], S. 323–327.
[14] Die Elitetheorie hängt eng mit der Lehre vom Verstehen zusammen; siehe dazu Martin [1969], S. 53–67. Diese Lehre hat natürlich nichts mit den 'positivistischen' Kriterien für eine befriedigende Erklärung zu tun, wie ich eines in Bd. 1, Kap. 1, 2(c), Anm. zum 8. Abs., angegeben habe. ('Positivismus' scheint übrigens das deutsche Schimpfwort für das zu sein, was ich 'Abgrenzungstheorie' nenne.)

Die ersten beiden modernen Elitetheoretiker waren Bacon und Descartes. Für Bacon war das wissenschaftliche Bewußtsein das von 'Vorurteilen' gereinigte; für Descartes war es durch die Qualen des skeptischen Zweifels hindurchgegangen. Die Nazis hielten die arische Wissenschaft für besser als die jüdische. Andere Elitetheoretiker beurteilen nicht Einzelpersonen, sondern Gemeinschaften auf ihre 'Wissenschaftlichkeit'. Für einige Pseudo-Marxisten hängt die Qualität der Wissenschaft von der Struktur der Gesellschaft ab, aus der sie hervorgegangen ist; die Wissenschaft des Feudalismus ist besser als die der antiken Sklavenhaltergesellschaft, die bürgerliche Wissenschaft ist besser als die feudalistische, und die proletarische Wissenschaft, die ist wahr.

Diese Betonung des Unartikulierbaren macht aus dem Problem des 'Wissens, daß' das Problem des 'Wissens, wie'; aus der in Aussagen gefaßten Erkenntnis die in Fähigkeiten und Tätigkeiten sich ausdrückende. Das wiederum führt von der klassischen Auffassung der Wahrheit – eine Aussage ist wahr, wenn sie mit den Tatsachen übereinstimmt – zum *Pragmatismus:* Eine Meinung ist 'wahr', wenn sie zu nützlichem oder wirksamem Handeln Anlaß gibt. (Abgrenzungstheoretiker wie Russell sahen in dieser Theorie eine der geistigen Wurzeln des Faschismus.[15]) Aussagen und damit die 'dritte Welt' sind überflüssig.

Alle Vertreter dieser dritten, elitetheoretischen Tradition stehen vor einem schwierigen Problem, wenn es um den wissenschaftlichen Fortschritt geht. Sie glauben, daß die Wissenschaft wirkliche Fortschritte machen kann, aber da sie behaupten, es gebe kein allgemeingültiges Kriterium für den Fortschritt, müssen sie behaupten, jeglicher Wandel in der Wissenschaft sei aufgrund einer Hegelschen List der Vernunft ein wissenschaftlicher Fortschritt. Macht ist Recht – jedenfalls unter echten Wissenschaftlern oder in echten wissenschaftlichen Gemeinschaften; Überleben bei der Auslese ist das Kriterium des Fortschritts.

[Wir werden sehen, daß Toulmin zu dieser Tradition gehört. Er ist ein Elitetheoretiker. Er beurteilt Gemeinschaften und nicht Theorien; und er greift auf eine Art Historizismus zurück.] Doch man mißversteht zwangsläufig Toulmins Buch als ganzes, wenn man sich nicht über eine überall gegenwärtige, aber nicht recht verdeutlichte Seite davon im klaren ist. Es ist Toulmins Bindung an eine der obskurantistischsten Traditionen in der heutigen Philosophie: die Spätphilosophie Wittgensteins. Dieser und der Frage ihres Zusammenhangs mit der Elitetheorie wende ich mich jetzt zu.

2 Toulmin und die Wittgensteinsche 'Gedankenpolizei'

Gilbert Ryle lehnt alle Verallgemeinerungen als 'Verunklärungen' ab.[16] Der Wittgensteinianer Cavell, der Kuhn nachhaltig beeinflußt hat,[17] schreibt, die vorliegende Philosophie Wittgensteins bestehe nur aus 'Andeutungen von Echos von Schatten von Witt-

---

[15]) Siehe insbes. Russell [1935].
[16]) Siehe Naess [1968], S. 165.
[17]) Siehe Kuhn [1962], S. XIII, dt. S. 13 (1. Aufl. S. 15): Cavell ist 'der einzige, mit dem ich jemals meine Gedanken in *unvollständigen Sätzen* erkunden konnte. Diese Art der Kommunikation beweist ein Verständnis, das ihn befähigte, mir den Weg zu zeigen durch mehrere Hindernisse hindurch oder um sie herum ...' (Hervorhebung von mir.)

gensteins Absichten'.[18]) Demnach ist Verstehen – auch auf der philosophischen Metaebene – nur einer ganz kleinen Elite vorbehalten, die die stumme Dimension erfaßt. Nach Anthony Kenny gibt es in Wittgensteins ''Philosophischen Untersuchungen' 784 Fragen, von denen nur 110 beantwortet werden, und 70 dieser Antworten sind als falsch *gedacht*'.[19])

Der frühe Wittgenstein des 'Tractatus' entdeckte wieder die Tatsache, daß wir die Welt durch die Brille unserer Begriffssysteme sehen, die sich in unserer Sprache ausdrücken. Dieser Ladenhütergedanke – den Wittgenstein zweifellos von Bühler übernommen hat – ist trivialerweise richtig. Nun gibt es Aprioristen, die gern vollkommene Brillen herstellen möchten. Andere, wie Popper, möchten die Qualitäten der verschiedenen Brillen ermitteln. Doch der späte Wittgenstein bestritt, daß man die Qualität verschiedener Brillen unterscheiden könne; man kann lediglich die Brille, die man nun einmal auf hat, möglichst gut putzen. Das aber ist auch *Pflicht*. Man beachte den Unterschied zwischen Wittgenstein und Feyerabend: Feyerabend macht es nichts aus, wenn manche Leute mit ungeputzten Brillen herumlaufen.[20])

Nach dem späten Wittgenstein sind die Brillen, durch die wir die Welt sehen, 'Sprachspiele'. Ein Sprachspiel erlernen verlangt mehr als das Erlernen einer 'Sprache' im gewöhnlichen syntaktischen und semantischen Sinne; denn diese Spiele sind nicht bloß semantische Strukturen, sondern soziale Institutionen: 'Einer Regel folgen, eine Mitteilung machen, einen Befehl geben, eine Schachpartie spielen sind *Gepflogenheiten* (Gebräuche, Institutionen).'[21]) Toulmin definiert im Anschluß an Wittgenstein 'Begriffe' nicht als 'Platonische' Gegenstände, d.h. Wortbedeutungen, sondern als 'Fähigkeiten oder Traditionen, die Tätigkeiten, Verfahren oder Werkzeuge des geistigen Lebens und der Phantasie' ([1972], S.11, dt. S.23). 'Begriffe sind Mikroinstitutionen' ([1972], S.352, vgl. dt. S.411). Die Wittgensteinschen 'Begriffe', von denen Toulmin so viel spricht, erhalten ihre Bedeutung durch ihren vielschichtigen sozialen Gebrauch, aus dem Spiel als ganzem, das seinerseits eine 'Lebensform' bildet.[22]) Wenn Toulmin sagt: 'Fragen über Begriffe liegen den Fragen über Aussagen zugrunde', so meint er, tiefliegende Fragen über die wirkliche wissenschaftliche Tätigkeit sollten den oberflächlichen, seichten Fragen über die Wahrheit oder Falschheit von Aussagen vorangehen.

Man sollte nicht übersehen, daß für Wittgenstein und Toulmin *Tatsachen* keine klar umrissene Rolle bei der Anerkennung einer wissenschaftlichen Theorie spielen. Für Wittgenstein kann eine 'richtige Erklärung' 'akzeptiert' werden, ohne daß sie 'mit der Erfahrung übereinstimmt': 'Man muß die Erklärung geben, die akzeptiert wird. Darauf [[allein]] kommt es beim Erklären an.' Oder: 'Der richtige Vergleich ist der allgemein akzeptierte.'[23]) Nach Toulmin ist die Rolle von Tatsachen rasch beschrieben: in der Wissenschaft 'müssen die Erklärungsmethoden … 'mit den Zahlenprotokollen übereinstimmen''. Wichtiger aber ist:

---

[18]) Cavell [1962], S.67–93, insbes. S.73.
[19]) Fann [1969], S.109. War vielleicht Kennys Aussage selbst als falsch gedacht?
[20]) Die Metapher der Brille stammt von Popper; siehe seine Diskussion mit Strawson und Warnock in Magee [1971].
[21]) Wittgenstein [1951], Nr.199. Wegen dieser und ähnlicher Passagen siehe Feyerabend [1955], Abschn. 9. Diese Arbeit stammt aus Feyerabends Wittgenstein-naher Periode, die zwischen seiner Dingler-nahen und seiner Popper-nahen liegt; sie ist eine nützliche, freilich zu positive Darstellung von Wittgensteins 'Philosophischen Untersuchungen'. Eine kritischere Darstellung findet sich bei Gellner [1959].
[22]) Feyerabend [1955], Abschn. 11.
[23]) Wittgenstein [1966], S.25, 18, dt. S.51, Anm.36, u. S.42.

'Sie müssen auch – jedenfalls vorderhand – als 'absolut' und 'dem Geist gefällig' annehmbar sein'.²⁴)

Setzen wir nun unser kleines Wörterbuch der Wittgensteinschen Spezialsprache fort. Ein weiterer Fachausdruck der Wittgensteinschen Philosophie neben 'Sprachspiel' und seinem Bestandteil 'Begriff' ist 'Verstehen'**¹): das Lernen der sozialen Konventionen und Festlegungen des Sprachspiels. Dazu gehört, daß man lernt, sich sicher zu fühlen und seine 'Grundlagen'-Zweifel abzulegen.²⁵) Man kann ein Spiel dadurch lernen, daß man von seinen Eltern oder Lehrern²⁶) indoktriniert wird, von seiner Umwelt und durch Erfahrungen, die man mit Verwendern der Sprache gemeinsam hat, die so gereift sind, daß sie als Richter wirken können – am besten als Kriegsgericht.²⁷) Gewisse Zweifel sind erlaubt, aber andere – bezüglich der 'Grundlagen' – zeigen, daß der Betreffende das Spiel nicht verstanden hat, daß er es womöglich gar nicht lernen kann, oder daß er geistesgestört ist.²⁸) Ein Sprachspiel ist 'nicht vernünftig (oder unvernünftig). Es ist da – wie unser Leben.'²⁹) 'Wahrheit' ist für Wittgenstein, wie für alle Pragmatisten,³⁰) praktische – d.h. soziale – Annehmbarkeit, und die Probe aufs 'Verstehen' ist, ob man das Spiel richtig spielt. Man kann also ein Sprachspiel nicht anerkennen oder ablehnen, sondern nur seine 'Begriffe' *verstehen* oder *mißverstehen*. Man kann nur *dazugehören* oder *Außenstehender* sein. *'Die [objektive Außen-]Welt verstehen'* ist ein Hirngespinst, ein 'Luftschloß'. Das Wittgenstein-Toulminsche 'Verstehen' ist *'menschliches* Verstehen': das Verstehen der menschlichen geistigen Welt oder Teilwelt, in der wir leben und es fertigbringen, uns anzupassen und dadurch zu überleben. 'Verstehen' ist eine Abkürzung für 'verstehen, wie das Sprachspiel richtig gespielt wird'. Und das kann man kaum aus Büchern lernen. Man muß in der Gesellschaft dessen, der die Sprache gebraucht, leben, zu Füßen des Meisters sitzen, sich seine 'Zettel'**²) aneignen, seine Gesten beobachten. Dann

---

²⁴) Toulmin [1961], S. 115. Es ist übrigens amüsant, daß diese erste, scheinbar ganz geringfügige Forderung der Übereinstimmung mit den 'Zahlenprotokollen', die Toulmin als triviales Zugeständnis an den Empirismus nimmt, von keiner wichtigen wissenschaftlichen Theorie jemals erfüllt worden sein dürfte. So stimmte etwa die Newtonsche Theorie zu keiner Zeit mit allen bekannten Tatsachen überein. Siehe Bd. 1, Kap. 1, 3(b).
**¹) Engl. 'understanding'. Der Titel des Toulminschen Buches, 'Human Understanding', wurde in dessen deutscher Übersetzung passend mit 'Menschliches Erkennen' wiedergegeben. (D. Üb.)
²⁵) Siehe Wittgenstein [1969], Nr. 446, 449.
²⁶) Wegen einer Beschreibung des Wittgensteinschen Lehrer-Schüler-Verhältnisses siehe die einigermaßen furchteinflößende Darstellung bei Wittgenstein [1969], Nr. 310–322 sowie 106. Wegen der Wittgensteinschen Praxis des Lehrer-Schüler-Verhältnisses siehe den haarsträubenden Bericht von Pascal [1973]. Strawson formuliert die Wittgensteinische Philosophie der Bildung deutlich: 'Natürlich sind in der Lehrer-Schüler-Situation Erklärungen am Platze; doch ihr Zweck ist, den Schüler zum gleichen Verhalten wie der Lehrer zu bringen, und dazu, daß er es als ebenso natürlich empfindet.' (Strawson [1954], insbes. S. 81.)
²⁷) Wittgenstein [1969], Nr. 453, 557.
²⁸) Ebenda, Nr. 155 f.
²⁹) Ebenda, Nr. 559.
³⁰) Der späte Wittgenstein war sicher Pragmatist. Die Bedeutung einer Aussage (oder vielmehr eines 'Sprechaktes') und damit ihr Wahrheitswert ist durch den sozialen Kontext des 'Spiels' gegeben.
**²) Titel eines posthumen Buches von Wittgenstein: *Zettel*, hrsg. v. G. E. M. Anscombe und G. H. von Wright, Blackwell, Oxford (1967). (D. Üb.)

kommt es vielleicht zum 'Verstehen', aber nur durch völlige Hingabe. Nur das geringste Schwanken, und das Verstehen ist dahin.

Im Stichwortverzeichnis von Toulmins Buch 'Human Understanding' kommt das Wort 'understanding' nicht vor [[und im Stichwortverzeichnis der dt. Übers. kommt 'Verstehen' nicht vor]]. Natürlich, Wittgensteinianer definieren ja niemals einen Ausdruck. Dessen Bedeutung liegt in seinem polymorphen, undefinierbaren Gebrauch. Doch es gehört zu Wittgensteins und Toulmins Vexierspielmethoden, daß sie immer noch 'abstrakte' Fragen[31]) stellen wie 'Was ist eine Erklärung?'[32]) oder 'Was ist Wissenschaft?', die allmählich in einen unzusammenhängenden Monolog übergehen, der dann mit 'usw.' endet. In der Tat, wenn man irgendwo einen Punkt machen würde, dann käme ja etwas systematisch Irreführendes zustande. Mit Toulmin zu reden: 'Eine kompakte Definition der Wissenschaft [wie jede kompakte Definition] bewegt sich zwangsläufig nur auf der Oberfläche herum. Will man auch nur etwas tiefer dringen, so muß man anerkennen, daß die Wahrheit [über jeden beliebigen Gegenstand] sehr viel komplizierter ist ...'[33]) Gellner nannte diese Methode den 'Wittgensteinschen Polymorphismus': 'Wörter haben sehr viele verschiedenartige Verwendungsweisen ... [daher] sind allgemeine Aussagen über den Gebrauch [und die Bedeutung] von Wörtern unmöglich.'[34]) Dieser 'Kult der Zurückhaltung'[35]) gibt Wittgenstein und Toulmin das Recht, ihre Fachausdrücke *nicht* zu definieren und sich nicht festlegen zu lassen, auch wenn sie sie aus Versehen einmal definiert haben. Natürlich, wenn ein Philosoph – oder Wissenschaftler – betont, seine 'Tätigkeiten' ließen sich in keiner endlichen Folge von Aussagen fassen, und daher sei er für eigene Zusammenfassungen oder griffige Aphorismen nicht haftbar, dann ist eine Kritik seiner Auffassungen nicht gerade einfach. Sie wird auch dadurch nicht erleichtert, daß bestimmte Fragen zu 'Grenzfragen' erklärt werden. Das ist wieder ein Fachausdruck, und zwar für Fragen, auf die es im Rahmen des Spiels keine Antwort gibt. Stellt jemand eine 'Grenzfrage', so zeigt das, daß er die Regeln noch nicht gelernt hat; immerhin kann es beim Lernen der Regeln behilflich sein, wenn man sie stellt und damit abblitzt.

Ich hoffe deutlich gemacht zu haben, daß Toulmins 'Verstehen', wie sein 'Begriff', ein Wittgensteinianischer Fachausdruck ist.[36]) Hat man das erkannt, so kann man auf der Hut sein und ihn fassen, wenn er einen neuen Fachausdruck ohne gebührende Ankündigung einführt. Ich sprach schon über 'Sprachspiel' – das jetzt übrigens 'Disziplin' heißt –, 'Begriff' und 'Verstehen'. Ein weiterer entscheidender esoterischer Ausdruck ist 'Vernünftigkeit'. Da seine sogenannten 'Begriffe' Fähigkeiten, Fertigkeiten und in der Tat Handeln sind,

---

[31]) 'Abstrakt' ist ein Schimpfwort auf Wittgensteinisch. Siehe Toulmin [1974], 1.41.
[32]) S. z. B. Toulmin [1961], S. 14.
[33]) Ebenda, S. 15.
[34]) Siehe Gellner [1959], S. 30.
[35]) Ebenda, S. 209.
[36]) Man könnte meinen, Wittgensteinianer sollten keine Fachausdrücke verwenden; aber 'Folgerichtigkeit' – ebenso wie Relevanz – ist für sie irrelevant. So ist 'Abstraktion' für Toulmin ein unverzeihliches Vergehen, wenn er Hempel, Carnap, Popper und mich kritisiert: s. z. B. Toulmin [1966], S. 129–133. Wenn er aber anfängt, abstrakte Modelle zu basteln (wie *kompakte* intellektuelle Disziplin'), sagt er: 'An sich ist natürlich die Abstraktheit unserer Analyse kein Grund zu einem Einwand' ([1972], S. 361, dt. S. 422). Er unternimmt es sogar, die Notwendigkeit und Fruchtbarkeit von Abstraktionen zu verteidigen (ebenda, S. 362, dt. S. 422 f.).

so überrascht es nicht, daß seine sogenannte 'Vernünftigkeit' nichts anderes bedeutet als Übereinstimmung mit den Stammesgepflogenheiten in der ('Begriffs'-)Welt, in der man lebt, indem man eine (nach Stammesbegriffen sinnvolle) Handlung zu vollbringen versucht. Man muß vorsichtig sein, wenn Toulmin Sätze äußert, die vielleicht Popperianisch klingen. So könnte man meinen, er hätte folgende häufig vorkommende Äußerung von den Popperianern abgeschrieben: 'Der Mensch zeigt seine Vernunft nicht durch Festhalten an starren Ideen, stereotypen Verfahren oder unwandelbaren Begriffen, sondern dadurch, wie und wann er diese Ideen, Verfahren und Begriffe abändert.'[37]) Doch richtig verstanden, ist das Anti-Popperianismus. Zwar zeigt sich die Toulminsche 'Vernunft' darin, daß man 'auf neue Verhältnisse offenen Sinnes reagiert', doch die Reaktion muß sich an das Sprachspiel halten. Die 'Vernunft' des Menschen ist also dadurch zu beurteilen, daß man ihn in unerwartete, ungewöhnliche Situationen bringt, in denen es persönlicher Findigkeit bedarf, um die den Stammesgepflogenheiten entsprechende Reaktion zu finden. Er hat also die Aufgabe, seinen individuellen offenen Sinn dazu einzusetzen, den starren Stammes-Sinn anzuwenden. Das ist der Wittgenstein-Kuhnsche Gedanke des Rätsellösens in der Normalwissenschaft. Der 'vernünftige' Mensch gebraucht seinen offenen, erfinderischen Geist, um die paradigmatische Lösung zu finden, die in dem Stamme akzeptabel ist. Der 'vernünftige' Mensch ist fix im 'Verstehen'.

Doch diese 'Vernünftigkeit' ist von Stamm zu Stamm verschieden, von Sprachspiel zu Sprachspiel, von Gesellschaft zu Gesellschaft. Und es gibt eben verschiedene Gesellschaften. Die westliche Gesellschaft ist anders als etwa die sowjetische oder die Azande-Stammesgesellschaft. Für den Wittgensteinianer sind es verschiedene, ja unübersetzbare Sprachspiele, die verschiedene Wirklichkeiten definieren. Für ihn *gibt* es im Zande-Sprachspiel Zauberei. Für ihn *gibt* es in der westlichen Gesellschaft Gott. Doch in der Sowjetunion existiert, ich wiederhole: *existiert* weder Zauberei noch Gott.[38])

Doch selbst in einer bestimmten Gesellschaft kann es verschiedene Sprachspiele geben; sie lassen eine 'Begriffsvielfalt' erkennen, wie sich Toulmin ausdrückt. In der westlichen Gesellschaft gibt es die Sprache der Moral, der Wissenschaft, der Religion, der Wirtschaft usw. Doch wo liegen die Grenzen? Kein Wittgensteinianer versucht eine einzelne Sprache abzugrenzen.[39]) Toulmins 'Begriff' etwa scheint ein engerer Gegenstand zu sein als das ursprüngliche Wittgensteinsche 'Sprachspiel'. Aber um wieviel enger? Und wieviele 'Begriffe' bilden jenen neumodischen Toulminschen Gegenstand namens 'Begriffspopulation'? Mir scheint auch, es müßte eine Mindestgröße für eine 'Begriffspopulation' geben, damit sie ein Sprachspiel bilden kann, denn das muß ja eine mächtige, etablierte soziale Institution sein; es muß Belastungen, Spannungen aushalten können, es muß eine 'Lebensform' werden, ehe es den Namen 'Sprache' verdient. Aber vielleicht sind das alles 'Grenzfragen'.

Eines zumindest ist klar bezüglich der Sprachspiele – sie sollten völlig selbständig sein. Jedes Spiel hat seine eigenen Normen. 'Die Art der Sicherheit ist die Art des Sprachspiels.'[40]) Wittgenstein gibt zu, man könne nicht immer einen Konflikt zwischen verschiede-

---

[37]) So das Motto seines Buches [1972]. S. auch S. 486, dt. S. 563 f.
[38]) Das ist Anselms Methode des ontologischen Gottesbeweises, wiederauferstanden in der Wittgensteinschen Scholastik als das berühmte 'Argument vom paradigmatischen Fall'. Siehe Watkins [1957], S. 25–33.
[39]) Siehe Kenny [1973], S. 164 f., dt. S. 192 f.
[40]) Wittgenstein [1951], S. 224, Suhrkamp-Ausg. S. 537.

nen Sprachspielen verhindern, doch er selbst möchte ihn verhindern, wo immer möglich. Er ist ein fanatischer Kriegsgegner, und an diesem Punkt kommt zu seinem Kulturrelativismus ein starker normativer, 'therapeutischer' Akzent hinzu. Ein einzelner darf für sich kein Sprachspiel in Gang setzen. Tut er es und folgt nicht mehr den ungeschriebenen und unartikulierbaren Regeln des etablierten Spiels, zu dem er eigentlich gehört, so sieht er Probleme, wo es 'in Wirklichkeit' gar keine gibt – etwa das Induktionsproblem, das Leib-Seele-Problem, das Problem des freien Willens oder Determinismus, usw. Der Ketzer braucht eine Gehirnwäsche, die ihm die geistige Gesundheit wiedergibt: jene therapeutische Tätigkeit, die da Philosophie heißt und der 'rechtmäßige Erbe' der altmodischen Philosophie ist.[41]

Während die 'Partei der neuen berufsrevolutionären Philosophen' 'rote Garden' und 'Großinquisitoren' stellt, die die Begriffs-Stabilität in jedem einzelnen Sprachspiel gewährleisten und die Abweichler ins Irrenhaus schicken können, müssen die etablierten Gesellschaften in 'friedlicher Koexistenz' leben, jede hinter ihrem 'eisernen Vorhang'. Man soll keine Missionare ausschicken, die Mitglieder anderer Kulturen zu bekehren versuchen; der 'kalte Krieg' und Radio freies Europa sind verboten. Der status quo ist geheiligt, und jeder Versuch, ein neues Sprachspiel ins Werk zu setzen, ist ein Greuel. Damit stehen übrigens die Wittgensteinianer vor dem Standardproblem aller Verteidiger des status quo. Wenn die etablierte Ordnung unantastbar ist, dann mußte man 1917 den Zarismus verteidigen und 1937 den Bolschewismus. *An welchem Punkt* sollte man nun umschwenken? Wann ist Ostdeutschland oder Israel soweit etabliert, daß es Mitglied der Vereinten Nationen mit 'unverrückbaren Grenzen' werden kann?

Einige Wittgensteinianische Apologeten behaupten, Wittgenstein sei in seinen entspannteren Augenblicken bereit gewesen, milde evolutionäre Veränderungen zuzulassen, einem Sprachspiel eine gewisse Anpassungsfähigkeit an eine sich verändernde oder erweiternde Umwelt zuzugestehen. Das ist gewiß Toulmins Auffassung, aber was Wittgenstein betrifft, so muß man weitere Untersuchungen über die 'Gedanken des Meisters' abwarten, um diese Frage zu klären. Doch Wittgensteins Konservativismus, welches auch seine Feinheiten sein mögen, bleibt eine Orwellsche Idee. Es kann keinen Zweifel geben, daß Wittgenstein Berufs-Gegenrevolutionäre haben möchte, die die gegebene geschlossene Sozialstruktur bewachen und bestimmen, wie weit sie flexibel sein darf. Toulmin drückte es so aus: 'Wenn ich eine berühmte Bemerkung von Karl Marx auf den Kopf stellen darf: es kommt nicht darauf an, die Welt zu verändern, sondern sie zu verstehen [d.h. zu akzeptieren].'[42]

Wir brauchen in diesem Zusammenhang keine genauere 'Landkarte' – auch wieder ein Wittgensteinianischer Fachausdruck – dieser Orwellschen Welt zu zeichnen. Ich möchte mich jetzt auf ein Land konzentrieren: auf Wissenschaft und Wissenschaftstheorie.

Die Wissenschaft ist eines der zulässigen Sprachspiele. Die Wissenschaftstheorie kann es nicht sein. Das Hauptvergehen der altmodischen Wissenschaftstheoretiker – einschließlich der Philosophen der Mathematik und Logik – bestand darin, daß sie ein neues, von der Wissenschaft unabhängiges Sprachspiel ins Werk setzen wollten, und auch noch ein unerlaubtes, mit expliziten – die Wittgensteinianer sagen 'mechanischen' – Regeln zur Unterscheidung von Wissenschaft und Pseudowissenschaft und mit expliziten Kriterien für Fort-

---

[41] Wittgenstein [1966] über Freud.
[42] Toulmin [1957], S. 347. Wegen Toulmins Gleichsetzung von Verstehen und Akzeptieren s. o., Abschn. 2, Abs. 5.

schritt und Degeneration in der Wissenschaft. Diese Eindringlinge wollten sogar die Sprache aus ihrem sozialen Zusammenhang herauslösen und machten sich ihre körperlose 'dritte Welt der Ideen' zurecht.[43] Freges antipsychologistische Logik verseuchte den Alltagsverstand; Poppers hypothetisch-deduktives Modell und Carnaps induktive Logik versuchten sogar die Wissenschaft selbst zu pervertieren und bescherten ihr Scheinprobleme. Die äußerlichen Kriterien dieser Abgrenzungstheoretiker wie Widerspruchsfreiheit, Falsifizierbarkeit, Relevanz von Daten usw. waren für die Wissenschaft geradezu lebensgefährlich. Wittgensteins Vorwurf gegen die 'Abgrenzungstheoretiker' geht dahin, daß sie fremde Agenten im Lande der Wissenschaft seien. Die Wissenschaftstheorie muß die Wissenschaft lassen, wie sie ist. Wittgenstein meinte, das mathematische Sprachspiel sei durch jene stümperhaften Verwender der mathematischen Sprache, die da 'mathematische Logiker' heißen, pervertiert worden, und er kritzelte ein ganzes Buch voll – oder sagen wir, er 'führte einen Buch-Akt aus' –, um sie zu exkommunizieren.[44] Stephen Toulmin, einer von Wittgensteins 'Großinquisitoren', führte zwei berühmte Kreuzzüge, einen gegen die deduktive und einen gegen die induktive Logik, und hat Carnap, Tarski, Hempel und Nagel der Reihe nach zu Brei gemacht.[45]

In einer gesunden, geschlossenen wissenschaftlichen Gemeinschaft braucht man keine Wittgensteinschen Wissenschaftstheoretiker. Die gesunde Wissenschaft *funktioniert* einfach. Ärger gibt es nur, wenn es altmodischen Philosophen, wenn es Außenseitern gelingt, die Gemeinschaft zu korrumpieren.[46] Neumodische Philosophen, die durchaus für gewöhnlich Mitglieder der wissenschaftlichen Gemeinschaft sein können, müssen dann aus ihren Wachttürmen herauskommen, Revolutionen im Keim ersticken, die Begriffs-Stabilität wiederherstellen und sich dann wieder zurückziehen und in aller Stille schön aufpassen. Von außen kann man *keinen guten* Wandel, sondern nur Verderbnis und Degeneration hereinbringen. Ja, nach Wittgenstein ist die Geschichte der Mathematik und der empirischen Wissenschaften in der Tat voll von solcher Degeneration, die durch Eindringlinge hervorgerufen wurde; wohl nur die Schaffung der 'neuen revolutionären Gedankenpolizei' kann die Wissenschaften gesund erhalten. Der 'Friedenskampf' hört niemals auf; Degeneration und 'Unvernunft' sind möglich, und Macht ist – im Gegensatz zu Hegel – nicht immer Recht.

---

[43] Für die Wittgensteinianer war der Fregesche Antipsychologismus ein Kapitalverbrechen. Die Versuche des jungen Wittgenstein, eine nichtpsychologistische Übereinstimmungstheorie der Wahrheit aufzubauen, waren auch eines. Wittgenstein und die meisten Sekten der Oxford-Bewegung stellen die Uhren auf den Pragmatismus zurück (s. z. B. Wittgenstein [1969], S. 422, sowie Naess [1968], S. 156). Übrigens war in diesem Sinne auch Kuhn von Wittgensteins Philosophie sehr stark beeinflußt (Kuhn [1962]).
[44] 'Die 'mathematische Logik' hat das Denken von Mathematikern und Philosophen gänzlich verbildet.' (Wittgenstein [1956], IV. 48, S. 156).
[45] Siehe insbes. Toulmin [1957] sowie [1966].
[46] Der Gedanke wird sehr deutlich ausgedrückt von Watson [1967], S. XI: 'Die Physik erhält ihre Seele von den Physikern, die über sie nachdenken, experimentieren, diskutieren, schreiben und lehren. Das ist die einzige interessante Seele. Alles übrige ist etwas Pathologisches, Morbides, das den Menschen davon abhält, etwas über die Natur zu lernen, und die eigentliche Mitwirkung an jenem schöpferischen Vorgang hemmt. Für einen gesunden Menschen ist es unnatürlich. Die Philosophie, so bemerkte Wittgenstein einmal, sollte uns von dem Gedanken befreien, es gebe eine Art akademischen Arzt, der den Physikern und anderen Wissenschaftlern in Dingen helfen könnte, in denen sie sich nicht selbst helfen können.'

3 Toulmins darwinistische Synthese von Hegel und Wittgenstein

Wenden wir uns nun endlich in vollem Maße Toulmin selbst zu. Ich möchte, wie gesagt, zeigen, daß Toulmin eindeutig in die 'elitetheoretische' Tradition gehört. Doch wegen seiner Beeinflussung durch Wittgenstein und seines Versuchs, einige Wittgensteinsche Probleme zu umgehen, ist Toulmins Elitetheorie von eigener Art.

Toulmin hat den Pragmatismus von Wittgenstein übernommen. In der Tat besteht für Toulmin der Hauptfehler der meisten Wissenschaftstheoretiker darin, daß sie sich auf ('drittweltliche') logische Fragen über Aussagen und ihre Beweisbarkeit, Bestätigungsfähigkeit, Wahrscheinlichkeit oder Falsifizierbarkeit konzentrieren und nicht auf Fragen der 'Vernünftigkeit' im Zusammenhang mit Fähigkeiten und sozialen Tätigkeiten – 'Begriffspopulationen' und 'Disziplinen' – und ihrem 'Kurswert' – den praktischen Gewinnen und Verlusten, die sie erleiden.[47]

Toulmin möchte anstelle unfruchtbarer scholastischer Fragen, ob etwas aus bestimmten Voraussetzungen logisch folgt – Fragen der Beziehungen zwischen Aussagen – vielmehr fragen, ob jemandes *Handlungen* angesichts der ihm verfügbaren Informationen angemessen sind. Ein gültiger Schluß ist nicht einer, bei dem die Folgerung in einer bestimmten 'drittweltlichen' Beziehung zu den Voraussetzungen steht, und nicht einmal einer, bei dem ein vernünftiger Mensch nicht umhin kann, die Folgerung für richtig zu halten, wenn er die Voraussetzungen für richtig hält, sondern vielmehr einer, bei dem die auf den Voraussetzungen beruhende *Handlung* angemessen, d.h. erfolgreich ist. Nach Toulmin ist 'die Logik nicht ... la science de la pensée, sondern l'art de penser'.[48]

Für Toulmin sollten Fragen der Wahrheit und Falschheit, Bestätigung, Bewährung, Falsifikation usw. von Aussagen ersetzt werden durch Fragen über die 'Angemessenheit', die 'praktischen Wirkungen', die 'Leistungsfähigkeit', den 'Überlebenswert' von 'Begriffen', d.h. von Fähigkeiten.[49] Das alles ist Pragmatismus reinsten Wassers.[50]

---

[47] Dieser Grundgedanke wiederholt sich in jedem von Toulmins Aufsätzen, in jedem Kapitel seines Buches. Nur ein Beispiel: 'Das Wichtige beim Ziehen der richtigen Schlüsse ist die Bereitschaft, das zu *tun*, was im Lichte der verfügbaren Kenntnisse richtig ist; die Hochachtung eines Versicherungsmathematikers für die Logik ist weniger nach der Anzahl seiner angemessenen Bejahungsgefühle zu bemessen als nach der Bilanz seines Unternehmens.' (Toulmin [1953], S. 95.)

[48] Ebenda. Toulmin hat viele Jahre lang versucht, in der Logik eine Gegenrevolution zu inszenieren. Er empfiehlt uns, eines der herrlichsten voranschreitenden Forschungsprogramme in der Geschichte der menschlichen Erkenntnis aufzugeben, die mathematische Logik, die die wirksamsten Waffen objektiver Kritik liefert, die die Menschheit je hervorgebracht hat. An ihre Stelle sollen wir diffuse, 'elitegehandhabte' Wittgensteinianische 'Folgerungsberechtigungen' setzen.

[49] So empfiehlt uns Toulmin [1974], 1.22, 'unser Interesse von der Anhäufung wahrer Aussagen und Aussagensysteme auf die Entwicklung von immer leistungsfähigeren Begriffen und Erklärungsverfahren zu verlagern'.

[50] Ich sagte oben (Ende von Abschn. 1), einer der kennzeichnendsten Züge des Pragmatismus sei seine Leugnung der Existenz der 'dritten Welt'. Bei Toulmin ist sie recht verschlungen, da er keine klare Vorstellung von der 'dritten Welt' hat. Vielleicht seine klarste Äußerung steht in seiner Besprechung von Carnaps 'Logical Foundations of Probability', wo er Carnap vorwirft, er stelle 'logische Beziehungen auf eine Stufe mit Mineralien', d.h., er schreibe 'drittweltlichen' Gegenständen eine ebenso echte Existenz zu wie erstweltlichen. (Toulmin [1953], S. 86–99.)

Konflikt und Wandel machen dem Pragmatisten Schwierigkeiten. Wenn verschiedene Leute finden, daß verschiedene 'Erklärungsverfahren' ihnen zum 'Verstehen' verhelfen, dann müßte der ungebrochene Pragmatismus zu einem extremen Subjektivismus oder Kulturrelativismus führen. Wittgenstein 'löste' dieses Problem durch die Schaffung einer 'Gedankenpolizei', die Abweichler und Ketzer aus jeder Gemeinschaft entfernen sollte. Doch für Toulmin ist 'Begriffswandel' – solange er nicht zu heftig ist – nicht nur möglich, sondern manchmal sogar wünschenswert. Das ist Toulmins wichtigste Abweichung von Wittgenstein. Toulmin löst Wittgensteins grausame 'Gedankenpolizei' auf, aber nur, um die – zugegebenermaßen sanftere, aber kaum akzeptablere – List der Vernunft einzuführen.

Die Toulminsche List der Vernunft sorgt dafür, daß in dem Darwinschen Existenzkampf, jedenfalls in einer richtig verfaßten wissenschaftlichen 'Disziplin', jene 'Begriffsvarianten' überleben, die recht haben. Auch 'Meister der Wissenschaft' können keinen veralteten Begriff akzeptieren, denn die List der Vernunft erlegt ihnen eine 'äußere objektive Beschränkung' auf. Tun die Wissenschaftler einen falschen Schritt, so deckt ein Hegelscher Selbstkorrekturmechanismus ihr Fehlurteil auf, so daß 'auf lange Sicht' – eigentlich erst in 'letzter Sicht' – die Vernunft obsiegt.

Für Toulmin – anders als für den Skeptiker Wittgenstein! – gilt also: *Macht ist Recht;* Überleben bei der Auslese ist das Kriterium des Fortschritts. Das letzte Kapitel des ersten Bandes von Toulmins Werk 'Menschliches Erkennen' trägt den Titel 'Die List der Vernunft'. Der letzte Satz könnte von Hegel selbst stammen: 'Zumindest eines läßt sich jetzt sagen. Wenn jene 'Vernunftunternehmen', denen wir uns verschrieben haben, im Laufe der Geschichte ihre Ergebnisse zeitigen, so wird der nämliche Spruch der historischen Erfahrung, den älteren Denker die List der Vernunft ... nannten, auf lange Sicht alle diejenigen zum Scheitern verurteilen, die – bewußt oder aus Nachlässigkeit – weiterhin veralteten Strategien folgen.' Er wendet den Sozialdarwinismus auf die Wissenschaft an: die Tüchtigsten sind die, die überleben. 'Die Frage: 'Was verleiht wissenschaftlichen Ideen Wert, und wie schneiden sie gegenüber ihren Konkurrenten ab?' läßt sich knapp in die darwinistische Formel fassen: 'Was verleiht ihnen Überlebenswert?'.'[51]) Toulmins Problemverschiebung macht 'abgrenzungstheoretische' Philosophen wie mich überflüssig: 'Es ist nicht Aufgabe des Philosophen, [sein Urteil] der Wissenschaft aufzuoktroyieren.'[52]) 'Der Philosoph' – so fährt er fort – 'muß [nur] die Maßstäbe analysieren, nach denen wissenschaftliche Varianten beurteilt und für gut oder schlecht befunden werden.'[53]) Oder: ''Vernünftig' in der Wissenschaft ist das, was sich als vernünftig erwiesen hat, 'rechtfertigbar' ist das, was sich als rechtfertigbar herausstellt' ([1972], S. 259, dt. S. 304). Der Philosoph darf also keine eigenen Maßstäbe aufstellen; er darf nur die Maßstäbe des Wissenschaftlers analysieren. Dann aber wird er gewiß vom *Philosophen* zum *beschreibenden Historiker* – und siehe, nun werden seine bescheidenen Dienste von der Royal Society belohnt.[54]) Man fragt sich, warum Toulmin immer noch von *Wissenschafts-*

---

[51]) Toulmin [1961], S. 111. – 'Auf lange Sicht' sind alle grundlegenden Streitigkeiten auf dem Gebiet, das vordem 'Geschichte der Wissenschaft' hieß, erledigt; sie sind bedauerliche, aber unvermeidliche Rückfälle der Wissenschaft in die Nichtwissenschaft.
[52]) Ebenda, S. 110.
[53]) Ebendort.
[54]) In England finanziert die Royal Society die Wissenschaftsgeschichte, nicht aber die Wissenschaftstheorie.

theorie spricht, wenn der Philosoph nur die Maßstäbe des Wissenschaftlers festhalten, beschreiben oder bestenfalls 'analysieren' darf.⁵⁵) Das ist doch gewiß die Aufgabe des Sozialhistorikers. Für Toulmins Geschichtsverehrung ist vielleicht folgender Satz am kennzeichnendsten: 'Ein Historiker [kann nicht] mit Recht die älteren Wissenschaftler kritisieren, weil sie sich nicht geradewegs zu den Auffassungen von 1960 durchgerungen hätten.'⁵⁶) Heißt das, das finstere Mittelalter war *notwendig*, um von Archimedes zu Galilei zu führen? (Das ist natürlich die katholisch-Hegelianische Auffassung.) Genau das muß Toulmin in der Tat behaupten, denn nach seiner Auffassung ist *jede Veränderung – in der wissenschaftlichen Gemeinschaft – Fortschritt, und die Schnelligkeit des tatsächlichen Fortschritts ist seine notwendige Schnelligkeit.*

Toulmin möchte die wahren Grundsätze der objektiven normativen Vernunft in seinem dritten Band enthüllen,⁵⁷) in den ersten beiden Bänden behandelt er die rein deskriptive Ökologie der Begriffe.⁵⁸) Doch wenn Toulmin wirklich an seine Hegelsche List der Vernunft glaubt, dann braucht er den dritten Band seines magnum opus gar nicht zu schreiben. Wenn der Fortschritt durch die List der Vernunft gewährleistet ist, dann ist die Beschreibung des Wandels die Beschreibung des Fortschritts.

Wie aber, wenn es in der wissenschaftlichen Gemeinschaft Streit über eine vorgeschlagene Veränderung gibt? Wie verhält es sich etwa mit dem langen Streit zwischen den Newtonianern und den Kartesianern? Oder zwischen Einstein und Bohr? Nur eine der beiden Parteien in einem solchen Streit kann recht haben. Toulmins Antwort lautet: stehen zwei oder mehrere vorgeschlagene 'strategische Neuorientierungen' im Konflikt, so entscheidet nur die Geschichte. Hier bringt er die uralte ad-hoc-Strategie des Historizismus ins Spiel: die 'lange Sicht'. 1687 wurde jedermann klar, daß Kopernikus recht und seine Gegner unrecht hatten. Im 19. Jahrhundert wurde jedermann klar, daß die Newtonsche Dynamik richtig und die Kartesische eindeutig falsch war; ferner auch, daß die Newtonsche Optik falsch war. Heute, und erst heute, ist klar: während 'Newtons Theorien in der Dynamik mindestens bis 1880 eine berechtigte, aus der Sache fließende wissenschaftliche Autorität behielten, war der Einfluß der 'Opticks' bereits vor dem Ende des 18. Jahrhunderts ein beengender. Um 1800 war die immer noch bestehende Autorität dieses Werkes kaum mehr als das Übergewicht eines großen Meisters über kleinere Geister ... Führt man sowohl die 'Principia' als auch die 'Opticks' als Beispiele für ein und dieselbe Theorie des Wissenschaftswandels an, so muß man erkennen, daß beide in wesentlich verschiedenem Sinne als Paradigmen dienten.' ([1972], S. 111, dt. S. 136.)⁵⁹) Doch wird das Problem durch Toulmins Rückschau wirklich gelöst? Ein scheinbar besiegtes Forschungsprogramm kann irgendwann in der Zukunft wieder aktuell werden. An diesem Punkt schiene sich das 'Urteil der Geschichte' umzukehren. Woher wissen wir, ob die

---

⁵⁵) Doch selbst im deskriptiven Sinne sind Toulmins darwinistische Metaphern fragwürdig. S. dazu die Besprechung von Cohen [1972], S. 41–61.
⁵⁶) Toulmin [1961] S. 110.
⁵⁷) 'Die Vernunft-Adäquatheit und vernünftige Beurteilung von Begriffen.'
⁵⁸) 'Die kollektive Verwendung und Entwicklung von Begriffen' [[Titel der dt. Übers.: 'Kritik der kollektiven Vernunft']] und 'Die individuelle Erfassung und Entwicklung von Begriffen'.
⁵⁹) Der Gedanke, die Entwicklung der Optik sei durch die Autorität Newtons verzögert worden, wird von Worrall [1976] als unhaltbar erwiesen.

Rückschau, deren Vorteil wir genießen, *aus genügendem Abstand* erfolgt? Toulmin müßte sich ja wohl auf den Standpunkt stellen, die 'wahre Vernunft' zeige sich erst 'in allerletzter Sicht', beim Jüngsten Gericht, wenn wir alle längst tot sind.

Dann aber bleibt die rationale Rekonstruktion der Geschichte stets im Fluß. Ja, Toulmins dritter Band mit der 'absoluten' Beurteilung kann erst nach dem Ende der Menschheit geschrieben werden, und gewiß nicht bis 1976, wie Toulmin angekündigt hat. Wenn Toulmin meint, im 'Lichte der endgültigen Entfaltung der Vernunft' könne man *erklären*, welche Teile des gewundenen Weges steil bergan führten und welche nur Umwege waren, dann muß man für diese Erkenntnis das Ende der menschlichen Geschichte abwarten. Erst wenn die Geschichte ihre Erfüllung gefunden hat – Hegels preußischen Staat –, kann der Laie schließlich verstehen, welchen Sinn gewisse scheinbar monströse Abwege im 'Gang der Geschichte' hatten. Die List der Vernunft, pflegte Georg Lukacs in seinen optimistischeren Augenblicken zu sagen, erreicht den Gipfel auf einem vielfach gewundenen Pfad und nicht auf der steilen direkten Route. Wahres Verständnis der Geschichte kann man erst nach der Erreichung des Gipfels gewinnen. Soweit ich sehe, ist Toulmin damit einverstanden: 'Macht man sich die Mühe, genau und im einzelnen [einem abgeschlossenen menschlichen Unternehmen] nachzugehen..., dann – aber auch nur dann – kann man [zum erstenmal] verstehen, was für sie [d.h. die an dem Unternehmen Beteiligten] als wissenschaftliche 'Leistung' oder theoretische 'Verbesserung' [Fortschritt] *zählte,* und wie weit es – in dieser bestimmten Problemsituation – *gerechtfertigt* war, diese Urteilsgrundsätze und Entscheidungsgrundsätze anzuwenden.' ([1972], S. 318, dt. S. 371f.) Während der Darwinsche Kampf zwischen Begriffspopulationen weitergeht, könnte man sich in dem Labyrinth Kafkaesker Biegungen und Winkel verloren fühlen und vielleicht 'weder die allgemeine 'Methode' noch ein deutliches Ziel erkennen' können. 'Doch wegen alledem ist die Wissenschaft nicht weniger *vernünftig.*'[60] Das wird man erkennen, wenn man vom Gipfel zurückblickt; dann wird sich alles als begründet und vernünftig herausstellen, aber erst in der Rückschau. Das artikulierbare, endgültige Verständnis stellt sich, wie die Eule der Minerva, erst in der Abenddämmerung ein.

Am *Ende* der Geschichte wird also klar sein, welche wissenschaftlichen Veränderungen wissenschaftliche Fortschritte waren. Dann aber kann wohl Toulmin seinen dritten Band (oder irgendeine *normative* Wissenschaftsgeschichte) nicht vor dem Ende der Geschichte schreiben.

Aus dieser Schwierigkeit versucht er mit seiner Spezialversion der 'Elitetheorie' herauszukommen. Nach Toulmin hat eine bevorzugte Elite einen heißen Draht zur List der Vernunft. Der ist zwar nicht vollkommen, und sie kann die Zukunft nicht unfehlbar voraussehen, aber er ist schon ganz gut. Die 'höchsten Richter' können 'vernunftgeleitete Wetten' machen.[61]

Toulmins 'Elitetheorie' entspricht genau meiner Definition. Nach ihm sind 'theoretische Urteile' eine Sache der Kasuistik, nicht der Rechtsnormen; der Präzedenzfälle, nicht

---

[60] Toulmin [1974], 5.43.
[61] Ebenda, 3.41.

der Grundsätze. Und so gibt es eine Elite, die ein stummes Teilwissen davon besitzt, welche Pfade zum Gipfel führen.[62])

Die Autorität der Elite wird nicht nur in 'undeutlichen' Fällen[63]) gebraucht, wenn 'strategische Neuorientierungen' nötig sind, sondern auch bei kleinen, taktischen Problemen, wo Wandlungen innerhalb des Rahmens der gleichen 'Erklärungsideale' vorgeschlagen werden (ich nehme an, diese entsprechen meinen schöpferischen Wandlungen innerhalb desselben Forschungsprogramms). Auch in solchen 'klaren Fällen'[64]) verlangen Entscheidungen zwischen vorgeschlagenen 'Begriffsvarianten' 'eine Abwägung der Vor- und Nachteile', also 'Urteilsfähigkeit',[65]) wie sie nur jenen 'Wissenschaftlern zukommt, deren maßgebliches Ansehen in der Profession auf der Breite ihrer *Erfahrung* ... bei der Aufgabe beruht, 'den interessierenden Seiten der Natur ... einen Sinn abzugewinnen''.[66])

Hat man nun die List der Vernunft und eine Elite mit bevorzugtem Einblick in ihr Walten, so kann ein Mitglied dieser Elite vernunftorientierte Empfehlungen auch ohne den Vorteil der Rückschau geben. Galilei wußte, daß Kopernikus recht hatte, obwohl es dafür damals kein eindeutiges Beweismaterial gab.[67]) Und wenn ein Wissenschaftshistoriker auch Mitglied eben dieser Elite ist, dann kann er durchaus vernünftige Toulminsche Geschichten schreiben. Das Urteil der Elite ist nicht subjektiv, es steht ja unter der äußeren Einschränkung der List der Vernunft,[68]) oder, in altmodischer Kartesischer Sprache, es wird von der helfenden Hand eines gütigen Gottes geführt.[69])

---

[62]) Ich erwähnte bereits Toulmins nachdrückliche Ablehnung der Abgrenzungstheorie, des Gedankens, der Fortschritt könne nach einem allgemeingültigen Abgrenzungskriterium beurteilt werden (s. o., Anm. 11). 'Es gibt kein allgemeingültiges Rezept' für die Beurteilung von Wissenschaft (Toulmin [1961], S. 14f.). Oder: Für die Frage, welche 'Begriffsvarianten' voranschreitend in die Wissenschaft aufgenommen werden können, 'läßt sich keine allgemeingültige Formel oder Entscheidungsmethode angeben' ([1971], S. 552). Aus dieser elitetheoretischen Sicht ergibt sich Toulmins Abwertung von 'Induktivismus, ... Verifikation, Falsifikation, Bestätigung, Bewährung, Widerlegung' und meiner Methodologie der wissenschaftlichen Forschungsprogramme (ebenda sowie [1972], S. 480, dt. S. 555).

[63]) Toulmin [1974], 3.32.

[64]) Ebenda, 2.4.

[65]) Ebenda, 2.41.

[66]) Ebenda, 3.11. 'Interessierend' ist hier nicht zeitabhängig.

[67]) So sagt Polanyi [1967], S. 23: 'Er [d. h. der große Wissenschaftler] ist zu stummer Voraussicht noch unentdeckter Dinge fähig. Eine solche Voraussicht müssen in der Tat die Kopernikaner im Sinne gehabt haben, wenn sie gegen starken Druck leidenschaftlich behaupteten – und zwar einhundertvierzig Jahre, ehe es Newton bewies –, die heliozentrische Theorie sei nicht bloß ein bequemes Hilfsmittel zur Berechnung der Planetenbahnen, sondern wirklich wahr.' Nach Toulmin [1974], 4.32, zeigte Kepler diese Polanyische Voraussicht.

[68]) Toulmin [1974], 3.4.

[69]) Descartes brauchte *Gottes* führende Hand, um die Gültigkeit eines Schlusses zu erkennen. Heute macht es eine Turingmaschine. Toulmin will von Turingmaschinen nichts wissen. Er möchte die Logik wieder zu einem Privileg machen: 'In der Logik wie in der Moralwissenschaft verlangt das eigentliche Problem der vernünftigen Beurteilung – die Unterscheidung zwischen richtigen und zweifelhaften, nicht zwischen widerspruchsfreien und widerspruchsvollen Argumenten – Erfahrung, Verständnis und Urteilsvermögen.' (Toulmin [1958], S. 188.)

Wenn nur die Elite den Fortschritt erspüren kann, dann ist es wichtig, zu wissen, wer die Propheten sind – man darf sich nicht von falschen Propheten irreführen lassen. Daher grenzt Toulmin, wie alle Elitetheoretiker, Personen und Gemeinschaften statt Leistungen aus. Und da Toulmin als Pragmatist die Wissenschaft als eine Tätigkeit betrachtet, so muß man wissen, wer wissenschaftlich handelt und wer nicht. So wird Toulmin durch die Logik seiner Elitetheorie gezwungen, sich den Psychologismus und Soziologismus zu eigen zu machen.[70] Und das tut er mit Vergnügen, ungeachtet der Tatsache, daß diese Theorien schon lange durch Frege, Husserl und den Wiener Kreis dubios geworden waren. Die klarste Formulierung von Toulmins Bindung an den Psychologismus ist sein Urteil über Wittgenstein: 'Wittgensteins ganze Persönlichkeit war Ausdruck eines hochartikulierten, aber großenteils nicht in Worte faßbaren persönlichen Standpunkts.'[71] Leider beurteilten Wittgensteins 'Londoner Gegner' wie Popper und Gellner seine geistige Produktion nur anhand seiner Schriften, statt auf ihren Urheber zu blicken: 'Der wirkliche Mensch, der wirkliche Philosoph war ihnen entgangen [und deshalb auch seine Philosophie]'.[72]

Doch für Toulmin ist die Wissenschaft eine Gemeinschaftstätigkeit. Sein Hauptanliegen ist deshalb die Ausgrenzung wissenschaftlicher Gemeinschaften und nicht wissenschaftlicher Einzelpersonen. Dabei folgt er der Tradition von Wittgenstein,[73] Polanyi und Kuhn, indem er die wissenschaftliche Gemeinschaft als geschlossene Gesellschaft kennzeichnet. Toulmin gibt fünf 'miteinander zusammenhängende' Kriterien dafür an, wann – in seiner neuen Redeweise – ein 'Vernunftunternehmen' eine 'kompakte Disziplin' ist:

'(1) Die einschlägigen Tätigkeiten orientieren sich auf eine wohlbestimmte Menge wirklichkeitsnaher und anerkannter kollektiver Ideale hin. (2) Diese kollektiven Ideale stellen ihre Anforderungen an alle, die sich den betreffenden Tätigkeiten beruflich widmen. (3) Die sich ergebenden Diskussionen sind disziplinäre Orte für die Vorbringung von 'Gründen' im Zuge rechtfertigender Argumentationen, die zeigen sollen, wie weit Verfahrensneuerungen diesen kollektiven Anforderungen entsprechen und damit das augenblickliche Arsenal von Ideen und Methoden verbessern. (4) Dazu werden Professionsforen entwickelt, auf denen anerkannte 'Beweisführungsverfahren' verwendet werden, um die kollektive Anerkennung neuer Verfahren zu rechtfertigen. (5) Schließlich bestimmen diese selben kollektiven Ideale die Adäquatheitsbedingungen, an denen die Argumente für diese Neuerungen geprüft werden.' ([1972], S. 379, dt. S. 441.)

Hier wird das Bild einer Gesellschaft ohne radikale Alternativen entworfen, wo man das 'augenblickliche Ideenrepertoire' nur 'verbessern', aber nicht austauschen kann, einer Gesellschaft, in der die Zugehörigkeit von Treueeiden auf bestimmte Doktrinen (Hingabe an 'kollektive Ideale') abhängig ist, und wo nur 'Professionsforen' die Konsequenzen dieser Doktrinen im Einzelfall ermitteln können. In dieser geschlossenen Gesellschaft ist kritische Neubewertung und Veränderung den 'Qualifizierten' vorbehalten. Der Laie ist machtlos, die Elite sorgt für ihren eigenen unbegrenzten Fortbestand.

---

[70] S.o., Ende von Abschn. 1.
[71] Toulmin [1969], S. 59. S. auch Toulmin [1953], S. 94–97, wo der Psychologismus aus ganzem Herzen bejaht wird, jedenfalls in seiner 'differenzierten', d.h. pragmatistischen Form.
[72] Toulmin [1969], S. 59.
[73] Man fragt sich, wie Toulmin die Wittgensteinsche Tradition mit solch einer *expliziten,* wenn auch zugegebenermaßen diffusen, *allgemeinen* Kennzeichnung so schnöde verraten konnte.

4 Schluß

[Mit der Elitetheorie, belastet durch Pragmatismus und Historizismus, hat Toulmin in meinen Augen so ungefähr die schlechteste aller möglichen philosophischen Welten gewählt. Doch ich möchte mit ein oder zwei spezifischen Kritikpunkten schließen, die vielleicht auch denjenigen beeindrucken, der geneigt ist, sich Toulmins Wahl anzuschließen.] Erstens finde ich es interessant, daß Toulmin in seinem Buch nur sehr wenige Beispiele für wirkliche Wandlungen in der Geschichte der Wissenschaft bringt, die angeblich nach keinem allgemeingültigen Kriterium als Fortschritt erkennbar sind. Bezüglich einiger der wenigen von ihm angegebenen Beispiele ist er bereits widerlegt worden. So läßt sich nach seiner Ansicht keine akzeptable Norm angeben, nach der die Kopernikanische Theorie ein Fortschritt gegenüber der Ptolemäischen wäre, oder der 'relativistische Impulsbegriff' gegenüber der 'Newtonschen Bewegungsgröße'. Doch kürzlich wurde gezeigt, daß ein bestimmter Grundsatz beide Fälle deckt.[74])

Zweitens: Betrachtet man seine fünf Bedingungen für eine wirklich wissenschaftliche Gemeinschaft – oder 'kompakte Disziplin', wie Toulmin sagt –, deren kollektives Ziel die 'Erklärung'[75]) ist, so stellt sich heraus, daß die katholische Theologie, der Sowjetmarxismus und die 'Scientology' alle bessere Beispielsfälle sind als etwa die Quantenmechanik. Wenn in einer scheinbar einheitlichen Disziplin die 'Erklärungsideale' in Gegensatz zueinander stehen, dann fehlt für Toulmin der Disziplin die Einhelligkeit, und sie muß zur 'uneigentlichen' Disziplin degradiert werden (vgl. [1972], S. 382f., dt. S. 444f.). Demnach wurde die Newtonsche Physik erst zur Wissenschaft, als die Kartesianer ihre Niederlage eingestanden hatten und die Newtonschen Erklärungsideale anerkannten ([1972] S. 381, dt. S. 443). Toulmins Begriffe des 'Erklärungsideals' und einer 'ausreichenden' Einhelligkeit werden nie klargemacht, und ich fand sie ziemlich ungreifbar. Doch über Erklärungsideale kann man anscheinend ziemlich leicht verschiedener Meinung sein; so Newton und Leibniz, so Bohr und Einstein, so Delbrück und Luria. Doch wenn in einer wissenschaftlichen Gemeinschaft die Abweichung von der Einhelligkeit 'höchstens am Rande eine Rolle spielen' darf, dann können solche Gemeinschaften nur ganz kleine religiöse 'Mikrogemeinschaften' sein. Die Newtonsche Gemeinschaft muß dann anscheinend verschieden von der Kartesischen und die Bohrsche von der Einsteinschen sein.[76])

Doch die hauptsächliche spezielle Schwierigkeit, die ich Toulmin vorhalten möchte, ist folgende. Woher weiß er, *welche* 'Ökologie der 'Begriffspopulationen'' untersucht werden soll? Man kann die Wissenschaftgeschichte nicht ohne einen Leitgesichtspunkt studieren, der, ob man will oder nicht, auf eine – vorläufige – Definition von Wissenschaft hinausläuft. Der Plan von Toulmins magnum opus – die 'wahre Vernunft', ich sagte es schon, soll im dritten Band an die Reihe kommen – scheint darauf hinzudeuten, daß er glaubt, die wahre Vernünftigkeit ergebe sich aus der beschreibenden Geschichte, die in den beiden ersten Bän-

---

[74]) S. Bd. 1, Kap. 4, sowie Zahar [1973].
[75]) S. o., Ende des vorigen Abschnitts. Toulmins bestes imaginäres Beispiel für eine 'kompakte Disziplin' ist eine 'Königliche Prostituiertenschule' ([1972], S. 405, dt. S. 470). Doch diese Schule verfehlt knapp die 'Wissenschaftlichkeit' – ihr Ideal ist nicht die Erklärung.
[76]) Kuhn ging Toulmin darin voran, daß er sich auf diesen seltsamen Standpunkt zurückzog; die Wendung Kuhns wird diskutiert bei Musgrave [1971], insbes. S. 289.

den analysiert wurde. Würde sich aber der gleiche Grundsatz der 'wahren Vernunft' ergeben, wenn Toulmin die Astrologie, die Zauberei oder die Mafia untersucht hätte statt der Physik und Chemie?

Indem Toulmin etwa die Geschichte der Zauberei aus der Wissenschaftsgeschichte ausschließt, hat er bereits ein allgemeines Abgrenzungskriterium angewandt, ein geschriebenes Gesetz für den wissenschaftlichen Fortschritt, welchen Gedanken er doch so gründlich verachtet. Es scheint also, wenn Toulmins Band über die unparteiische Vernunft überhaupt geschrieben werden soll, dann hätte er der erste sein müssen. Wenn wissenschaftliche Vernunft mehr ist als bloßes Überleben zu bestimmter Zeit an einem bestimmten Ort – etwa in Berlin 1933 oder in Moskau 1949 –, dann muß jeder Vernünftigkeitsgrundsatz eine Norm angeben, die Wissenschaft von Pseudowissenschaft abgrenzt. Doch dann muß die vernünftige Beurteilung der vollentwickelten empirischen Geschichte *vorausgehen* und nicht *folgen*. Ich habe es einmal so ausgedrückt: 'Die interne (normative) Geschichte ist primär und die externe (deskriptiv-empirische) Geschichte nur sekundär.'[77])

Ich stimme Toulmin darin zu, daß kein Abgrenzungskriterium absolut ist. In dieser Beziehung bin ich Falibilist, genau wie im Hinblick auf wissenschaftliche Theorien. Beides unterliegt der Kritik, und ich habe Kriterien angegeben, nach denen nicht nur ein Forschungsprogramm als besser als ein anderes beurteilt werden kann, sondern auch ein Abgrenzungskriterium.[78]) Doch ich ziehe nicht mit Wittgenstein aus der Fehlbarkeit von Aussagen die Konsequenz, überhaupt auf sie zu verzichten. Ich verfalle nicht in Panik: Ich gehe nicht von artikulierten Aussagen zu unartikulierbaren Fähigkeiten über, Wissenschaft zu treiben und zu beurteilen. Denn das hieße mit Hilfe einer Hegelschen List der Vernunft eine pragmatistische Version des Justifikationismus durch die Hintertür wieder hereinholen. Ich möchte klare Thesen in der Wissenschaft wie in der Wissenschaftstheorie, wo die Logik die Kritik und die Beurteilung des Erkenntnisfortschritts unterstützen kann. Toulmins Verbesserung des menschlichen Erkennens hat keine Verwendung für die Logik, denn sie gehört zu dem 'Platonisch-aussagenorientierten' Ansatz, den er aufs schärfste ablehnt. Ich bin davon überzeugt, daß es ohne deduktive Logik keine echte Kritik, keine Beurteilung des Fortschritts geben kann; hauptsächlich deshalb halte ich mich an die altmodischen Popperianischen Begriffe 'Kritik und Erkenntnisfortschritt' und kann mich nicht dazu verstehen, an ihre Stelle das Toulminsche – in meinen Augen unkritische, diffuse und konfuse – 'Menschliche Erkennen [[Verstehen]]' zu setzen.

---

[77]) Bd. 1, Kap. 2, Einleitung.
[78]) S. Bd. 1, Kap. 3.

Teil 3
Wissenschaft und Bildungswesen

12 Ein Brief an den Direktor der London School of Economics*)

Sehr geehrter Herr Direktor,
Der Mehrheitsbericht des Ausschusses für den Verwaltungsaufbau ... enthält den Grundsatz, daß über die allgemeinen akademischen Angelegenheiten der Anstalt vom Lehrpersonal *und* den Studenten entschieden werden sollte.[1]) Dieser Grundsatz ist eindeutig unvereinbar mit dem Grundsatz der *akademischen Freiheit,* nach dem die akademischen Angelegenheiten ausschließlich Sache der weiter fortgeschrittenen Akademiker sind. Die Verwirklichung dieses letzteren Grundsatzes wurde in einer langen geschichtlichen Entwicklung erreicht – und aufrechterhalten. Ich komme aus einem Teil der Welt, in dem dieser Grundsatz nie völlig verwirklicht war und in den letzten 30 bis 40 Jahren auf tragische Weise ausgehöhlt worden ist, erst unter nationalsozialistischem und dann unter stalinistischem Druck. Als Student der unteren Semester erlebte ich an meiner Universität, wie die Nazistudenten forderten, die Lehrpläne von dem 'jüdisch-liberalistisch-marxistischen Einfluß' zu säubern. Ich sah, wie sie, in Zusammenarbeit mit politischen Kräften außerhalb der Universität, jahrelang – nicht ohne gewissen Erfolg – versuchten, Berufungen zu beeinflussen und die Entlassung von Lehrern herbeizuführen, die sich ihren Tendenzen widersetzten. Später war ich fortgeschrittener Student an der Universität Moskau zu einer Zeit, als Entschließungen des Zentralkomitees der kommunistischen Partei die Lehrpläne in der Genetik bestimmten und die Abweichler in den Tod schickten. Ich erinnere mich auch, wie Studenten forderten, daß Einsteins 'bürgerlicher Relativismus' (d. h. seine Relativitätstheorie) nicht gelehrt werden solle, und daß diejenigen, die es taten, öffentliche Selbstkritik üben sollten. Ohne Zweifel dürfte es nur wenig mehr als ein Zufall gewesen sein, daß das Zentralkomitee dieser einen Kampagne gegen die Relativitätstheorie Einhalt gebot und die Studenten auf die mathematische Logik und die mathematische Wirtschaftswissenschaft hinlenkte; bekanntlich gelang es ihnen, die Entwicklung dieser Gebiete viele Jahre lang zu blockieren. (Glücklicherweise brauchte ich nicht die Erniedrigung von Universitätsprofessoren durch die Studenten der Pekinger Universität während ihrer 'Kulturrevolution' mitzuerleben.)
Diese schrecklichen Erinnerungen wachzurufen, könnte in unserem Lande als deplaziert erscheinen. Man wird sagen, es stehe kein politisches Gewicht und keine politische Motivation hinter den Forderungen der Studenten. Im Unterschied zu der Jugend unter Hitler, Stalin und Mao wolle sie hier die Universitätstradition der sachkundigen Forschung und Lehre verbessern und nicht aushöhlen.

---

*) Dieser Brief wurde während der Studentenunruhen an der London School of Economics im Jahre 1968 geschrieben; er erschien in C. B. Cox und A. E. Dyson (Hrsg.): *Fight for Education, A Black Paper.* (D. Hrsgg.)
[1]) Zum Ausschuß für den Verwaltungsaufbau der London School of Economics gehörten Mitglieder des Aufsichtsrats, Hochschullehrer und Studenten. Im Februar 1968 veröffentlichte er zwei Berichte: einen Mehrheitsbericht und einen Minderheitsbericht, der von zwei Studenten, David Adelstein und Dick Atkinson, verfaßt war.

Doch ist es wirklich so? Der 'Minderheitsbericht', den die Studentenvertretung an der London School of Economics angenommen hat, geht von Grundsätzen aus, die unmittelbar von den Plakaten der maoistischen 'Kulturrevolution' herkommen könnten. Adelstein, einer der Verfasser, sagt:

'Die Vertretung der Studenten in den Gremien ist nur der *Anfang*, und die Vertretung kann gut oder schlecht sein – sie kann einen falschen Anschein der Einheit schaffen. Als *nächstes* müssen die Studenten beginnen, eigene Lehrveranstaltungen durchzuführen, zunächst im Rahmen der Fachschaften, dann aber müssen sie die Verantwortung für bestimmte Teile der regulären Lehrveranstaltungen für sich fordern: für den Inhalt, die Darbietung und die Lehrpersonen.

Der *nächste Schritt* für die Studenten besteht darin, daß sie eigene Lehrer bestellen und selbst in gewissem Umfang lehren. *Letzten Endes* sollten die Studenten während eines Teils ihrer Zeit arbeiten. Akademische und theoretische Probleme werden sinnvoll, wenn sie mit dem praktischen Leben in Verbindung gebracht werden...

Ich akzeptiere das Wort 'Militanz', doch es bedeutet für mich, daß man zur Erreichung seiner Ziele jede Aktion in Betracht zu ziehen bereit ist, die diesen Zielen entspricht; und daß man keine Aktionsform ausschließt, weil sie in der Vergangenheit nicht akzeptiert war...

Es ist richtig, daß wir zu satzungswidrigen Aktionen übergehen.

Wir erkennen die satzungsmäßigen Einschränkungen nicht an, weil sie undemokratisch sind. Wenn die Demokratie versagt, dann kann man nur so vorgehen...'[2])

Soll man ein solches extremistisches Manifest eines Mitglieds des Ausschusses für den Verwaltungsaufbau der London School of Economics stillschweigend hinnehmen? Kann man das 'Anfangsstadium' dieses Programms ohne Widerspruch hinnehmen, ohne fürchten zu müssen, daß das nur die Schneide des Keils ist? Nach dem Mehrheitsbericht kann man es. Ich möchte die Auffassung vertreten, daß dem nicht so ist.

1 Der entscheidende Mangel des Mehrheitsberichts besteht darin, daß er nicht zwischen zwei völlig verschiedenen Gruppen studentischer Forderungen unterscheidet.

Die *erste Gruppe von Forderungen* betrifft die freie Äußerung von Klagen und Kritik seitens der Studenten und die Gewähr, daß diese angemessenes Gehör finden, sowie die Beteiligung der Studenten an Entscheidungen über Angelegenheiten, in denen sie ungefähr ebenso kompetent oder sogar kompetenter als das Lehrpersonal sind. Diese Forderungen wurden ursprünglich – und an vielen Orten heute noch – von den Verfechtern der paternalistischen Elternrechts-Auffassung von der Autorität der Universität bekämpft, doch an der London School of Economics stoßen sie auf keinen Widerstand mehr, und das finde ich richtig.

Die *zweite Gruppe von Forderungen* richtet sich, völlig ungerechtfertigt, auf die *Studentenmacht* – im Unterschied zu dem *studentischen Recht auf Kritik* – im Zusammenhang mit Berufungen, der Errichtung neuer Lehrstühle und sonstige Stellen, der Festlegung der Lehrpläne und allgemein dem Inhalt von Lehre und Forschung. Die Strategie der 'Revolutionäre' besteht darin, diesen Unterschied zu verwischen. Diese Strategie hat erheblichen Erfolg gebracht, hauptsächlich wegen der verbreiteten, aber unbewiesenen Behauptung, ohne die 'revolutionäre' Militanz wären vielleicht auch die berechtigten Forderungen nicht in dem Maße erfüllt worden, wie es geschehen ist. Doch ob das nun stimmt oder nicht, es ändert nichts an der offenkundigen und traurigen Tatsache, daß diese Militanten nicht das geringste Interesse an den apolitischen und konstruktiven studentischen Forderungen haben. Sie unterstüt-

---

[2]) *The Times*, 18. 3. 1968, Hervorhebungen von mir.

zen die Forderung nach Freiheit nur aus politischer Opportunität, um die Unterstützung der Studenten für die Studenten- (d.h. ihre) Macht zu gewinnen. Sie verkehren unter der Hand den berechtigten Aufstand gegen den akademischen Paternalismus in einen politischen Aufstand gegen die akademische Freiheit. Deshalb ist es so wichtig, eine scharfe Trennungslinie zwischen den beiden Arten von Forderungen zu ziehen. Der Hauptfehler des Mehrheitsberichts besteht darin, daß er das nicht tut.

Es sollte nicht unerwähnt bleiben, daß zum Beispiel der nationale Exekutivausschuß der Hochschullehrervereinigung in einer kürzlich gefaßten Entschließung diese Unterscheidung ganz deutlich gemacht hat. Man ist sich über folgendes einig:

'(1) Auf der Ebene der Abteilungen sollte es von Hochschullehrern und Studenten gemeinsam besetzte Ausschüsse des Abteilungsrats oder der Studienkommission geben.

(2) Allgemein sollte es in allen Gremien, die mit Angelegenheiten wie Wohnung, Verpflegung, Gesundheit der Studenten zu tun haben, von den Studenten selbst gewählte Vertreter geben.

(3) Es sollte einen Senatsausschuß für Studentenangelegenheiten mit ungefähr gleich vielen Hochschullehrern und Studenten als Mitgliedern geben, der den Senat und andere Unterausschüsse des Senats unmittelbar berät, wenn Angelegenheiten zu behandeln sind, die für die Studenten von Bedeutung sind.'

Eine Beteiligung von Studenten am Verwaltungsrat und Senat wird dagegen abgelehnt: 'Der Student vor dem Examen, der definitionsgemäß erst noch lernt, worin der Inhalt seines Fachgebiets besteht, ist nicht in der Lage, über Angelegenheiten wie Studienpläne ... zu entscheiden.'

Das heißt natürlich nicht, daß sie nicht 'in der Lage' wären, solche Dinge zu *kritisieren*. Doch die Studenten unserer Hochschule haben bereits das Recht zur Kritik – privat (etwa gegenüber dem Studentendekan) wie auch öffentlich (etwa im 'Beaver'³) oder in jenen Abteilungsausschüssen, in denen es auch Studenten gibt) – an Inhalt und Methode der Lehre und Forschung, selbst an einzelnen Lehrveranstaltungen, Berufungen usw., und sie können verlangen, daß darüber diskutiert wird. Das Problem ist eher, daß sie dieses Recht noch gar nicht richtig ausgeschöpft haben. Dazu sollten sie ermutigt werden – ja, man sollte ihnen geradezu dabei helfen.

Doch es liegt eine Welt zwischen dem Recht auf Kritik und beratende Funktion und der Teilnahme an der Entscheidungsgewalt. Kein Hochschullehrer würde der Regierung oder den Studenten das Recht absprechen, jeden Aspekt des Hochschullebens zu *kritisieren* oder sich die einschlägigen Informationen zu beschaffen. Doch kein Hochschullehrer würde damit einverstanden sein, daß das Parlament (oder das Politbüro einer Partei) bei der *Entscheidung* über Berufungen, Lehrpläne usw. mitwirkt.

Es gibt kein Argument für die Studentenmacht, das nicht zugleich ein Argument für die Regierungsmacht in Hochschulangelegenheiten wäre. Gut, die Studenten sind Mitglieder der akademischen Gemeinschaft in einem wichtigen Sinne, in dem es die Regierung nicht ist; doch ihre Ausbildung kostet die Steuerzahler viel Geld, und von daher könnte man sagen, deren Vertreter hätten mehr Recht, in das Hochschulleben einzugreifen, als die Studenten, deren Ausbildung sie finanzieren. Militante Studenten gebrauchen oft die Analogie, daß der Verbraucher Einfluß auf die Herstellung der Güter haben sollte, die er kauft; dabei verkennen sie, daß in dieser Analogie der wirkliche Abnehmer der Staat ist – sie selbst sind die

---

³) 'Beaver' ist die Zeitung der Studentenvertretung an der London School of Economics.

Güter, die ihm geliefert werden sollen. Einzig und allein die schwache Mauer der akademischen Freiheit schützt die Studenten im Zeitalter der staatlich finanzierten Ausbildung vor politischen Eingriffen.

Das ist vielleicht der wichtigste Grund gegen die Studentenmacht, aber für das studentische Recht auf Kritik: wir sind gegen die Regierungsmacht in der Hochschule, gestehen aber der Regierung das Recht auf Kritik zu. Natürlich gibt es unter den Studenten wie den Politikern Leute, die das Recht auf Kritik ohne Macht für nutzlos halten. Doch die Geschichte der Universitäten enthält zahlreiche Beweise für das Gegenteil. Ja, die Hauptgefahr besteht darin, daß die Hochschullehrer in der klaren Erkenntnis, daß die akademische Freiheit keine wirkliche Machtgrundlage hat, zu rasch und nicht etwa zu langsam äußerer Kritik und äußerem Druck nachgeben; das neueste Beispiel dafür ist der Mehrheitsbericht. Ich behaupte: wenn die Studenten heute nicht in den Verwaltungsrat und Senat gelassen werden, und wenn man sie nach drei Jahren fragte, welche ihrer konstruktiven Kritiken und Vorschläge nicht ernsthaft erwogen worden seien, so hieße die Antwort: 'keine'.

Man könnte fragen, ob das qualifizierende Adjektiv 'konstruktiv' nicht eine Handhabe sei, manche Kritik willkürlich unbeachtet zu lassen. Dieser Einwand bringt mich zu einer anderen Unterscheidung innerhalb der studentischen Forderungen. *Meine erste Unterscheidung war die zwischen dem Recht auf Kritik und der Entscheidungsgewalt.* Das Recht auf Kritik und auf das Vorbringen von Forderungen muß natürlich unbeschränkt sein und sich auf 'konstruktive' wie auch 'destruktive' Kritik und Forderungen erstrecken. Doch wenn man sich den *konkreten Inhalt* der studentischen Forderungen ansieht, so zeigt sich, daß sie in zwei Klassen eingeteilt werden können. Einige Studenten verlangen bessere Lehrbedingungen, objektivere Verhältnisse bei den Prüfungen, besser abgestimmte Lehrpläne, bessere Vorlesungen, Übungen und Seminare, bessere Lektüreempfehlungen, bessere Bibliotheksverhältnisse usw. usw. Diese Studenten möchten, daß die Universität dem alten Ideal der Erweiterung und Weitergabe der Erkenntnis besser diene. Andere Studenten möchten die Universitäten als Zentren der Gelehrsamkeit zerstören und zu avantgardistischen Zentren des gesellschaftlichen und politischen Konflikts und Engagements machen, was immer das heißen mag. So heißt es im Adelstein-Atkinson-Bericht: 'Die Forschung selbst liegt in der Aktion.' *Meine zweite Abgrenzung ist die zwischen den 'konstruktiven' Forderungen, die die Universität, wie wir sie kennen, verbessern wollen, und den 'destruktiven' Forderungen, die sie zerstören wollen.* Es ist bedauerlich, daß beides vermengt worden ist.

Nun fallen aber meine beiden Unterscheidungen zusammen. Ich behaupte: *Diejenigen, die sich auf 'konstruktive' Forderungen konzentrieren, sind mit der studentischen Freiheit zufrieden, während diejenigen, die sich auf 'destruktive' Forderungen konzentrieren, die Studentenmacht anstreben.*

2 Es gibt in dem Mehrheitsbericht kein einziges Argument, *warum* Studenten im Senat und Verwaltungsrat beteiligt werden sollten; es werden auch keine naheliegenden Gegenargumente widerlegt oder auch nur erwähnt.

Ich möchte daher einige dieser Gegenargumente konkret darlegen. Das erste ist indirekt schon in bereits Gesagten enthalten. Die akademische Freiheit wird mit verschiedener Heftigkeit und verschiedenem Erfolg schon von jeher und überall angegriffen (die neuesten Beispiele sind die Säuberung der griechischen Universitäten durch eine Militärjunta und die Entlassung von sieben 'liberalen und zionistischen' Professoren der Universität Warschau). Deshalb muß der Grundsatz der akademischen Freiheit klar formuliert und mit Argumenten verteidigt werden. Mir ist aber keine Veröffentlichung bekannt, in der das systematisch und überzeugend geschähe. Das hat einen einfachen Grund: gute Professoren wollen lieber forschen und lehren als Manifeste für die akademische Freiheit schreiben, solange deren Aushöhlung noch erträglich ist. Wird sie aber unerträglich, so ist es zu spät, um sie öffentlich zu verteidigen, denn das ist dann politisch nicht mehr möglich. Deshalb ist es so wichtig, aufzustehen, wenn die Aushöhlung *beginnt,* und die Argumentation bis in die Länder dringen zu lassen, wo sie nicht mehr öffentlich auftreten kann.

Ich habe wenig Zweifel, daß eine nachdrückliche Verteidigung der akademischen Freiheit auch von der Mehrheit unserer Studenten verstanden und anerkannt wird. Das Fehlen jedes solchen Versuchs ist einer der bestürzendsten Züge der ganzen Situation.

Doch wenden wir uns jetzt den direkteren praktischen Folgen einer Beteiligung der Studenten an Senat und Verwaltungsrat zu.

Der Beitrag 'konstruktiver' studentischer Mitglieder kann nützlich, aber doch nur sehr beschränkt sein; ja, man kann kaum erwarten, daß er über das hinausginge, was auf den heute bereits bestehenden Wegen ohne Mitgliedschaft in Rat und Senat möglich ist. Vergessen wir nicht, daß auch ein Professor erst nach mindestens einem Jahr ein kompetentes Mitglied ist, und Studenten müßten den Senat schon wieder verlassen, wenn sie mit seinen Problemen und Verfahren einigermaßen vertraut geworden sind. Und worin würde der Beitrag der 'destruktiven' Mitglieder bestehen? Einmal im Verwaltungsrat und Senat, würden sie das anwenden, was einige Kominternführer die 'Salami-Taktik' genannt haben: sie würden Scheibchen um Scheibchen von der akademischen Tradition abschneiden. Zunächst würden sie für stärkere Beteiligung der Studenten kämpfen, danach für zunehmende Beschränkung der Gegenstände, von deren Behandlung die Studenten ausgeschlossen sind;[4] sie würden dann einiges auf die Tagesordnung setzen wollen wie Einspruch gegen die Beendigung der Anstellungsverträge für ihre Lieblings-Sonderlinge im Lehrkörper, Anträge auf neue Lehrstühle für Entfremdung, Kulturrevolution, amerikanische (aber nicht kommunistische) Kriegsverbrechen in Vietnam, usw. usw. Sie würden für ein *verstärktes* Gewicht von hochschulfremden Mitgliedern im Aufsichtsrat kämpfen, nur daß das eben Vertreter der Gewerkschaften, der 'fortschrittlichen Kultur' usw. sein sollten und nicht die heutigen 'angepaßten Typen'. Sie würden ihre gesamte Zeit auf die Verfolgung ihrer Ziele verwenden, und dem könnten wir nur dadurch entgegentreten, daß wir das akademische Leben selbst zugunsten einer hauptberuflichen Verteidigung des akademischen Lebens aufgäben. Sie würden rücksichtslos und systematisch den Druck ausnützen, der von Sitzungen der Studentenvertretung auf den Senat ausgeht, und es kann keinen Zweifel geben, daß sie jeden Fehler des Vorsitzenden bis aufs äußerste ausschlachten würden, daß sie mit Verdrehungen arbeiten würden usw. usw. Ich glaube nicht, daß sie die Mehrheit für sich gewinnen würden; aber sehr bald würden die heikelsten Tagesordnungspunkte vor der Senatssitzung in einer informellen Zusammenkunft beim Direktor besprochen und abgeklärt und in der Sitzung ohne Diskussion durchgezogen, um maoistische Obstruktion zu unterbinden. Man würde sie im Senat unter dem Tagesordnungspunkt 'Sonstiges' aus der Tasche ziehen, um die vorherige Formierung studenti-

---

[4] Der Mehrheitsbericht empfahl, daß die Studenten für gewöhnlich nicht an der Behandlung einer Liste 'besonderer Gegenstände' teilnehmen dürften, wozu Berufungen, Promotionen u. ä. gehörten, ferner 'jede sonstige Kategorie oder jeder sonstige Tagesordnungspunkt, der vom Vorsitzenden [des betreffenden Ausschusses] zum 'besonderen Gegenstand' erklärt wird.'

schen Widerstands zu verhindern. Und dann würden sich die Studenten – mit Recht – hintergangen fühlen; es käme zu Massenprotesten, und die Militanten wären *nicht* isoliert.

Ich meine, das zeigt ganz deutlich zweierlei: *einmal* die Inkonsequenz derer, die gleichzeitig für die Streichung der hochschulfremden Mitglieder im Aufsichtsrat und für verstärkte Beteiligung der Studenten *und* für eine demokratischere Verwaltung der Hochschule eintreten. Gewiß sind doch Studenten in rein akademischen Fragen ebensowenig kompetent wie Hochschulfremde; und nichts ist für einen demokratischen Senat gefährlicher als eine (selbst winzige) Minderheit, die offen auf seine Zerstörung hinarbeitet und dadurch psychologisch einen Belagerungszustand erzeugt. Und *zweitens* zeigt es, daß die studentische Beteiligung bei Existenz einer maoistischen Minderheit die Gefahr von Studentenrebellionen nicht verringert, sondern erhöht. Das zeigt sich bereits an der Freien Universität Berlin, wo sich die Extremisten den Weg in den Senat erkämpft haben und für die zweite 'Phase' ihrer Revolution kämpfen: die Drittelparität für Studenten, Assistenten und Professoren.

Man könnte natürlich hoffen, daß die 'destruktiven' Elemente nicht in den Senat und Verwaltungsrat gewählt würden. Einige Unterzeichner des Mehrheitsberichts knüpfen privatim ihre Hoffnungen an eine Reform der Studentenvertretung, die diese zu einem ziemlich repräsentativen Gremium machen würde – was sie jetzt sicher nicht ist – und damit die Gefahr verringern würde, daß eine maoistische Fraktion im Senat auftaucht. Doch eine solche Reform wird, so scheint mir, mit Erfolg blockiert, und auch wenn sie durchkäme, würde sie den politischen Extremisten nicht die Türen verschließen. Machen wir uns doch nichts vor: welches Wahlsystem auch für die Studentenvertretung in Kraft tritt, es wird unter den Studenten nur ganz wenige zukünftige Hochschullehrer geben, die für den Senat und Verwaltungsrat kandidieren. Ernsthafte Studenten, die in ihrem kurzen dreijährigen Studium möglichst viel profitieren wollen, werden gewöhnlich nicht kandidieren. Mindestens eine erhebliche Zahl der studentischen Vertreter wird zu einer Gruppe von 'Aktivisten' gehören, die offen darauf hinarbeiten, die Universitäten als Stätten des Lernens zu zerstören und in Zentren des politischen Engagements zu verwandeln, und die offen bekennen, daß sie die Mitgliedschaft in Senat und Verwaltungsrat zur Förderung ihrer politischen Ziele ausnützen wollen.

Die Annahme des Mehrheitsberichts wäre eine erhebliche Ermutigung für die zahlenmäßig kleine Gruppe der extremistischen Studenten. Die Unruhen an der London School of Economics scheinen deren Professoren gegenüber der Schwäche dieser Gruppe im nationalen Maßstab blind gemacht zu haben. Die gesamtenglische Studentenvertretung hat keine Beteiligung von Studenten an den Senaten und Verwaltungsräten gefordert; wird diese aber von den Professoren der London School akzeptiert, wie kann dann die Vertretung ihrem militanten Flügel widerstehen? Doch die meisten Hochschullehrer in England *werden* Widerstand leisten, anders als die Beschwichtigungspolitiker an der London School. Jahre der Unruhe werden folgen, an den 'widerständigen' wie an den 'beschwichtigenden' Universitäten. Es ist durchaus möglich, daß eine konservative Reaktion auf die nachgiebige Haltung der sechziger Jahre sogar zu der Forderung führen könnte, das Parlament solle die Senate beaufsichtigen, um die Ausbildung zu gewährleisten, die der Steuerzahler für sein Geld erwarten könne.

Man wird vielleicht einwenden, ich übertreibe die Gefahren. Aber ich behaupte nicht, die universitäre Tradition werde *notwendig* in ein paar Jahren zerstört, wenn wir Beschwichtigungspolitik treiben. Ich behaupte jedoch, es sei geradezu ein Wunder, daß die akademische Tradition überhaupt entstanden ist und bis auf den heutigen Tag Bestand gehabt hat. Daß sie weiterbesteht, ist durchaus nicht zwangsläufig: Man muß ständig gegen ihre Aushöhlung kämpfen, um besser gerüstet zu sein, wenn sich im Zuge der periodischen sozialen und politischen Krisen der Druck auf die Universität, wie so oft geschehen, einmal wieder zuspitzt.

3 Natürlich glaube ich nicht, die akademische Freiheit sei für sich allein eine ausreichende Gewähr für den Erkenntnisfortschritt und die Aufrechterhaltung und Verbesserung der Qualität der Hochschulausbildung. Es gibt viele gefährliche Übel, die mit der akademischen Freiheit *verträglich* sind. Doch diese durch die Aushöhlung der akademischen Freiheit heilen zu wollen, ist nicht besser, als die Schwächen der parlamentarischen Demokratie durch Faschismus, Kommunismus oder Maoismus heilen zu wollen. Ich möchte aufgrund meiner Unterscheidung zwischen 'konstruktiven' und 'destruktiven' studentischen Forderungen folgenden Entschließungsantrag vorschlagen:

'Das Academic Board begrüßt jeden Vorschlag, der Möglichkeiten zur Verbesserung des Dialogs zwischen Hochschullehrern und Studenten über Inhalt und Methode der Lehre schafft. Es heißt die von Hochschullehrern und Studenten besetzten Abteilungsausschüsse gut, ebenso die Beteiligung von Studenten an Senatsausschüssen, wo die Studenten nützliche direkte Beiträge liefern können. Gleichzeitig wendet sich aber das Board nachdrücklich gegen jede Aushöhlung der akademischen Freiheit und hält an dem Grundsatz fest, daß die akademischen Angelegenheiten in der Hochschule allein von den Hochschullehrern zu entscheiden sind.'[5])

Mit vorzüglicher Hochachtung

Imre Lakatos   28. März 1968

---

[5]) Das Academic Board der London School of Economics lehnte sowohl den Mehrheitsbericht als auch den Minderheitsbericht ab. Statt dessen verabschiedete es am 13. 11. 1968 eine Entschließung, nach der 'bei der London School die Verantwortung für Entscheidungen, in denen allgemeine akademische Maßstäbe eine Rolle spielen, allein bei den Hochschullehrern liegen muß, was durch entsprechende Maßnahmen zu sichern ist.'

13 Wissenschaftsgeschichte als Lehrgebiet*)

Der Artikel von Hoskin in 'The Times Educational Supplement' vom 7. 7. 1961 hat deutlich gemacht, daß die Wissenschaftsgeschichte-und-theorie zur Zeit ein recht kritisches Stadium ihrer raschen Entwicklung durchmacht, weil es an Lehrkräften mangelt. Das möchte ich nochmals unterstreichen. Ja, ich frage mich, ob nicht die breitgestreute Vergabe von Lehraufträgen und Einrichtung von examensrelevanten Lehrveranstaltungen im ganzen Lande gebremst werden sollte. Unser Fach ist besonder schwierig, da es auf der Grenze zwischen Logik, Methodologie der Wissenschaft, Philosophie, Naturwissenschaften und Geschichte liegt, und viele möchten vielleicht meinen, einem Grenzgebiet komme keine Fläche zu, und man könne versuchen, auf dieser Grenze zu seiltänzern, ohne auf den Gebieten beschlagen zu sein, die sie 'begrenzt'. Es ist nicht tragbar, daß die Wissenschaftshistoriker-und-theoretiker ihre Mathematik, Naturwissenschaft und Geschichte aus populären Darstellungen lernen. Deshalb meine ich, man sollte ernsthaft an die Errichtung von *Forschungszentren* für die *Ausbildung* von Wissenschaftshistorikern-und-theoretikern denken und nicht nur an ihre *Bestellung;* an den *Aufbau* dieses neuen Wissenschaftszweiges, ehe, oder wenigstens während, man das Evangelium *verkündet*.

Mein zweiter Gesichtspunkt betrifft die Beurteilung des kürzlichen Anstiegs des Interesses an dem Gebiet. Wenn die Studenten nach Lehrveranstaltungen in Wissenschaftsgeschichte-und-theorie rufen, dann ist das noch kein Grund, dem stattzugeben. Sie rufen nicht danach, weil sie sich plötzlich leidenschaftlich für Probleme interessierten wie das der Rolle der Araber bei der Erhaltung der antiken Tradition, sondern weil sie unzufrieden damit sind, wie Geschichte einerseits und Naturwissenschaft andererseits gelehrt wird. Die Historiker übergehen in der Lehre immer noch die Naturwissenschaften, das faszinierendste und edelste aller menschlichen Unternehmen, und die Lehre in Mathematik und Naturwissenschaft ist durch die übliche autoritäre Darstellung entstellt. Durch sie erscheint die Erkenntnis in der Form unfehlbarer Systeme, die auf theoretischen Grundlagen beruhen, die nicht diskutiert werden. Der Hintergrund, die Problemsituation wird nie dargestellt und ist manchmal schon kaum mehr auffindbar. Die naturwissenschaftliche *Ausbildung* – atomisiert gemäß den verschiedenen Methoden – ist zum Fertigkeitstraining herabgesunken. Kein Wunder, daß sie kritische Köpfe abstößt.

Nun muß die Wissenschaftsgeschichte-und-theorie einerseits die Naturwissenschaft in der Geschichte und andererseits die Geschichte in der Naturwissenschaft herausarbeiten und damit auf beide einen wichtigen *therapeutischen Einfluß* ausüben. Gelingt uns das nicht, so werden wir bald vor der Situation stehen, daß eine Fülle von Spezialveranstaltungen in Wissenschaftsgeschichte-und-theorie aus den heutigen zwei Un-Kulturen (um Sir Charles Snow etwas abzuwandeln) deren drei macht, statt zur Entbarbarisierung beider beizutragen.

---

*) Diese kurze Äußerung erschien in A. C. Crombie (Hrsg.): *Scientific Change*, London [1963]. (D. Hrsgg.)

Dieser therapeutische Aspekt nun scheint mir zu eng aufgefaßt worden zu sein. In der üblichen Frage, ob die Geschichte der Naturwissenschaft den Studenten der Geisteswissenschaften einen sinnvollen Einblick in die Naturwissenschaften vermitteln könne, sollte man 'Geistes-' streichen. Die heutige barbarische Lehrweise der Naturwissenschaften ist untragbar – auch für die Studenten der Naturwissenschaft.

Mein dritter Gesichtspunkt ist eine Randüberlegung zu dem alten Plan bezüglich eines naturwissenschaftlichen Examens für Geisteswissenschaftler. Eine Verbindung von Naturwissenschaft und Wissenschaftsgeschichte-und-theorie für Studenten vor dem Bachelor-Examen hielte ich für sehr schwierig. Gewiß brauchen wir für viele Aufgaben intelligente Leute, die alle Vorzüge der herkömmlichen geisteswissenschaftlichen Ausbildung genossen haben und dabei der Naturwissenschaft nicht ängstlich oder verständnislos gegenüberstehen. Das ließe sich erreichen, indem ein neuer höherqualifizierender Studiengang im Sinne der litterae humaniores eingerichtet wird, der sich auf das 17. Jahrhundert statt auf das klassische Altertum konzentriert. Dieses ist vielleicht die letzte große Epoche in der Geschichte der Menschheit, von der man dem Studenten vor dem Bachelor-Examen eine Gesamtschau vermitteln kann.

14 Die gesellschaftliche Verantwortung der Wissenschaft*)

Die Achtung vor der Wahrheit, sagt Russell, ist jüdisch-christlichen Ursprungs. Die Wissenschaft achtet die Wahrheit nicht mehr als der Katholizismus; beide unterscheiden sich nur darin, wie man die Wahrheit erkennen kann. Für die Wissenschaft ist Vernunft und Erfahrung maßgebend, für den Katholizismus die Offenbarung. Doch Galilei und die Inquisition hatten einen gemeinsamen Boden: beide rangen sie um die Wahrheit, ausgedrückt in Aussagen, deren Wahrheit oder Falschheit unabhängig davon war, wer sie aussprach oder welche Maschine sie druckte. In diesem Sinne fallen Katholiken und Wissenschaftler beide unter das, was Ravetz die 'klassische' Tradition nennt. Sie alle gingen der Wahrheit nach und unterschieden sich nur darin, *wie* Aussagen im Hinblick auf ihre Wahrheit oder Falschheit oder ihre Wahrscheinlichkeit beurteilt werden können.

Die Wissenschaft erlangte ihre Autonomie in einem langen Kampf mit der Kirche – ihr und den Nichtwissenschaftlern überließ sie Entscheidungen über Gott, Moral, Politik, doch die faktische Wahrheit über die Welt sollten Vernunft und Experiment entscheiden. Die Wissenschaftler und die Philosophen waren uneins darüber, ob die Vernunft oder die Erfahrung mehr Beweiskraft habe, und über die allgemeinen Kriterien zur Beurteilung wissenschaftlicher – insbesondere *konkurrierender* – Theorien; doch im Einzelfall schienen sie am Ende eine recht gute Übereinstimmung zu erzielen: alle Naturwissenschaftler sind sich zum Beispiel darin einig, daß die Einsteinsche Mechanik besser ist als die Newtonsche.

Die Wertmaßstäbe und Beurteilungsmethoden in der Wissenschaft wurden ständig von außen angegriffen. Skeptiker wie Hume stellten ihren übertriebenen Anspruch auf sichere Erkenntnis in Frage. Einige, so Popper, stellten sogar ihren Anspruch auf (beweisbar) wahrscheinliche Erkenntnis in Frage. Doch die Wissenschaft konnte recht gut mit der skeptischen Kritik leben, solange diese kein konkurrierendes System von Zielen und Normen aufstellte. Solange man einig ist, daß Newton, Faraday, Einstein Spitzenleistungen der Menschheit erzielten, und daß ihre Suche nach den Grundgesetzen des Weltalls ohne Eingriffe von außen weitergehen soll, kann man wohl verschiedene Theorien darüber haben, was ihre Leistungen groß und objektiv macht, und welche einschlägigen Einstellungen man im einzelnen aus diesen Leistungen lernen sollte.

Doch die Romantiker und Pragmatisten legten tatsächlich ein konkurrierendes System von Zielen und Normen für die Wissenschaft vor. Sie behaupten nicht nur, wie die Skeptiker, der Verstand sei machtlos, sondern auch, er müsse durch Gefühl, Empfindung, Wille ersetzt werden. Sie priesen das Unartikulierte, Unaussprechliche und predigten Verachtung des Artikulierten. Aber das nicht Artikulierte, nicht in Aussagen Faßbare kann man natürlich nicht kritisieren, nicht überpersönlich beurteilen. Für diese Romantiker und Pragmati-

---

*) Diese Arbeit war ein Beitrag Lakatos' zu einer Diskussion mit J. R. Ravetz auf einem Treffen der British Society for Social Responsibility in Science (Britische Gesellschaft für die gesellschaftliche Verantwortung in der Wissenschaft) am 18. 2. 1970. Lakatos beabsichtigte nicht, sie zu veröffentlichen, jedenfalls nicht in der vorliegenden Form. (D. Hrsgg)

sten wurde das Persönliche zum Höchsten. Statt klar formulierte Gedanken über die Natur vorzulegen und der strengen Kritik durch die Tatsachen zu unterwerfen, priesen sie die mystische Vereinigung mit der Natur, die sie *Verstehen* nannten. Sie verabscheuten das *Abstrakte und Formulierte* und priesen das *Besondere und Instinktive*. Der Romantiker 'würde zu Tränen gerührt durch den Anblick einer einzelnen elenden Bauernfamilie, aber er hätte nichts übrig für gutdurchdachte Pläne zur Verbesserung des Loses der Bauern als Klasse'. Er würde weinen vor dem Fernsehbild verstümmelter Vietnamesen, wäre aber völlig unfähig, nichtbildliches Beweismaterial darüber aufzunehmen, daß 20 Millionen Russen in Konzentrationslagern umgebracht worden sind, die er nie zu Gesicht bekommen hat.

Die Romantiker, von Rousseau über Fichte, Coleridge und Hegel bis zu Hitler, Stalin, Sartre, Heidegger und Marcuse, sahen die Wissenschaft mit anderen Augen als der Wissenschaftler. Sie fragten nicht, welche Theorie der Wahrheit näher kommt. Hegel meinte, die tiefe und unaussprechliche Vision seines Helden Kepler, des deutschen Mystikers, sei durch den Engländer Newton entstellt und in das Prokrustesbett leerer mathematischer Formeln gezwängt worden. Hitler unterschied zwischen deutscher und jüdischer Wissenschaft; er kam überhaupt nicht auf den Gedanken, zu fragen, welche der Wahrheit näher komme. Stalin hielt die proletarische, sozialistische Wissenschaft für besser als die bürgerliche: diese diene der Bourgeoisie, die sozialistische dem Proletariat, und die bürgerlichen Genetiker schickte er in die Konzentrationslager und in den Tod. Bernal glaubte einmal, man könne die fortgeschrittenere Theorie daran erkennen, von welcher gesellschaftlichen Klasse sie geschaffen wurde. Die Wissenschaft der Sklavenhaltergesellschaft war schlechter als die des Feudalismus, diese schlechter als die bürgerliche, usw. Eine Folge dieser Auffassung war ein Bündnis zwischen Sozialisten und Katholiken, die beide daran interessiert waren, zu zeigen, daß die mittelalterliche (angebliche) Wissenschaft nicht so schlecht gewesen sei, wie allgemein angenommen wird.

Die Romantiker (und die Pragmatisten) wenden also außerwissenschaftliche Maßstäbe auf die Wissenschaft an und versuchen, die Wissenschaft zur Anpassung an diese Maßstäbe zu zwingen. Nach Marcuse ist der Gedanke, das Ziel der reinen Wissenschaft sei die Wahrheit ohne Rücksicht auf die gesellschaftlichen Folgen, etwas Gefährliches. Die neue Linke möchte bestimmte Forschungszweige wie Kernphysik oder Genetik stillegen. Die Autonomie der wissenschaftlichen Gemeinschaft soll zerstört werden. Ausschließlich die Gesellschaft soll über die Wahl der wissenschaftlichen Probleme bestimmen, einige blockieren und andere großzügig finanzieren. Die Wahrheitssuche hat keinen autonomen Wert.

Nun also meine erste Frage an Dr. Ravetz. Wo steht er in dieser Sache? Möchte er bestimmte Forschungszweige und die Veröffentlichung wissenschaftlich wertvoller Ergebnisse unterdrücken? Möchte er einen totalitären Staat, der bestimmt, was die Wissenschaftler tun können und tun müssen? Oder sollen reine Wissenschaftler wie Newton, Maxwell und Einstein ohne Furcht arbeiten können?

In meinen Augen hat die Wissenschaft als solche keine gesellschaftliche Verantwortung. Vielmehr hat die Gesellschaft eine Verantwortung – nämlich die, eine apolitische, distanzierte wissenschaftliche Tradition zu erhalten und der Wissenschaft die Wahrheitssuche auf die Art zu ermöglichen, wie sie sich rein aus deren innerem Leben ergibt. Natürlich haben die Wissenschaftler als Staatsbürger, wie alle anderen auch, die Verantwortung, dafür zu sorgen, daß die Wissenschaft im Dienste der richtigen gesellschaftlichen und politischen Ziele *angewandt* wird. Das ist eine andere, unabhängige Frage, und hier sollte nach meiner Auffassung das Parlament entscheiden. Natürlich bin ich als Bürger ganz dafür, daß die Wissenschaft *in den Dienst* der Reinhaltung und nicht der Verschmutzung der Umwelt gestellt wird, in den Dienst der Erhaltung der Freiheit und nicht der Unterdrückung der Schwächeren. Und damit komme ich zu meiner zweiten Frage an Dr. Ravetz. In meinen Augen ist es eine der wichtigsten gesellschaftlichen Verpflichtungen des britischen Volkes, die Wissenschaft zur Verteidigung der Freiheit dieses Landes einzusetzen. In meinen Augen ist das nur möglich, wenn das hohe gesellschaftliche Ansehen der Leute in der angewandten Atomwissenschaft aufrechterhalten wird, die für militärische Zwecke arbeiten. Was sollen nun nach Dr. Ravetz die britischen Ingenieure bauen: den Atomschirm für die Freiheit oder Chamberlains Regenschirm für die Sklaverei?

Schriftenverzeichnis

Abel, N. H. [1826a]: 'Untersuchungen über die Reihe
$$1 + \frac{m}{1}x + \frac{m\cdot m-1}{1\cdot 2}x^2 + \ldots'$$
Journal für die reine und angewandte Mathematik, **1**, S. 311–39.
Abel, N. H. [1826b]: 'Brief an Hansteen', in S. Lie und L. Sylow *(Hrsg.): Oeuvres Complètes*, Bd. 2, S. 263–5. Christiana: Grondahl, 1881.
Adam, C. und Tannery, P. [1897–1913]: *Oeuvres de Descartes*. 12 Bde. Paris: Leopold Cerf.
Agassi, J. [1959]: 'How are Facts Discovered?', *Impulse*, **3**, S. 2–4.
Agassi, J. [1961]: 'The Role of Corroboration in Popper's Methodology', *Australasian Journal of Philosophy*, **39**, S. 82–91.
Agassi, J. [1963]: *Towards an Historiography of Science*. Wesleyan University Press.
Agassi, J. [1966]: 'Sensationalism', *Mind*, N.S. **75**, S. 1–24.
Alexander, H. G. *(Hrsg.)* [1956]: *The Leibniz–Clarke Correspondence*. Manchester University Press.
Arnauld, A. und Nicole, P. [1724]: *La Logique, ou l'Art de Penser*. Dt. v. Ch. Axelos: *Die Logik oder die Kunst des Denkens*. Darmstadt, 1972.
Ayer, A. J. [1936]: *Language, Truth and Logic*. London: Victor Gollancz.
Ayer, A. J. [1956]: *The Problem of Knowledge*. London: Macmillan.
Bar-Hillel, Y. [1955–6]: 'Comments on 'Degree of Confirmation' by Professor K. R. Popper', *British Journal for the Philosophy of Science*, **6**, S. 155–7.
Bar-Hillel, Y. [1956–7]: 'Remark on Popper's Note on Content and Degree of Confirmation', *British Journal for the Philosophy of Science*, **7**, S. 245–8.
Bar-Hillel, Y. [1963]: 'Remarks on Carnap's Logical Syntax of Language', in P. A. Schilpp *(Hrsg.)*: [1963], S. 519–44.
Bar-Hillel, Y. [1967]: 'Is Mathematical Empiricism Still Alive?', in I. Lakatos *(Hrsg.)*: [1967], S. 197–9.
Bar-Hillel, Y. [1968a]: 'Inductive Logic as 'the' Guide of Life', in I. Lakatos *(Hrsg.)*: [1968a], S. 66–9.
Bar-Hillel, Y. [1968b]: 'The Acceptance Syndrome', in I. Lakatos *(Hrsg.)*: [1968a], S. 150–61.
Bar-Hillel, Y. [1968c]: 'Bunge and Watkins on Inductive Logic', in I. Lakatos *(Hrsg.)*: [1968a], S. 282–5.
Baumann, J. J. [1869]: *Die Lehren von Zeit, Raum und Mathematik*, Bd. 2. Berlin: G. Reimer.
Beck, L. J. [1952]: *The Method of Descartes: A Study of the Regulae*. Oxford: Clarendon Press.
Bell, E. T. [1939]: *Men of Mathematics*. London: Victor Gollancz.
Bell, E. T. [1940]: *The Development of Mathematics*. New York: McGraw-Hill.
Benacerraf, P. und Putnam, H. *(Hrsg.)* [1964]: *Readings in the Philosophy of Mathematics*. Oxford: Basil Blackwell.
Bennett, J. [1964]: *Rationality*. London: Routledge and Kegan Paul.
Bernays, P. [1939]: 'Bemerkungen zur Grundlagenfrage', in F. Gonseth *(Hrsg.)*: *Philosophie Mathématique*, S. 83–7. Paris: Hermann.
Bernays, P. [1965]: 'Some Empirical Aspects of Mathematics', in P. Bernays und S. Dockx *(Hrsg.)*: *Information and Prediction in Science*, S. 123–8. New York: Academic Press.
Bernays, P. [1967]: 'Mathematics and Mental Experience', in I. Lakatos *(Hrsg.)*: [1967], S. 196–7.
Beveridge, W. [1937]: 'The Place of the Social Sciences in Human Knowledge', *Politica*, **2**, S. 459–79.
Boltzmann, L. [1896–8]: *Vorlesungen über Gastheorie*, 2 Bde. Leipzig.
Born, M. [1949]: *Natural Philosophy of Cause and Chance*. Oxford: Clarendon Press.
Bourbaki, N. [1949a]: 'The Foundations of Mathematics for the Working Scientist', *Journal of Symbolic Logic*, **14**, S. 1–8.

Bourbaki, N. [1949b]: *Topologie Générale.* Paris: Hermann.
Bourbaki, N. [1960]: *Eléments d'Histoire des Mathématiques.* Paris: Hermann.
Boyer, C. B. [1949]: *The Concepts of the Calculus.* New York: Columbia University Press.
Braithwaite, R. B. [1953]: *Scientific Explanation.* Cambridge University Press.
Braithwaite, R. B., Russell, B. A. W. und Waismann, F. [1938]: 'Symposium: The Relevance of Psychology to Logic', *Aristotelian Society Supplementary Volume,* **17,** S. 19–68.
Broad, C. D. [1922]: Besprechung von Keynes [1921], *Mind,* N.S. **31,** S. 72–85.
Broad, C. D. [1952]: *Ethics and the History of Philosophy.* London: Routledge and Kegan Paul.
Broad, C. D. [1959]: 'A Reply to my Critics', in P. A. Schilpp *(Hrsg.): The Philosophy of C. D. Broad,* S. 711–830. New York: Tudor.
Brunschvicg, L. [1912]: *Les étapes de la philosophie mathématique.* Paris: Librairie Félix Alcan.
Cajori, F. [1924]: *A History of Mathematics.* 2. Aufl. New York und London: Macmillan, 1961.
Campbell, N. [1920]: *Foundations of Science.* New York: Dover, 1957.
Carnap, R. [1928]: *Scheinprobleme in der Philosophie.* Frankfurt am Main: Suhrkamp, 1966.
Carnap, R. [1930–1]: 'Die alte und die neue Logik', *Erkenntnis,* **1.** Englisch in A. J. Ayer *(Hrsg.): Logical Positivism,* S. 133–45. London: George Allen and Unwin.
Carnap, R. [1931]: 'Die logizistische Grundlegung der Mathematik', *Erkenntnis,* **2.** S. 91–105. Englisch in P. Benacerraf und H. Putnam *(Hrsg.):* [1964], S. 31–41.
Carnap, R. [1935]: Besprechung von Popper [1934], *Erkenntnis,* **5,** S. 290–4.
Carnap, R. [1936]: 'Testability and Meaning', *Philosophy of Science,* **3,** S. 419–71.
Carnap, R. [1937]: *The Logical Syntax of Language.* London: Kegan Paul. (Revidierte Übersetzung von *Logische Syntax der Sprache.* Wien: Springer, 1934.)
Carnap, R. [1946]: 'Theory and Prediction in Science', *Science,* **104,** S. 520–1.
Carnap, R. [1950]: *Logical Foundations of Probability.* Chicago University Press.
Carnap, R. [1952]: *The Continuum of Inductive Methods.* Chigaco University Press.
Carnap, R. [1953a]: 'Inductive Logic and Science', *Proceedings of the American Academy of Arts and Sciences,* **80,** S. 189–97.
Carnap, R. [1953b]: 'What is Probability?', *Scientific American,* **189,** S. 128–30, 132, 134, 136.
Carnap, R. [1953c]: 'Remarks to Kemeny's Paper', *Philosophy and Phenomenological Research,* **13,** S. 375–6.
Carnap, R. [1958]: 'Beobachtungssprache und theoretische Sprache'. *Dialectica,* **12,** S. 236–47.
Carnap, R. [1960]: 'The Aim of Inductive Logic', in E. Nagel, P. Suppes und A. Tarski *(Hrsg.): Logic, Methodology and Philosophy of Science,* S. 303–18. Stanford University Press.
Carnap, R. [1963a]: 'Intellectual Autobiography', in P. A. Schilpp *(Hrsg.):* [1963], S. 1–84.
Carnap, R. [1963b]: 'Replies and Systematic Expositions', in P. A. Schilpp *(Hrsg.):* [1963], S. 859–1013.
Carnap, R. [1966]: 'Probability and Content Measure', in P. K. Feyerabend und G. Maxwell *(Hrsg.): Mind, Matter and Method,* S. 248–60. University of Minnesota Press.
Carnap, R. [1968a]: 'On Rules of Acceptance', in I. Lakatos *(Hrsg.):* [1968a], S. 146–50.
Carnap, R. [1968b]: 'Inductive Logic and Inductive Intuition', in I. Lakatos *(Hrsg.):* [1968a], S. 258–67.
Carnap, R. [1968c]: 'Reply', in I. Lakatos *(Hrsg.):* [1968a], S. 307–14.
Carnap, R. und Stegmüller, W. [1964]: *Induktive Logik und Wahrscheinlichkeit.* Wien: Springer.
Cauchy, A. L. [1813]: 'Recherches sur les Polyèdres', *Journal de l'école polytechnique,* **9,** S. 68–86. (Vorlesung von 1811.)
Cauchy, A. L. [1821]: *Cours d'Analyse de l'Ecole Royal Polytechnique.* Paris: de Bure. Zit. nach *Oeuvres complètes,* Reihe 2, Bd. 3, Paris, 1897.
Cauchy, A. L. [1823]: *Résumé des leçons sur le calcul infinitésimal.* Paris: de Bure. In *Oeuvres complètes,* Reihe 2. Bd. 4. Paris, 1899, S. 5–261.

Cauchy, A. L. [1853]: 'Note sur les séries convergentes dont les divers termes sont de functions continues d'une variable réelle ou imaginaire entre des limites données', *Comptes rendus des séances de l'Académie des sciences*, **36**, S. 454–9.
Cavell, S. [1962]: 'The Availability of Wittgenstein's Later Philosophy', *Philosophical Review*, **71**, S. 67–93.
Cherniss, H. [1951]: 'Plato as Mathematician', *The Review of Metaphysics*, **4**, S. 395–425.
Church, A. [1932]: 'A Set of Postulates for the Foundation of Logic', *Annals of Mathematics*, **33**, Second Series, S. 346–66.
Church, A. [1939]: 'The Present Situation in the Foundations of Mathematics', in F. Gonseth *(Hrsg.)*: *Philosophie Mathématique*, S. 67–72. Paris: Hermann.
Chwistek, L. [1948]: *The Limits of Science*. London: Kegan Paul.
Cleave, J. P. [1971]: 'Cauchy, Convergence and Continuity', *British Journal for the Philosophy of Science*, **22**, S. 27–37.
Cohen, I. B. [1974]: 'Newton's Theory vs. Kepler's Theory and Galileo's Theory', in Y. Elkana *(Hrsg.)*: *The Interaction Between Science and Philosophy*, S. 299–338. New York: Humanities Press.
Cohen, L. J. [1968]: 'An Argument that Confirmation Functors for Consilience are Empirical Hypotheses', in I. Lakatos *(Hrsg.)*: [1968a], S. 247–50.
Cohen, L. J. [1972]: 'Is the Progress of Science Evolutionary?', *British Journal for the Philosophy of Science*, **24**, S. 41–61.
Cornford, F. M. [1932]: 'Mathematics and Dialectics in the Republic VI–VIII', *Mind*, **41**, S. 37–52 und 173–90.
Courant, R. und Robbins, H. [1941]: *What is Mathematics?* Oxford University Press.
Couturat, L. [1905]: *Les principes des mathématiques*. Hildesheim: Georg Olms, 1965.
Crombie, A. C. *(Hrsg.)* [1963]: *Scientific Change*. London: Heinemann.
Curry, H. B. [1958]: *Outline of a Formalist Philosophy of Mathematics*. Amsterdam: North Holland.
Curry, H. B. [1963]: *Foundations of Mathematical Logic*. New York: McGraw-Hill.
Curry, H. B. [1965]: 'The Relation of Logic to Science', in P. Bernays und S. Dockx *(Hrsg.)*: *Information and Prediction in Science*, S. 79–98. New York und London: Academic Press.
Descartes, R.: *Meditationen ...*, dt. v. A. Buchenau, Leipzig, 1915.
Descartes, R. [1628]: *Regeln zur Ausrichtung der Erkenntniskraft*, dt. v. H. Springmeyer u. a. Hamburg, 1973.
Descartes, R. [1637]: *Von der Methode des richtigen Vernunftgebrauchs ...*, dt. v. L. Gäbe, Hamburg, 1960.
Descartes, R. [1638]: 'Brief an Mersenne vom 11. Oktober 1638', in C. Adam und P. Tannery *(Hrsg.)*: [1897–1913], Bd. 2, S. 379–405. – Dt. *Briefe 1629–1650*, hrsgg. v. M. Bense, Köln, 1949.
Descartes, R. [1644]: *Die Prinzipien der Philosophie*, dt. v. A. Buchenau, Leipzig, 1908.
Descartes, R. [1664]: *Description du Corps Humain*, in C. Adam und P. Tannery *(Hrsg.)*: [1897–1913], Bd. 2, S. 223–90.
Dirichlet, P. L. [1829]: 'Sur la convergence des séries trigonométriques qui servent à représenter une function arbitraire entre des limites données', *Journal für die reine und angewandte Mathematik*, **4**, S. 157–69.
Dorling, J. [1971]: 'Einstein's Introduction of Photons: Argument by Analogy or Deduction from Phenomena?', *British Journal for the Philosophy of Science*, **22**, S. 1–8.
Drury, M. O'C. [1960]: 'Ludwig Wittgenstein', *The Listener*, 28. Januar, S. 163–5.
Du Bois Reymond, P. D. G. [1874]: 'Über die sprungweisen Wertänderungen analytischer Funktionen', *Mathematische Annalen*, **7**, S. 241–61.
Duhamel, J. M. C. [1865]: *Les méthodes dans les sciences de raisonnement*, Bd. 1. Paris: Bachelier.
Duhem, P. [1906]: *La théorie physique: son objet, sa structure*. Dt. *Ziel und Struktur der physikalischen Theorien*. Hamburg, 1978 = Leipzig, 1908.

Eilenberg, S. und Steenrod, N. [1952]: *Foundations of Algebraic Topology*. Princeton University Press.
Einstein, A. [1905]: 'Zur Elektrodynamik bewegter Körper', *Annalen der Physik*, **17**, S. 891–921.
Einstein, A. [1915]: 'Die Relativitätstheorie', in E. Warburg *(Hrsg.): Physik*. Leipzig: Teubner.
Engels, F. [1894]: *Anti-Dühring*. In Marx-Engels, *Werke*, Bd. 20. Berlin, 1962.
Fann, K. T. [1969]: *Wittgenstein's Conception of Philosophy*. Oxford: Basil Blackwell.
Feferman, S. [1968]: 'Autonomous Transfinite Progressions and the Extent of Predicative Mathematics', in B. van Rootselaar und J. F. Staal *(Hrsg.): Logic, Methodology and Philosophy of Science III*, S. 121–35. Amsterdam: North Holland.
Feigl, H., Maxwell, G. und Scriven, M. *(Hrsg.)* [1958]: *Minnesota Studies in the Philosophy of Science*, **2**, *Concepts, Theories and the Mind–Body Problem*. Minneapolis: University of Minnesota Press.
Feyerabend, P. K. [1955]: 'Wittgenstein's *Philosophical Investigations*', *Philosophical Review*, **64**, S. 449–83.
Feyerabend, P. K. [1962]: 'Explanation, Reduction and Empiricism', in H. Feigl und G. Maxwell *(Hrsg.): Minnesota Studies in the Philosophy of Science*, **3**, S. 28–97. University of Minnesota Press.
Feyerabend, P. K. [1970]: 'Against Method', in M. Radner und W. Winokur *(Hrsg.): Minnesota Studies in the Philosophy of Science*, **4**, *Analyses of Theories and Methods of Physics and Psychology*, S. 17–130. University of Minnesota Press.
Feyerabend, P. K. [1972]: 'Von der beschränkten Gültigkeit methodologischer Regeln', in R. Bubner, K. Cramer und R. Wiehl *(Hrsg.): Dialog als Methode*, S. 124–71. Göttingen: Vandenhoek und Ruprecht.
Feyerabend, P. K. [1975]: *Against Method*. (Erweiterte Fassung von Feyerabend [1970].) London: New Left Books. Dt. *Wider den Methodenzwang*, Suhrkamp. Frankfurt (M.), 1976.
Fisher, R. A. [1922]: 'On the Mathematical Foundations of Theoretical Statistics', *Transactions of the Royal Society of London*, Series A, **222**, S. 309–68.
Fourier, J. [1822]: *Théorie analytique de la chaleur*. Dt. *Analytische Theorie der Wärme*. Berlin, 1884.
Fraenkel, A. A. [1927]: *Zehn Vorlesungen über die Grundlegung der Mengenlehre*. Leipzig und Berlin: B. G. Teubner.
Fraenkel, A. A., Bar-Hillel, Y. und Levy, A. [1973]: *Foundations of Set Theory*. 2. Aufl. Amsterdam: North Holland.
Frayne, T., Morel, A. C. and Scott, D. S. [1962–3]: 'Reduced Direct Products', *Fundamenta Mathematica*, **51**, S. 195–228.
Frege, G. [1893]: *Grundgesetze der Arithmetik*, Bd. 1. Jena.
Fries, J. F. [1831]: *Neue oder anthropologische Kritik der Vernunft*. Heidelberg: Winter.
Galilei, G. [1630]: *Dialog über die beiden hauptsächlichen Weltsysteme*, dt. v. E. Strauß, Leipzig, 1891 bzw. 1892.
Gamow, G. A. [1966]: *Thirty Years that Shook Physics*. Garden City, New York: Doubleday.
Giedymin, J. [1968]: 'Empiricism, Refutability, Rationality', in I. Lakatos und A. Musgrave *(Hrsg.):* [1968], S. 67–78.
Gellner, E. [1959]: *Words and Things*. London: Victor Gollancz.
Gödel, K. [1931]: 'Diskussion zur Grundlegung der Mathematik', *Erkenntnis*, **2**, S. 147–8.
Gödel, K. [1938]: 'The Consistency of the Axiom of Choice and the Generalized Continuum Hypothesis', *Proceedings of the National Academy of Sciences*, **24**, S. 556–7.
Gödel, K. [1944]: 'Russell's Mathematical Logic', in P. A. Schilpp *(Hrsg.):* [1944], S. 125–53. Wiedergegeben in P. Benacerraf und H. Putnam *(Hrsg.):* [1964], S. 211–32.
Gödel, K. [1947]: 'What is Cantor's Continuum Hypothesis?', *American Mathematical Monthly*, **54**, S. 515–25.
Gödel, K. [1964]: 'What is Cantor's Continuum Hypothesis?', in P. Benacerraf und H. Putnam *(Hrsg.):* [1964], S. 258–73. Revidierte und erweiterte Fassung von Gödel [1947].
Good, I. J. [1960]: Besprechung von Popper [1959], *Mathematical Reviews*, **21** (2), S. 1171–3.

Goodstein, R. L. [1951a]: *Constructive Formalism*. University College Leicester.
Goodstein, R. L. [1951b]: *The Foundations of Mathematics*. University College Leicester.
Goodstein, R. L. [1962]: 'The Axiomatic Method', *Aristotelian Society Supplementary Volume*, **36**, S. 145–54.
Grattan-Guinness, I. und Ravetz, J. R. [1972]: *Joseph Fourier, 1768–1830*. Cambridge, Mass.: M.I.T. Press.
Grünbaum, A. [1961]: 'The Genesis of the Special Theory of Relativity', in H. Feigl und G. Maxwell *(Hrsg.): Current Issues in the Philosophy of Science*, S. 43–53. New York: Holt, Reinhart and Winston.
Grünbaum, A. [1963]: *Philosophical Problems of Space and Time*. 2. Aufl., 1973. Dordrecht: Reidel.
Grünbaum, A. [1973]: 'Falsifiability and Rationality', *unveröffentlicht*.
Gulley, N. [1958]: 'Greek Geometrical Analysis', *Phronesis*, **33**, S. 1–14.
Haldane, E. R. und Ross, G. R. T. *(Hrsg.)* [1911]: *The Philosophical Works of Descartes*, Bd. 1. Cambridge University Press.
Hankel, H. [1874]: *Zur Geschichte der Mathematik in Altertum und Mittelalter*. Hildesheim: Georg Olms, 1965 = Leipzig, 1874.
Hardy, G. H. [1918]: 'Sir George Stokes and the Concept of Uniform Convergence', *Proceedings of the Cambridge Philosophical Society*, **18/19**, S. 148–56.
Heath, T. L. [1925]: *The Thirteen Books of Euclid's Elements*. 2. Aufl. Nachdruck, New York: Dover, 1956.
Hempel, C. G. [1945a]: 'On the Nature of Mathematical Truth', *American Mathematical Monthly*, **52**, S. 543–56. Wiedergegeben in P. Benacerraf und H. Putnam *(Hrsg.):* [1964], S. 366–81.
Hempel, C. G. [1945b]: 'Studies in the Logic of Confirmation', *Mind*, **54**, S. 1–26, 97–121.
Hempel, C. G. [1965]: *Aspects of Scientific Explanation*. New York: The Free Press.
Hempel, C. G. und Oppenheim, P. [1945]: 'A Definition of 'Degree of Confirmation'', *Philosophy of Science*, **12**, S. 98–115.
Henkin, L. [1947]: *The Completeness of Formal Systems*. Dissertation. Princeton University.
Herbrand, J. [1930]: 'Les bases de la logique Hilbertienne', *Revue de la Métaphysique et de la Morale*, **37**, S. 243–55.
Hesse, M. [1964]: 'Induction and Theory Structure', *Review of Metaphysics*, **18**, S. 109–22.
Heyting, A. [1967]: 'Weyl on Experimental Testing of Mathematics', in I. Lakatos *(Hrsg.):* [1967], S. 195.
Hilbert, D. [1923]: 'Die logischen Grundlagen der Mathematik', *Mathematische Annalen*, **88**, S. 151–65.
Hilbert, D. [1926]: 'Über das Unendliche', *Mathematische Annalen*, **95**, S. 161–90. Engl. in J. van Heijenoort *(Hrsg.): From Frege to Gödel*. S. 367–92. Havard University Press, 1967.
Hilbert, D., und P. Bernays [1939]: *Grundlagen der Mathematik*, Bd. 2. Springer, Berlin.
Hintikka, K. J. J. [1957]: 'Necessity, Universality and Time in Aristotle', *Ajatus*, **20**, S. 65–90.
Hintikka, K. J. J. [1968]: 'Induction by Enumeration and Induction by Elimination', in I. Lakatos *(Hrsg.):* [1968a], S. 191–216.
Hintikka, K. J. J. und Remes, U. [1974]: *The Method of Analysis*. Dordrecht: D. Reidel.
Holton, G. [1960]: 'On the Origins of the Special Theory of Relativity', *American Journal of Physics*, **28**, S. 627–31 und 633–76.
Holton, G. [1969]: 'Einstein, Michelson, and the 'Crucial' Experiment', *Isis*, **6**, S. 133–97.
Houël, J. [1878]: *Calcul infinitésimal*, Bd. 1. Paris.
Howson, C. *(Hrsg.)* [1976]: *Method and Appraisal in the Physical Sciences*. Cambridge University Press.
Hume, D. [1739]: *A Treatise of Human Nature*. Oxford: Clarendon Press.
Huyghens, C. [1690]: *Abhandlung über das Licht*, dt. v. R. Mewes. Darmstadt, 1964 = Leipzig, 1890.
Jaffe, B. [1960]: *Michelson and the Speed of Light*. London: Heinemann.
Jeffrey, R. [1968]: 'Probable Knowledge', in I. Lakatos *(Hrsg.):* [1968a], S. 166–81.

Jeffreys, H. und Wrinch, D. [1921]: 'On Certain Fundamental Principles of Scientific Enquiry', *Philosophical Magazine*, **42**, S. 269–98.
Joachim, H. H. [1906]: *The Nature of Truth*. Oxford University Press.
Kalmár, L. [1959]: 'An Argument against the Plausibility of Church's Thesis', in A. Heyting *(Hrsg.)*: *Constructivity in Mathematics*, S. 72–80. Amsterdam: North Holland.
Kalmár, L. [1967]: 'Foundations of Mathematics – Whither Now?', in I. Lakatos *(Hrsg.)*: [1967], S. 187–94.
Kemeny, J. [1952]: 'A Contribution to Inductive Logic', *Philosophy and Phenomenological Research*, **13**, S. 371–4.
Kemeny, J. [1955]: 'Fair Bets and Inductive Probabilities', *Journal of Symbolic Logic*, **20**, S. 263–73.
Kemeny, J. [1958]: 'Undecidable Problems in Elementary Number Theory', *Mathematische Annalen*, **135**, S. 160–9.
Kemeny, J. [1959]: *A Philosopher Looks at Science*. Princeton: Van Nostrand.
Kemeny, J. [1963]: 'Carnap's Theory of Probability and Induction', in P. A. Schilpp *(Hrsg.)*: [1963], S. 711–37.
Kemeny, J. und Oppenheim, P. [1953]: 'Degree of Factual Support', *Philosophy of Science*, **20**, S. 307–24.
Kendall, M. G. und Stuart, A. [1967]: *The Advanced Theory of Statistics*, Bd. 2, 2. Aufl. London: Charles Griffin.
Kenny, A. [1973]: *Wittgenstein*. London: Allen Lane. Dt. *Wittgenstein*. Suhrkamp, Frankfurt (M.), 1974.
Keynes, J. M. [1921]: *A Treatise on Probability*, London: Macmillan.
Kleene, S. C. [1943]: 'Recursive Predicates and Quantifiers', *Transactions of the American Mathematical Society*, **53**, S. 41–73.
Kleene, S. C. [1952]: *Introduction to Metamathematics*. Amsterdam: North Holland.
Kleene, S. C. [1967]: 'Empirical Mathematics?', in I. Lakatos *(Hrsg.)*: [1967], S. 195–6.
Kleene, S. C. und Rosser, J. B. [1935]: 'The Inconsistency of Certain Formal Logics', *Annals of Mathematics*, **36**, S. 630–6.
Klein, F. [1908]: *Elementarmathematik vom höheren Standpunkte aus*, Bd. 1. Leipzig.
Kneale, W. C. [1949]: *Probability and Induction*. Oxford: Clarendon Press.
Kneale, W. C. [1950]: 'Natural Laws and Contrary to Fact Conditionals', *Analysis*, **10**, S. 121–5.
Kneale, W. C. [1955]: 'The Necessity of Invention', *Proceedings of the British Academy*, **41**, S. 85–108.
Kneale, W. C. [1961]: 'Universality and Necessity', *British Journal for the Philosophy of Science*, **12**, S. 89–102.
Kneale, W. C. [1968]: 'Confirmation and Rationality', in I. Lakatos *(Hrsg.)*: [1968a]: S. 59–61.
Koertge, N. [1971]: 'For and Against Method', *British Journal for the Philosophy of Science*, **23**, S. 274–90.
Kreisel, G. [1956–7]: 'Some Uses of Metamathematics', *British Journal for the Philosophy of Science*, **7**, S. 161–73.
Kreisel, G. [1967a]: 'Informal Rigour and Completeness Proofs', in I. Lakatos *(Hrsg.)*: [1967], S. 138–71.
Kreisel, G. [1967b]: 'Reply to Bar-Hillel', in I. Lakatos *(Hrsg.)*: [1967], S. 175–8.
Kreisel, G. [1967c]: 'Comment on Mostowski', in I. Lakatos *(Hrsg.)*: [1967], S. 97–103.
Kreisel, G. und Krivine, J. L. [1967]: *Elements of Mathematical Logic*. Amsterdam: North Holland.
Kuhn, T. S. [1962]: *The Structure of Scientific Revolutions*. 2. Aufl. University of Chicago Press, 1970. Dt. *Die Struktur wissenschaftlicher Revolutionen*, 2. Aufl. Suhrkamp, Frankfurt (M.), 1976.
Kuhn, T. S. [1963]: 'The Function of Dogma in Scientific Research', in A. C. Crombie *(Hrsg.)*: [1963], S. 347–69.
Kuhn, T. S. [1970a]: 'Reflections on my Critics', in I. Lakatos und A. Musgrave *(Hrsg.)*: [1970], S. 231–78.

Kuhn, T. S. [1970b]: 'Postscript – 1969' zur 2. Aufl. v. Kuhn [1962], S. 174–210, dt. S. 186–221.
Kuhn, T. S. [1971]: 'Notes on Lakatos', in R. C. Buck and R. S. Cohen *(Hrsg.): P.S.A., 1970, Boston Studies in the Philosophy of Science*, **8**, S. 137–46. Dordrecht: D. Reidel. Dt. in der dt. Ausg. v. Lakatos u. Musgrave [1970].
Kyburg, H. [1964]: 'Recent Work in Inductive Logic', *American Philosophical Quarterly*, **1**, S. 1–39.
Lakatos, I.: siehe besonderes Schriftenverzeichnis im Anschluß.
Latsis, S. [1972]: 'Situational Determinism in Economics', *The British Journal for the Philosophy of Science*, **23**, S. 207–45.
Lehman, R. S. [1955]: 'On Confirmation and Rational Betting', *Journal of Symbolic Logic*, **20**, S. 251–62.
Leibniz, G. W. F. [1678]: Brief an Conring vom 19. (29.) 3. 1678, in *Sämtl. Schriften und Briefe*, hrsgg. v. d. Preuß. Ak. d. Wiss., 2. Reihe, 1. Bd., Darmstadt, 1926, S. 397.
Leibniz, G. W. F. [1687]: 'Brief an Bayle', in C. I. Gerhardt *(Hrsg.): Philosophische Schriften*, **3**, S. 52. Hildesheim: Georg Olms, 1965.
Leibniz, G. W. F. [1704]: *Nouveaux Essais*. (Erstveröff. 1765.) Dt. *Neue Abhandlungen...*, in *Philosophische Schriften*, hrsgg. u. üb. v. W. v. Engelhardt u. H. H. Holz, Bd. 3, 2. Hälfte, Darmstadt, 1961.
Lenard, P. [1933]: *Große Naturforscher*. München, 1929.
Lenin, W. I. [1908]: *Materialismus und Empiriokritizismus*. Werke, Bd. 14. Dietz, Berlin, 1964.
Levy, A. und Solovay, R. M. [1967]: 'Measurable Cardinals and the Continuum Hypothesis', *Israeli Journal of Mathematics*, **5**, S. 234–48.
Lhuilier, S. A. J. [1787]: *Exposition élémentaire des principes des calculs supérieurs*. Berlin: G. J. Decker.
Lipsey, R. G. [1963]: *Positive Economics*. London: Weidenfeld and Nicolson. 2. Aufl., 1966.
Lusin, N. [1935]: 'Sur les ensembles analytiques nuls', *Fundamenta Mathematica*, **25**, S. 109–31.
Mach, E. [1883]: *Die Mechanik in ihrer Entwicklung*. Wiss. Buchgem., Darmstadt, 1963 = 9. Aufl., Leipzig, 1933.
Mackie, J. [1963]: 'The Paradox of Confirmation', *British Journal for the Philosophy of Science*, **13**, S. 265–77.
Magee, B. *(Hrsg.)* [1972]: *Modern British Philosophy*. London: Secker and Warburg.
Mahoney, M. S. [1968–9]: 'Another Look at Greek Geometrical Analysis', *Archive for the History of the Exact Sciences*, **5**, S. 319–48.
Martin, D. A. und Solovay, R. M. [1970]: 'Internal Cohen Extensions', *Annals of Mathematical Logic*, **2**, S. 143–78.
Martin, J. [1969]: 'Another look at the Doctrine of Verstehen', *British Journal for the Philosophy of Science*, **20**, S. 53–67.
Masterman, M. [1970]: 'The Nature of a Paradigm', in I. Lakatos und A. Musgrave *(Hrsg.):* [1970], S. 59–89.
Mehlberg, M. [1962]: 'The Present Situation in the Philosophy of Mathematics', in B. M. Kazemier und D. Vuysje *(Hrsg.): Logic and Language: Studies Dedicated to Professor Rudolf Carnap on the Occasion of his Seventieth Birthday*, S. 69–103. Dordrecht: Reidel.
Merton, R. [1949]: 'Science and Democratic Social Structure', in *Social Theory and Social Structure*, S. 604–15. New York: Macmillan. Erw. Aufl., 1965.
Miller, D. W. [1974]: 'Popper's Qualitative Theory of Verisimilitude', *British Journal for the Philosophy of Science*, **25**, S. 166–77.
Mises, L. von [1960]: *Epistemological Problems of Economics*. Princeton: Van Nostrand. Orig. *Grundprobleme der Nationalökonomie*. Fischer, Jena, 1933.
Mostowski, A. [1955]: 'The Present State of Investigations on the Foundations of Mathematics', *Rozprawy Matematyczne*, **9**. In Zusammenarbeit mit A. Grzegorczyk, S. Jaśkowski, J. Loś, S. Mazur, H. Rasiowa und R. Sikorski.

Musgrave, A. [1968]: 'On a Demarcation Dispute', in I. Lakatos und A. Musgrave *(Hrsg.):* [1968], S. 78–88.
Musgrave, A. [1969]: *Impersonal Knowledge.* Unveröff. Dissertation, University of London.
Musgrave, A. [1971]: 'Kuhn's Second Thoughts', *British Journal for the Philosophy of Science,* **22,** S. 287–97.
Musgrave, A. [1973]: 'Falsification and its Critics', in P. Suppes *(Hrsg.): Proceedings of the 1971 Bucharest International Congress for Logic, Philosophy and Methodology of Science.* Amsterdam: Elsevier.
Myhill, J. [1960]: 'Some Remarks on the Notion of Proof', *The Journal of Philosophy,* **57,** S. 461–71.
Naess, A. [1968]: *Four Modern Philosophers.* University of Chicago Press.
Nagel, E. [1939]: *Principles of the Theory of Probability.* (International Encyclopedia of Unified Science, Bd. 1, Nr. 6.) Chicago: The University of Chicago Press.
Nagel, E. [1944]: 'Logic without Ontology', in Y. H. Krikorian *(Hrsg.): Naturalism and the Human Spirit.* New York: Columbia University Press. Wiedergegeben in P. Benacerraf und H. Putnam *(Hrsg.):* [1964], S. 302–21.
Nagel, E. [1963]: 'Carnap's Theory of Induction', in P. A. Schilpp *(Hrsg.):* [1963], S. 785–825.
Neumann, J. von [1927]: 'Zur Hilbertischen Beweistheorie', *Mathematische Zeitschrift,* **26,** S. 1–46.
Neumann, J. von [1947]: 'The Mathematician', in R. B. Heywood *(Hrsg.): The Works of the Mind,* S. 180–96. Chicago: University of Chicago Press.
Newton, I. [1686]: 'Brief an Halley'. Zit. nach D. Brewster [1855]: *Memoirs of the Life, Writings and Discoveries of Sir Isaac Newton,* Bd. **1,** S. 441. New York: Johnson Reprint Corporation, 1965.
Newton, I. [1713]: 'Brief an Roger Cotes vom 28. März', in J. Edelston *(Hrsg.): Correspondence of Sir Isaac Newton and Professor Cotes,* S. 154–6. Cambridge University Press, 1850.
Newton, I. [1717]: *Optics.* New York: Dover, 1952.
Nidditch, P. H. [1954]: *Introductory Formal Logic of Mathematics.* London: University Tutorial Press.
Pascal, B. [1659]: *Les réflexions sur la geómétrie en général (del l'esprit géométrique et de l'art de persuader).* In J. Chevalier *(Hrsg.): Oeuvres complètes,* S. 575–604. Paris: La Librairie Gallimard, 1954.
Pascal, F. [1973]: 'Ludwig Wittgenstein: a Personal Memoir', *Encounter,* **41,** Nr. 2, August, S. 23–39.
Pearce Williams, L. [1963]: Besprechung von Agassi [1963], *Archives internationales d'histoire des sciences,* **16,** S. 437–9.
Planck, M. [1929]: 'Zwanzig Jahre Arbeit am physikalischen Weltbild', *Physica,* **9,** S. 193–222.
Polanyi, M. [1964]: *Science, Faith and Society.* University of Chicago Press.
Polanyi, M. [1967]: *The Tacit Dimension.* London: Routledge and Kegan Paul.
Popper, K. R. [1934]: *Logik der Forschung.* Wien: Springer. Erweiterte Ausgabe: Popper [1959].
Popper, K. R. [1945]: *The Open Society and its Enemies,* Bd. 2. London: Routledge and Kegan Paul. Dt. *Die offene Gesellschaft und ihre Feinde,* Bd. 2, Bern u. München, 1958.
Popper, K. R. [1948]: 'Naturgesetze und theoretische Systeme', in S. Moser *(Hrsg.): Gesetz und Wirklichkeit,* S. 43–60. Innsbruck und Wien: Tyrolia Verlag. Wiederabdruck in Popper [1972], Anhang.
Popper, K. R. [1949]: 'Note on Natural Laws and So-called 'Contrary to Fact Conditionals'', *Mind,* **58,** S. 62–6.
Popper, K. R. [1952]: 'The Nature of Philosophical Problems and their Roots in Science', *British Journal for the Philosophy of Science,* **3,** S. 124–56. Wiederabdruck in Popper [1963a], S. 66–96.
Popper, K. R. [1955–6]: ''Content' and 'Degree of Confirmation', a Reply to Dr. Bar-Hillel', *British Journal for the Philosophy of Science,* **6,** S. 157–63.
Popper, K. R. [1956–7]: 'A Second Note on Degree of Confirmation', *British Journal for the Philosophy of Science,* **7,** S. 350–3.
Popper, K. R. [1957]: 'The Aim of Science', *Ratio,* **1,** S. 24–35. Wiederabdruck in Popper [1972] ('Die Zielsetzung der Erfahrungswissenschaft').
Popper, K. R. [1957–8]: 'A Third Note on Degree of Confirmation', *British Journal for the Philosophy of Science,* **8,** S. 294–302.

Popper, K. R. [1959]: *The Logic Scientific Discovery*. London: Hutchinson. Dt. *Logik der Forschung*, Tübingen, 1966.
Popper, K. R. [1963a]: *Conjectures and Refutations*. London: Routledge and Kegan Paul.
Popper, K. R. [1963b]: 'The Demarcation between Science and Metaphysics', in P. A. Schilpp *(Hrsg.)*: [1963]. Wiedergegeben in Popper [1963a], S. 253–92.
Popper, K. R. [1968a]: 'On Rules of Detachment and so-called Inductive Logic', in I. Lakatos *(Hrsg.)*: [1968a], S. 130–8.
Popper, K. R. [1968b]: 'Theories, Experience and Probabilistic Intuitions', in I. Lakatos *(Hrsg.)*: [1968a], S. 285–303.
Popper, K. R. [1971a]: 'Interview with Bryan Magee', in B. Magee *(Hrsg.)* [1972].
Popper, K. R. [1971b]: 'Conjectural Knowledge: My Solution of the Problem of Induction', *Revue Internationale de Philosophie*. **95–6**, S. 167–97. Wiedergegeben in Popper [1972], Kap. 1.
Popper, K. R. [1972]: *Objective Knowledge*. Oxford: Clarendon Press. Dt. *Objektive Erkenntnis*. Hamburg, 1973.
Pringsheim, A. [1916]: 'Grundlage der allgemeinen Funktionenlehre', in M. Burkhardt, W. Wutinger und R. Fricke. *(Hrsg.)*: *Enzyklopädie der mathematischen Wissenschaften*, **2**, Erster Teil, Erster Halbband, S. 1–53. Leipzig: Teubner.
Putnam, H. [1967]: 'Probability and Confirmation', in S. Morgenbesser *(Hrsg.)*: *Philosophy of Science Today*, S. 100–14. New York: Basic Books.
Quine, W. V. O. [1941a]: 'Element and Number', *Journal of Symbolic Logic*, **6**, S. 135–49. Wiedergegeben in *Selected Logical Papers*, S. 121–40. New York: Random House, 1966.
Quine, W. V. O. [1941b]: 'Review of Rosser: 'The Independence of Quine's Axioms *200 and *201'', *Journal of Symbolic Logic*, **6**, S. 163.
Quine, W. V. O. [1953a]: 'On ω-inconsistency and a So-called Axiom of Infinity', *Journal of Symbolic Logic*, **18**, S. 119–24. Wiedergegeben in *Selected Logical Papers*, S. 114–20. New York: Random House, 1966.
Quine, W. V. O. [1953b]: 'Two Dogmas of Empiricism', in *From a Logical Point of View*, S. 20–46. Harvard University Press.
Quine, W. V. O. [1958]: 'The Philosophical Bearing of Modern Logic', in R. Klibansky *(Hrsg.)*: *Philosophy in the Mid-Century*, Bd. 1, S. 3–4. Florenz: La Nuova Italia.
Quine, W. V. O. [1963]: *Set Theory and its Logic*. Harvard.University Press.
Quine, W. V. O. [1965]: *Elementary Logic*. Revidierte Auflage. New York: Harper Torchbooks.
Quine, W. V. O. [1972]: *Ontological Relativity and Other Essays*. New York: Columbia University Press.
Ramsey, F. P. [1925]: 'The Foundations of Mathematics', *Proceedings of the London Mathematical Society*, **25**, S. 338–84. Wiederabdruck in *The Foundations of Mathematics and other Essays*. Hrsgg. v. R. B. Braithwaite. London: Kegan Paul, 1931.
Ramsey, F. P. [1926a]: 'Truth and Probability', in *The Foundations of Mathematics* (vgl. [1925]), S. 156–98.
Ramsey, F. P. [1926b]: 'Mathematical Logic', *The Mathematical Gazette*, **13**, S. 185–94. Wiedergegeben in *The Foundations of Mathematics*, vgl. Ramsey [1925].
Reichenbach, H. [1936]: 'Induction and Probability', *Philosophy of Science*, **3**, S. 124–6.
Renyi, A. [1955]: 'On a New Axiomatic Theory of Probability', *Acta Mathematica Academiae Scientiarum Hungaricae*, **6**, S. 285–337.
Rescher, N. [1958]: 'A Theory of Evidence', *Philosophy of Science*, **25**, S. 83–94.
Richtmyer, F. K., Kennard, E. H. und Lauritsen, T. [1955]: *Introduction to Modern Physics*. 5. Aufl. New York: McGraw-Hill.
Ritchie, A. D. [1926]: 'Induction and Probability', *Mind*, N.S. **35**, S. 301–18.
Robbins, L. C. [1932]: *An Essay on the Nature and Significance of Economic Science*. 2. Aufl., 1935. London: Macmillan.
Robert, A. [1937]: 'Descartes et l'analyse des anciens', *Archives de philosophie*, **13**, Heft 2, S. 221–42.

Robinson, A. [1963]: *Introduction to Model Theory and to the Metamathematics of Algebra*. Amsterdam: North Holland.
Robinson, A. [1966]: *Non-Standard Analysis*. Amsterdam: North Holland.
Robinson, A. [1967]: 'The Metaphysics of the Calculus', in I. Lakatos *(Hrsg.)*: [1967], S. 28–40.
Robinson, R. [1936]: 'Analysis in Greek Geometry', *Mind*, **45**, S. 464–73. Wiederabdruck in *Essays in Greek Philosophy*, S. 1–15. Oxford: Clarendon Press, 1969.
Robinson, R. [1953]: *Plato's Earlier Dialectic*. 2. Aufl. Oxford: Clarendon Press.
Röntgen, W. C. [1895]: 'Über eine neue Art von Strahlen', *Sitzungsberichte der Würzburger physikalisch-medizinischen Gesellschaft*, Jahrgang 1895. Engl. in *X-rays and the Electric Conductivity of Gases*, S. 28–47. Edinburgh: Livingston, 1958.
Rosser, J. B. [1937]: 'Gödel's Theorems for Non-Constructive Logics', *Journal of Symbolic Logic*, **2**, S. 129–37.
Rosser, J. B. [1941]: 'The Independence of Quine's Axioms *200 and *201', *Journal of Symbolic Logic*, **6**, S. 96–7.
Rosser, J. B. [1953]: *Logic for Mathematicians*. New York: McGraw-Hill.
Rosser, J. B. und Wang, H. [1950]: 'Non-Standard Models for Formal Logics', *Journal of Symbolic Logic*, **15**, S. 113–29.
Russell, B. A. W. [1895]: Besprechung von G. Heymans: *Die Gesetze und Elemente des wissenschaftlichen Denkens*, *Mind*, **4**, S. 245–9.
Russell, B. A. W. [1896]: 'The Logic of Geometry', *Mind*, **5**, S. 1–23.
Russell, B. A. W. [1901a]: 'The Study of Mathematics' in Russell [1910]. Zit. nach *Mysticism and Logic*, S. 48–58. London: George Allen and Unwin, 1917.
Russell, B. A. W. [1901b]: 'Recent Work in the Philosophy of Mathematics', *The International Monthly*, **3**, Wiederabdruck unter dem Titel 'Mathematics and the Metaphysician' in *Mysticism and Logic*. London: George Allen and Unwin, 1917.
Russell, B. A. W. [1903]: *Principles of Mathematics*. London: George Allen and Unwin.
Russell, B. A. W. [1910]: *Philosophical Essays*. London: George Allen and Unwin.
Russell, B. A. W. [1912]: *Problems of Philosophy*. London: George Allen and Unwin.
Russell, B. A. W. [1919]: *Introduction to Mathematical Philosophy*. London: George Allen and Unwin.
Russell, B. A. W. [1924]: 'Logical Atomism', in J. H. Muirhead *(Hrsg.)*: *Contemporary British Philosophy: Personal Statements*, First Series, S. 357–83. Wiedergegeben in R. C. Marsh *(Hrsg.)*: *Logic and Knowledge*, S. 323–43. London: George Allen and Unwin, 1956.
Russell, B. A. W. [1935]: 'The Revolt Against Reason', in *Philosophical Quarterly*, **6**, S. 1–19. Wiederabdruck unter dem Titel 'The Ancestry of Fascism' in *In Praise of Idleness*, S. 53–68. London: George Allen and Unwin.
Russell, B. A. W. [1944]: 'Reply to Criticism', in P. A. Schilpp *(Hrsg.)*: [1944], S. 679–741.
Russell, B. A. W. [1948]: *Human Knowledge: Its Scope and Limits*. London: George Allen and Unwin.
Russell, B. A. W. [1959]: *My Philosophical Development*. London: George Allen and Unwin.
Russell, B. A. W. und Whitehead, A. N. [1925]: *Principia Mathematica*, Bd. 1. 2. Aufl. Cambridge: Cambridge University Press.
Rychlik, K. [1962]: *Theorie der reellen Zahlen in Bolzanos handschriftlichem Nachlasse*. Prag: Verlag der tschechoslowakischen Akademie der Wissenschaften.
Ryle, G. [1954]: *Dilemmas*. Cambridge University Press.
Sacks, G. E. [1972]: 'Differential Closure of a Differential Field', *Bulletin of the American Mathematical Society*, **78**, S. 629–34.
Salmon, W. [1966]: *The Foundations of Scientific Inference*. University of Pittsburgh Press.
Salmon, W. [1968a]: 'The Justification of Inductive Rules of Inference', in I. Lakatos *(Hrsg.)*: [1968a], S. 24–43.
Salmon, W. [1968b]: 'Reply', in I. Lakatos *(Hrsg.)*: [1968a], S. 74–97.

Savage, I. J., et al. [1961]: *The Foundations of Statistical Inference*. London: Methuen.
Schilpp, P. A. *(Hrsg.)* [1944]: *The Philosophy of Bertrand Russell*. Northwestern University Press.
Schilpp, P. A. [1959–60]: 'The Abdication of Philosophy', *Kant-Studien*, **51**, S. 480–95.
Schilpp, P. A. *(Hrsg.)* [1963]: *The Philosophy of Rudolf Carnap*. La Salle: Open Court.
Schläfli, L. [1870]: 'Über die partielle Differentialgleichung $\frac{dw}{dt} = \frac{d^2w}{dx^2}$', *Journal für reine und angewandte Mathematik*, **72**, S. 263–84.
Schlick, M. [1934]: 'Über das Fundament der Erkenntnis', *Erkenntnis*, **4**. Engl. 'The Foundation of Knowledge' in A. J. Ayer *(Hrsg.)*: *Logical Positivism*, S. 209–27. London: George Allen and Unwin.
Seidel, P. L. [1847]: 'Note über eine Eigenschaft der Reihen, welche diskontinuierliche Funktionen darstellen', *Abhandlungen der mathematisch-physikalischen Klasse der königlich Bayerischen Akademie der Wissenschaften*, **5**, S. 381–94.
Shimony, A. [1955]: 'Coherence and the Axioms of Confirmation', *Journal of Symbolic Logic*, **20**, S. 1–28.
Shoenfield, J. [1971]: 'Measurable Cardinals', in R. O. Gandy und C. E. M. Yates *(Hrsg.)*: *Logic Colloquium '69*, S. 19–49. Amsterdam: North Holland.
Sidgwick, H. [1874]: *The Methods of Ethics*. London: Macmillan.
Sierpinski, W. [1935]: 'Sur une hypothèse de M. Lusin', *Fundamenta Mathematica*, **25**, S. 132–5.
Smart, J. J. C. [1972]: 'Science, History and Methodology', *British Journal for the Philosophy of Science*, **23**, S. 266–74.
Smith, D. E. [1929]: *A Source Book in Mathematics*. New York: Dover, 1959.
Solovay, R. M. und Tennenbaum, S. [1967]: 'Iterated Cohen Extensions and Souslin's Problem', *Annals of Mathematics*, **94**, S. 201–45.
Specker, E. P. [1953]: 'The Axiom of Choice in Quine's *New Foundations for Mathematical Logic*', *Proceedings of the National Academy of Sciences, U.S.A.*, **39**, S. 972–5.
Stauffer, R. C. [1957]: 'Speculation and Experiment in the Background of Oersted's Discovery of Electromagnetism', *Isis*, **48**, S. 51–7.
Stegmüller, W. [1957]: *Das Wahrheitsproblem und die Idee der Semantik*. Wien: Springer.
Stove, D. [1960]: Besprechung von Popper [1959]: *Australasian Journal of Philosophy*, **38**, S. 173–87.
Strawson, P. F. [1954]: 'Wittgenstein's *Philosophical Investigations*', *Mind*, **63**, S. 70–94.
Suppes, P. [1957]: *Introduction to Logic*. New York: Van Nostrand.
Szabo, A. [1969]: *Anfänge der griechischen Mathematik*. Budapest: Akademiai Kiadó.
Tarski, A. [1933]: 'Einige Betrachtungen über die Begriffe der ω-Widerspruchsfreiheit und der ω-Vollständigkeit', *Monatshefte f. Math. u. Phys.* **40**, S. 97–112. Engl. in A. Tarski, *Logic, Semantics and Metamathematics*. Oxford: Clarendon Press, 1956.
Tarski, A. [1939]: 'On Undecidable Statements in Enlarged Systems of Logic and the Concept of Truth', *Journal of Symbolic Logic*, **4**, S. 105–12.
Tarski, A. [1954]: 'Comments on Bernays: 'Zur Beurteilung der Situation in der beweistheoretischen Forschung'', *Revue Internationale de Philosophie*, **8**, S. 17–21.
Tarski, A. [1956]: 'The Concept of Truth in Formalised Languages: Postscript', in J. H. Woodger *(Hrsg.)*: *Logic, Semantics and Metamathematics*, S. 268–78. Oxford: Clarendon Press. Dt.: 'Der Wahrheitsbegriff in den formalisierten Sprachen', *Studia philosophica* **1** (1936).
Tichý, P. [1974]: 'On Popper's Definitions of Verisimilitude', *British Journal for the Philosophy of Science*, **25**, S. 155–60.
Toeplitz, O. [1963]: *Die Entwicklung der Infinitesimalrechnung*, Bd. 1. Springer, Berlin, 1949.
Toulmin, S. [1950]: *The Place of Reason in Ethics*. Cambridge University Press.
Toulmin, S. [1953a]: *The Philosophys of Science: an Introduction*. London: Hutchinson University Library.
Toulmin, S. [1953b]: 'Critical Notice of *Logical Foundations of Probability* by R. Carnap', *Mind*, **62**, S. 86–99.

Toulmin, S. [1957]: 'Logical Positivism and After, or Back to Aristotle', *Universities Quarterly*, **11**, S. 335–47.
Toulmin, S. [1958]: *The Uses of Argument*. Cambridge University Press.
Toulmin, S. [1961]: *Foresight and Understanding*. London: Hutchinson.
Toulmin, S. [1966]: Besprechung von *Aspects of Scientific Explanation and Other Essays in the Philosophy of Science* von Carl G. Hempel, *Scientific American*, **214**, Nr. 2, S. 129–33.
Toulmin, S. [1968]: 'Ludwig Wittgenstein', *Encounter*, **68**, Nr. 1, Januar, S. 58–71.
Toulmin, S. [1971]: 'From Logical Systems to Conceptual Populations', in R. C. Buck und R. S. Cohen *(Hrsg.)*: *P.S.A.*, 1970, Boston Studies in the Philosophy of Science, **8**, S. 552–64. Dordrecht: Reidel.
Toulmin, S. [1972]: *Human Understanding, I: General Introduction and Part I*. Oxford University Press. Dt. *Menschliches Erkennen*, Bd. 1: *Kritik der kollektiven Vernunft*. Suhrkamp, Frankfurt (M), 1978.
Toulmin, S. [1974]: 'Rationality and Scientific Discovery', in R. S. Cohen und K. F. Schaffner *(Hrsg.)*: *P.S.A.*, 1972, Boston Studies in the Philosophy of Science, **15**, S. 387–406. Dordrecht: Reidel.
Turing, A. M. [1939]: 'Systems of Logic Based on Ordinals', *Proceedings of the London Mathematical Society*, **45**, S. 161–228.
Urbach, P. [1974]: 'Progress and Degeneration in the I.Q. Debate', *British Journal for the Philosophy of Science*, **25**, S. 99–135 und 235–59.
Waismann, F. [1936]: *Einführung in das mathematische Denken*. Engl. *Introduction to Mathematical Thinking*. London: Hafner Publishing Company, 1951.
Wang, H. [1959]: 'Ordinal Numbers and Predicative Set-Theory', *Zeitschrift für Mathematik und Grundlagen der Mathematik*, **5**, S. 216–39.
Warnock, M. [1960]: *Ethics Since 1900*. Oxford University Press.
Watkins, J. W. N. [1952]: 'Political Traditions and Political Theory: An Examination of Professor Oakeshott's Political Philosophy', *Philosophical Quarterly*, **2**, S. 323–37.
Watkins, J. W. N. [1957]: 'Farewell to the Paradigm Case Argument', *Analysis*, **18**, S. 25–33.
Watkins, J. W. N. [1958]: 'Confirmable and Influential Metaphysics', *Mind*, **67**, S. 344–65.
Watkins, J. W. N. [1968a]: 'Non-Inductive Corroboration', in I. Lakatos *(Hrsg.)*: [1968a], S. 61–6.
Watkins, J. W. N. [1968b]: 'Hume, Carnap and Popper', in I. Lakatos *(Hrsg.)*: [1968a], S. 271–82.
Watkins, J. W. N. [1970]: 'Against Normal Science', in I. Lakatos und A. Musgrave *(Hrsg.)*: [1970], S. 25–37.
Watson, W. H. [1967]: *Understanding Physics Today*. Cambridge University Press.
Wehr, M. R. und Richards, J. A. [1960]: *Physics of the Atom*. Addison-Wesley.
Weitz, M. [1944]: 'Analysis and the Unity of Russell's Philosophy', in P. A. Schilpp *(Hrsg.)*: [1944], S. 55–122.
Weyl, H. [1928]: 'Diskussionsbemerkungen zu dem zweiten Hilbertschen Vortrag über die Grundlagen der Mathematik', *Abhandlungen aus dem im mathematischen Seminar der Hamburgischen Universität*, **6**, S. 86–8.
Weyl, H. [1949]: *Philosophie der Mathematik und Naturwissenschaft*, 3. erw. Aufl. München und Wien, 1966. (1. Aufl. 1928, in *Hdb. d. Philos.*)
Whewell, W. [1858]: *History of Scientific Ideas*, Bd. 1. (1. Teil der 3. Aufl. v. *The Philosophy of the Inductive Sciences.*)
Whewell, W. [1860]: *On the Philosophy of Discovery*. London: Parker.
Whittaker, E. [1951]: *A History of the Theories of Aether and Electricity: The Classical Theories*. Erw. u. revid. Aufl. London und New York: Nelson and Sons.
Wisdom, J. O. [1952]: *Foundations of Inference in Natural Science*. London: Methuen.
Wisdom, J. O. [1959]: 'Esotericism', *Philosophy*, **34**, S. 338–54.
Wittgenstein, L. [1951]: *Philosophische Untersuchungen*. Hrsgg. v. G. E. M. Anscombe und R. Rhees. Oxford: Basil Blackwell. Auch in *Schriften*, Bd. 1. Suhrkamp, Frankfurt (M.), 1969.
Wittgenstein, L. [1956]: *Bemerkungen über die Grundlagen der Mathematik*. Hrsgg. v. G. H. von Wright, R. Rhees und G. E. M. Anscombe. Oxford: Basil Blackwell.

Wittgenstein, L. [1966]: *Lectures and Conversations in Aesthetics, Psychology and Religious Belief.* Hrsgg. v. C. Barrett. Oxford: Basil Blackwell. Dt. *Vorlesungen und Gespräche über Ästhetik, Psychologie und Religion,* übers. v. E. Bubser. Göttingen, 2. Aufl., 1971.

Wittgenstein, L. [1969]: *Über Gewißheit.* Hrsgg. v. G. E. M. Anscombe und G. H. von Wright. Oxford: Basil Blackwell.

Worrall, J. [1976]: 'Thomas Young and the 'Refutation' of Newtonian Optics', in C. Howson *(Hrsg.): Method and Appraisal in the Physical Sciences,* S. 102–79. Cambridge University Press.

Zahar, E. G. [1973]: 'Why did Einstein's Research Programme Supersede Lorentz's?', *British Journal for the Philosophy of Science,* **24,** S. 95–123 und 223–62.

Zahar, E. G. [1977]: 'Did Mach's Positivism Influence the Rise of Modern Science?', *British Journal for the Philosophy of Science,* **28,** S. 195–213.

Verzeichnis der Schriften von Lakatos[1])

[1946a]: 'Citoyen és Munkasosztály', *Valosag*, **1**, S. 77–88.
[1946b]: 'A Fizikalai Idealizmus Biralata', *Athenaeum*, **1**, S. 28–33.
[1947a]: 'Huszadik Szarsad: Tarsadalomtudomanyi és politikoi szemle, Budapest', *Forum*, **1**, S. 316–20.
[1947b]: 'Eötvos Collegium – Györffy Kollégium', *Valosag*, **2**, S. 107–24.
[1947c]: Besprechung von K. Jeges: *Megtanulom a Fizikat* in *Tarsadalmi Szemle*, **1**.
[1947d]: Besprechung von J. Hersey: *Hirosima* in *Tarsadalmi Szemle*, **1**.
[1947e]: 'Vigolia, Szerkeszti Johasz Vilmos es Sik Sandor', *Forum*, **1**, S. 733–6.
[1961]: *Essays in the Logic of Mathematical Discovery*. Unveröffentlichte Dissertation. Cambridge.
[1962]: 'Infinite Regress and Foundations of Mathematics', *Aristotelian Society Supplementary Volume*, **36**, S. 155–84.
[1963]: Diskussion von 'History of Science as an Academic Discipline' von A. C. Crombie und M. A. Hoskin, in A. C. Crombie *(Hrsg.): Scientific Change*, S. 781–5. London: Heinemann. Wiedergegeben als Kap. 13 von Bd. 2.
[1963–4]: 'Proofs and Refutations', *British Journal for the Philosophy of Science*, **14**, S. 1–25, 120–39, 221–45, 296–342. In überarbeiteter Form enthalten in Lakatos [1976c].
[1967a]: *Problems in the Philosophy of Mathematics*. Hrsgg. v. Lakatos. Amsterdam: North Holland.
[1967b]: 'A Renaissance of Empiricism in the Recent Philosophy of Mathematics?' in I. Lakatos *(Hrsg.):* [1967a], S. 199–202. Wiederveröffentlicht in stark erweiterter Form als Lakatos [1976b].
[1967c]: *Dokatatelstva i Oprovershenia*. Russische Übersetzung von [1963–4] von I. N. Veselovski. Moskau: Verlag der sowjetischen Akademie der Wissenschaften.
[1968a]: *The Problem of Inductive Logic*. Hrsgg. v. Lakatos. Amsterdam: North Holland.
[1968b]: 'Changes in the Problem of Inductive Logic', in I. Lakatos *(Hrsg.):* [1968a], S. 315–417. Wiedergegeben als Kap. 8 von Bd. 2.
[1968c]: 'Criticism and the Methodology of Scientific Research Programmes', *Proceedings of the Aristotelian Society*, **69**, S. 149–86.
[1968d]: 'A Letter to the Director of the London School of Economics', in C. B. Cox and A. E. Dyson *(Hrsg.): Fight for Education, A Black Paper*, S. 28–31. London: Critical Quarterly Society. Wiedergegeben als Kap. 12 von Bd. 2.
[1969]: 'Sophisticated versus Naive Methodological Falsificationism', *Architectural Design*, **9**, S. 482–3. Teilnachdruck von [1968c].
[1970a]: 'Falsification and the Methodology of Scientific Research Programmes', in Lakatos und A. Musgrave *(Hrsg.)* [1970], S. 91–196. Wiedergegeben als Kap. 1 von Bd. 1.
[1970b]: Diskussion von 'Scepticism and the Study of History' von R. H. Popkin, in A. D. Breck und W. Yourgrau *(Hrsg.): Physics, Logic and History*, S. 220–3. New York: Plenum Press.
[1970c]: Diskussion von 'Knowledge and Physical Reality' von A. Mercier, in A. D. Breck und W. Yourgrau *(Hrsg.): Physics, Logic and History*, S. 53–4. New York: Plenum Press.
[1971a]: 'Popper zum Abgrenzungs- und Induktionsproblem', in H. Lenk *(Hrsg.): Neue Aspekte der Wissenschaftstheorie*, S. 75–110. Braunschweig: Vieweg. Dt. Übers. v. [1974c] von H. F. Fischer. Wiedergegeben als Kap. 3 von Bd. 1.
[1971b]: 'History of Science and its Rational Reconstructions', in R. C. Buck und R. S. Cohen *(Hrsg.): P.S.A., 1970, Boston Studies in the Philosophy of Science*, **8**, S. 91–135. Dordrecht: Reidel. Wiedergegeben als Kap. 2 von Bd. 1.

---

[1]) 'Bd. 1' bedeutet Lakatos [1977a], 'Bd. 2' bedeutet Lakatos [1977b]. Von Lakatos' ungarischen Veröffentlichungen haben wir alle aufgenommen, die wir ermitteln konnten.

[1971c]: 'Replies to Critics', in R. C. Buck und R. S. Cohen *(Hrsg.): P.S.A.* 1970, *Boston Studies in the Philosophy of Science,* **8,** S. 174–82. Dordrecht: Reidel.

[1974a]: 'History of Science and its Rational Reconstructions', in Y. Elkana *(Hrsg.): The Interaction Between Science and Philosophy,* S. 195–241. Atlantic Highlands, New Jersey: Humanities Press. Wiederabdruck von [1971b].

[1974b] Diskussionsbemerkungen zu Referaten von Ne'eman, Yahil, Beckler, Sambursky, Elkana, Agassi, Mendelsohn, in Y. Elkana *(Hrsg.): The Interaction Between Science and Philosophy,* S. 41, 155–6, 159–60, 163, 165, 167, 280–3, 285–6, 288–9, 292, 294–6, 427–8, 430–1, 435. Atlantic Highlands, New Jersey: Humanities Press.

[1974c]: Popper on Demarcation and Induction', in P. A. Schilpp *(Hrsg.): The Philosophy of Karl Popper,* S. 241–73. La Salle: Open Court. Wiedergegeben als Kap. 3 von Bd. 1.

[1974d]: 'The Role of Crucial Experiments in Science', *Studies in the History and Philosophy of Science,* **4,** S. 309–25.

[1974e]: 'Falsifikation und die Methodologie wissenschaftlicher Forschungsprogramme', in I. Lakatos und A. Musgrave *(Hrsg.): Kritik und Erkenntnisfortschritt.* Deutsche Übersetzung von [1970a] by A. Szabo. Wiedergegeben als Kap. 1 von Bd. 1.

[1974f]: 'Die Geschichte der Wissenschaft und ihre rationalen Rekonstruktionen', in I. Lakatos und A. Musgrave *(Hrsg.): Kritik und Erkenntnisfortschritt.* Dt. Übers. v. [1971b] von P. K. Feyerabend. Wiedergegeben als Kap. 2 von Bd. 1.

[1974g]: *Wetenschapsfilosofie en Wetenschapsgeschiedenis.* Boom: Mepple. Holländische Übersetzung von [1970a] von Karel van der Lenn.

[1974h]: 'Science and Pseudoscience', in G. Vesey *(Hrsg.): Philosophy in the Open.* Open University Press. Wiedergegeben als Einleitung zu Bd. 1.

[1976a]: 'Understanding Toulmin', *Minerva,* **14,** S. 126–43. Wiedergegeben als Kap. 11 von Bd. 2.

[1976b]: 'A Renaissance of Empiricism in the Recent Philosophy of Mathematics?', *British Journal for the Philosophy of Science,* **27,** S. 201–23. Wiedergegeben als Kap. 2 von Bd. 2.

[1976c]: *Proofs and Refutations: The Logic of Mathematical Discovery.* Hrsgg. v. J. Worrall und E. G. Zahar. Cambridge University Press. Dt. *Beweise und Widerlegungen.* Vieweg, Braunschweig/Wiesbaden, 1979.

[1977a]: *The Methodology of Scientific Research Programmes: Philosophical Papers,* volume 1. Hrsgg. v. J. Worrall und G. Currie. Cambridge University Press. Dt.: Bd. 1 der vorliegenden Ausgabe.

[1977b]: *Mathematics, Science and Epistemology: Philosophical Papers,* volume 2. Hrsgg. v. J. Worrall und G. Currie. Cambridge University Press. Dt.: Bd. 2 der vorliegenden Ausgabe.

Mit anderen Autoren

[1968]: *Problems in the Philosophy of Science.* Hrsgg. v. I. Lakatos und A. Musgrave. Amsterdam: North Holland.

[1970]: *Criticism and the Growth of Knowledge.* Hrsgg. v. I. Lakatos und A. Musgrave. Cambridge University Press. Dt. *Kritik und Erkenntnisfortschritt.* Vieweg, Braunschweig, 1974.

[1976]: 'Why Did Copernicus's Programme Supersede Ptolemy's?', von I. Lakatos und E. G. Zahar, in R. Westman *(Hrsg.): The Copernican Achievement,* S. 354–83. Los Angeles: University of California Press. Wiedergegeben als Kap. 5 von Bd. 1.

Personenverzeichnis

Adam, C. 80
Adelstein, D. 241, 242, 244
Agassi, J. 42, 68, 172, 174, 175, 179, 180, 197–203
Airy, C.B. 204
d'Alembert, J. le R. 24
Alexander, H.G. 76
Ampère, A.M. 201
Anscombe, G.E.M. 225
Anselm v. Canterbury 227
Apollonios 71, 83, 98
Archimedes 7, 73, 83, 98, 217, 232
Aristaios 71
Aristoteles 9, 34, 72, 73, 76, 77, 80, 126
Arnauld, A. 85, 87
Atkinson, R. 241, 244
Atwood, T. 77
Ayer, A.J. 23, 178

Bacon, F. 87, 100, 110, 124, 127, 198, 199, 223
Balmer, J.J. 161, 172, 203
Bar-Hillel, Y. 34, 124, 131, 133, 141, 152, 153, 158, 177, 186
Barker, S.F. 189
Barnard, G.A. 193
Bartley, W.W. 3, 68
Baumann, J.J. 56, 57
Bayes, T. 145, 188
Beck, L.J. 80
Bell, E.T. 44, 48, 49
Bellarmin, Kardinal 18
Benacerraf, P. 24
Bennett, J. 216
Berkeley, Bischof 55
Bernal, J.D. 251
Bernays, P. 26, 31, 32, 40, 41
Bernoulli, D. 7, 88, 120, 148
Bernstein, A.R. 59
Beveridge, W. 197
Bohr, N. 172, 174, 197, 200, 203, 232, 236
Boltzmann, L. 181, 192

Bólyai, J. 120
Bolzano, B. 51, 52, 56, 99, 100, 108, 221
Boole, G. 145
Born, M. 78, 98
Bourbaki, N. 22, 44, 49–51
Boyer, C.B. 44, 49
Brackett, F. 172
Braithwaite, R.B. 5, 6, 10, 68, 79, 89, 119, 121
Bretschneider, I. 73
Brewster, D. 78
Broad, C.D. 128, 129, 134, 136, 160
Brunschvicg, K. 84
Brouwer, L.E.J. 12, 24, 29
Buchenau, A. 73
Bühler, K. 224
Burali-Forti, C. 14

Cajori, F. 44, 49
Campbell, N. 119, 121
Cantor, G. 12, 30, 31, 52, 65
Carnap, R. 6, 8, 18, 21, 24, 40, 104, 108, 124, 125, 128–165, 169, 178, 183, 185–192, 215, 221, 226, 229, 230
Cauchy, A.L. 10, 42–59, 64, 68, 70, 79, 87, 91, 93, 95, 96
Cavell, S. 223, 224
Chamberlain, N. 252
Church, A. 25, 29, 30, 41, 130
Chwistek, L. 53
Clark, P. 206
Clarke, S. 76
Cleave, J.P.
Cohen, I.B. 98
Cohen, L.J. 158, 232
Coleridge, S.T. 251
Commandinus, 84
Compton, A.H. 197
Cornford, F.M. 78, 79
Cotes, R. 77
Courant, R. 70

Couturat, L. 12
Cox, C.B. 241
Crelle, A.L. 50
Crombie, A.C. 210, 248
Curry, H.B. 24, 31, 35, 61

Darwin, C. 110, 113, 203, 220, 230, 231, 233
Dedekind, R. 59, 98
Definetti, s. Finetti
Delbrück, M. 236
Descartes, R. 7, 12, 68, 73—90, 94, 99, 100, 110, 117, 120, 125, 126, 185, 223, 232, 234, 236
Dewey, J. 115
Dingler, H. 224
Diophant 83
Dirac, P.A.M. 57, 107, 222
Dirichlet, P.L. 45, 47, 49, 54, 56
Dorling, J. 97
Dubois-Reymond, P.D.G. 47, 53
Duhamel, J.M.C. 78, 79
Duhem, P. 42, 78, 87, 88, 98, 105, 127, 128, 215, 217
Dyson, A.E. 231

Eilenberg, S. 65
Einstein, A. 7, 33, 78, 97, 107, 127, 161, 169, 180, 196, 197, 199, 203—205, 207, 214, 222, 232, 236, 241, 250, 251
Engels, F. 121
Epikur 76
Euklid 10, 12, 68, 70—73, 81, 82, 85, 89, 90, 94, 97—99
Euler, L. 7, 62, 65, 68, 79, 88, 91—96

Fann, K.T. 224
Faraday, M. 250
Feferman, S. 33
Feigl, H. 8
Fermat, P. 65, 67
Feyerabend, P.K. 98, 103, 106, 113, 116, 124, 127, 213, 220, 224
Fichte, J.G. 251
Finetti, B. de 138, 154, 155, 164
Fisher, R.A. 150, 193
Fitzgerald, G.F. 205
Fizeau, A.H.L. 204

Foldes, L. 68
Fourier, J. 44, 45, 47—49, 55, 57
Fraenkel, A.A. 16, 24, 29, 39, 65
Frayne, T. 53
Fréchet 53
Frege, G. 10, 11, 13, 17, 29, 30, 57, 104, 113, 221, 229, 235
Fresnel, A. 112
Freud, S. 127, 228
Fries, J.F. 17, 100
Frisch, O. 200

Galilei, G. 18, 73, 75, 77, 84, 85, 87, 99, 167, 197, 217, 232, 234, 250
Galvani, L. 202
Gamow, G.A. 204
Gandy, R.O. 68
Gellner, E. 224, 226, 235
Geminus 72
Gentzen, G. 20, 21, 31
Gibbs, W. 56
Giedymin, J. 68, 171
Gillies, D. 124
Gödel, K. 19—21, 24—26, 29, 32—41, 65, 67, 90, 104, 130, 131
Goldbach, C. 19, 20, 35
Good, I.J. 135
Goodstein, R.L. 3
Gouhier, H. 80
Grattan-Guinness, I. 47
Grünbaum, A. 204, 205, 206—218

Hahn, O. 200
Haldane, E.R. 80
Halley, E. 84
Hankel, H. 72, 73
Hanson, N.R. 210
Hardy, G.H. 50
Heath, T.L. 71—73, 78
Hegel, G.W.F. 68, 113, 207, 223, 229, 231—233, 237, 251
Heiberg, J.L. 73
Heidegger, M. 251
Heine, E. 44
Heisenberg, W. 33
Hempel, C.G. 18, 149, 150, 162, 226, 229
Henkin, L. 19
Herbrand, J. 31
Hertz, H. 199, 200

Hesse, M. 176
Hilbert, D. 12, 18–21, 24, 29–34, 36, 44, 90, 183
Hintikka, J. 68, 91, 94, 98, 119, 124, 130, 155, 177
Hitler, A. 115, 241, 251
Hobbes, T. 88
Hoek, M. 204
Holton, G. 204, 207
Hooke, R. 78, 98
Hosiasson, J. 189
Hoskin, M. 248
Houël, J. 47, 50
Howson, C. 124, 206, 208
Hume, D. 119, 216, 218, 250
Husserl, E. 235
Huygens, C. 8, 86, 87

Jaffe, B. 204, 205
James, W. 114
Jarvie, I. 68
Jeffrey, R. 124, 162, 189
Jeffreys, H. 129, 134, 135, 140, 143
Joachim, H.M. 78, 80, 99
Johnson, W.E. 129

Kafka, F. 233
Kalckar, F. 200
Kalmár, L. 23, 26, 31, 33, 39, 41
Kant, I. 7, 14, 17, 40, 88, 89, 120, 127, 210
Kemeny, J. 15, 21, 33, 138, 145, 147, 153, 156, 189, 192, 193
Kendall, M.G. 195
Kenny, A. 224, 227
Kepler, J. 78, 88, 95, 96, 98, 104, 167, 197, 202, 234, 251
Keynes, J.M. 8, 129, 134–136, 140, 143, 144, 148, 155, 159, 160, 162, 179
Kirchmann, J.H.v. 76
Klenné, S.C. 20, 21, 29, 31, 33
Klein, F. 44, 49, 53, 55
Kneale, W.C. 61, 68, 79, 86, 117–123, 186
Koertge, N. 208
Kolmogorow, A. 65, 98, 129, 189
Körner, S. 3
Kopernikus, N. 210, 232, 234, 236

Kramers, H.A. 174, 197
Kreisel, G. 34, 37, 38, 40, 44, 58
Krivine, J.L. 44
Kuhn, T.S. 40, 98, 107, 110–112, 115, 211, 213, 222, 223, 227, 229, 235, 236
Kyburg, H. 189, 192

Lagrange, J.L. 7, 88
Laplace, P.S. de 129, 148, 179, 191
Latsis, S. 95, 216
Laudan, L.L. 212
Lavoisier, A.L. 197
Lebesgue, H. 66
Lehmann, R.S. 138
Leibniz, G.W. 8, 46–57, 70, 75, 76, 86, 87, 100, 105, 117, 164, 221, 236
Lenard, P. 201
Lenin, W.I. 121
LeRoy, E. 80
Levi, I. 124
Levy, A. 33, 39
Lhuillier, S.A.J. 47
Liebmann, H. 54
Lobatschewski, N.I. 120
Lorentz, H.A. 196, 204, 205
Lukacs, G. 233
Lummer, O. 207
Luria, A.R. 236
Lusin, N. 38
Luxemburg, W. 59
Lyman, T. 172
Lysenko, T.D. 111

Mach, E. 7, 120, 196
Mackie, J. 150
Magee, B. 224
Mahlo, P. 33
Mao Tse-tung 103, 220, 241, 245, 247
Marcuse, H. 251
Martin, D.A. 39
Martin, J. 107, 222
Marx, K. 110, 119, 121, 127, 168, 197, 217, 223, 228, 236
Mascart, E.E.N. 204
Masterman, M. 68, 115
Maupertuis, P.L.M. de 7, 88
Maxwell, J.C. 16, 24, 90, 107, 199, 215, 222, 251

Mehlberg, M. 26
Meitner, L. 200
Mendel, G. 111, 211
Mersenne, M. 77
Merton, R. 110, 111
Michelson, A.A. 172, 196, 199, 200, 204, 205, 207, 208
Mill, J.S. 23, 40, 141
Miller, D.W. 178
Millikan, R.A. 120, 199
Mises, L.v. 10, 88
Möbius 65
Morin, J. 80
Morley, E.W. 196, 199, 204, 207, 208
Morton, G. 68
Mostowski, A. 26, 34, 39
Musgrave, A.E. 3, 104, 124, 167, 209, 221, 236
Myhill, J. 38

Naess, A. 223, 229
Nagel, E. 17, 135, 144, 156, 157, 229
Neumann, J.v. 19, 26, 30, 33, 39
Neurath, O. 128
Newton, I. 7, 14, 16, 17, 40, 75–80, 86–88, 90, 95, 96, 99, 100, 103, 104, 106, 107, 112, 125–127, 156, 161, 166, 167, 170, 174, 180, 197, 201, 202, 205, 210, 214, 215, 218, 220, 222, 225, 232, 234, 236, 250, 251
Nicod, J. 129
Nicole, P. 85, 87
Nidditch, P.H. 63

Oakeshott, M. 107, 222
Oersted, H.C. 200–202
Oppenheim, P. 153, 162, 193
Orwell, G. 228

Pappus 70, 71, 74, 78–85, 91, 94, 97–100
Pascal, B. 4
Pascal, F. 225
Pasteur, L. 208
Peano, G. 10, 59, 67, 89, 98
Pearce Williams, L. 202
Peirce, C.S. 114, 115
Pfund, A. 172
Planck, M. 78, 97, 204, 215

Platon, 39, 83, 95, 104, 221, 224
Polanyi, M. 107, 110, 111, 209, 222, 234, 235
Pólya, G. 68, 91, 94
Popper, K.R. 3, 5, 8, 9, 17, 27, 28, 34, 37, 38, 41, 53, 68, 78, 82, 87, 88, 94, 98, 100, 103–106, 108, 110, 113, 115, 117–123, 124, 126–130, 132–137, 139–147, 150–153, 155–157, 162, 164–195, 196–198, 203, 205, 208, 209, 213–218, 220, 221, 224, 226, 229, 235, 237, 250
Post, H. 68
Pringsheim, A. 48–50, 56
Pringsheim, E. 207
Proklos 72
Ptolemäus, Claudius 236
Putnam, H. 24, 154, 155, 157, 162
Pyrrhon 103, 220
Pythagoras 12, 17

Quine, W.V.O. 15, 18, 25, 29, 30, 32, 35–37, 106, 215
Quinn, P. 212

Ramsey, F.P. 5, 10, 15, 19, 89, 129, 136–138, 153–155, 164
Ravetz, J.R. 47, 68, 250–252
Reeve, J.E. 68
Reichenbach, H. 8, 128, 129, 137, 143, 144, 186
Remes, U. 68, 91, 98
Renyi, A. 65
Rescher, N. 154
Respighi, O. 204
Richards, J.A. 200
Richtmyer, F.K. 199, 200
Riemann, B. 65
Ritchie, A.D. 136
Robbins, L.C. 10, 70
Robert, A. 84
Robinson, A. 42, 43, 46, 48, 52–56, 59
Robinson, R. 72, 79, 84
Rocco 77
Röntgen, W.C. 202
Ross, G.R.T. 80
Rosser, J.B. 16, 18, 22, 25, 29, 30, 33, 37

Rousseau, J.J. 251
Russell, B.A.W. 6, 8, 10–18, 21–26,
  29–32, 34, 57, 89, 90, 105, 114, 115,
  123, 128, 143, 160, 185, 216, 221,
  223, 250
Rutherford, E. 203
Rychlik, K. 52
Ryle, G. 12, 223

Sacks, G.E. 58
Salmon, W. 184, 186, 212
Sartre, J.P. 251
Savage, L.J. 193
Schiller, F.C.S. 114
Schilpp, P.A. 127, 128, 130, 131, 138,
  151, 153, 156, 157, 162
Schläfli, L. 47
Schlick, M. 5, 141
Schrödinger, E. 33, 78
Seidel, P.L. 44–46, 49–51, 54, 57
Shepherdson, J.C. 3
Shimony, A. 124, 138, 164
Shoenfield, J. 39
Sidgwick, H. 10
Sierpinski, W. 38
Skølem, T. 67
Slater, J.C. 174, 197
Smart, J.C.C. 207
Smiley, T.J. 3, 60, 68
Smith, D.E. 47
Snow, C. 248
Solovay, R.M. 39
Specker, E.P. 36–38
Spinoza, B. 88
Stalin, J.W. 111, 120, 241, 251
Stauffer, R.C. 201, 202
Steenrod, N. 65
Stegmüller, W. 21, 144
Stevinus 7, 88
Stokes, G.G. 49, 50, 200
Stolz, D. 53
Stove, D. 179
Strassmann, F. 200
Strawson, P.F. 224, 225
Stuart, A. 195
Suppes, P. 61
Sylow, L. 50
Szabó, A. 97, 98

Tanner, R.C.H. 68
Tannery, P. 80
Tarski, A. 20, 31, 30–33, 35, 52, 53,
  100, 108, 229
Tennenbaum, S. 39
Theseus 76
Thomson 203
Tichý, P. 178
Toeplitz, O. 96
Toulmin, S. 103, 110, 111, 113, 219–
  237
Turing, A.M. 33, 87, 164, 234

Urbach, P. 106, 221
Urban VIII., Papst 87

Velikovsky, I. 107, 116, 222

Wald, A. 154
Wang, H. 15, 18, 37
Warnock, M. 10, 224
Watkins, J.W.N. 6, 68, 107, 112, 124,
  141, 178, 182, 184–186, 192, 206,
  213, 222, 227
Watson, W.H. 229
Wehr, M.R. 200
Weierstraß, V. 43–46, 48–58, 122
Weitz, M. 8
Weyl, H. 18, 21, 26, 30, 33, 39
Whewell, W. 40, 47, 127, 179, 198, 200,
  203
Whitehead, A.N. 16
Whittaker, E.T. 204
Wilson, C.T.R. 120
Wisdom, J.O. 178, 219
Wittgenstein, L. 6, 70, 115, 141, 219,
  220, 223–231, 235, 237
Worrall, J. 111, 206, 232
Wright, G.H.v. 225
Wrinch, D. 134, 140

Xenophanes 121

Zabarella 99
Zahar, E.G. 105, 108, 196, 207, 236
Zermelo, E. 14, 25, 37, 65

Sachverzeichnis

Abgrenzung
  zwischen Wissenschaft und Nichtwissenschaft 103, 104, 107, 125, 216, 222, 228, 229, 234, 237
  zwischen Mathematik und empirischer Wissenschaft 89
  an Basissätzen prüfbarer mathematischer Theorien 38
Abgrenzungstheorie, -programm 104–106, 220, 221, 229
abgrenzungstheoretische Geschichtsschreibung 106
Ablehnung, Ausscheidung von Theorien 171–173
ad-hoc-Charakter 60, 175, 232
akademische Freiheit 107, 222, 241–247
Algebra bei Descartes 81–83
Analyse und Synthese, Methode der 68–100, insbes. 71
Analysis (Infinitesimalrechnung) 10, 24, 30, 31, 37, 85, 131
  heterodoxe 42–59
Anarchismus, erkenntnistheoretischer 103, 104, 106, 213, 220
Anfangsbedingungen im Unterschied zu Naturgesetzen 117, 118
Annehmbarkeit von Theorien
  Annehmbarkeit$_0$ (Gehalt) 171, 182
  Annehmbarkeit$_1$ (Zusatzgehalt) 165–168, 214
  Annehmbarkeit$_2$ (bewährter Zusatzgehalt) 168–176, 214
  Annehmbarkeit$_3$ (Verläßlichkeit: Aussicht auf zukünftige Bewährung) 176–187, 214; nur geschätzt, vermutungshaft 183
Anomalie 96, 172, 206–218
  – und falsifikationistische Geschichtsschreibung 196, 199

Antinomien 13, 14, 16, 17, 19, 25, 29, 41
Aristotelische Logik 5, 7, 9, 77, 78, 81, 99, 104, 126
Arithmetik, heterodoxe 58, 59
Arithmetisierung 10, 12, 19, 86, 87, 89
ausgeschlossenes Drittes 29, 32
„Ausnahmesperre" 45
Autoritarismus in der Wissenschaft 112, 113, 222
  s. auch Elitetheorie
Axiomatisierung 31, 65, 66, 89, 97, 98
  s. auch Formalisierung

Basisaussage, -satz 5, 6, 9, 18, 27, 28, 34, 36, 38, 39, 72, 75, 88
  s. auch Falsifikator
Bedeutung 3, 36, 126
  Einführung, Setzung 4, 5, 7–9
  Übertragung 5, 8, 9
„Begriffe" (Toulmin) 224–228
Begriffsdehnung 97, 100
bekannte Ausdrücke, Begriffe 3–5, 7, 8, 13, 19, 71, 123
Beobachtungsausdruck 7, 126
Bestätigung, Theorien der 87
  Bestätigungsgrad 8
Bestätigung, Carnaps Theorie der 129–165, 183, 186–189
  Analytizität 130, 160, 162
  Fallibilität 160; Infallibilität, angebliche 129, 130
  Verhältnis zum Induktionsproblem 164
  Bestätigung und Entdeckung 145–147
  Behandlung von Theorien: 133, 187–189, ferner:
  Bestätigungsgrad universeller Aussagen 134–137

Einzelfallbestätigung 135–139, 148, 183, 188
„schwache atheoretische These" 138–144, 147, 156–165
„starke atheoretische These" 140–144, 147
Bestätigungsgrad (Bestätigungsfunktion) 129–134, 148–153, 185, 187, 188, 194, 195
von universellen Aussagen 134–137
Gleichsetzung mit Wahrscheinlichkeit 129, 135, 142, 144, 148–153, 185, 189
Sprachabhängigkeit 156–164
Beurteilung wissenschaftlicher Theorien 103–116, 165–189, 219–223, 236, 237
Beurteilung und Empfehlungen 106, 143, 144
– von Vermutungserkenntnis 128
– im Unterschied zur Heuristik 99
– von Sprachen 156–159
– von mathematischen Theorien 57–59
historischer Charakter der – 174–176, 179, 217, 218
Gegenstand der – 216
s. auch Abgrenzung
Bewährung 7, 27, 97, 169, 211
Bewährungsgrad 150, 151, 155, 179–181, 184–186, 189–195
Analytizität 184–186, 192
Vergleichbarkeit nur bei Überrundung 211
Bewährungsgrad und Wahrheitsnähe 181, 185, 192
Zusatzbewährung 169, 170, 179
Gesamtbewährung 178–180
Bewährbarkeit 151, 190, 193
Beweis 3, 4, 7, 8, 11, 19, 20, 28, 57, 60–67, 68–73, 80, 88, 93, 94, 131
informaler 35, 48, 49, 61, 66, 67, 81, 99, 126, 127
vorformaler 60, 62, 63, 65, 67
nachformaler 60, 66, 67
„Beweisverfahren" 94, 97
Umkehrbarkeit von Beweisen, Schlüssen 69–72, 78, 79, 84, 86

Beweis und Erklärung 12, 26, 27, 29, 35, 36, 89, 95
Heuristik beim – 70–73
Beweis in der empirischen Wissenschaft unmöglich 87, 88

deduktives System 4, 16, 27, 89, 90, 119
Definition 3, 5, 7, 8, 15, 118, 226
implizite 34, 36, 67
induktive 8, 126
Dialektik 68
Dogmatismus 3, 7, 10, 17
Dritte Welt (Popper) 104, 105, 113, 115, 221, 223, 229, 230

Elitetheorie 107–116, 220, 222, 223, 230, 233–236
empirische Verallgemeinerung 119, 158
Empirismus, empiristisches Programm 4, 6, 10, 12
in der Mathematik 23–41, insbes. 29–34; 67
empiristische oder quasi-empirische Theorie 5, 6, 9, 18, 27, 28, 40, 41
klassischer Empirismus 75, 125, 126
neoklassischer (logischer –) 10, 114, 127–134, 147, 154
kritischer – 128, 165–187, insbes. 176, 177
Entdeckung gegenüber Begründung (Logik der) 99, 100, 125–128, 130, 131, 142, 143, 145, 165, 173
Entdeckungslogik bei Carnap 131–133, 142, 145–147
s. auch Heuristik; Methodologie; Beurteilung; Fortschritt
entscheidendes Experiment (experimentum crucis) 86, 87, 196–205, 206–218
Entscheidungsverfahren 28, 70, 71, 81
s. auch Unentscheidbarkeit
Erklärung 5, 80, 95–97, 146, 224
Erklärungskraft 173
Maß der – 190
s. auch Beweis
erste Grundsätze 6, 10, 13, 16, 21, 71, 73, 75, 77, 84, 86, 88, 89

Sachverzeichnis

Essentialismus 34, 72, 73
Euklidianismus, „Euklidisches" Programm 4—7, 9, 10, 12, 21, 29—31, 40, 41, 73, 83, 89
  „Euklidische" Theorie 4, 5, 27, 28
  „Gummi-Euklidianismus" 7, 14, 15 21
Euklidische Heuristik (Analyse und Synthese) 70—73
Euklidische Geometrie 27, 81, 82, 85, 97, 98
Eulerscher Polyedersatz 62—65, 68—70, 91—94
Evidenz 6, 7, 9, 11, 12, 15, 17, 19, 21, 24, 26, 28, 31, 32, 38, 40, 41, 120

Fallibilismus, Fallibilität, Vorläufigkeit 9, 23, 41, 73, 88, 120, 128, 130, 237
  in der Logik und Mathematik 21, 22, 24—26, 33, 34, 40, 58, 123
  s. auch Vermutung; Empirismus, kritischer; Gewißheit
Falschheit 30, 35
  Einführung, Setzung 4
  Rückübertragung 4, 27, 28
  Akzeptieren falscher Theorien 171, 184
  angebliche Anwendung falscher Theorien 186
  s. auch Wahrheit; Wahrheitswert; Widerlegung; Ablehnung Falsifikation, s. Widerlegung; s. auch Ablehnung; entscheidendes Experiment
Falsifikationismus 106, 207—209, 211, 216
  Ultra-F. 203—205
  falsifikationistische Geschichtsschreibung 196—205
  s. auch Beurteilung; Abgrenzung; Ablehnung
Falsifikator (möglicher) 105, 146, 165, 166, 209
  in der Logik und Mathematik 18, 23, 31, 34—39
  heuristischer 35—38
  s. auch Basisaussage; Prüfung; Gehalt
Falsifizierbarkeit, Widerlegbarkeit, Prüfbarkeit 6, 64, 65, 67, 165—168
  s. auch Gehalt

finitär, finitistisch 19, 21, 31, 36, 66
formales System 60, 61
Formalisierung 7, 19, 20, 31, 34, 61, 65, 66, 158
  symbolische Formulierung 132
  s. auch Axiomatisierung
  Formalismus, s. Metamathematik
Forschungsprogramm 93, 94, 97, 106, 124, 208, 210, 218
  als Gegenstand der Beurteilung 105
  schöpferischer Wandel in 197
  s. auch Methodologie der wiss. F.; Problemverschiebung
Fortschritt der Erkenntnis, der Wissenschaft 98, 99, 103, 111, 115, 125, 127, 129, 133, 174—176, 196, 211—213, 217, 220, 223, 228, 229, 231—233, 235—237
  s. auch Beurteilung

Gedankenexperiment in der Mathematik 63, 94, 97
  Gegenbeispiel, s. Widerlegung; Ablehnung; Anomalie
Gehalt 98, 99
  empirischer 150, 151
  Zusatzgehalt 165—168
  Gehalt mathematischer Theorien 38, 39, 58
  s. auch Falsifizierbarkeit; Falsifikator; Bewährbarkeit
gesellschaftliche Verantwortung der Wissenschaft 250—252
Gewißheit; Infallibilismus 3, 10—13, 16—24, 26, 29, 32, 39, 58, 66, 67, 73, 74, 81, 87, 89, 120, 128, 132, 182
  s. auch Beweis; Justifikationismus
Glaube (Für-richtig-Halten)
  vernünftiger — 115, 172, 183, 192, 212, 215—218
  Grad des — 147, 148, 153, 154, 164, 192
  s. auch Psychologismus; Dritte Welt
Grundlagen der Erkenntnis 3, 4, 9, 125
  s. auch Justifikationismus
Grundlagen der Mathematik 3, 4, 10—22, 23—34, 36, 41, 56—58
  s. auch Intuitionismus; Logizismus; Metamathematik

harter Kern eines Forschungsprogramms 93, 97
heterodoxe Analysis 42—59
Heuristik 70—73, 94, 98
  positive, eines Forschungsprogramms 93
  s. auch Entdeckung gegenüber Begründung
Hilfssatz, Hilfsannahme (versteckte(r)) 14, 49—53, 57, 68—70, 93, 94, 96—100
Hintergrundwissen, -theorie 7, 165, 166, 170
  s. auch Prüfsteintheorie
historischer Charakter der Beurteilung von Theorien 174—176, 217, 218
Historizismus 112—114, 223, 232

Induktion 127
  im „Kartesischen Kreislauf" 74, 75, 86, 88, 99
  und Deduktion bei Newton und Descartes 77—80, 99, 126
  gehaltvermehrend 99, 126, 127
  Induktionsproblem 131
  Begründung der Induktion 14, 18, 128, 160
  s. auch Wahrheit, Rückübertragung der
Induktionsprinzip 17, 127, 159, 177, 182, 185
induktive Logik
  und deduktive Logik 159
  sonst s. Bestätigung, Carnaps Theorie der
induktive Verallgemeinerung 126, 127, 132
Induktivismus, induktivistisches Programm 4, 6—11, 40, 41, 88, 106
  Poppers Auffassung des — 185
  Problemhintergrund 124—127
  in der Logik und Mathematik 15—17, 21, 23—27, 34, 41, 87
  Rehabilitation der ind. Heuristik 94
  probalistischer Induktivismus 8, 9 87, 124—195, insbes. 129
  induktive Theorie 7
  — Geschichtsschreibung 197, 198
informale mathematische Theorie 34—36, 39, 57, 58, 67
  informaler Beweis, s. Beweis, informaler

Instrumentalismus 9, 128
Intuition, Anschauung 5—7, 9, 11, 12, 19, 21, 22, 31, 35, 38—41, 47, 49, 63, 73, 77, 80, 81, 86
Intuitionismus 3, 18, 25, 26, 29, 30, 36, 37, 60

Justifikationismus (Begründungsdenken) 4, 38, 99, 125, 126, 171, 177, 185
justifikationistische Geschichtsschreibung 49, 53, 56

Kartesischer Kreislauf 73—90, insbes. 74; 100
Konstruktivismus, Konstruktivität 8, 31, 33, 36, 39
Kontinuumshypothese (der transfiniten Mengenlehre) 38, 39, 65
Konventionalismus 120, 122
konventionalistische Geschichtsschreibung 198
Kühnheit von Theorien 165—167, 170, 173
Kulturrelativismus 103, 220, 228, 231
„List der Vernunft" 113, 116, 220, 223, 231—234
Logik 8
  Geschichte 7, 99, 164
  mathematische Logik 14, 28, 30, 229
  s. auch Aristotelische Logik
  logischer Empirismus, s. Empirismus, neoklassischer; Positivismus, logischer
  logischer Positivismus, s. Positivismus, logischer; Empirismus, neoklassischer
Logizismus 3, 10—18, 29, 30, 60, 86, 89

Mengenlehre 14, 25, 31, 33—38, 40, 58, 87
Metamathematik (Formalismus, Hilbertsches Programm) 3, 19—22, 24, 29—32, 42, 44, 58, 60, 61, 65, 66, 70
Metaphysik 5, 6, 94, 119, 160, 182, 183, 185, 187
Methodologie
  bei Carnap 131, 133, 144
  im kritischen Empirismus 165—187
  s. auch Entdeckung gegenüber Begründung; Heuristik; Fortschritt

Sachverzeichnis

Methodologie der wissenschaftlichen Forschungsprogramme 106, 198, 207, 221
Modelle einer formalen Theorie 19–21, 33, 37, 58, 67
„Monstersperre" 14, 15

Naturgesetze 117, 118
Neue Linke 103, 220
neue Tatsachen 98, 169–176
Notwendigkeit, physische, Natur- 117–123
   und logische 122, 123
Normalwissenschaft 227

„okkulte" Hypothesen 74, 84, 86, 100

Pappusscher Kreislauf 70–74, 80–85, 97–99
Parallelenaxiom 14, 98
Politik
   und Wissenschaft 111, 115, 241, 244, 245, 250–252
   Oakeshotts elitistische Theorie der 107, 222
   s. auch akademische Freiheit
Positivismus 38
   logischer – 8, 15, 18, 58, 89, 119
   Geschichtsschreibung im Sinne des 58
Pragmatismus 113–116, 223, 230, 231, 236
praktische Konsequenzen der Wissenschaftstheorie 106, 180, 184–187, 213–215
   Korpus der technologischen Theorien 178, 182
Prioritätsstreitigkeiten 111
Problemverschiebung 124, 140, 147, 165, 216, 217
   voranschreitende 124, 176
   degenerierende 124, 164, 175, 176
Prüfsteintheorie 166–170, 194
Prüfung 28, 29, 93, 94, 166, 169, 171, 172, 179
   einer logischen oder mathematischen Theorie 18, 38
   strenge Prüfung 168–170
   unabhängige – 167
   s. auch Basissatz; Falsifikator
Psychologismus 22, 99, 108–112, 235
   Anti-P. 229
   quasi-empirische Theorie, s. empiristische Theorie

rationale Rekonstruktion 4, 43, 48, 49, 80, 81, 85, 98, 106, 112, 174, 196, 232
Rationalismus, klassischer 4, 5, 7, 75, 77, 125
Reduktion 8, 126
   Finden hinreichender Bedingungen 78
Regreß, unendlicher 3–22
Relevanz (Gewicht) von Daten 143, 144, 157–159, 177
   historisch bedingt 179

Schließen, Schluß 9, 80, 86, 229
   informales 126
   gehaltvermehrendes 99, 126, 127
   induktives, bei Carnap 131, 132, 139, 140
   pragmatische Auffassung 230
   s. auch Beweis
Sinn, s. Bedeutung
Sinnkriterium, Sinnlosigkeit 14, 15, 38, 58, 119, 125, 126, 133
Sinneserfahrung 9, 73, 74, 88, 126
Skepsis 3, 4, 7–11, 13, 18, 103, 104, 115, 116, 126, 220
   s. auch Gewißheit
Soziologismus 108–112
   s. auch Psychologismus; Wissenschaftssoziologie; Wissenssoziologie
Sprache der Wissenschaft 129, 130, 145, 146, 156–165, 188, 189
Sprachspiel 224–229
Strenge in der Mathematik und Logik 44, 58, 87, 88, 122, 123
   Strenge der Prüfung einer Theorie, s. Prüfung
studentische Mitwirkung an der Hochschule 242–246
Stützung, empirische 129, 147–154, 157, 179, 187–189
   historischer Charakter 179
   s. auch Bestätigung; Bewährung

Subjektivismus 114
Synthese, s. Analyse und Synthese
synthetisch a priori 9, 89, 90, 120, 121

Tatsachen(-aussagen) 78, 88, 100, 125–127, 225
  in der Mathematik 34, 35
  Entdeckung 198–203
  neue T. 98, 169–176
  Korrektur von T. durch Theorien 127, 146
  „vernunftgemäße T." 73, 74, 84–86, 88, 100
Technik, Technologie, s. praktische Konsequenzen
theoretische Ausdrücke, Begriffe 5–8, 13, 126
Theorievielfalt 28
  fehlende 40
Trivialität, Trivialisierung 4, 6, 7, 9, 10–22, 90
  s. auch Evidenz; Euklidianismus; Gewißheit; Beweis
Typentheorie 13–15

Übersetzungsverfahren 86–88, 90
Umkehrbarkeit, s. Beweis
unendlich kleine (und große) Größen 43, 44, 46–57
unendlicher Regreß 3–22
Unentscheidbarkeit 36, 67, 90
  s. auch Entscheidungsverfahren
Unvollständigkeit, s. Vollständigkeit
Ursache und Wirkung 99

Verifikation, Verifizierbarkeit 6, 8, 70, 126, 176
  in der Logik und Mathematik 25, 63–65
  s. auch Bestätigung; Bewährung
Verläßlichkeit
  von mathematischen Beweisen 67
  von empirischen Theorien (Annehmbarkeit$_3$) 176–189, 192
Vermutung(-scharakter) 4–6, 9, 27, 73, 87, 98, 128, 129
  Raten 78

Vermutung in der Mathematik 11, 17, 18, 20, 21, 24, 25, 29, 30, 36, 57
„Vermutungen und Widerlegungen" 94, 176, 207
  s. auch Fallibilismus
Vernunft 5–8, 225
  wissenschaftliche 196, 202, 203, 216, 217
  nichtrationale Faktoren in der – 161, 162
  algorithmische Auffassung der – 70
  s. auch Beurteilung; Abgrenzung
vernünftiger Glaube, s. Glaube
vernünftiger Wettquotient, s. Wettquotient
Verstehen 225–227
Versuch und Irrtum 28, 34, 70, 94, 203, 207
Vollständigkeit, Unvollständigkeit 19, 20, 32, 36, 90, 104

Wahrheit 3–9, 104, 105, 114
  Einführung, Setzung 4, 11, 12, 27
  Übertragung 4, 10, 21, 27, 87, 90
  Rückübertragung 7, 14, 40, 74, 86
  apriorische Wahrheit 11, 14, 33
  logische und empirische Wahrheit 122
  Übereinstimmungstheorie der Wahrheit 221
  pragmatistische Auffassung der Wahrheit 114, 115, 223, 225
  Annäherung an die Wahrheit 121, 217, 218
  Wahrheit in der Mathematik 13, 16, 18–21, 23, 30, 31, 35, 36, 39, 89
  keine Einführung, sondern nur Übertragung von Wahrheit, 90, 97
  s. auch Falschheit; Wahrheitswert; Wahrheitsnähe
Wahrheitsnähe (verisimilitude) 6, 129, 175, 178, 181–183, 187, 192, 217, 218
Wahrheitsgehalt 186
Wahrheitswert
  Einführung, Setzung 4–6, 9, 12, 27, 39, 74, 88
  Übertragung 6, 7, 12, 27, 28, 74, 88
  s. auch Wahrheit; Falschheit

Wahrscheinlichkeit 6, 87
  axiomatische Wahrscheinlichkeitstheorie 65, 66, 98
  Feinstruktur der Wahrscheinlichkeit 190
  Wahrscheinlichkeit als Maß der empirischen Stützung: s. Bestätigungsgrad (Gleichsetzung mit W.)
  Wahrscheinlichkeit und Wettquotient: s. dort
Wettquotient, vernünftiger 136, 138, 140, 147, 148, 153–155, 161, 162, 188
Widerlegung 9, 28, 29, 34, 40, 88, 146, 196, 209
  kein Grund für Ausscheidung einer Theorie 171–173
  Theorien von Anfang an widerlegt 172, 196, 197
  heuristische Widerlegung in der Mathematik 35, 37, 39
  s. auch Ablehnung
Widerlegbarkeit, s. Falsifizierbarkeit
Widersprüchlichkeit 53, 57, 58
  mögliche, des Korpus der Wissenschaft 171, 215
  ω-Widersprüchlichkeit 20, 35
Widerspruchsfreiheit 5, 7, 18, 20, 24–26, 29–31, 35, 36, 53, 60, 61
  ω-Widersprüchlichkeit 32, 35
Widerspruchsfreiheitsbeweis 5, 13, 19–21, 31, 58

wissenschaftliche Gemeinschaft 109–111, 229, 232, 235, 236
Wissenschaftsgeschichte 210, 236, 237
  innerwissenschaftliche und außerwissenschaftliche Faktoren 106, 111, 112, 197, 198
  Wissenschaftsgeschichte als Lehrgebiet 248, 249
  s. auch Wissenschaftsgeschichtsschreibung; rationale Rekonstruktion
Wissenschaftsgeschichtsschreibung
  abgrenzungstheoretische 106
  elitetheoretische 111, 112
  falsifikationistische, Popperianische 196–205
  induktivistische 197, 198
  justifikationistische 49, 53, 56
  konventionalistische 198
  logisch-positivistische 58
  im Sinne der Methodologie der wissenschaftlichen Forschungsprogramme 207
Wissenschaftsgeschichtsschreibung der Mathematik 42–44, 47–51, 53–58
Wissenschaftssoziologie 108–111, 220, 222, 235, 236
  s. auch Soziologismus
Wissenssoziologie 198
zufällig wahre universelle Aussagen, s. Anfangsbedingungen

Wissenschaftstheorie, Wissenschaft und Philosophie

Gegründet von
Prof. Dr. Simon Moser Karlsruhe

Herausgegeben von
Prof. Dr. Siegfried J. Schmidt, Siegen
Dr. Peter Finke, Bielefeld

In dieser Reihe sind lieferbar:

5 B. G. Kuznecov, Von Galilei bis Einstein

7 H. J. Hummell / K.-D. Opp, Die Reduzierbarkeit von Soziologie auf Psychologie

8 H. Lenk, Hrsg., Neue Aspekte der Wissenschaftstheorie

9 I. Lakatos / A. Musgrave, Hrsg., Kritik und Erkenntnisfortschritt

10 R. Haller / J. Götschl, Hrsg., Philosophie und Physik

11 A. Schreiber, Theorie und Rechtfertigung

12 H. F. Spinner, Begründung, Kritik und Rationalität, Band 1

13 P. K. Feyerabend, Der wissenschaftstheoretische Realismus und die Autorität der Wissenschaften

14 I. Lakatos, Beweise und Widerlegungen

15 P. Finke, Grundlagen einer linguistischen Theorie

16 W. Balzer / A. Kamlah, Hrsg., Aspekte der physikalischen Begiffsbildung (Skriptum)

17 P. F. Feyerabend, Probleme des Empirismus

18 W. Diederich, Strukturalistische Rekonstruktionen (Skriptum)

19 H. R. Maturana, Erkennen: Die Organisation und Verkörperung von Wirklichkeit

Imre Lakatos

Beweise und Widerlegungen

Die Logik mathematischer Entdeckungen. Hrsg. v. J. Worral u. Elie Zahar. (Aus dem Englischen übersetzt von D. Spalt.) 1979. XII, 161 S. DIN C 5 (Wissenschaftstheorie, Wissenschaft und Philosophie, Bd. 14). Kart.

Imre Lakatos bekämpft das klassische und – zumindest für Studenten – sterile Bild mathematischer Forschung und Entdeckung. Es geht in der Mathematik nicht um die stetige Ansammlung feststehender Wahrheiten, sondern um den dramatischen Vorgang, Hypothesen aufzustellen, sie zu verbessern oder zu verwerfen und die jeweils neuen Ansätze immer wieder einer schöpferischen Kritik zu unterziehen.
Dieser Prozeß stellt sich in der Diskussion am lebendigsten dar. Die Gesprächsteilnehmer schlagen für mathematische Probleme verschiedene Lösungswege vor und prüfen deren Stärken und Schwächen. Darin spiegeln sich oft geschichtliche Entwicklungen der Mathematik. Außerdem kommen philosophische und wissenschaftstheoretische Probleme zur Sprache. An jeder Stelle aber ist der Leser aufgefordert, sich selbst zu Wort zu melden.
Die Grundlage dieses Buches ist eine Artikelserie im „British Journal for the Philosophy of Science", die der Autor überarbeitet und erweitert hat. Nach dem Tod von Imre Lakatos haben John Worral und Elie Zahar das Material für die Veröffentlichung aufbereitet.

MIX
Papier aus verantwortungsvollen Quellen
Paper from responsible sources
FSC® C105338

If you have any concerns about our products,
you can contact us on
ProductSafety@springernature.com

In case Publisher is established outside the EU,
the EU authorized representative is:
**Springer Nature Customer Service Center GmbH
Europaplatz 3, 69115 Heidelberg, Germany**

Printed by Libri Plureos GmbH
in Hamburg, Germany